生态农业丛书

国家出版基金项目
NATIONAL PUBLICATION FOUNDATION

农林生物质废弃物生态利用研究与展望

蒋剑春 等 编著

科 学 出 版 社
龙 门 书 局
北 京

内 容 简 介

全书共分为 9 章，包括概论、生物质发电、生物质成型燃料、生物沼气、生物质热解气化、生物质炭基肥、生物质醇类燃料、生物质制氢、生物基材料与化学品。各章围绕我国农林生物质废弃物资源情况、生物质能和化学品主要技术、工程化应用案例、生物质能发展状况等方面逐一分析，对生物质能的生态效益、社会效益及综合效益进行剖析阐述，力图为提升我国生物质能产业的科技创新能力、推动我国生物质能产业链和商业模式发展，构建我国生物质能领域的科技决策提供建议和参考。

本书为引领我国生物质能产业生态化发展方向提供了依据，适合从事生物质能产业科技领域的科研人员、业界人士及相关领域管理人员使用，同时可供能源、化工、材料等相关专业的师生参考。

图书在版编目（CIP）数据

农林生物质废弃物生态利用研究与展望/蒋剑春等编著. —北京：龙门书局，2024.3
（生态农业丛书）
国家出版基金项目
ISBN 978-7-5088-6410-5

Ⅰ．①农… Ⅱ．①蒋… Ⅲ．①农业废物-废物处理-研究 ②农业废物-废物综合利用-研究 Ⅳ．①X71

中国国家版本馆 CIP 数据核字（2024）第 006867 号

责任编辑：吴卓晶 / 责任校对：王万红
责任印制：肖 兴 / 封面设计：东方人华平面设计部

科 学 出 版 社
龙 门 书 局 出版
北京东黄城根北街 16 号
邮政编码：100717
http://www.sciencep.com
北京中科印刷有限公司印刷
科学出版社发行 各地新华书店经销

*

2024 年 3 月第 一 版　开本：720×1000 1/16
2024 年 3 月第一次印刷　印张：22 1/2
字数：450 000
定价：229.00 元

《农林生物质废弃物生态利用研究与展望》
编委会

主　任： 蒋剑春

副主任： 张全国　孙　康　蒋丹萍

委　员（按姓氏拼音排序）：

柴彦君	陈汉平	何晓峰	贺　超	胡建军	胡立红
黄　黎	黄曹兴	焦有宙	荆艳艳	赖晨欢	雷廷宙
李　刚	李　鑫	李学琴	李在峰	刘　粤	路朝阳
欧阳嘉	平立凤	茹光明	单胜道	施　赟	孙云娟
王　奎	王　毅	王瑞珍	王贤华	王小慧	王志伟
吴国民	夏海虹	徐　勇	徐俊明	许　玉	杨树华
易　为	应　浩	勇　强	虞轶俊	曾宪海	张　寰
张志萍	周　鑫	周铭昊	祝玉婷		

生态农业丛书
序　言

　　世界农业经历了从原始的刀耕火种、自给自足的个体农业到常规的现代化农业，人们通过科学技术的进步和土地利用的集约化，在农业上取得了巨大成就，但建立在消耗大量资源和石油基础上的现代工业化农业也带来了一些严重的弊端，并引发一系列全球性问题，包括土地减少、化肥农药过量使用、荒漠化在干旱与半干旱地区的发展、环境污染、生物多样性丧失等。然而，粮食的保证、食物安全和农村贫困仍然困扰着世界上的许多国家。造成这些问题的原因是多样的，其中农业的发展方向与道路成为人们思索与考虑的焦点。因此，在不降低产量前提下螺旋上升式发展生态农业，已经迫在眉睫。低碳、绿色科技加持的现代生态农业，可以缓解生态危机、改善环境的生态系统、更高质量地促进乡村振兴。

　　现代生态农业要求把发展粮食与多种经济作物生产、发展农业与第二三产业结合起来，利用传统农业的精华和现代科技成果，通过人工干预自然生态，实现发展与环境协调、资源利用与资源保护兼顾，形成生态与经济两个良性循环，实现经济效益、生态效益和社会效益的统一。随着中国城市化进程的加速与线上网络、线下道路的快速发展，生态农业的概念和空间进一步深化。值此经济高速发展、技术手段层出不穷的时代，出版具有战略性、指导性的生态农业丛书，不仅符合当前政策，而且利国利民。为此，我们组织了本套生态农业丛书。

　　为了更好地明确本套丛书的撰写思路，于 2018 年 10 月召开编委会第一次会议，厘清生态农业的内涵和外延，确定丛书框架和分册组成，明确了编写要求等。2019 年 1 月召开了编委会第二次会议，进一步确定了丛书的定位；重申了丛书的内容安排比例；提出丛书的目标是总结中国近 20 年来的生态农业研究与实践，促进中国生态农业的落地实施；给出样章及版式建议；规定丛书编写时间节点、进度要求、质量保障和控制措施。

　　生态农业丛书共 13 个分册，具体如下：《现代生态农业研究与展望》《生态农田实践与展望》《生态林业工程研究与展望》《中药生态农业研究与展望》《生态茶业研究与展望》《草地农业的理论与实践》《生态养殖研究与展望》《生态菌物研究与展望》《资源昆虫生态利用与展望》《土壤生态研究与展望》《食品生态加工研究与展望》《农林生物质废弃物生态利用研究与展望》《农业循环经济的理论与实践》。13 个分册涉及总论、农田、林业、中药、茶业、草业、养殖业、菌物、昆虫利用、土壤保护、食品加工、农林废弃物利用和农业循环经济，系统阐释了生态农业的理论研究进展、生产实践模式，并对未来发展进行了展望。

　　本套丛书从前期策划、编委会会议召开、组织编写到最后出版，历经 4 年多的时间。从提纲确定到最后的定稿，自始至终都得到了李文华院士、沈国舫院士和刘旭院士等编委会专家的精心指导；各位参编人员在丛书的撰写中花费了大量的时间和精力；朱有勇院士和骆世明教授为本套丛书写了专家推荐意见书，在此一并表示感谢！同时，感谢国家出版基金项目（项目编号：2022S-021）对本套丛书的资助。

　　我国乃至全球的生态农业均处在发展过程中，许多问题有待深入探索。尤其是在新的形势下，丛书关注的一些研究领域可能有了新的发展，也可能有新的、好的生态农业的理论与实践没有收录进来。同时，由于丛书涉及领域较广，学科交叉较多，丛书的编写及统稿历经近 4 年的时间，疏漏之处在所难免，恳请读者给予批评和指正。

生态农业丛书编委会

2022 年 7 月

序　言

　　我国主要生物质资源年产生量约为 35 亿 t，其中作为能源开发利用的生物质资源潜力达 4.6 亿 t 标准煤（简称"标煤"），包括能源植物、农业废弃物、木材和森林残留物、城市有机垃圾及藻类生物质等。生物质能是可持续能源系统的重要组成部分，对其进行高效开发利用，符合新能源战略需求。同时，对缓解我国能源和环境压力、落实乡村振兴战略、建设生态文明具有重要意义。

　　四十多年来的研究和开发，我国生物质能技术已经取得了丰硕的成果，在气体、液体、固体能源及生物基材料等方面的关键技术和产业示范取得了重大突破，部分产业技术与世界相比处在并行位置，已经建立了中国特色的产业技术体系，有些方面还处于世界领先位置。生物质绿色转化可再生能源技术的推广应用是全球目前乃至未来大规模减少化石能源消耗、减少二氧化碳排放的重要手段。生物质能产业作为战略性新兴产业，保持技术持续进步、积极抢占世界制高点，仍有大量的产业科技创新工作需要不断完善。发展生物质能生态利用产业，需要加大科技支撑引领力度，建立稳定的投入机制，引导多种经济主体的参与，加速生物质能转化利用技术开发、示范和推广应用，建成适合我国国情的生物质能产业科技创新驱动高质量发展的新模式。

　　本书从生物质资源、基础理论、技术创新、工程化应用等方面，全面梳理了生物质能技术发展取得的科技创新成果，系统论述了农林生物质废弃物生态化加工能源材料的现代化技术、产业应用及未来发展趋势，提出了许多新观点、新思路、重要结论和针对性举措，具有很好的前瞻性和开拓性。衷心希望该书的出版能够为生物质能产业科技领域的科研人员、业界人士及相关领城的管理人员提供参考。

中国工程院院士

2023 年 1 月

前　言

　　在当今世界的能源结构中，石油、煤炭和天然气牢牢占据前三名的位置。2018年石油消费占比约 31%，为全球第一大能源品种，其中精炼、化工、航空等领域消费增长较快，交通领域的汽油消费增长有所放缓；煤炭占全球一次能源消费的比重约为 26%，仍是第二大能源品种和第一大发电能源；天然气占比约 23%，增长势头较强，对煤炭产生一定替代；核能、水能、可再生能源增长形势较为平稳。我国以煤炭为主的能源消费结构使 CO_2 排放量居世界前列，大气污染防治和减排的国际压力越来越大。因此，能源行业的低碳化和可再生化是未来发展的趋势，包括氢能利用、生物质能利用、配备碳捕获和封存（carbon capture and storage，CCS）技术的化石能源利用、地表固碳、空气直接碳捕获等。在此过程中，通过技术创新推动能源生态利用，发展高品质可再生清洁能源已成为国家的战略选择。

　　生物质能、生物基材料是涉及民生质量、国家能源与粮食安全的重大战略产品，发展生物质产业有利于缓解能源的供需矛盾、改善环境和增加农民收入。生物质资源来源广泛，包括能源植物、农业废弃物、木材和森林残留物、城市有机垃圾及藻类生物质等，它们可被转化为固态、液态和气态燃料。固态燃料可用于发电；生物乙醇等液态燃料可用于替代汽油和柴油；沼气等气态燃料可用于发电、取暖等，用途广泛。此外，生物质通过炼制，可用于生产化学品、生物材料、生物医药、润滑剂、绝缘油、肥料、杀虫剂等各类化工产品。与太阳能、风能、水能等可再生资源相比，生物质资源的用途更为广阔，是唯一能够大规模取代化石燃料的可再生资源。加快开发利用生物质能等可再生能源已成为世界各国的普遍共识和一致行动，也是全球能源转型及实现应对气候变化目标的重大战略举措。

　　在社会经济的可持续发展中，生物质资源具有不可替代的基础功能和战略地位。2017 年，全球生物柴油产量超过 3 200 万 t，燃料乙醇产量近 8 000 万 t，欧美国家占主要份额。经济合作与发展组织（Organization for Economic Co-operation and Development，OECD）发布的《面向 2030 生物经济施政纲领》战略报告预计，2030 年全球将有约 35% 的化学品和其他工业产品来自生物制造。我国有非常丰富的农林生物质废弃物资源，每年有约 3.4 亿 t 农作物秸秆和 3.5 亿 t 林业废弃物可供能源利用，相当于 3.7 亿 t 标准煤。生物质能技术主要包括生物质发电技术、生物质液体燃料技术、生物质燃气技术、固体成型燃料技术、生物基材料及化学品技术。我国生物质发电以直燃发电为主，装机总容量仅次于美国，居世界第二位；我国在利用纤维素生产生物航空燃油技术领域已取得突破，实现了生物质中半纤维素和纤维素共转化合成生物航空燃油，在国际上率先进入示范应用阶段；我国在生物质气化及沼气制备领域占据国际领先地位；生物基材料行业规模以每年20%～30%的速度增长，逐步走向工业规模化实际应用和产业化阶段。

生物质能技术经过多年的发展，不断推进科技创新、突破新技术、开发新产品，取得了丰硕的成果。为准确地把握生物质能产业的技术现状、探讨生物质能生态化发展趋势、提升生物质能产业的生态效益、促进生物质能产业的持续快速发展，2019年4月，中国林业科学研究院林产化学工业研究所组织了华中科技大学、河南省科学院、河南农业大学、浙江科技学院、南京林业大学等高校和科研院所的专家组成编委会，从生物质资源、基础理论、技术创新、工程化应用等方面，逐一分析其科技创新情况，明确生物质能生态化发展的重点方向，力求把生态文明落到实处。

通过深入研究，结合文献与专利检索、专家讨论、实地调研等方法，编委会系统收集整理了相关数据和案例，深入分析了我国生物质资源和能源化利用产业科技创新的发展现状，提出了生态化发展方向。本书全面梳理和归纳了我国农林废弃物生物质资源情况、生物质能产业科技发展现状、工程化应用情况，综述了生物质能产业前沿技术、生态化应用前景，阐述了生物质能产业对生态效益、社会效益及综合效益的重要贡献，并提出了发展思路和建议。

全书内容兼顾学术性、实践性、系统性和战略性。本书撰写分工如下：蒋剑春、孙康、徐俊明、王奎、周铭昊撰写第1章概论；陈汉平、王贤华、易为、刘粤、祝玉婷撰写第2章生物质发电；雷廷宙、何晓峰、李学琴、李在峰、杨树华、王志伟撰写第3章生物质成型燃料；胡建军、茹光明、张寰、黄黎、王毅、李刚、贺超撰写第4章生物沼气；应浩、孙云娟、许玉撰写第5章生物质热解气化；单胜道、平立凤、柴彦君、施赟、虞轶俊撰写第6章生物质炭基肥；勇强、徐勇、李鑫、欧阳嘉、周鑫、赖晨欢、黄曹兴撰写第7章生物质醇类燃料；张全国、焦有宙、荆艳艳、张志萍、蒋丹萍、路朝阳撰写第8章生物质制氢；徐俊明、胡立红、吴国民、王小慧、徐勇、曾宪海、王瑞珍、夏海虹撰写第9章生物基材料与化学品。

生物质能产业发展迅速、涉及领域广泛，而作者经验和水平有限，不足之处在所难免，敬请同行专家和广大读者批评指正。

本书编委会

2023年3月

目　录

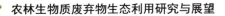

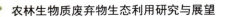

第 1 章

概   论

1.1   农林废弃物资源生态利用意义

我国作为人口大国，约 50% 的人口居住于农村地区，而农村地区大量的秸秆等农林废弃物主要用作传统的家庭烹饪、采暖等。在 2000 年的中国能源结构中，仅次于煤炭和石油产品的是广泛用于烹饪和取暖的薪柴。在过去 20 年中，随着中国城市化的发展，全面电气化及液化石油气和天然气供应规模的扩大，为人们提供了更容易获取且更具吸引力的替代能源，使中国使用薪柴的人数大大减少，已有 2.6 亿人得以使用现代能源，这是在能源领域取得的一项卓越成就。随着人们对空气污染问题的日益重视，农村及城市居民禁烧薪柴和煤炭，天然气基础设施迅猛扩张，太阳能等可再生能源也在不断发展，导致我国每年产生大量的农林废弃物因缺乏有效利用途径而只能焚烧处理，对我国的生态环境造成了严重的影响。

生物质是地球上唯一可再生碳源，也是唯一可直接转换为气体、液体、固体等的清洁能源。生物质能可以作为化石能源、太阳能等的重要补充，有利于促进我国能源利用的多元化发展。当前我国生物质资源化利用率仅为 4.8%，其中农林废弃物占当前生物质利用量的 30% 左右。因此，对生物质资源的充分开发利用不仅可缓解我国的环境及能源问题，还可进一步完善及优化我国的能源结构，具有巨大的应用潜力和市场价值。从资源和发展潜力来看，当前我国生物质能综合利用总体仍处于发展初期，在能源生产市场竞争力和利润率方面远不及传统化石能源，对国家政策扶持补贴的力度依赖较大，并且由于生物质原料种类繁多，使不同来源的生物质形状、性质和组成的差异巨大，给生物质原料的处置带来难度，制约了生物质在热化学转化过程中的普适性。目前，我国正处于生物质能综合利用的重大转变期，已实现了从传统的家庭使用向现代化（尤其是发电）利用的平稳转变。《生物质能发展"十三五"规划》于 2016 年 12 月发布，提出了生物质能发展的详细目标，构建完善的生物质能利用及资源综合利用技术体系，整体技术水平达到世界先进水平。除了家用固体生物质消耗下降了 2/3（约 2 800 万 t 油当量）外，所有生物质能的现代化利用途径都增加了。集中用于生产电力和热力的生物质能增长最多，生物质能发电装机由 2016 年的 1 214 万 kW 增至 2 952 万 kW，到预测期末发电量将超过 1 326 亿 kW·h。在终端利用领域，工业领域生物质能直接消耗量大幅增长（到 2040 年超过 400 万 t 油当量），为高温制造环节提供了有价值的热源，成为工业领域减少对煤炭依赖的一个低碳选择。我国生物质能的另一直接用途是交通燃料，我国实行的生物质燃料发展政策已使我国成为仅次于美国和巴西的世界第三大乙醇生产国。截至 2015 年，生物质燃料的消耗量约为 4.5 万桶油当量/天，其中生物质乙醇为 3 万桶油当量/天（每年约 30 亿 L），其余为生物质柴油。我国设定了宏伟的目标：预计到 2040 年，生物质燃料的消耗水平是 2015 年的 10 倍左右，26 万桶油当量/天的生物质乙醇用于道路交通，22 万桶油当量/天的生物质柴油主要用于货运行业，少量航空生物质煤油用于国内航空业。

2018 年 9 月，中共中央、国务院印发《乡村振兴战略规划（2018—2022 年）》（以下简称《规划》），《规划》中指出，我国国家经济实力和综合国力日益增强，对农业农村支持力度不断加大，农村生产、生活条件加快改善，农民收入持续增长，乡村振兴具有雄厚的物质基础。我国的农业发展取得了举世瞩目的成就，但是，仍面临农村秸秆大量剩余、农村生态环境较差等问题。在党的十九大报告中提出了乡村振兴的发展战略，并指出，农业农村农民问题是关系国计民生的根本性问题，必须始终把解决好"三农"问题作为全党工作的重中之重，实施乡村振兴战略。随着天然气等资源的大力推广使用，秸秆等农林废弃物大量剩余。因此，实现农林废弃物的资源化利用对于缓解我国能源危机、改善农村生态环境意义重大。解决这些问题的方案包括：发展农村农林废弃物资源高效、清洁利用技术，推进农林废弃物资源化利用，改善农民居住生活环境；围绕秸秆类生物质，逐步建立炭、气、油、电联产绿色工厂、花园式秸秆利用工厂，建立新型社区，解决农村用电、供暖等问题。以技术进步推动乡村振兴、推进美丽乡村建设，通过大力推广农林废弃物资源的广泛应用，实现变废为宝，促进农村能源利用改革，奠定美丽乡村建设的基础。2013 年，我国提出"一带一路"倡议：对外，依靠中国与有关国家既有的双多边机制，借助既有的、行之有效的区域合作平台，共同打造政治互信、经济融合、文化包容的利益共同体、命运共同体和责任共同体；对内，充分发挥国内各地区比较优势，实行更加积极主动的开放战略，加强东中西互动合作，全面提升开放型经济水平。"一带一路"沿线有 65 个国家和地区，包括东盟 10 国、东亚蒙古国、西亚北非 18 国、南亚 8 国、中亚 5 国、独联体 7 国、中东欧 16 国。沿线国家农业资源丰富，保护和利用的潜力巨大。例如，东南亚地区全年高温多雨，适宜种植多种农作物，除粮食作物外，还盛产橡胶、棕榈油、蕉麻、咖啡等热带经济作物；南亚以种植粮食作物为主，还有棉花、茶叶等经济作物。这些国家多数为农业国，同样存在农村社会公共事业发展滞后、农村基础设施建设薄弱、农业资源利用技术落后、能源结构单一等问题。"一带一路"倡议的实施有利于促进我国及周边国家各行各业的发展。在发展过程中，深刻认识到了能源的重要性，同时我国在《能源发展"十三五"规划》中提到中国和巴基斯坦经济走廊的能源规划水平不断提升。当前电力、生物质能等能源技术互相交流的步伐正在进一步推进，在这个大背景下我国政府积极支持生物质能相关技术和生物质能相关企业的发展。作为政府"走出去"的一部分及在"一带一路"倡议的背景下，我国的能源公司在海外的活动成为国际投资和技术中重要的组成部分。"一带一路"工程的进一步实现也促进了我国生物质能企业影响力的提升，影响对象从本国扩大到了"一带一路"沿线国家。"一带一路"的稳步进行为生物质能企业的发展提供了巨大的市场，也促使我国在"一带一路"发展的过程中可以更加高效综合的发展。当前，我国在"一带一路"倡议推进过程中，积极促进国内外生物质能技术发展，积极推动国内外生物质能产物的价格规范化，进而有效地保障我国及"一带一路"周边国家能源企业的发展质量。"一带一路"的发展思路能够有效提升我国与周边其他国家在经济、能源方面的交流与发展，可以有效促进经济共同体的建立，实现共赢。

当前我国的生物质能发展正处于一个较为关键的时期，为了有效保障我国能源事业的发展，推进我国的乡村振兴战略，推动"一带一路"周边国家生态环境保护及能源结构的升级，在这个重要的历史时期抓住机遇，积极进行相关技术的发展，推进生物质能的发展意义重大。

在全球变暖的背景下，发展低碳经济是各国应对气候变化的基本途径，其实质是能源利用效率的提升和清洁能源的使用，核心在于能源技术创新。生物质能是一种以生物质作为载体的能量，是太阳能的另一种表现形式。生物质可以通过热化学转化等方式转化为常规的燃料，包括固态、气态和液态燃料等，是一种清洁的可再生能源。西方发达国家对生物质能的应用研究起步较早，而我国的生物质能产业起步较晚，且专业化程度较低，在低碳利用、节能减排方面面临巨大的挑战和压力。因此，研究国内外生物质能技术发展现状及趋势，提出我国生物质能利用的发展建议，进而为实现我国生物质能产业发展和节能减排提供重要参考，对推动我国能源革命、低碳经济发展及应对全球气候变化等国家重大战略实施具有重要意义。

1.2　农林废弃物资源分布

我国地域辽阔，自然条件复杂，又是农业大国，生物质资源丰富多样，开发潜力巨大。根据《3060 零碳生物质能发展潜力蓝皮书》数据，2020 年中国农林纤维类废弃物资源总量达到了 14.3 亿 t，其中，农作物秸秆资源总量为 8.3 亿 t，可收集资源量为 6.9 亿 t。根据《中国林业和草原统计年鉴（2021）》数据，林业纤维废弃物资源总量约为 6 亿 t，可能源化利用的资源量为 3.5 亿 t。

1.2.1　农业纤维类废弃物

1. 农业纤维类废弃物资源现状

农作物秸秆估算通常以收获指数或者草谷比计算。以收获指数计算某作物田间秸秆公式如下：

$$田间秸秆产量 = \frac{经济产量}{收获指数} - 经济产量 = 经济产量 \times \left(\frac{1}{收获指数} - 1 \right)$$

草谷比是指作物田间秸秆产量与经济产量之比，即作物副产品与主产品产量之比，以草谷比计算某作物田间秸秆的公式如下：

$$田间秸秆产量 = 经济产量 \times 草谷比$$

根据联合国粮食及农业组织（Food and Agriculture Organization of the United Nations，FAO）粮食生产统计数据库及《中国统计年鉴》数据。2014～2019 年中国秸秆资源状况如表 1-1 所示。

表 1-1　2014～2019 年中国秸秆资源状况　　　　　　　　单位：万 t

年份	秸秆资源总量	
	FAO 粮食生产统计数据库	《中国统计年鉴》
2014	94 146.1	81 143.1
2015	95 168.6	81 934.8
2016	96 516.1	82 198.7
2017	96 642.6	82 284.5
2018	97 958.5	82 981.8
2019	98 367.3	83 231.7

根据表 1-1 的数据，2019 年中国秸秆资源总量分别为 98 367.3 万 t 和 83 231.7 万 t，前者比后者高约 18.2%。造成数据差异的主要原因是 FAO 粮食生产统计数据包含了港澳台数据。另外，统计数据本身有差异，且统计作物的范围不一致。从 FAO 粮食生产统计数据看，2014～2019 年中国秸秆资源总体呈现上升趋势。

从《中国统计年鉴》数据看，2019 年小麦、玉米、水稻三大作物秸秆资源总量达到了 5.9 亿 t，占 71%。豆类、薯类、棉花、甘蔗的秸秆资源量分别达到了 2 496.9 万 t、1 664.6 万 t、1 684.4 万 t、4 993.9 万 t（图 1-1）。

由于社会经济条件和自然环境的差异，中国农作物种植结构存在区域差异，秸秆资源分布具有一定的地域差异性。整体看来，中国农作物秸秆资源主要分布在东北平原、华北-黄淮平原、长江中下游平原等地。河南、黑龙江、山东、江苏、四川、安徽、河北、吉林、湖南、湖北、内蒙古 11 个省（自治区）年秸秆可收集资源量均在 3 000 万 t 以上，属于全国秸秆资源丰富的区域，且资源密度相对较大。江西、辽宁、广东、陕西、山西、贵州、甘肃、重庆 8 省（直辖市）年秸秆可收集资源量为 1 000 万～3 000 万 t，属于秸秆资源丰富程度中等区域。其他省（自治区、直辖市）秸秆资源量较少，且资源密度亦较低，属于资源不足区域。

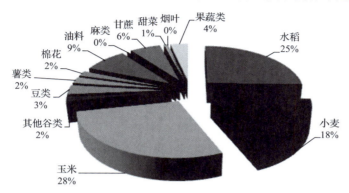

图 1-1 2019 年中国秸秆资源结构分布

2011～2016 年中国主要农作物秸秆变化趋势如图 1-2 所示。

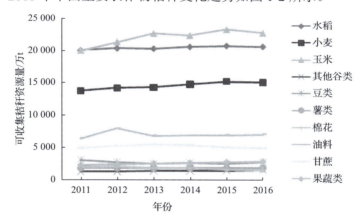

图 1-2 2011～2016 年中国主要农作物秸秆变化趋势

从图 1-2 可以看出，2011～2016 年三大作物（玉米、水稻、小麦）可收集秸秆资源量保持稳定增长，其他作物可收集秸秆资源量保持相对稳定。如表 1-2 所示，依据中国各类作物可收集系数，计算中国秸秆可利用资源量为 6.99 亿 t。

表 1-2 中国各类作物可收集系数

作物种类	可收集系数	作物种类	可收集系数
水稻	0.83	花生	0.85
小麦	0.83	油菜	0.85
玉米	0.83	芝麻	0.85
其他谷类	0.83	其他油料	0.85

续表

作物种类	可收集系数	作物种类	可收集系数
豆类	0.88	黄红麻	0.87
薯类	0.80	其他麻	0.87
棉花	0.90	烟叶	0.90
甘蔗	0.88	甜菜	0.88
果蔬类	0.60		

2. 农产品加工废弃物资源现状

2014～2019 年中国农产品加工副产物资源状况如表 1-3 所示。

表 1-3　2014～2019 年中国农产品加工副产物资源状况

年份	中国农产品加工副产物资源/万 t		
	FAO 数据	《中国统计年鉴》	差异
2014	10 914.84	10 944.74	−29.90
2015	11 047.26	10 799.33	248.03
2016	11 298.67	10 989.23	309.44
2017	11 514.84	11 053.91	460.93
2018	11 975.61	11 693.62	281.99
2019	12 173.56	11 928.41	245.115

由表 1-3 可以看出，两种数据来源计算的加工副产物量差异较小。2014～2019 年中国农产品加工副产物资源均高于 1.0 亿 t。

从图 1-3 中可见，2019 年中国主要农产品加工副产物中，玉米芯量最大，达到了 5 620 万 t，占 46%；其次是稻壳，4 860 万 t，占 32%；甘蔗渣和花生壳分别占 16% 和 6%。

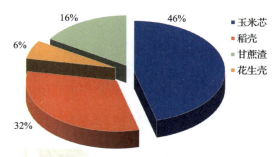

图 1-3　2019 年中国主要农产品加工副产物组成

图 1-4 统计了 2014～2019 年中国主要农产品加工副产物的产量变化趋势，对比分析发现，农产品加工副产物主要是玉米产量增加引起。

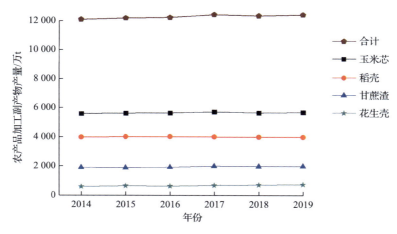

图 1-4　2014～2019 年中国主要农产品加工副产物的产量变化趋势

从图 1-5 中可以看出，超过 400 万 t 农产品加工副产物的省（自治区）分别是广西、黑龙江、吉林、河南、湖南、山东、四川、云南、内蒙古和江苏。广西农产品加工副产物以甘蔗渣为主，黑龙江主要是玉米芯和稻壳，吉林以玉米芯为主，河南以玉米芯为主，湖南则以稻壳为主。

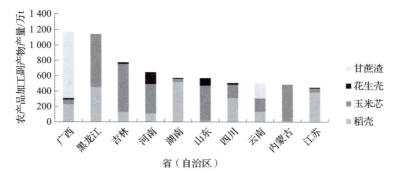

图 1-5　中国主要农产品加工副产物产量分布比例

1.2.2　林业纤维类废弃物

林业废弃物资源的可再生性、可循环性、生物多样性及对人类的亲和性特点，决定了林业生物质能产业独特的生态和谐、环境友好的基本特征，体现了以人为本，全面、协调、可持续的科学发展观和循环经济理念。它不仅可作为化石能源和石油化工产品的替代品，而且具有环境友好、可再生和资源丰富的优势。我国先后颁布了《生物产业发展规划》《可再生能源发展"十三五"规划》《能源发展战略行动计划（2014—2020 年）》等，积极发展能源替代品。国家林业和草原局也十分重视林业生物质能的研究开发，颁布了《全国林业生物质能源发展规划

（2011—2020 年)》，在良种选育和能源产品转化技术方面已形成良好的基础，为我国林业生物质能产业的发展提供了前所未有的发展机遇与空间。

1. 森林资源现状

1）林业用地资源

在有林地中，乔木林面积为 16 460 万 hm^2，占 86.10%；经济林面积为 2 056 万 hm^2，占 10.76%；竹林面积为 601 万 hm^2，占 3.14%。黑龙江、云南、内蒙古、四川、广西、江西有林地面积较大（占全国土地面积比例 5%以上)，合计 8 904 万 hm^2，占全国有林地面积的 46.58%。

林业用地是用于培育、恢复和发展森林植被的土地，包括有林地、疏林地、灌木林地、未成林地、宜林地和其他林地。根据《中国林业和草原统计年鉴（2021)》数据，全国林地面积为 31 046 万 hm^2，其中，有林地面积为 19 117 万 hm^2，疏林地面积为 401 万 hm^2，灌木林地面积为 5 590 万 hm^2，未成林地面积为 711 万 hm^2，宜林地面积为 3 958 万 hm^2，其他林地（苗圃地、无立木林地和林业辅助生产用地）面积为 1 269 万 hm^2。主要林业用地面积比例如图 1-6 所示。

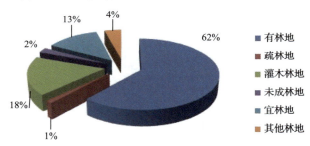

图 1-6　主要林业用地面积比例

2）森林资源概况

根据《中国森林资源报告（2014—2018)》，我国森林面积为 22 044.62 万 hm^2，森林覆盖率为 22.96%，活立木蓄积为 190.07 亿 m^3。其中，森林蓄积为 175.60 亿 m^3（表 1-4)。截至 2018 年，我国森林资源仍面临着总量不足的问题，森林覆盖率仅相当于世界平均水平的 61.52%，人均森林面积和蓄积分别不足世界平均水平的 1/3 和 1/6，可采资源严重不足，与社会需求之间的矛盾仍相当尖锐。因此，要发展林业生物质能，能源林培育是关键。

2. 林业生物质资源现状

林业生物质资源是森林内绿色植物生物量的总和。从发挥森林生态功能和推动森林可持续发展出发，按照生态和能源双赢的原则，发展生物质能，主要是充分利用林业废弃物、灌木林等林业生物质资源。

表 1-4　全国历次森林资源清查结果

年份	活立木蓄积/亿 m³	森林面积/万 hm²	森林蓄积/亿 m³	森林覆盖率/%
1973～1976	95.32	12 186.00	85.56	12.7
1977～1981	102.61	11 527.74	90.28	12.0
1984～1988	105.72	12 456.28	91.41	12.98
1989～1993	117.85	13 370.35	101.37	13.92
1994～1998	124.88	15 894.09	112.67	16.55
1999～2003	136.18	17 490.02	124.56	18.21
2004～2008	149.13	19 545.22	137.21	20.36
2009～2012	164.33	20 768.73	151.37	21.63
2014～2018	190.07	22 044.62	175.60	22.96

资料来源：第九次全国森林资源清查结果——《中国森林资源报告》。

1）林业废弃物

林业废弃物是指林业生产和经营过程中产生的未商品化利用的有机物质，包括枝桠、梢头、树桩（伐根）、枯倒木、遗弃材及截头等木质物质。林业生物质是指可用于能源或薪材的森林及其他木质资源，主要来源于薪炭林、林业采伐废弃物、木材加工废弃物、不同林地（薪炭林、用材林、防护林、经济林等）中育林剪枝和林业经营抚育间伐过程产生的枝条和小径木等。全国森林资源类型及生物量测算表如表 1-5 所示。

表 1-5　全国森林资源类型及生物量测算表

森林资源类型	面积/万 hm²	蓄积/面积/（亿 m³/万 hm²）	总生物量/亿 t
1）森林（乔木林）	22 044.62	175.6	188.02
成熟林、过熟林	3 624.06	65.83	71
近成熟林	2 861.33	35.14	35
中龄林	5 625.92	48.22	51
幼龄	5 877.54	21.39	20
2）各种林地			
经济林	2 094.24		30
竹林	641.16		6.7
四旁、散生、疏林	14.47	11.91	13.97
3）灌木林	5 590.22		4.5～6.7
4）其他			
林下灌丛			8～9
造林苗木	168 亿株		3～4
城市绿化、绿篱			4～5

林业生物质资源丰富，其中可作为能源利用的林木废弃物约 2.64 亿 t。中国林地生长废弃物、林业生产废弃物、能源林采伐物可获得废弃物总量 9.24 亿 t，其中森林采伐和造材废弃物占主导地位，年产量可达 3.22 亿 t，灌木林平茬废弃物 1.85 亿 t，经济林抚育修枝废弃物 1.48 亿 t。林产品生产加工废弃物 0.74 亿 t，废旧木制品 0.60 亿 t（表 1-6）。

表 1-6　林业生物质资源总量　　　　　　　　　　　　单位：亿 t

林业生物质资源类型		可获得废弃物总量	可作为能源利用的生物量
林地生长废弃物	灌木林平茬废弃物	1.85	1.03
	经济林抚育修枝废弃物	1.48	0.30
	四旁、疏林抚育修枝废弃物	0.47	0.16
	城市绿化抚育修枝废弃物	0.40	0.20
	小计	4.20	1.69
林业生产废弃物	苗木修饰、截杆废弃物	0.02	0.01
	森林抚育、间伐废弃物	0.06	0.01
	森林采伐、造材废弃物	3.22	0.49
	林产品生产加工废弃物	0.74	0.04
	废旧木制品	0.60	0.30
	小计	4.64	0.85
能源林采伐物	薪炭林	0.40	0.10
总计		9.24	2.64

根据第九次全国森林资源清查数据，全国林木蓄积年均总消耗量为 5.57 亿 m³，年均采伐消耗量为 3.85 亿 m³，占年均总消耗量的 69%。其中，森林采伐量为 33 360 万 m³。四旁树、散生木和疏林采伐量为 6 756.34 万 m³。全国林木蓄积年均净生长量为 7.76 亿 m³，大于年均采伐消耗量 25 229.83 万 m³。

根据《中国统计年鉴（2014）》和《全国林业生物质能源发展规划（2011—2020）》数据分析，中国林业废弃物分布相对集中，70%分布于长江以南，15%分布于东北地区。其中，福建、广西的林业废弃物资源最为丰富，年资源量可达 3 500 万 t 以上；云南、黑龙江、四川、湖南及辽宁的林业废弃物资源相对丰富，年资源量在 2 000 万 t 以上；西北、华北地区的林业废弃物资源不足，甘肃、新疆、宁夏、山西、青海 5 省（自治区）的林业废弃物资源约 592 万 t，仅相当于总量的 1.8%；华北地区（河南、河北、山东、山西 4 省）的林业废弃物资源相对不足，4 省资源总量为 2 765 万 t，占中国总量的 8.5%。

2）灌木林资源

灌木耗水量小、耐干旱、耐风蚀、耐盐碱、耐高寒，具有很强的复壮更新和自然修复能力，是干旱、半干旱地区的重要造林树种。在乔木树种难以适应的高山、湿地、干旱、荒漠地区常能形成稳定的灌木群落，灌木林的生态防护效益非常显著，尤其在我国生态脆弱的西部地区，保护和发展灌木林资源对改善生态环境、促进区域经济发展、增加当地农民收入具有重要的意义。

中国的灌木林分布广、面积大。全国灌木林面积为 5 590.22 万 hm²，占全国林地面积的 18.01%。其中，天然灌木林占 92.59%，人工灌木林占 7.41%。灌木林面积按林种分，防护林占 85.19%，特用林占 12.16%，薪炭林占 2.65%；按优势树种（组）分，排名前 10 位的分别是栎灌、杜鹃、柳灌、柽柳、金露梅、山生柳、竹灌、梭梭、荆条和柠条，面积合计 1 954 万 hm²，占全国灌木林面积的 34.96%。灌木林主要分布在西南和西北各省（自治区），西藏、内蒙古、四川、新疆、青海、甘肃、云南和广西等省（自治区）灌木林面积较大，占全国灌木林面积的 75.71%。全国灌木林面积分省构成如图 1-7 所示。灌木林面积占全省（自治区）林地面积比例最大的省（自治区）是西藏，达 50.26%。灌木林的生物量每公顷 2～8 t，以平均每公顷 4 t 计算，我国灌木林的生物量约为 2.24 亿 t，折合标煤 1.12 亿 t。根据沙生灌木等的生物学特性，为促进其生长，每 3 年平茬复壮一次，不仅可以获得可观的生物质资源，增加农民收入，同时也能带动当地的生态建设。

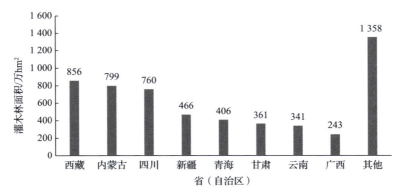

图 1-7　全国灌木林面积分省构成

1.3　农林废弃物生态利用技术现状

生物质能作为一种重要的可再生能源，在国际能源转型中具有非常重要的战略地位。生物质资源的现代化利用对缓解能源危机、解决全球气候问题具有重要贡献。近年来，世界各国日益重视生物质能的开发利用，使生物质能利用技术不断发展。各国为了大力发展生物质能，根据国情分别制定了相应的生物质能发展规划和相关目标。美国能源部（United States Department of Energy）计划在 2016～2040 年通过发展生物质能，促进生物质经济的可持续发展，并提出截至 2022 年实现生物基燃料产量 360 亿加仑/年（1 美制加仑≈3.79 L）。欧盟提出了"地平线 2020"（Horizon 2020）计划，强调开发新的生物质精制技术是利用生物质资源制备生物基产品、发展生物质经济的关键，提出 2030 年各成员国生物质能使用比例达到 27%。

按照生物质能产品划分，生物质热化学利用技术主要集中在生物质制备气体燃料、生物质制备液体燃料（生物质柴油、燃料乙醇等）、生物质制备固体燃料（生物质固体成型燃料、生物炭等）、生物质制备生物基材料与化学品等。

1.3.1　生物质制备气体燃料技术

生物质制备气体燃料技术包括高温热解法、超临界水气化法等。反应设备主要有固定床反应器、流化床反应器和气流床反应器等。生物质制备气体燃料技术日趋成熟，主要以沼气技术为主，还包括制备 H_2、合成气等。德国、瑞典等欧洲国家生物质沼气技术已达到产品系列化、生产工业化的标准。德国是农村沼气工程数量最多的国家，瑞典已经实现沼气提纯用作车用燃气，而丹麦大力发展集中型沼气工程，采用热电肥联产模式集中处理作物秸秆，畜禽粪便无害化利用技术已经非常成熟。

近年来，我国生物质制备气体燃料研究进展迅速，主要用于农村气化供气和气化发电，形成了多个具有国际一流水平的科研团队，如中国林业科学研究院林产化学工业研究所、中国科学院广州能源研究所、农业农村部沼气研究所等。中国林业科学研究院林产化学工业研究所自主研发了 3 000 kW 生物质锥形流化床气化发电系统，该项成果成功推广至菲律宾、日本等国家，推动了生物质能的规模化利用。

1.3.2　生物质制备液体燃料技术

生物质液体燃料被视为最具潜力的化石燃料替代品，较为成熟的生物质制备液体燃料技术是生物质制备生物柴油和燃料乙醇。目前，生物柴油和燃料乙醇最主要的生产地是美国、巴西、加拿大和欧盟大部分国家，占全球生物质能产量的 90% 以上。美国能源信息署（Energy Information Administration，EIA）数据显示，2021 年一季度，美国共有 88 家生物柴油冶炼工厂，产能 25 亿加仑左右，生物柴油年产量为 17 亿～18 亿加仑。生物柴油制备技术主要包括酸/碱催化酯化、高温热解、醇解、超/亚临界转化技术等。2019 年，全球脂肪酸甲酯类生物柴油产量为 409 亿 L。其中，欧盟国家产量占 30.3%，美国占 9.8%。我国也建成一些生物柴油生产示范/商业化装置，但作为燃油添加剂使用推广困难，而且生产规模小，产量较低，还未能实现生物柴油的产业化。

生物质制备燃料乙醇工艺主要有生物质裂解气化学催化合成和生物质直接发

酵技术等。2019 年，全球燃料乙醇产量为 8 672 万 t，其中美国燃料乙醇产量占全球燃料乙醇产量的 54%，巴西占 30%；美国现有燃料乙醇生产装置 205 座，年产量 158 亿加仑。目前，美国、巴西、加拿大等国家已使用车用乙醇汽油。我国燃料乙醇制备主要以玉米、木薯等为原料，已经逐步发展为继美国、巴西之后的第三大乙醇汽油生产国，并成功开展了车用乙醇汽油试点，年产生物基燃料乙醇约 260 万 t。但与欧美国家相比仍存在较大差距，并且燃料乙醇的主要原料之一为玉米，涉及与粮争地等问题，而林业木质纤维制备液体燃料技术尚不成熟。

1.3.3 生物质制备固体燃料技术

生物质制备固体燃料技术主要包括固体成型燃料技术和生物质炭制备技术。其中，生物质种类、颗粒、温度及成型设备等是影响生物质固体成型燃料技术的关键。生物炭制备技术主要包括高温裂解法和水热碳化法。生物质原料、热解方式和温度等是影响生物炭制备及其性质的重要因素。在生物质制备固体成型燃料研究方面，欧美国家处于领先地位，已经形成了相对完善的标准体系，涉及生物质原料收集与储藏、生物质固体成型燃料生产与应用等整个产业链。目前，美国、德国、加拿大等国家生物质固体成型燃料年产量已达 2 000 万 t 以上。2010 年，我国农业部颁布了生物质固体成型燃料行业标准《生物质固体成型燃料技术条件》（NY/T 1878—2010）、《生物质固体成型燃料采样方法》（NY/T 1879—2010），有力推动了我国生物质固体燃料的发展。中国林业科学研究院林产化学工业研究所在生物质炭研究方面取得突破，实现了不同生物质转化制备生物炭，并成功应用于多个领域，如用于室内空气净化，并制定了相关标准，有效规范了国内空气净化用碳材料市场。

1.3.4 生物质制备生物基材料与化学品技术

随着生物炼制和催化转化技术的不断发展，基于生物质原料的绿色可持续合成生物基材料与化学品技术发展迅速，产品主要集中在重要平台化合物和聚合物。生物基材料与化学品作为石油基材料与化学品的重要替代物，逐渐成为未来材料与化学品发展的重点，受到了世界各国的广泛关注。2015 年，美国已经加大了对废弃秸秆综合利用的研究，大大推动了生物质能的发展。美国自然工坊（NatureWorks）公司研发推出了 Ingeo 3801X 生物基塑料，具有良好的耐高温抗冲击性能，并具有友好的加工成型优势，广泛用于玩具、办公材料等领域。我国在"十一五"期间提出了"生物基材料高技术产业化专项"，并在"十三五"规划中将生物基材料作为重点研发材料之一，纳入我国战略新兴材料研发计划。由于我国对生物基材料研究利用的重视，我国生物基材料已具备一定产业化规模，并以每年 20%～30%的增长速度走向产业化应用阶段。中国林业科学研究院林产化学工业研究所成功研发了卧式、立式有机组合的连续化高温高压无蒸煮液化装置及工程化生产与控制系统，建成了年处理 8 万 t 木质纤维制备甲酯生产线，木质纤维原料转化率高达 95%，乙酰丙酸收率较传统蒸煮水解方法提高了 30% 以上（纯度>98%）。

我国作为农业大国，具有丰富的生物质资源。但是，我国生物质能发展起步较晚，2012 年我国出台《生物质能发展"十二五"规划》（国能新能〔2012〕216号），2016 年发布《生物质能发展"十三五"规划》（国能新能〔2016〕291 号）。2020 年，我国燃料乙醇产量为 8.8 亿加仑，位列美国、巴西和欧盟国家之后，占全球产量的 3%。截至 2019 年底，已有 13 个省（自治区、直辖市）试点推广 E10乙醇汽油，包括天津、黑龙江、河南、吉林、辽宁、安徽、广西、山西全境和河北、山东、江苏、内蒙古、湖北 5 省（自治区），乙醇汽油消费量约占同期全国汽油消费总量的 1/5。至 2040 年，生物质能需求量预计增长 14%，因此，发展生物质能源对改善我国能结构意义重大。

1.4　农林废弃物资源利用技术发展趋势

随着化石能源的枯竭和环境污染问题日益严重，必须寻求清洁、安全、可靠、可持续发展的新能源体系，从而保护自然资源和生态环境。生物质能是世界上最广泛的可再生能源，对其进行合理地开发利用，可为经济的可持续发展带来曙光。因此，作为新兴产业的生物质能产业面临着前所未有的机遇。但该产业在原料供应、转化技术、生产装备等方面存在技术瓶颈，研究开发能力弱、技术创新不足，导致生物质利用效率低、产业发展规模不大、生产成本过高、工业体系和产业链不完备等。要实现生物质能产业的健康、快速发展，必须在生物质原料的开发、转化技术升级、重大装备集成、产业化模式探索等方面进行科技创新，确保科技创新的顺利进行，支撑生物质能产业的发展。

1.4.1　生物质能转化基础理论研究

目前，对生物质能应用最多的是传统化学，以生物发酵为代表，包括传统的发酵制取乙醇和沼气，也包括现代的丙酮-丁醇-乙醇（acetone-butanol-ethanol，ABE）发酵技术制取丁醇和发酵制氢，以及生物化学转化技术，在微生物的发酵作用下生物质转化成沼气、乙醇等。生物质原料来源广泛，成分复杂，综合运用系统生物学、合成生物学、智能信息技术，研究生物质能转化的生理和代谢过程，并进行全面、系统的分析、认识、优化与协调，构建通用工程菌株，结合发酵放大过程的模拟仿真，获得生产生物质能和重要化工产品的先进菌株和技术。对纤维素类生物质转化醇、醚、烃等高品质液体燃料，多原料富厌氧微生物共发酵产氢、产 CH$_4$ 体系基础理论，边际土地新型生物质资源的种质创新和新品种选育等的研究需求迫切。

除了生物法转化之外，也可采用物理法。通过外力作用改变生物质的形态，得到高密度的固体燃料，从而克服生物质本身热值和密度较低的缺点。例如，通过高温/高压作用将疏松的生物质原料压缩成具有一定形状和较高密度的成型物，以减少运输成本，提高燃烧效率；或是将生物质原料破碎为细小颗粒后，在特定的温度、湿度和压力下压缩成型，使其热值提高，密度增加。成型后的生物质颗粒燃料热值接近煤热值的 60%，可以替代煤和天然气等。虽然国外对生物质固化技术早有研究，但严格保密。我国在这方面的研究还处于起步阶段，少数企业尝试用窑烧法等传统木炭生产技术制造成型炭，生产周期超过 20 天，且成品质量很不均匀，得率低。因此，迫切需要研究生物质转化为固体燃料的新技术。

1.4.2　生物质原料多元化拓展技术

目前，生物质原料主要来源于农作物秸秆、绿化废弃物、畜禽粪便等非粮物质。长期以来，人们常用堆肥、填埋、焚烧等方式处理生物质资源中的固体废弃物，导致废弃物处理时间长，污染土壤和水资源。虽然焚烧法的热值高，但成本高，而且易污染环境。若是能够高效利用这些废弃物来生产新能源物质，不仅可以增加产业利润，还可以解决环境污染的问题。农作物秸秆，包含其收获后的废弃物及农产品加工后的废弃物，是丰富的可再生生物质资源。随着城市园林绿化业的发展，绿化废弃物也逐渐增加。随着"菜篮子工程"的实施，我国养殖业逐渐发展壮大。家养的畜禽粪便不易汇集，会直接沤肥用于肥田。规模畜禽养殖场每年产生大量的养殖粪便，容易集中处理并充分利用，防止有机物的排放对环境和地下水造成污染。

工业生产中的有机废弃物、污水及城市生活餐厨垃圾等蕴藏着大量的生物质能。城市生活垃圾中约有 30% 为有机垃圾，2019 年我国城市生活垃圾年产量达 2.36 亿 t，且每年以 10% 的速度增长，对环境产生了严重危害。食品加工、畜禽屠杀、水产养殖和渔业、制糖、酿酒、造纸等行业每年产生的有机废弃物非常可观。

我国粮食主产区的陈化粮也是非常可观的生物质资源，除用于工业生产外，必要时也可以作为能源资源使用。其他的还有甘蔗、木薯、菊芋、高粱等。在贫瘠土地上可茂盛生长的各种植物，均为可开发的生物质资源。另外，还可以利用我国资源丰富、分布广泛的竹类资源，以竹类加工废弃物为原料生产生物乙醇或进行发电。

生物质资源通常零散地分布于各地，且与季节、气候有关，这些因素给生物质原料的集中带来了不利影响。收集利用各种废弃生物质资源，需要开发相关的高效率收集设备和系统优化的收集网络，培养具有高产、高能、高效转化、高抗逆的能源植物新品种。要开发木本植物、草本栽培、水生能源植物等新型生物质资源。在现有的经济水平和资源水平下，要大力开发应用生物质原料林，充分利用边际土地资源，规模栽培木本油料植物。生物质能的开发与利用涉及农业、交通运输、工业、通信、环保、能源等个领域，使生物质原材料的种植与养殖、收集、运输、仓储、管理等相关行业得以相应发展。各环节都是生物质能开发利用中必不可少的，因此，生物质能开发利用必将带动各产业协同发展。

1.4.3　生物质清洁高效转化关键技术

从 2008 年开始，化石燃料的价格接连升高，而用粮食转化的第一代生物燃料饱受争议。目前，全球都在探索第二代生物燃料。第二代生物燃料制备技术主要有以下几种。①发酵技术：通过纤维素发酵生产乙醇；②生物制氢技术：将生物质通过发酵制成 H_2；③生物 CH_4 生产技术，即沼气技术；④生物质合成油技术：用化学法将生物质制成液体燃料，这种液体燃料作为可再生的清洁能源，其具有能源多元化特性，是新能源技术的闪光灯。

1. 生物乙醇

糖类、淀粉类和木质纤维素类是生物乙醇生产的主要原料。各国使用的生物乙醇生产原料不同，美国以玉米为主；巴西主要是甘蔗；欧盟各国主要是小麦和甜菜；中国则以玉米、小麦、木薯为主。我国基于"不与人争粮，不与粮争地"的认知，充分利用非粮原料生产生物乙醇。重要化工产品乙烯的生产依赖化石能源。化石能源危机阻碍其生产，而利用生物乙醇制备乙烯则有大发展潜力。

2. 生物柴油

生物柴油主要依靠物理法和化学法生产。化学法中的酯交换反应应用较多。其对原料要求低，生产成本较低，但反应过程有副产品、二次污染等问题，制约着生物柴油的发展。近些年出现了微藻生物柴油，第一个开发利用微藻来生产生物柴油的国家是美国。国内外微藻生物柴油研究多处于开端阶段，限制其产业化的重要因素是原料成本高。因此，减少微藻产油成本是研究重点。

3. 其他生物燃料

沼气由微生物新陈代谢产生。微生物吸取生物质能量，产生 CH_4（主要产物）和 CO_2，秸秆、畜禽粪便等是沼气生产的主要原料。另外，将生物质在高温（700℃以上）下进行热解，并添加一些空气（O_2），即可生成生物质燃气，经纯化处理后可供车辆驱动使用。还可使用将 CO_2 转化成液体的电燃料，与生物光合作用相比，光伏技术的效率更高，因此，电燃料比光合作用产生的燃料具有更高的将太阳能转化为燃料的效率。

预处理是生物转化的起始步骤,针对不同生物质原料和后续转化的工业需求,需要开发高效、低能耗的原料预处理技术,特别是秸秆等木质纤维素原料的预处理技术还需要进一步完善。高效、低成本、稳定的生物质清洁转化技术是生物质能制备的核心环节,生物质液体燃料制备过程中的催化新技术也将是产业发展过程中的主流技术之一。此外,生物质清洁高效转化关键技术还包括降低生物柴油生产对环境污染的技术、提高产品质量的技术、温和加氢以获得高品质燃油的技术,规模化乙醇、丁醇、CH_4、H_2 等生物基产品的发酵清洁生产技术,节能节水的厌氧固态发酵技术等。

1.4.4　成套专业化设备装备技术

1.　直接燃烧技术

利用农作物秸秆作为生产用燃料进行生物质发电或热电联产是新技术,它有效地提高了生物质能的转换效率,解决了秸秆浪费、污染问题。目前,中国华能集团有限公司、中国大唐集团有限公司、中国华电集团有限公司、国家能源投资集团有限责任公司、国家电力投资集团公司五大发电集团,在全国农林生物质资源丰富地区建立十几个直燃发电厂;在制定秸秆燃料直燃发电技术标准,规范秸秆燃料直燃发电技术生产体系、捆型秸秆自动控制桁架移动式取捆与装载上料成套设备、木屑类物料输送设备及配套成套工程装备,以及发电厂优化运行等方面进行了初步探索,但生物质发电锅炉、炉前上料系统及标准化原料集储运等重大核心技术仍完全依赖进口。

2.　生物质固化成型技术

生物质固化成型技术在欧美、日韩等国家已比较成熟,生物质固化燃料在日本、美国等国家已经商品化,在工业生产、家庭采暖等领域均有使用。日本和欧美等国家的小型生物质燃料设备已经产业化,在供暖、发电领域得到普遍推广。国外已有较先进的流化床反应器、真空热解反应器等生物质制备设备。美国在生物质气化发电方面处于世界领先地位,发电量已超过其利用风能、太阳能、地热能发电量的总和。

3.　沼气生产技术

目前我国沼气生产主要以户用沼气生产技术和畜牧养殖场大型沼气生产技术为主。户用沼气生产技术相对成熟,在我国农村能源中占有很大的份额。我国以大型养殖场粪便沼气化利用为重点,突破了工业化沼气的技术难点,在适应不同气候条件下的发酵菌种筛选、驯化培养、工程化设施建设等方面达到或接近国际先进水平。但是，利用秸秆生产沼气技术还基本处于空白。由于秸秆木质素含量高，不易或不能被厌氧菌消化，导致消化效率不高且无法进行连续消化，产气量低，投入产出效益差。现有反应器主要是污水处理和畜禽粪便消化用反应器，缺乏适合秸秆物料特性，并能稳定、高效运行的专用反应器。

4. 生物质气化技术

经过不断研究、试验、示范，生物质气化技术已基本成熟，但是生物质燃气的品质难以满足相关设备的运行要求。生物质燃气与终端利用设备的耦合是生物质气化燃气利用的关键技术，相关技术尚存在许多不足之处。在气化过程中，因生物质材料中含有少量的氮（气化炉中通入空气作为介质时也会增加含氮量）、硫及部分金属元素，气化产生焦油，从而导致气化炉或者使用气态资源的设备管道易被焦油堵塞。虽然可通过提高热解温度的方式减少焦油，但又会造成高能耗，增加成本。

5. 压缩成型技术

我国生物质压缩成型燃料技术起步较晚，但发展迅速，主要引进韩国、日本、荷兰、比利时等成套设备，并以螺旋型机为主。目前，该技术已在多个省（自治区、直辖市）推广。由于成型模组件磨损较快，带来的直接问题是成本大幅增加，达不到规模化生产要求。常用的成型设备生产效率低下，原料适应性低，能耗高，设备关键部件（如模具）磨损快，因而发展相对缓慢。另外，产品标准化程度低，应尽快完善相应生产标准，使产品标准化。同时，发展相应的配套设备，如提供部件统一的燃烧炉，以供标准化的成型生物质燃料高效率地燃烧。

6. 纤维素生产燃料乙醇技术

我国在纤维素生产燃料乙醇领域开展了深入的研究，并步入快速发展时期。秸秆预处理技术、戊糖发酵产乙醇工程菌的构建及纤维素酶的高产关键技术等均取得了突破性进展，能用 6 t 秸秆生产出 1 t 乙醇。但是，总体来说，纤维素生产乙醇还处于研究开发阶段，还需要在转化技术方面进一步取得突破。突破生物质原料开发、轻化技术升级、智能化设备、产业化模式创新等技术瓶颈，才能实现大规模工业化生产。

今后重大装备创新集成研究重点包括生物质原料收集、培育、预处理设备和生产技术，生物质燃气预处理关键技术与设备，高效厌氧发酵新工艺与反应器，先进裂解液化技术与装备，集原料预处理、粉碎、压缩成型工艺为一体的、可移动的成型燃料加工技术和装备，以及废水微藻养殖反应器构建与产品加工等技术和装备的开发等。

1.4.5　工程示范与商业模式探索技术

据估算，地球上每年光合作用产生的生物质能量是世界主要燃料的 10 倍，但其利用率还不到 1%。我国已开展生物质燃气、液体生物燃料、固体成型燃料、生物基材料、生物基化学品、生物质发电、生物质资源产业技术成果的转化推广和应用。生物质直燃发电和气化发电逐步实现了产业化，生物柴油技术进入产业示范阶段，大中型制气工程工艺技术日趋成熟，生物质的直接、间接液化生产液体燃料技术已进行工业示范，在成型燃料方面已实现成套技术装备与标准化生产示范。在新型生物质能方面重点建设能源微藻高效生产技术与工程示范，进行高生物量能源植物规模化种植与基地建设，利用农业废弃物气化裂解液体燃料（羰基燃料、生物燃油等）技术与工程示范等。

生物质废弃物资源来源广泛，转化方法多样，可转化产品丰富。因地制宜，选择适当的生物质废弃物高值低碳转化商业化模式是实现其经济效益、社会效益和生态效益的关键。以生物质能生产过程评价和模拟为基础，通过加工过程分析，凝练出模块化的共性流程，集成化学工程、生物工程、生命周期评价等技术成果，建立生物质加工过程的虚拟实验系统，对加工过程放大进行技术经济预测，通过模拟和计算结果结合当地自然条件、社会需求和政策法规等确定生物质废弃物综合利用商业化模式。

我国是一个农业大国，具有丰富的农林生物质资源。因此，开发生物质能具有深远的意义，应用前景广阔。生物质资源的利用将是农业经济一个新的经济增长点，必将直接带动农村经济迅速发展，推动新农村建设的进程。因此，积极发展生物质能既可以解决国家能源安全问题，又可以有效改善生态环境，还可以为农林畜牧业废弃物增值，增加经济收入，催生新的产业链，是一举多得的国家战略。

第 2 章

生物质发电

2.1 概　　述

2.1.1 生物质清洁高效发电的重要意义

能源是经济和社会发展的基础。随着世界能源结构加速向绿色低碳转型，电力将取代煤炭在终端能源消费中的主导地位。预计 2050 年，我国电能占终端能源的比例有望达到 60% 左右。国网能源研究院有限公司发布的《中国能源电力发展展望 2020》预计，我国电力需求仍有较大增长空间，2035 年之前有望保持较快增速，2050 年将在当前水平上翻一番，上限可达约 14 万亿 kW·h。其中，风力发电、光伏发电和生物质发电等可再生能源发电装机容量占比将超过 50%。

生物质发电是目前总体技术最成熟、发展规模最大的现代化生物质利用技术。截至 2020 年，我国生物质发电总装机容量已达到 2 952 万 kW，连续 3 年位列世界第一。中国产业发展促进会生物质能产业分会发布的《3060 零碳生物质能发展潜力蓝皮书》预测，到 2030 年，我国生物质发电总装机容量将达到 5 200 万 kW，提供的清洁电力将超过 3 300 亿 kW·h，碳减排量将超过 2.3 亿 t；到 2060 年，我国生物质发电总装机容量将达到 10 000 万 kW，提供的清洁电力将超过 6 600 亿 kW·h，碳减排量将超过 4.6 亿 t。因此，发展生物质发电产业对于我国实现节能减排具有十分重要的作用。

生物质发电能同时解决我国城乡各类有机废弃物（农作物秸秆、林业废弃物、生活垃圾等）的无害化、减量化处理问题。如果这些废弃物没有得到有效利用，在自然分解的情况下，将释放出 CH_4 等温室效应更强的气体。另外，将燃烧后灰渣副产品用于农业，可以实现原料中营养元素（钾、钙、镁、磷等）的自然循环，从而减少合成化肥的使用，形成一条农业-环境-能源-农业的绿色低碳发展道路，助力我国乡村振兴战略实施。因此，生物质发电对保障电力安全可靠供应、保护生态环境和促进经济社会绿色低碳循环发展均具有十分重要的战略意义。

2.1.2　生物质发电技术分类

生物质发电技术主要包括直接燃烧发电技术、气化发电技术和混合燃烧（混燃）发电技术。

1.　直接燃烧发电技术

直接燃烧发电技术通常是指在蒸汽循环作用下将生物质能转化为热能和电能。在我国北方主要是利用小麦秸秆、玉米秸秆等发电，在南方则多以水稻秸秆、甘蔗渣为燃料进行发电。秸秆燃烧排放的灰渣属于草木灰钾肥，可直接供农户使用。

2.　气化发电技术

气化发电技术是把生物质原料经过预处理后由送料系统送入气化炉，在气化炉内不完全燃烧，发生气化反应，转化为带有一定杂质（灰分、焦炭和焦油等）的可燃气。通常在气化炉的出口设置分离器将其中的固体杂质去除，如果可燃气中含有对发电设备运行有影响的污染成分，还需要做进一步净化处理。生物质气化发电技术可以分为内燃机发电技术、燃气轮机发电技术、燃气-蒸汽联合循环发电技术和燃料电池发电技术等。

3.　混合燃烧发电技术

混燃发电技术可分为直接混燃发电技术和间接混燃发电技术。直接混燃发电技术是指在燃煤发电厂将生物质和煤经粉碎等预处理后按一定比例混合，根据燃料需求量分配至燃烧器，在锅炉中进行燃烧发电的技术。它不仅为生物质和煤的优化混合提供了机会，同时还可以利用现有的燃煤发电系统，使整个项目投资费用较低。

间接混燃发电技术一般指生物质气化混燃发电技术，是将生物质燃料在气化炉中转化的可燃气做净化处理后，再将可燃气与煤粉通过不同的燃烧器送入锅炉，使可燃气与煤粉在炉膛中混燃发电的技术。这相当于用气化炉替代粉碎设备，即将气化过程作为生物质燃料的一种预处理手段。生物质气化混燃发电技术同样可以利用原有的发电系统，不仅能保持较高的发电效率，而且由于送入锅炉的是气体燃料，对原锅炉燃烧影响较小。气化炉产生的秸秆灰和锅炉产生的粉煤灰可以被分别利用，提高了系统的经济性。

除了上述生物质发电技术外，还有沼气发电技术和垃圾发电技术。近年来随着大中型沼气工程的建设，沼气发电规模不断扩大。垃圾发电技术利用的不是常规农林生物质原料，因此在本节中不进行介绍。

2.1.3 生物质发电技术现状

1. 国外生物质发电技术现状

生物质发电起源于 20 世纪 70 年代，尤其是两次石油危机爆发后，欧美国家积极开发可再生能源，大力推行农林废弃物等生物质发电技术。近年来，生物质发电产业规模保持持续增长，主要集中在发达国家，印度、巴西和东南亚等发展中国家也积极研发或者引进技术建设生物质燃烧发电项目。国外以高效直接燃烧发电技术为代表的生物质发电技术已经成熟。

截至 2022 年，在英国、丹麦、芬兰、瑞典、荷兰等欧洲国家，以农林生物质为燃料的发电厂有 300 多座。其中，最大的是英国的伊利（Ely）生物质发电厂，装机容量 38 MW，年消耗秸秆 20 万 t。丹麦的 BWE 公司率先研究开发了秸秆生物质直接燃烧发电技术，被联合国列为重点推广项目。另外，东南亚国家以稻壳、甘蔗渣等为原料的生物质直接燃烧发电技术也取得了一定的进展。生物质混合燃烧发电技术由于技术简单且可以迅速减少温室气体排放，具有很大的发展潜力。美国有 300 多家发电厂采用该技术，装机容量达到 6 000 MW。英国有 13 个装机容量在 1 000 MW 的燃煤发电厂实施了混燃改造，最为著名的是 Drax 发电厂，在 2003～2020 年，逐步将 6 台 660 MW 煤电机组全部改造成 100%燃用生物质燃料，目前已成为 1 个无煤发电厂。在生物质气化发电方面，欧美国家相继开展了生物质整体气化联合循环（biomass integrated gasification combined cycle，BIGCC）发电技术的探索，但商业化项目较少，大多处于示范阶段。瑞典韦纳穆（Varnamo）发电厂是世界上首座 BIGCC 发电厂，采用福斯特惠勒（Foster Wheeler）公司的加压循环流化床气化技术，发电厂装机容量为 6 MW，供热容量为 9 MW，发电效率为 32%。随后，意大利、美国和英国等国家采用常压气化技术分别建设了容量为 8～16 MW 的 BIGCC 示范发电厂。但由于焦油处理与燃气轮机改造技术难度大，导致建设成本和发电成本均较高，BIGCC 发电技术短期内还难以推广应用。

2. 国内生物质发电技术现状

2005 年底，中国生物质发电装机容量约为 2 GW。其中，甘蔗渣发电约 1.7 GW，垃圾发电约 0.2 GW，其余为稻壳等农林废弃物气化发电和沼气发电等。2006 年《中华人民共和国可再生能源法》（简称《可再生能源法》）的实施极大推动了我国生物质发电产业的发展。我国第一座国家级生物质发电示范项目——国能单县生物质发电工程 1×25 MW 机组于 2006 年正式投产，随后全国出现了生物质发电厂由点到面的发展与壮大。

国内生物质直接燃烧发电的锅炉主要有炉排炉和循环流化床（circulating fluidized bed，CFB）锅炉。炉排炉主要使用秸秆生物质燃烧发电技术及国内锅炉厂家根据丹麦技术改进的技术。在引进技术的同时，国内科研机构和相关企业从早期在自备发电厂循环流化床锅炉中掺烧或纯烧生物质，逐步形成了中温中压、高温高压到高温超高压循环流化床的秸秆燃烧技术和装置，并建设了一系列以农作物秸秆为燃料的循环流化床直接燃烧发电示范项目。

在生物质混燃发电方面，华电国际电力股份有限公司十里泉发电厂是国内第一个生物质混燃类型的示范发电厂，该发电厂在原有 140 MW 煤粉锅炉的基础上进行混燃改造。改造采用添加专门生物质燃烧器模式，同时增加了秸秆预处理系统，折合生物质发电容量 26 MW。2012 年，国电长源荆门发电厂依托 640 MW 煤电机组建设的燃煤耦合生物质发电项目，采用气化混燃方式，折合生物质发电容量 10.8 MW。随后，以秸秆为主要原料的华电襄阳发电厂 10.8 MW、大唐长山热电厂 20 MW 燃煤耦合生物质气化发电项目建成投运，耦合发电有望成为我国未来生物质发电的发展方向。

我国从 20 世纪 60 年代初开始了生物质气化发电方面的研究，所开发的中小规模气化发电系统具有投资少、原料适应性强和规模灵活等特点，已研制成功的生物质气化发电机组功率可达 6 MW。气化炉根据结构可分为上吸式、开心式、下吸式和循环流化床气化炉等。采用单燃料气体内燃机和双燃料内燃机，单机最大功率已达 500 kW。

2.1.4　国内外生物质发电产业现状

1. 国外生物质发电产业现状

2009 年全球生物质能装机容量为 61.8 GW，至 2020 年达到 132.98 GW，实现了持续稳定的增长（灵动核心产业研究中心，2021）。生物质发电技术在发达国家已受到广泛重视，奥地利、丹麦、芬兰、法国、挪威、瑞典和美国等国家的生物质能消费量在总能源消费量中所占的比例上升较快。早在 2017 年，瑞典的生物质能消费量占全国一次能源消费量的 36%，排名第一。其中，生物质供热消费量占其全部供热市场的 70%以上，生物质能发电量约占总电力供应的 9%。丹麦在生物质直接燃烧发电方面成绩显著，其 BWE 公司率先研究开发了秸秆生物燃烧发电技术，迄今在这一领域仍是世界最高水平的保持者。欧洲是全球最大的生物质能市场，2019 年欧洲的生物质能发电累计装机容量接近 45 GW，远高于同期美国的生物质能发电装机容量，在整个配电系统中占据着约 15%的比重（新思界咨询集团，2022）。

虽然美国的生物质发电累计装机容量低于欧洲，但美国的生物质发电技术处于世界领先水平，生物质发电已成为美国配电系统的重要组成部分。美国各大农场的农业废弃物、木材厂或纸厂的森林废弃物是美国生物质发电的主要原料。据统计，美国已经建立了超过450座生物质发电站，且仍在不断增长。与此同时，美国生物质能发电累计装机规模仍在不断增长。数据显示，2017年，美国生物质能发电新增装机容量为0.17 GW，装机规模为13.07 GW，同比增长1.3%。

2. 国内生物质发电产业现状

目前，中国的生物质能产业发展初具规模，积累了一些成熟的经验，但在不同的应用领域，技术的成熟程度不尽相同。秸秆发电技术初步实现了产业化应用，生物质气化发电、生物质成型燃料等正进入商业化早期发展阶段。

《可再生能源法》的实施及一系列配套政策的颁布，特别是强制上网制度和电价补贴政策的出台，为生物质发电扫清了入网障碍，提供了经济保障。

我国的生物质发电以直接燃烧发电为主，技术起步较晚但发展非常迅速，主要包括农林生物质发电、垃圾焚烧发电和沼气发电。2021年4月，中国产业发展促进会生物质能产业分会发布的《2021中国生物质发电产业发展报告》显示，截至2020年底，全国已投产生物质发电项目1 353个，并网装机容量为2 952万kW，年发电量为1 326亿kW·h。其中，农林生物质发电装机容量为1 330万kW，发电量为510亿kW·h；垃圾焚烧发电装机容量为1 533万kW，发电量为778亿kW·h；沼气发电装机容量为89万kW，发电量约为38亿kW·h。值得一提的是，虽然生物质发电装机容量只占可再生能源发电的3.2%，但发电量却占到了6%。

除生物质直接燃烧发电外，我国还积极开展生物质气化发电及热电联产技术的研发和推广应用，已建成了200 kW至20 MW不同规格的生物质气化发电系统。

2018年，国家能源局、环境保护部联合发布《关于开展燃煤耦合生物质发电技改试点项目建设的通知》（国能发电力〔2018〕53号），确定技改试点项目共84个。相信通过这批试点项目的建设和补贴政策的进一步完善，燃煤耦合生物质发电将成为我国生物质发电行业新的增长点。

2.2　生物质燃烧发电技术

生物质燃烧发电技术是大规模高效洁净利用生物质能的重要方式，是目前生物质能的各种利用转化途径中最成熟、最简便可行的方式之一。生物质燃烧发电技术的推广应用对于推动我国生物质能利用技术的发展、保护环境与改善生态、提高农民生活水平等具有重要的作用。

2.2.1　生物质燃烧技术分类

根据燃烧系统的不同，生物质燃烧技术可分为层燃和流化床两种方式。

1）层燃方式

在层燃方式中，把生物质平铺在炉排上形成一定厚度的燃料层，进行干燥、干馏、还原和燃烧。一次风从下部通过燃料层为燃烧提供 O_2，可燃气体与二次风在炉排上方空间充分混燃。空气通过炉排和灰渣层被预热，并和炽热的炭相遇，发生剧烈的氧化反应。依据燃料与烟气流动方向不同，可将层燃方式分为顺流、逆流、交叉流 3 种。锅炉形式主要采用链条炉和往复推饲炉排炉。

2）流化床方式

流化床燃烧具有传热传质性能好、燃烧效率高、有害气体排放少、热容量大等一系列优点，很适合燃烧水分大、热值低的生物质燃料。流化床燃烧生物质在国内外应用较多。生物质燃料含灰量少，燃烧后难以形成稳定的床层，部分生物质因其特定的形状难以流化，因此，需要在流化床中加入合适的床料，蓄积大量的热量，便于低热值燃料快速干燥和着火。由于床内高温炽热颗粒的剧烈运动，强化了气固流动，使固体燃料表面的灰层被快速剥去，减少了气体的输运阻力并延长了颗粒在床内的停留时间，有利于颗粒燃尽。

2.2.2　生物质燃烧发电系统

生物质燃烧发电系统主要包括燃烧系统、汽水系统和电气系统。燃烧系统由生物质加工及传输系统、锅炉燃烧系统、烟风系统、除灰渣、烟气净化等部分组成。汽水系统由锅炉、汽轮机、凝汽器、除氧器、加热器等设备及管理构成。电气系统主要包括发电机、励磁装置、厂用电系统和升压变电所等。生物质直接燃烧发电厂与常规燃煤发电厂最为突出的区别就在于燃料准备输送系统和锅炉系统，这两者也构成了生物质燃烧发电厂的技术难点和核心。

1. 燃料系统

目前，国内的生物质燃烧发电厂所采用的燃料系统一般采用如下模式。①发电厂外燃料收集系统。秸秆等农业废弃物原料用于规模化发电，关于原料的收集和储运方式存在着多种模式，具体的方式应根据发电厂的装机容量、周边生物质原料种类、资源可获得性及土地状况而确定。②发电厂内燃料的输送及处理。将散碎的木片、棉花秸秆等燃料，从布置在卸料沟或原料场底部的送料机中取出，经由带式输送机送到主厂房内的配料机上，而后均匀分配到炉前料仓，由布置在料仓底部的分料机根据锅炉需要分配到各个炉前螺旋给料机，并给入锅炉。

2. 锅炉系统

锅炉是燃烧发电厂的三大主要设备之一。生物质发电厂一般常见的单机装机容量为 12 MW 或 25 MW，对应的锅炉蒸发量为 75 t/h 和 130 t/h 等级。国内目前的生物质发电项目使用炉型基本上以丹麦水冷振动炉排炉、国内锅炉厂家开发的水冷振动炉排炉和循环流化床锅炉为主。

3. 汽轮发电机系统

生物质发电厂的汽轮机和发电机设备与同规模的常规燃煤发电厂的设备相同，生物质发电厂汽轮机主要有抽气式和冷凝式。

4. 烟风及烟气处理系统

烟风系统主要由送风机、风道及调节挡板、风门、空气预热器、引风机、烟道及调节挡板和烟囱等组成，主要完成锅炉燃烧通风和烟气排放任务。

一般来说，生物质燃料为清洁能源，但随着国家烟气排放标准的提高和各地生物质燃料的组分及燃烧情况不一样，适当增加脱硫脱硝和除尘等环保设备是必要的。环境保护部和国家质量监督检验检疫总局联合发布了《火电厂大气污染物排放标准》（GB 13223—2011），生物质直接燃烧发电须按照燃煤锅炉的排放标准。现有锅炉排放限值分别为二氧化硫 200 mg/m³、氮氧化物（以 NO₂ 计，下同）200 mg/m³、烟尘 30 mg/m³ 及烟气黑度 1；新建机组的排放限值分别为二氧化硫 100 mg/m³、氮氧化物 100 mg/m³、烟尘 30 mg/m³ 及烟气黑度 1。也有部分地方执行更为严格的超低排放标准，即二氧化硫 35 mg/m³、氮氧化物 50 mg/m³、烟尘 5 mg/m³。

2.2.3 生物质燃烧发电典型案例

在国内生物质发电厂发展过程中，依次出现了中温中压机组、次高温次高压机组、高温高压机组和高温超高压机组。中温中压机组在国内第一批生物质秸秆发电厂中应用较多，多以 12 MW 抽凝发电机组配 75 t/h 秸秆锅炉为主。随着生物质收购价格的提高和生物质发电厂相关技术的成熟，现有发电厂因为较高的运行成本，亏损严重，目前已经被市场淘汰。次高温次高压机组常见规模为 2×15 MW 发电机组配 2×75 t/h 秸秆锅炉和 1×25 MW 发电机组配 1×130 t/h 秸秆锅炉，该类机组通常为供热机组。高温高压机组凭借较高的经济性和可靠性逐渐成为当前生物质发电厂的主力机组，常见规模为 1×30 MW 纯凝发电机组配 1×130 t/h 秸秆锅炉。我国第一个生物质直接燃烧发电示范项目——国能单县生物质发电工程引进丹麦 BWE 公司技术，采用济南锅炉集团有限公司生产的 130 t/h 秸秆燃烧锅炉，锅炉为全钢炉架，采用振动炉排和汽包炉模式，以秸秆为原料，可实现高温高压和自然循环，并具布袋除尘器；最大连续蒸发量 130 t/h，过热蒸汽压力 9.2 MPa，过热蒸汽温度 540℃，给水温度 210℃，锅炉效率≥92%。配置一台武汉汽轮发电机厂 C30-8.83/0.98 型抽凝汽式汽轮机项目于 2006 年建成并入网运行，年消耗生物质燃料 20 万 t，年发电量 1.6 亿 kW·h。

2011 年 11 月，广东粤电湛江生物质发电项目 2 号机组通过 72 h+24 h 满负荷试运行，正式投入商业运营。项目总装机容量为 2×50 MW 的高温高压汽轮发电机组，配 2×220 t/h 高温高压生物质循环流化床锅炉，是当时世界上单机容量及总装机容量最大的生物质发电厂（唐黎，2010）。试运行期间，该机组平均负荷为 50.3 MW，负荷率达 100.6%。锅炉为高温高压参数、自然循环、单炉膛、平衡通风、露天布置、钢架双排柱悬吊结构、固态排渣。

高温超高压生物质发电机组目前主要在武汉凯迪电力股份有限公司下属的生物质发电厂应用，采用具有自主知识产权的高温超高压循环流化床锅炉燃烧技术，配套的高温超高压汽轮机由西门子独家生产。德安县凯迪绿色能源开发有限公司（凯迪德安电厂）于 2016 年 12 月正式建成投产，项目总投资 3.3 亿元，包括 1 台 120 t/h 高温超高压循环流化床锅炉，配置 1 套 30 MW 高温超高压凝汽式汽轮发电机组。该项目每年消耗 25 万 t 农林废弃物，可发电 2.1 亿 kW·h，年产值 1.5 亿元以上。凯迪高温超高压循环流化床锅炉参数为：额定蒸发量 120 t/h，额定蒸汽压力 13.7 MPa，额定蒸汽温度 540℃，给水温度 240.5℃，给水压力 15.29 MPa，排烟温度 152℃，锅炉效率 90.072%。2016 年 8 月，由济南锅炉集团有限公司设计制造的 130 t/h 高温超高压再热生物质直燃循环流化床锅炉在山东菏泽市郓城县正式点火，这是世界首台 130 t/h 超高压再热循环流化床锅炉。

2.2.4　生物质燃烧发电存在的问题

（1）原料供给问题。生物质的收集、储运和预处理一直是生物质能利用技术发展的瓶颈。秸秆等农业加工剩余物原料较为分散、能量密度低，并且存在明显的区域性和季节性，所以收集、储运费用是生物质资源利用成本的主要部分。同时，由于生物质原料的纤维结构，其预处理困难，成本较高。目前，秸秆发电所需的打包机、切碎机及其他上料设备，产品质量差，生产能力小，亟须按照生物质发电的实际情况进行改进，以满足生物质发电厂燃料供应的要求。随着生物质发电技术在我国的推广应用，一些地方生物质发电厂的密集程度越来越大，已出现无序建设的苗头。加之农业、畜牧业、造纸和家具建材等行业对原料的争夺，生物质燃烧发电厂的原料供应难以保证。同时，新建发电厂的锅炉容量盲目求大，并未考虑生物质原料的特点和经济规模。在建设生物质发电项目时，应充分发挥当地优势，合理规划和布局，防止盲目布点。根据当地生物质资源的储量和分布特点，确定经济收集半径，选择合适的生物质燃烧发电厂的规模，并配套合理的生物质收集、储运和预处理方案，保证原料的稳定供应，提高系统的经济性。

（2）积灰、结渣和腐蚀问题。生物质中高的碱金属（钾、钠）含量导致生物质的灰分熔点较低，给燃烧过程带来许多问题。在燃烧过程中，高的碱金属含量是引起锅炉受热面积积灰、结渣和腐蚀的重要因素，会直接导致锅炉寿命和热效率降低等；同时高的碱金属含量还易引起床料的聚团、结渣，破坏床内的流化，使燃烧工况恶化（孙立，2011）。

在生物质燃烧利用过程中，降低燃料中的碱金属含量（与煤混烧或适当预处理手段），设法提高燃料灰分的熔点（加入添加剂），抑制碱金属的挥发性，以及探索选用新型的床料（非二氧化硅类床料），是解决生物质流化床积灰、结渣和腐蚀问题的有效途径。同时，在保证正常的流化床运行工况的前提下，适当地降低燃烧温度、合理地调节燃烧工况也是一种有效减少结渣的方法。

（3）高温氯腐蚀问题。生物质燃料与煤的一个显著不同在于生物质中的氯含量高，氯在生物质燃烧过程中的挥发及其与锅炉受热面的反应会引起锅炉的腐蚀。当生物质燃料（如水稻秸秆）含氯高时，将使壁温高于 400℃的受热面发生高温氯腐蚀。生物质燃料锅炉的高温氯腐蚀比燃煤锅炉严重，应予以足够重视。

生物质燃料锅炉发生高温氯腐蚀的原因主要是生物质中的氯在燃烧过程中以 HCl 形式挥发出来，与锅炉的金属壁面发生反应，生成的 $FeCl_3$ 熔点很低，仅为 282℃，较易挥发，对保护膜的破坏较为严重。除了对 Fe、Fe_2O_3 的侵蚀外，氯与氯化物还可在一定条件下对 Cr_2O_3 保护膜构成腐蚀。当氯、硫化合物共存时，不仅可加速硫酸盐的生成，也有利于 HCl、Cl_2 的形成，进而加速高温腐蚀过程。除了以上高温气体腐蚀和熔盐腐蚀外，HCl 气体还易在烟道出口处形成露点腐蚀。

在设计锅炉受热面时选用新的防腐材料，在实际运行过程中应当合理地调整工况，加入适量的脱氯剂或吸收剂脱除或减少 HCl 的排放，降低炉内 HCl 的浓度，可以减轻锅炉的高温氯腐蚀。考虑生物质燃料中的氯大部分是以游离氯离子的形态存在，收集原料时采用雨水冲刷后太阳晾干的生物质原料，在一定程度上可以缓解锅炉的高温氯腐蚀。

（4）氮氧化物排放问题。我国生物质锅炉燃料以农作物秸秆为主，与国外常用的木质类生物质原料不同的是，秸秆类生物质燃料氮的质量分数一般较高，如玉米秸秆可以达到 0.7%左右。因此，生物质燃料燃烧排放的污染物中，控制氮氧化物的排放是生物质清洁燃烧的重点。

目前，针对生物质锅炉的氮氧化物控制技术主要分为炉内脱硝和烟气尾部脱硝两类。炉内脱硝，即低氮燃烧技术，就生物质锅炉而言，常用的低氮燃烧技术有空气分级燃烧、燃料分级燃烧和烟气再循环等。烟气尾部脱硝包括选择性催化还原和非选择性催化还原两种技术。

2.3　生物质气化发电技术

生物质气化是指生物质在高温条件下气化生成含有 CO、H_2、CH_4 等的可燃性气体，也含有一定量的 CO_2、H_2O、N_2 和其他烃类化合物。可燃气不仅用于供气，还用于发电。小型发电系统主要由固定床气化炉和内燃机组成,而大型发电系统一般由流化床气化炉和燃气轮机组成。

2.3.1　生物质气化技术及设备

生物质气化有多种形式,不同的分类方式对应有不同的气化种类。目前有两种分类方式:一种是按气化剂分类;另一种是按设备运行方式分类(刘晓 等,2015;常圣强 等,2018)。

（1）按气化剂分类。生物质气化按是否使用气化剂可以分为使用气化剂气化和不使用气化剂气化两种。不使用气化剂气化只有干馏气化一种,而使用气化剂气化又可以分为空气气化、O_2 气化、H_2 气化、水蒸气气化和复合式气化等形式。如不特别说明,一般所指的气化剂均为空气。

（2）按设备运行方式分类。生物质气化按设备运行方式可以分为固定床气化和流化床气化两种主要形式。生物质气化炉分类如图 2-1 所示。

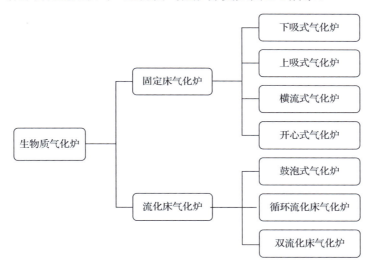

图 2-1　生物质气化炉分类

2.3.2　生物质气化发电系统

生物质气化发电系统一般包括以下几个子系统（中国电力科学研究院生物质能研究室,2008）。

（1）生物质原料的预处理系统。根据不同的生物质原料、气化设备类型和规模的大小,需要对生物质原料进行不同的预处理。一般来说,固定床气化炉需要把原料切碎或压块,而流化床气化炉则需要把原料粉碎或造粒。

（2）生物质气化系统。对于小型的气化发电系统,燃气发生装置通常选用固定床气化炉，最常见的是下吸式气化炉。下吸式气化炉一般为负压运行，生物质原料和气化剂全部由气化炉上部加入，燃气和气化灰渣由炉体下部排出。该种炉型所产燃气中的焦油含量较少，但生物质的运动方向和气体流向相同，燃气中夹带的灰分较多，加重了后续净化系统的负担。另外，固定碳含量高，也影响了该炉型的气化效率。这种类型的气化炉结构简单，操作方便，原料不用预处理，对加料口密封要求不严，甚至可以敞口运行，尤其适于农村地区蓬松的玉米秸秆、小麦秸秆等生物质原料，并较适应我国偏远地区的工业发展和操作水平现状，所以在小型的气化发电系统中应用广泛。

各种流化床（包括鼓泡流化床、循环流化床、双流化床等）气化技术是比较适于气化发电工艺的气化技术。它运行稳定，包括燃气质量、加料与排渣等非常稳定，而且流化床的运行连续可调；最重要的是它便于放大，适于生物质气化发电系统的工业应用。当然，流化床也有明显的缺点：一是原料须进行预处理，使原料满足流化床与加料的要求；二是流化床气化产生的燃气中飞灰含量较高，不便于后续的燃气净化处理。对于高流化速度的循环流化床和双流化床还可能需要使用石英砂等床料作为热载体来辅助流化运行，增加了发电厂的运行成本。另外，生物质灰渣的熔点较低，为了防止床内结渣，流化床气化炉的温度普遍较低，一般为700～900℃，所以产生的燃气中焦油含量较高，不便于后续的燃气净化处理。流化床气化炉的运行操作和控制较复杂，也在一定程度上限制了其在农村区域或小企业中的应用。再加上运行费用较高，流化床气化炉不适于小型气化发电系统，只适于大中型气化发电系统。

（3）气体净化及冷却系统。由气化炉生产出来的燃气都具有一定的温度，并带有一定量的杂质，包括灰分、焦炭、焦油和水分等。带有杂质的燃气需经过净化系统把杂质除去，并且需要冷却，以保证燃气发电设备的正常运行。各种杂质含量与原料特性、气化炉的形式有很大关系。燃气净化的目标就是要根据气化工艺的特点，设计适应发电技术的合理有效的净化工艺，保证气化发电设备不会因杂质而产生磨损等问题。

（4）燃气发电系统。生物质燃气的热值通常较低（例如，空气气化时只有4～6 MJ/m³），杂质含量高，所以生物质燃气发电技术虽然与天然气发电技术、煤气发电技术的原理一样，但它有更多的独特性，对发电设备的要求也与其他燃气发电设备有较大的差别。

总的来说，生物质气化发电有两种基本形式：一是采用燃气内燃机；二是采用燃气轮机。为了提高系统效率，可以考虑同时采用蒸汽联合循环发电系统。燃气内燃机与燃气轮机主要是根据气化发电系统的规模来确定的。虽然两者之间有明显的界限，但在国际上，传统观点认为燃气内燃机比较适用于5～10 MW的气化发电系统；燃气轮机比较适用于10～20 MW的常压气化发电系统；超过20 MW

的气化发电系统都带有蒸汽联合循环，系统效率有明显的提高。所以，在大规模应用时，燃气轮机具有更明显的优势。

（5）余热综合利用系统。无论是燃气内燃机，还是燃气轮机，发电后的尾气温度为 500～600℃，有大量的余热可以利用。生物质气化炉出口的燃气温度（700～800℃）也很高。所以，为了提高整体的能量利用率，发电过程中的余热可以通过余热锅炉产生蒸汽并进入蒸汽轮机发电或冷、热、电联产联供，通过余热锅炉和过热器把这部分的气化余热和燃气发电设备的余热利用起来，用以产生蒸汽，再利用蒸汽循环进行发电，是大部分大型生物质气化发电系统采用的气化发电工艺。该工艺与传统的整体煤气化联合循环（integrated gasification combined cycle, IGCC）发电系统相同，所以一般将该工艺称为生物质整体气化联合循环。余热锅炉利用燃气轮机排气换热加热给水，通常与烟气冷却器联合产生蒸汽。由于受排烟温度限制，蒸汽参数通常为：额定蒸汽压力 4～6 MPa，额定蒸汽温度 450～500℃。

目前，国际上已建成的 BIGCC 示范项目容量大部分为 10 MW 左右，所以系统总效率远比煤的 IGCC 系统总效率低。即使这样，大部分生物质的 BIGCC 项目效率都在 35% 以上，比一般简单的生物质气化-内燃机发电系统高出了近 1 倍。由于规模受限，目前国外的 BIGCC 系统几乎全部采用专门改造的燃气轮机设备。但由于焦油处理技术与燃气轮机改造技术难度很高，仍存在很多问题，如系统未成熟、造价很高、实用性很差等，限制了其应用推广。

2.3.3　生物质气化发电典型案例

1. 国内生物质气化发电典型案例

我国有良好的生物质气化发电基础，近年来一些科研机构在已有的谷壳气化发电技术基础上进行研究，主要对发电容量和生物质原料种类进行了探索，系统的容量已发展到 6 MW，发电方式也从单一的燃气内燃机发电发展为燃气蒸汽联合循环发电，系统发电效率最高可达到 28%。

一般的中型秸秆气化系统功率为 500 kW 至 5 MW，由于气化炉容量较大，多采用循环流化床形式。

1）500 kW 生物质气化多能联供系统

山东省科学院能源研究所设计了 500 kW 生物质气化多能联供系统，其流程如图 2-2 所示。该系统主要由气化炉、废热锅炉、内燃机发电机组和溴化锂空调机组组成。其中气化炉采用上下吸复合式固定床装置，使用高温蓄热室将燃气加热到 1 000℃ 左右，使其中的焦油在高温下裂解为小分子的可燃气体。高温燃气排出气化炉后进入废热锅炉换热，产生蒸汽。初步冷却的燃气经除尘净化和进一步冷却后进入内燃机发电机组燃烧发电，并入电网。由内燃机发电机组排出的尾气与废热锅炉产生的蒸汽进入双热源溴化锂空调机组，冬季供暖，夏天制冷。内燃机发电机组外循环水带出的热量可以给附近建筑物提供生活热水。该系统通过余热梯级利用，实现冷、热、电、气的联产联供，大幅提高了系统的整体能源利用率，系统能量转化率大于80%。

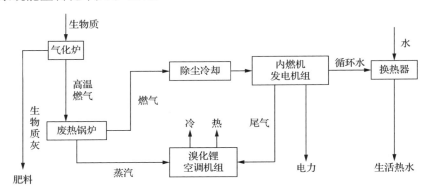

图 2-2　生物质气化多能联供系统流程

2）生物质气化联合循环发电工程

"十五"期间，在国家高技术研究发展计划（863计划）支持下，中国科学院广州能源研究所建成国内首个生物质气化内燃机–蒸汽轮机联合循环发电示范工程，系统装机规模为4.5 MW（内燃机组）+1.5 MW（汽轮机组），发电效率超过26%。2012～2014年，在国家科技支撑计划的支持下，建成2 MW生物质气化发电及热气联供系统，研制出了发电效率为34.5%的8300D/M-2非增压型500 kW低热值生物质燃气内燃机，示范系统发电效率为25.5%，热电联供总热效率为52.3%。2021年底，在国家重点研发计划战略性国际科技创新合作重点专项项目支持下，在泰国建设的1 MW生物质气化发电和热电气联供示范工程成功并网发电，将机组发电效率提高到35%以上，系统发电效率≥27%，热电联供总热效率≥50%（刘华财 等，2019）。

3）沼气热电肥联供工程

除了利用农林废弃物高温气化产生的燃气发电外，我国还利用养殖场禽畜粪便，通过微生物厌氧发酵产生以CH_4为主要可燃成分的沼气，采用专门的沼气发电机组发电。

在中荷合作开展的"促进中国西部农村可再生能源综合发展应用"项目的支持下，农业部于2006年在甘肃荷斯坦奶牛繁育示范中心完成了兰州花庄奶牛场沼气发电项目的建设。该工程依托奶牛场牛粪产生的沼气进行发电，总计配备2台76 kW发电机组，机组发电效率为24.4%，供热效率为40.5%，总效率达64.9%。花庄沼气热电肥联供工程工艺流程如图2-3所示。新鲜牛粪经调浆池、酸化池预处理后发酵产生沼气，沼气经由脱水、脱硫等工艺后进入发电机组发电，产生的电并入电网用于厂区内部生产，发电余热则用于酸化池及发酵塔供热，发电副产品沼肥、沼液则可以用于出售或还田。该工程工艺先进，系统耦合性好，能源利用率高，实现了热电肥联供的高效产业模式。截至 2015 年 9 月，该工程共生产沼气 241.5 万 m³，发电 270.2 万 kW·h，净收益 239.1 万元，取得了很好的社会效益与经济效益（李金平 等，2017）。

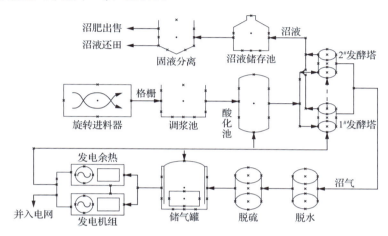

图 2-3　花庄沼气热电肥联供工程工艺流程

2. 国外生物质气化发电典型案例

1）瑞典韦纳穆电站

韦纳穆电站是世界上第一个用木材作为燃料的 BIGCC 电站。电站采用瑞典南方电力公司（Sydkraft）和福斯特惠勒公司合作开发的以空气作为气化剂的增压循环流化床气化技术，既生产电力，又向韦纳穆城供热。它的主要设备除了气化炉、净化设备和燃气轮机之外，还包括余热锅炉，产生过热蒸汽，蒸汽进入抽汽凝汽式汽轮机。

韦纳穆电站的技术数据和设备状况如下：原料为木片，气化炉压力为 1.8 MPa，气化温度为 950～1 000℃，气化净效率为 83%，发电量为 6 MW，供热量为 9 MW，蒸汽压力为 4 MPa，蒸汽温度为 455℃。韦纳穆电站气化炉产气组分和热值见表 2-1。

表 2-1　韦纳穆电站气化炉产气组分和热值

气体组分							热值/（MJ/m³）
CO/%	H₂/%	CH₄/%	CO₂/%	N₂/%	苯/（mg/m³）	轻焦油/（mg/m³）	
16～19	9.5～12	5.8～7.5	14.4～17.5	48～52	5 000～6 300	1 500～2 200	5.0～6.3

2）奥地利居兴热电厂

芬兰美卓（Metso）公司采用双流化床气化器建设了奥地利居兴市的热电厂。居兴双流化床气化热电联产系统流程如图 2-4 所示。生物质原料从进料斗输送到计量仓，并通过旋转阀系统和螺杆进料到气化器中。气化器由两个区域组成，1个气化区域和 1 个燃烧区域。废热产生的蒸汽流入气化区来产生中热值燃气（高位热值 12 MJ/m³），燃烧区通入空气燃烧循环物料为气化过程提供热量。产生的燃气通过冷却和两级净化系统。水冷式热交换器将气体温度从 850～900℃ 降低到160～180℃。第一阶段净化系统是 1 种织物过滤器，用于将颗粒物、焦油与产气分离，颗粒物则返回到气化器的燃烧区。第二阶段净化过程中，通过洗涤器将焦油从气体中分离出来。含有焦油和冷凝液的液体被气化并进入气化炉的燃烧区。洗涤器将气体温度降低至约 40℃，这对于燃气内燃机而言是必需的。最终，清洁的气体被送入燃气发电机组以产生电能和热量。气化器燃烧区的烟气用于预热空气，烟气排放到环境之前通过过滤器将飞灰分离。

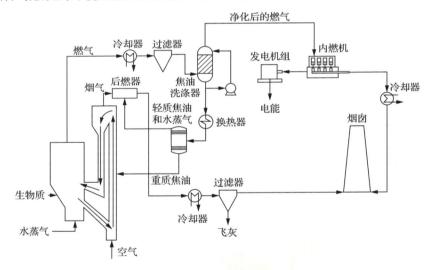

图 2-4　居兴双流化床气化热电联产系统流程

系统以木片为原料，燃气组成中 CO 体积含量为 20%～30%；H_2 为 35%～45%；CH_4 为 8%～12%；CO_2 为 15%～25%；N_2 仅为 3%～5%。输入燃料热功率为 8 MW，输出电功率为 2 MW，输出热功率为 4.5 MW，发电效率为 25%，热效率为 56.3%，系统效率为 81.3%。

2.3.4　生物质气化发电存在的问题

生物质气化发电技术的大规模商业化推广在技术、资金和制度方面还存在不少障碍和问题（刘媛，2014）。

1. 技术障碍

我国生物质气化发电系统多采用燃气内燃机发电方式，它具有设备紧凑、操作方便、适应性强等优点。但是该方式也有重要缺陷，如发电机单机功率低、气化效率偏低、气体内焦油等杂质含量高、处理不当容易造成二次污染等。

生物质气化发电技术的主要问题是焦油问题，也是气化发电技术的关键部分，气化过程产生的焦油过多，导致发电或供气过程出现一系列技术问题。气化过程产生的气体焦油遇冷会形成液态焦油，造成管道堵塞及气缸污染。火花塞或燃气孔堵塞，会导致发电和供气设备无法正常运行。解决焦油问题最彻底的方法是将焦油裂解为永久性气体，因而研究焦油裂解的实用方法是当前亟须解决的问题。

二次污染是生物质气化发电技术的另一个问题。气化装置及净化装置需要用大量的水作为除尘、除焦介质，当含有焦油的水和带有灰尘的气体排出，就会造成二次污染。除尘只须提高分离器效率即可。对于废水的处理问题目前还没有更好的方法，最根本的方法就是减少焦油的产生。

2. 资金问题

生物质能发电的投资和发电成本远高于火力发电，是制约生物质能发电企业发展的主要因素。由于生物质能发电燃料的特殊性，在发电厂的建设、设备的选型与运营维护、原料的收集等方面都要耗费大量的人力、物力和财力。具体来说，发电成本高主要体现在两个方面。

（1）固定投资大。我国生物质能发电项目的单位投资在 12 000 元/kW 左右，而燃煤发电厂的单位投资约为 4 000 元/kW，生物质能发电项目的单位投资是燃煤发电厂的 3 倍。

（2）运营成本高。我国生物质能发电处于起步阶段，一些关键技术还不成熟，发电设备比较落后，从而导致生物质能发电厂的运营成本较高；再加上发电厂的管理落后，在燃料的存储、运输过程中产生较高的费用，由此增加了发电厂的运营成本。

3. 制度障碍

由于目前国家没有保证生物质气化发电上网的政策，特别是没有标准的购电合约，发电厂经营风险较大，减弱了投资者的投资兴趣，阻碍了生物质气化发电的发展。

2.4　生物质混燃发电技术

生物质混燃发电技术是指将生物质与煤、天然气等传统化石能源共同应用于锅炉燃烧并产生电能的技术。生物质混燃不仅可以减少对传统化石能源的消耗，实现对生物质能的有效利用，而且可以解决单纯燃烧生物质出现季节性燃料供应短缺的问题，有着很好的应用价值和前景。在生物质混燃发电厂中，生物质与煤混燃较多。根据混燃形式的不同，生物质与煤混燃主要可分为直接混燃与间接混燃。其中，间接混燃主要是指将生物质气化后送入锅炉与煤混燃，由于涉及生物质气化技术，间接混燃实现起来相对复杂一些，但由于其具有较好的环保性和经济性，近年来受到越来越多的关注。

2.4.1　生物质直接与煤混燃发电技术

生物质直接与煤混燃发电技术也称作直接混燃发电技术，包括以下实现方式。

方式一：不设立单独的生物质预处理设备及燃烧器，将生物质与原煤混合后直接利用现有燃煤处理设备和燃烧器混燃，如图 2-5 技术路线①所示。这种方式实现起来较为容易，且投资少，但是生物质种类繁多，不同生物质的含水率、可磨性及可燃性各有差异，所以这种方式仅适用于橄榄/棕榈壳、可可壳及锯末等木质生物质原料，而草本类生物质在给料和切碎处理时则可能会出现问题。

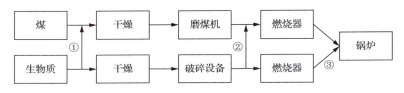

图 2-5　直接混燃技术实现方式

方式二：不设立单独的生物质燃烧器，只设置独立的生物质预处理和给料输送线，经过机械或者气动形式给料，在现有的燃煤喷入系统和燃烧器中燃烧，如图 2-5 技术路线②所示。这种情况下燃料的混合发生于燃烧器，不会影响化石燃料的输送系统，但投资会相对较多。

方式三：设立单独的生物质预处理设备及燃烧器，如图 2-5 技术路线③所示。这种方式提高了可以给入锅炉的生物质的数量，但其安装相对较为复杂且价格昂贵。

直接混燃发电实现方式对比如表 2-2 所示。

表 2-2　直接混燃发电实现方式对比

方式	初期投入	运行成本	掺混	适用生物质	主要优缺点
一	少	低	干燥前	木质类生物质	投资少，实现简单，但不适用于草本类生物质
二	中	中	燃烧器前	各类生物质	投资适中，燃料适应性较好
三	多	高	锅炉	各类生物质	投资多，燃料适应范围广

　　生物质燃料具有高挥发性、低热值、低硫分、高碱金属含量及低能量密度等特点，将生物质与煤进行混燃，一定程度上可减少纯煤燃烧过程中的污染物排放，降低对化石能源的消耗，但是过高的掺混比例会降低锅炉燃烧效率，原料内部过高的碱金属含量会导致其灰渣的熔融温度降低，易造成锅炉管道的堵塞和腐蚀。此外，在燃煤锅炉中过量掺混生物质还会影响锅炉的出力性能，而适当掺混生物质则可以改善燃煤的燃烧性能，保证锅炉的出力性能。因此，选择合适的掺混比例是实现二者混燃的关键所在。考虑生物质中碱金属元素对锅炉运行的影响，对于含碱金属较多的生物质，一般掺混比例在 10%～20%为佳；而对于碱金属含量不高的生物质，掺混比例可以适当提高（陈海平 等，2013）。

2.4.2　生物质气化与煤混燃发电技术

　　生物质气化与煤混燃发电技术也称为间接混燃发电技术。间接混燃发电流程如图 2-6 所示。生物质原料经预处理后由进料系统送入气化炉，在气化炉中，发生气化反应并生成可燃的生物质气化气，随后将气化气送入锅炉与煤粉共同燃烧以释放热量（高金锴 等，2019）。需要注意的是，气化过程中会生成一些固体杂质，因此需要在气化炉的出口处设置分离器以除去飞灰。此外，如果气化气中含有影响锅炉运行的污染成分，气化气还需要在进入锅炉之前进行进一步净化。

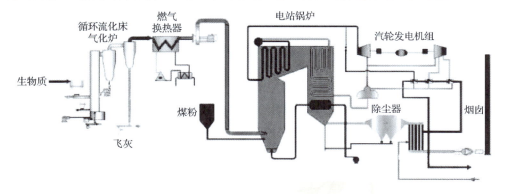

图 2-6　间接混燃发电流程

　　生物质直接混燃发电可以一定程度上减少传统化石能源燃烧时所带来的环境污染，但是由于大部分生物质中氮含量较高，生物质直接混燃发电通常也会导致烟气中氮氧化物排放量增加，为污染物控制带来新的问题。此外，生物质灰与煤灰具有较大的特性差异，生物质直接混燃发电也会带来煤灰成分与特性改变的问题，导致锅炉灰渣难以被利用，而且由于生物质燃料特性而带来的锅炉积灰、结渣等问题也时有发生。生物质间接混燃发电相对生物质直接混燃发电，可以避免生物质中有害成分（碱金属、氯、低熔点灰分等）对燃煤锅炉的影响，降低了燃烧时对燃料质量的要求，从而扩大了混燃时生物质原料的可选范围。同时，生物质间接混燃发电技术可以将生物质灰同燃煤灰分离开来，可以实现较高的生物质掺混比例，而与生物质气化后直接发电相比，生物质间接混燃发电技术的发电效率则会高很多。

除了生物质直接混燃与生物质气化后间接混燃方式外，还有其他一些混燃方式，如将生物质燃烧后的烟气送入燃煤锅炉以利用其热焓，将生物质与煤分别燃烧后向一个共同的终端供应蒸汽。

2.4.3　生物质混燃发电典型案例

近年来，随着生物质利用技术的成熟和能源结构升级的需要，生物质混燃发电项目逐渐增多。全球目前已有超过 150 个生物质混燃发电项目。大部分混燃发电项目采用的是直接混燃发电技术，也有一些间接混燃发电技术及其他混燃发电方式的项目。

在全球范围内，生物质混燃发电应用领先的国家有美国、德国、荷兰、英国、瑞典、澳大利亚和荷兰等。21 世纪以来，我国的生物质混燃发电应用取得了积极进展，目前已有华电国际电力股份有限公司十里泉发电厂、国电长源荆门发电厂、华电襄阳发电厂及大唐长山热电厂实施了生物质混燃发电。

1.　生物质直接与煤混燃发电案例

生物质直接与煤混燃发电投资较少、技术较为成熟，目前应用较多，国内外均有相关案例（毛健雄，2017）。

（1）芬兰 Oy Alholmens Kraft 生物质发电厂。该发电厂建有 1 台容量为 240 MW 的循环流化床锅炉，采用多种燃料，其燃料种类构成为：木质燃料 30%～35%，来源于制浆造纸工厂；锯木废弃物和林业废弃物 5%～15%，来源于短距离内的锯木厂和林产业；泥煤 45%～55%，来源于发电厂附近；燃煤或者燃油 10%，主要用于启动或辅助燃料。因为锅炉容量大，每小时需要供应近 1 000 m^3 的燃料。因此，对于燃料给料系统的要求非常高。林业废弃物经打包加工送入发电厂，在发电厂内进行破碎。其锅炉炉膛尺寸为 8.5 m×24 m×40 m，生物质混燃比例可为 0～100%的任何比例。

（2）英国渡桥（Ferrybridge）发电厂生物质混燃发电改造项目。该发电厂原有 4 台 500 MW 的单炉膛前墙燃烧自然循环煤粉炉,前墙配置 48 台低氮氧化物煤粉燃烧器。在 2004 年,4 台锅炉中的 2 台经改造升级成为生物质混燃锅炉,生物质与煤采用了原磨煤机进行粉碎,并在原燃烧器中同时燃用两种燃料,虽然降低了改造成本,但是这种方式限制了生物质的掺混比例不能超过 3%,否则就会影响磨煤机的性能。另外两台锅炉于 2006 年改造升级成为了生物质单独处理、单独燃烧的生物质混燃锅炉,在锅炉后墙新增了 6 台专门用于燃用生物质的燃烧器,从而使生物质掺混比例达到了 20%。该发电厂主要燃用废木屑颗粒、橄榄核及炼制橄榄油的废产品等,每台锅炉每天消耗生物质原料约 1 440 t,可提供约 100 MW 的电力输出,并且每年可实现 CO_2 减排量约为 100 万 t,取得了较好的经济效益与环境效益。英国政府对生物质掺烧项目的相关奖励政策,使该发电厂在不到一年的时间内完成了 5 000 万英镑投资的全部回收。

(3)华电国际电力股份有限公司十里泉发电厂秸秆发电工程项目。该项目采用了丹麦 BWE 公司的相关技术,在原有 5 号机组(锅炉为煤粉炉,四角切圆燃烧方式,容量 400 t/h,配套机组容量 140 MW)的基础上,增设了两台输入热量为 30 MW 的秸秆燃烧器,同时增加了 1 套秸秆输送、粉碎设备和 1 个周转备料场,并对供风系统和机组相关控制系统进行了改造升级,最终满足两种燃料独立燃烧及混燃的需要。为保证大容量高参数机组的正常发电,该项目秸秆燃烧系统的秸秆燃烧量为 14.4 t/h,秸秆的最低热值是 15 MJ/kg,每台秸秆燃烧器功率为 30 MW,生物质燃料输入热量占锅炉总输入热量的 18.5%,对锅炉热效率的影响较小。2005 年底项目总体调试投入运行,锅炉燃烧稳定。该项目是国内在秸秆与煤粉混燃发电方面最早的示范和尝试,为该领域技术装备的开发和产业发展提供了宝贵的经验。

2. 生物质气化与煤混燃发电技术案例

(1)荷兰 Amer 发电站在其 9 号机组上进行了间接混燃发电技术的改造。9 号机组为煤粉炉系统,机组净生产能力为 600 MW(发电)和 350 MW(供热)。1998～2000 年,安装了一台热功率为 83 MW 的鲁奇低压循环流化床生物质气化炉,运行温度为 850～950℃,将废木材(约 15 万 t/年)进行气化。电站最初的设计方案是,在蒸汽发生锅炉中将气化燃气冷却到 220～240℃,同时进行蒸汽回收,然后经袋式过滤器将颗粒物脱除,经湿式清洗单元将氨和可凝焦油等脱除,经过净化的燃气被再次加热到 100℃后送入燃煤锅炉燃烧器中燃烧。从袋式过滤器中收集的飞灰将部分循环到气化炉中,作为床料的一部分,湿式清洗单元的清洗水经脱氨之后将喷入锅炉炉膛。

经初期运行,出现了非常迅速和严重的燃气冷却单元水管的沾污现象,其主要与焦油和炭粒等的沉积有关。为了解决这个问题,对燃气冷却系统和净化系统进行了较大的改造，采用燃气粗净化后直接送入锅炉的方式。改造后的系统中，燃气被冷却到约 500℃，处于焦油的露点以上，然后利用旋风除尘器收集热态的燃气颗粒物。改造后系统运行良好。该项目输入锅炉的气化燃气和燃气冷却器所产蒸汽的总能量相当于锅炉输入总能量的 5%，气化燃气对燃煤锅炉系统的运行和排放性能没有表现出明显的负面影响。

（2）芬兰拉赫提（Lahti）发电厂。该发电厂于 1998 年开始投入使用，装机容量为 200 MW，其生物质燃料占比为：木质生物质，包括树皮、锯末、木屑、森林废弃物及切割和板材废弃物、研磨的木粉、毁坏的木材，占 47%；回收的垃圾（再生燃料）占 40%；旧轮胎、切碎的塑料等占 10%；泥煤占 3%。拉赫提发电厂采用了循环流化床气化炉对生物质原料进行气化，气化产生的生物质气化气直接送入煤粉炉中与煤混燃，生物质气化气热输入份额占发电厂总热源输入的 15%，并实现了 10%的 CO_2 减排。此外，其氮氧化物浓度及二氧化硫浓度分别降低了 30 mg/m^3 与 60～75 mg/m^3，分别下降了 5%与 10%，在粉尘排放上，该发电厂在实现生物质混燃后粉尘浓度降低了 15 mg/m^3，取得了较好的经济效益与环境效益。

（3）国电长源荆门发电厂生物质气化耦合发电项目。该项目依托国电长源荆门发电厂 7 号机组（640 MW 燃煤机组），新建了一套大型生物质高速循环流化床气化装置。项目采用稻壳、秸秆等进行生物质气化生产燃气，将其送入现有大型火电机组锅炉燃烧，进行生物质气化再燃发电，残渣作为生产有机肥料的原料从而实现了综合利用。该项目是我国大型燃煤发电厂首次使用生物质气化混燃发电技术，其生物质处理能力为 8 t/h，折合发电容量为 10.8 MW。

该工艺流程是燃料在微负压和 700～900℃条件下气化，产生的燃气先经旋风除尘器净化，再经燃气换热器降温至 400～450℃，最后由高温风机送至锅炉，随即经锅炉两侧墙对冲布置的 4 台气体燃烧器燃烧。该生物质气化-再燃系统的主要特点包括：采用了燃气净化冷却系统，从而避免了燃气混燃时锅炉产生积灰和被腐蚀；采用热燃气燃烧方案，避免焦油在燃气系统及管道中凝结、沾污；采用燃气再燃方式，可有效降低机组的氮氧化物排放浓度。该系统于 2012 年投入运行，为我国生物质气化耦合发电技术的推广应用提供了宝贵的经验。

3. 其他混燃方式案例

生物质直接混燃发电技术与生物质间接混燃发电技术的差别主要在于生物质以何种形式进入锅炉燃烧。两种混燃形式中，生物质燃料与化石燃料均在同一锅炉混燃。除此之外，生物质燃料也可在独立锅炉中燃烧，其燃烧后产生的蒸汽再与化石燃料锅炉所产蒸汽共同送入同一汽轮机中发电，这也是实现生物质混燃的一种途径。

丹麦 Avedore 电站 2 号机组采用了上述概念。Avedore 2 号机组包括 1 台超临界压力锅炉、1 台当时最先进的蒸汽轮机及当时最大且效率最高的生物燃料锅炉，机组是由丹麦东方电力公司和瑞典大瀑布电力公司（Vattenfall）联合投资建造的。机组位于哥本哈根城市附近，于 2002 年初投入商业运行（王立双，2013）。

　　该电站以天然气、燃煤、燃油等化石燃料和秸秆、木颗粒等作为主要燃料。每种燃料在锅炉内都是独立燃烧，从而避免了不同燃料由于其特性差异而导致的相互干扰，也有利于后续的灰渣利用。主锅炉采用大型超临界煤粉锅炉，额定功率为 430 MW，发电效率可达 48%以上。配套烟气净化、蒸汽轮机和发电机，以及 2 台 51 MW 轻型燃气轮机用于调峰发电并通过余热回收实现预热锅炉给水。生物质锅炉则采用了 Benson 型振动炉排燃烧秸秆锅炉，热功率为 105 MW，蒸汽温度为 540℃，生物质锅炉单元每小时须消耗秸秆捆 50 个，年消耗秸秆量为 15 万 t。

2.4.4　生物质混燃发电存在的问题

　　生物质混燃发电相对于传统燃煤发电虽然有污染少、燃烧特性好等优点，但是在实际运行中仍然存在着一些问题。

1. 生物质混燃发电存在的技术性问题

　　生物质混燃发电应用中存在的技术性限制因素主要来自生物质燃料特性方面，包括燃料准备、处理和储存、磨碎和给料、与化石燃料不同的燃烧行为、总体效率可能下降、受热面沉积、聚团、腐蚀和磨损、灰渣利用等。这些限制因素的影响程度取决于生物质在燃料混合中的比例、燃烧或气化的类型、混燃系统的构成及化石燃料的性质等（原国栋，2014；黄明华，2011）。

　　生物质混燃发电应用中的限制因素表现在生物质破碎系统匹配度不高。具体为适用性不够广及破碎粒度不均匀，该问题易导致无法利用目标地区的部分种类生物质；而粒度不均匀则导致气力输送过程易堵塞，一些发电厂为避免破碎粒度不均导致的堵塞现象，缩小了生物质选用范围，使当地部分生物质原料不能得到有效利用。这不仅是生物质资源的一大浪费，而且也不利于发电厂的长期稳定运行，加重了生物质燃料季节性供应短缺的问题。

　　此外，生物质中普遍有较高的碱金属含量，再加上氯含量也较高，从而使生物质混燃后的飞灰容易在高温下熔融并黏附在锅炉受热面上，并最终导致受热面积灰、结焦或被腐蚀。高温下生物质混燃灰渣极易软化，灰渣黏接性较强。即便增大锅炉过量空气系数，仍然无法减轻混燃锅炉积灰、结渣倾向。因此，如何较好地解决生物质混燃过程中锅炉的积灰、结渣问题是推广应用生物质混燃发电技术的关键之一。考虑生物质中灰分含量较低，若能控制好生物质掺混比例，则可以有效降低锅炉腐蚀和积灰的发生频率，也可根据生物质灰成分，添加一些添加剂，避免积灰、结渣现象的发生。发电厂灰渣常被用于建筑行业，因此，生物质混燃对发电厂灰渣特性的影响也受到了国内外学者的广泛关注。北欧国家针对木质生物质材料产生的飞灰进行了较多研究。实验室测试结果表明，当采用木质材料混燃所产生的飞灰作为原料时，其对于建筑材料的特性没有表现出明显的负面效果。当采用草本生物质材料混燃所产生的飞灰作为原料时，碱、氯和其他特性可能会影响很多重要的建筑材料特性。

　　与直接混燃相比，间接混燃可以通过独立的生物质气化炉较好地解决上述问题，而不会对原有燃煤锅炉的运行产生较大影响。生物质间接混燃可以通过将生物质在气化炉中气化，并将相对容易处理的生物质燃气送入锅炉燃烧来应对床层结渣、腐蚀、沾污等问题。但是，生物质间接混燃需要解决生物质燃气燃烧对火焰稳定、燃气再燃及燃煤飞灰难以燃尽等问题。同时，生物质燃气的燃烧仍有可能对下游对流换热面和烟气净化装置的运行产生影响，如增大了烟气流量、降低了烟气温度等。

　　上述混燃系统中遇到的相关技术挑战可以通过一些上游或下游措施进行解决。上游措施包括向现有燃煤系统中引入专门的生物质基础设施、采用先进的混燃模式、控制混燃比例、采用适宜的生物质预处理等。生物质预处理通过修改生物质的属性，可从源头上解决问题，如进行水洗淋滤，进行制粒、烘焙以提高能量密度和处理性能等。下游措施包括更换锈蚀或磨损的设备、通过吹灰清洁积灰、更换聚团的床料等。在混燃过程中添加一些化学品可以降低生物质燃烧的影响。研究结果显示，生物质燃烧中添加硫酸铵能将气态氯化钾转化为硫酸钾，并使腐蚀速率和沉积形成速率降低 50%。加入白云石或者高岭土，可提高生物质灰分熔点以减少碱性化合物的负面影响。

2. 生物质混燃发电存在的非技术性问题

　　近几年，我国生物质混燃发电技术发展迅速，但在发展过程中也逐渐暴露出了一些非技术性的问题，如当前生物质燃料收购价格过高。根据相关调研结果，一些项目的生物质收购成本从开始时的 50～150 元/t，升至 300～400 元/t，加之前几年煤炭价格下跌，生物质价格与煤炭价格倒挂严重，不少掺烧项目因此出现亏损情况（周国忠，2017）。在新建生物质混燃项目时，应提前对生物质收集成本进行详细评估，包括当地生物质种类、价格、运输距离、收集方式、是否有其他企业争夺生物质资源、农民提供秸秆资源意愿等问题，并结合当地补贴政策，计算对应生物质价格的掺烧发电成本，确定合理的掺烧比例。

　　此外，我国生物质混燃发电行业一直存在着生物质混燃发电是否应享受电价补贴的争议。一方面，监管部门在现阶段还很难精确、有效地判断生物质混燃发电项目中哪些电是煤炭发出来的，哪些电是生物质燃料发出来的。在监管尚存困难的情况下，对生物质混燃发电进行有针对性的电价补贴必然难以实现。另一方面，生物质混燃发电出现较晚，与传统燃煤发电相比，技术成熟度还远远不够，加之生物质燃料收购价格过高，因此能否享受电价补贴及受到国家直接的经济支持是生物质混燃发电项目能否顺利推进的关键，关系着生物质混燃发电企业的生死存亡。

国家发展和改革委员会（简称"发改委"）发布了《国家发展改革委关于完善农林生物质发电价格政策的通知》（发改价格〔2010〕1579 号）和《国家发展改革委关于完善垃圾焚烧发电价格政策的通知》（发改价格〔2012〕801 号），对农林生物质和垃圾纯烧发电项目进行了电价补贴，有力促进了纯烧生物质发电行业的发展。但是针对生物质混燃发电，目前尚未有相关电价补贴政策出台，财政部、国家发改委、国家能源局发布的《关于公布可再生能源电价附加资金补助目录（第二批）的通知》（财建〔2012〕808 号）明确将包括燃煤与农林生物质、生活垃圾等混燃发电在内的其他生物质发电项目剔除出了国家可再生能源电价附加资金补助目录，并指出生物质混燃发电由地方制定出台相关政策措施，解决资金补贴问题。

生物质混燃发电相对生物质纯烧发电出现较晚，在发改价格〔2010〕1579 号和发改价格〔2012〕801 号文件出台的时候，生物质混燃发电在国内尚没有项目投产，而生物质混燃发电发展至今，其上网电价能否享受相关补贴则成为相关企业、投资机构及地方政府最为关心的问题（范道津 等，2010）。

生物质混燃发电技术要实现在电力行业的推广应用，还须进一步提升技术水平，提高经济性。

2.5　生物质供热技术

我国是一个供热需求大国，除了居民生活供暖，我国快速发展的工商业也亟须供热来满足生产需要。目前，我国供热需求面积已超 70 亿 m²，供热总需求量达到了 35 亿 GJ。国内供热热源仍以化石能源为主，在生产热力的过程中，由于技术水平限制及监管不到位等原因，污染物排放量大，造成了一定程度的大气污染。此外，我国天然气严重依赖进口，在部分依赖天然气能源供热的地区到了冬季容易出现气荒。因此，我国亟须找到能替代传统化石能源的供热热源。生物质能源分布广、污染小，是实现清洁供热的理想热源。

"十二五"时期，我国生物质供热产业发展较快，生物质能开发利用规模不断扩大。目前，我国生物质锅炉在供热工程运用中主要使用固体成型燃料，该燃料是以秸秆、木屑、林下物等农林废弃物为原材料，经过烘干、粉碎、混合、挤压等工艺，压制成结构紧密、颗粒状、可在锅炉上直接燃烧的一种便于运输和储藏、燃烧效率高且污染物排放量低的新型清洁燃料（任敏娜，2012）。

2.5.1　生物质成型燃料燃烧技术及设备

早在 20 世纪 90 年代，日本、美国及欧洲一些国家的生物质成型燃料燃烧设备就已经定型，并形成了产业化，在加热、供暖、干燥、发电等领域已普遍推广应用。目前常用的用于燃烧生物质成型燃料的炉型主要有层燃炉与流化床锅炉。

1. 层燃炉

层燃炉技术发展至今已经比较成熟，层燃炉是用于生物质成型燃料燃烧的首选设备之一。但是由于层燃炉炉内温度不高等燃烧特点，采用层燃炉燃用生物质成型燃料，往往存在着氮氧化物排放不达标等问题。在燃烧木质颗粒及农业秸秆颗粒时，其氮氧化物的排放浓度达到了 $300\sim500$ mg/m³，难以满足各地对氮氧化物排放标准的规定值。此外，层燃炉中燃料与空气混合均匀度相对较差，再加上炉内受热面温度相对较低，容易导致炉内出现积灰、结渣的情况。因此，如何较好地解决层燃炉中积灰、结渣及氮氧化物排放超标的问题是采用层燃炉燃用生物质成型燃料时需要重点考虑的问题。在采用层燃炉燃用生物质成型燃料的应用方面，欧美国家起步较早，已发展出多种适用于生物质成型燃料的层燃炉。比利时的温克生物质层燃炉由于具有较好的环保性及对结渣问题具有较好的解决效果受到了人们的广泛关注。温克生物质层燃炉采用了水冷往复炉排，从而使生物质在炉排上燃烧的温度低于灰分熔点，灰渣不会随烟气溢出，一定程度上解决了结渣的问题。它的炉膛采用了三通道设计，与垃圾焚烧炉结构布置相似，有利于降低对流受热面的烟气温度，减轻积灰与腐蚀，在保证烟气停留时间的同时做到高度最小化，20 t/h 燃稻壳生物质锅炉高度仅为 15 m。

国内小容量生物质层燃炉主要采用往复炉排，以木质颗粒为主要燃料，其代表为 $2\sim10$ t/h 燃木质颗粒的往复炉排蒸汽锅炉。如果燃烧农业秸秆颗粒，则在炉排上出现严重结渣现象，锅炉热效率下降。为解决积灰、结渣的问题，国内一部分锅炉厂也针对性地开发出了一些燃用生物质成型燃料的层燃炉。例如，济南锅炉集团有限公司的高温高压联合炉排炉，在高温受热段采用了特殊的材料与结构，从而防止了大量渣层的产生。另外，为了更有效地解决氮氧化物排放超标的问题，一些锅炉厂采用生物质颗粒固定床气化炉，气化炉产生燃气后送到炉膛燃烧。虽然氮氧化物排放能够达标，但是气化炉内结渣严重，不能长期稳定运行。为此，研究人员开发了层燃半气化连续燃烧生物质锅炉。将炉膛分为低温气化段、固定碳燃烧段和二燃室再燃段，靠近给料一侧是低温气化室，气化温度为 $700\sim800℃$，低于灰分熔点 $200\sim300℃$，气化室内将生物质中 $60\%\sim70\%$ 的挥发分释放出来，产生的半焦在燃烧段燃尽，因生物质固定碳含量低，在燃烧段温度低于灰的软化温度，从而较好地解决了结渣问题。

2. 流化床锅炉

小型供热锅炉（2～10 t/h）在燃烧生物质成型燃料时，鼓泡流化床是首选炉型。由于生物质成型燃料水分低、挥发分高、燃烧充分，一般没有必要增加旋风分离器，通常在炉膛出口布置二次燃烧室即可。我国在过去建设了超过 3 000 座鼓泡流化床锅炉，虽然在燃烧劣质煤方面发挥了极大的作用，但普遍性能不佳，面临淘汰。随着生物质成型燃料的发展，这些锅炉可以加以改造用于燃烧生物质成型燃料供热，从而可以避免资源与投资的浪费（别如山，2018）。

当供热容量大于等于 10 t/h（7 MW）时，一般采用循环流化床；燃烧生物质成型燃料的 10～20 t/h 循环流化床锅炉目前还应用得比较少；大于 20 t/h 的生物质锅炉一般用于发电，以燃烧生物质散料为主。

2.5.2　生物质供热系统

生物质供热系统根据供热规模可分为大型集中供热系统和中小型户用供热系统（分布式供暖）。

1. 大型集中供热系统

生物质大型集中供热系统主要有生物质锅炉供热及生物质热电联产两种形式。生物质锅炉是指以生物质成型燃料为原料的纯供热锅炉，除了前文介绍的两种燃用生物质成型燃料的炉型以外，还有专用于燃烧生物质粉体原料的锅炉。生物质锅炉纯供热与生物质热电联产除了在锅炉参数方面有区别外，纯供热机组还无须设置汽轮机等发电设备，投资相对更少。生物质热电联产是指采用生物质为燃料的热电联供技术，主要有以下两种工艺流程（樊瑛 等，2009）。

1）背压式汽轮机组

背压式汽轮机组是相对于凝汽式汽轮机组而言的，其差别是凝汽式汽轮机组中汽轮机的排汽被冷凝成水再送回锅炉系统，而背压式汽轮机组中汽轮机的排汽是直接供给了热用户，背压式汽轮机组的排汽参数主要取决于热用户的要求。

2）抽汽凝汽式机组

抽汽凝汽式机组是指在适当的级后开孔抽取已经部分做功发电后的合适参数进行蒸汽供热，其抽汽有可调整抽汽和非调整抽汽两类，可调整抽汽提供给热用户，非调整抽汽为系统自用。

实施热电联产可以大幅提高系统效率，节约能源并减少温室气体和污染物排放。生物质热电联产技术较为成熟。对于新建热电联产项目，须充分考虑当地资源条件和热力需求的供给平衡，根据资源特性开发不同技术类型的生物质热电联产项目。

生物质供热系统还包括供热传递过程、热转化过程及供给用户使用过程。根据供热用户的不同，整个燃烧系统又可分为生产用供热和生活用供热。在生产用供热中，为了减少热能在传送过程中的损失，常在工业园区中建设独立的供热锅炉，并在园区内铺设专用的生产用热力管网，从而缩短供热传递距离，实现热传递过程的节能。为了进一步减少生产用、生活用供热中供热管网的热能损失，还要加强对供热管网的保温绝热处理，这需要对供热管网的铺设位置、掩埋方法及绝热材料包裹等进行综合考虑。

2. 中小型户用供热系统

中小型户用供热系统在国外尤其是欧洲应用较多，国内尚在起步阶段。相对于大型的热电联产，零散分布的以生物质为燃料的分布式能源系统同样可以实现节约能源和保护环境的目的。这些小型的分布式能源系统还与传统的电力和天然气的供能系统相结合，来满足当地居民社区的能源需求（主要为热和电）。在欧洲，超过 3 000 个城镇拥有这样的供热系统。欧洲市场上比较常见的用于中小型户用供热的燃烧设备可分为集中供热锅炉和生物质燃烧炉两种类型。

除了上面介绍的传统生物质供热技术外，国内外研究人员还探索出了生物质太阳能联合供热的生物质供热新技术（周瑞辰，2018）。该技术是在生物质能供热系统和太阳能供热系统的基础上开发的，弥补了生物质能和太阳能分别供热时的缺点，充分利用了可再生能源，可以满足不同季节的供热需求。在夏季，由于供热需求较小，以太阳能供热为主，以生物质能供热为辅；到了冬季或者夜晚，由于太阳能供应不足且此时供热需求较大，便可以引入生物质能供热，并以生物质能供热为主，太阳能供热为辅，从而实现了对两种可再生能源的充分利用，并减少了燃用生物质所带来的污染物排放。

2.5.3　生物质供热典型案例

1. 瑞典恩雪平市热电厂

瑞典恩雪平市热电厂（生物质能源考察组，2006）由 VARMEVERKET 公司投资建设，热电厂采用炉排式直接燃烧发电、供热，至今已运营 20 多年。在建设之初，该热电厂使用的燃料主要为煤等传统化石能源，后经过技术升级改造转变为生物质热电厂，并取得了较好的经济效益和环境效益。该热电厂拥有自己的能源柳基地，专供热电厂生产需要。除此之外，该热电厂还燃用周边生产、生活产生的木屑及树皮等生物质废料，年发电约 100 GW·h，供热 250 GW·h。由于该热电厂在回收余热上采用了新技术，大幅降低了烟气排放时的温度，从而有效提高了热电厂的总效率。此外，工厂还采用自动控制技术，每班只需 2 人操作。该系统在生物质直接燃烧发电和区域供热方面有许多优点。整个热电厂的设计与运行采用闭环系统，废水、废渣得到充分利用。同时，将木质原料燃烧的灰分、冷却烟气所产生的污水污泥等经过一段时间氧化，达到排放标准后与清水混合，灌溉速生的能源柳，实现了肥料和能源的循环利用。

2. 内蒙古毛乌素生物质热电有限公司

该项目是我国第一个以治沙为目的、利用沙生灌木平茬废弃物进行生物质直接燃烧发电的项目。发电厂设立了 2 台 75 t/h 次高温次高压链条炉排生物质锅炉、2 台 12 MW 次高压抽凝式汽轮机及 2 台 15 MW 发电机，总装机容量为 30 MW。在热电项目的基础上，又建成了一个占地 15 hm^2，年产 200 t 螺旋藻的规模养殖示范基地，捕集利用烟气中的 CO_2 和发电厂离子水养殖螺旋藻，为螺旋藻生长提供碳源和其他营养元素。该发电厂于 2007 年建成装机，于 2008 年 11 月并网发电。截至 2016 年底，已累计发电 10 亿 kW·h。发电厂在治理 40 000 hm^2 沙漠的同时，每年可为当地农牧民提供 7 000 个就业机会，年供绿电 1.5 亿 kW·h，年产螺旋藻 150 t，综合减排 CO_2 总量达 75 万 t/年。发电厂在"含水沙漠"毛乌素沙地进行沙柳种植，然后进行生物质发电的创新实践，找到了新能源治沙、绿色产业富民和沙区低碳经济协调统一发展的可行途径。

2.5.4　生物质供热存在的问题

目前，生物质供热在技术上主要存在以下问题：①生物质供热设备的占地面积较大，没有传统化石燃料供热设备结构紧凑；②生物质供热设备自动化程度较低，灰渣清理周期比燃油供热系统短，使用不方便；③在生物质能和太阳能联合供热系统中，没有很好的控制策略，系统协调运行的能力较差，使整个系统的效率较低；④生物质直接燃烧过程中遇到的腐蚀结渣和气化过程中的焦油等问题在生物质供热工程中同样经常发生（王泽龙 等，2011）。

除了上述技术上的问题外，我国生物质供热产业还存在着一些非技术性的难题。例如，在生物质热电项目的发展过程中，政府支持不足或应有的支持款严重拖欠问题显著。针对生物质供热发电可以在生产清洁的热电的同时，"变废为宝、化害为利"，国家通过给予生物质热电厂高于燃煤电价的优惠固定上网电价［0.75元/（kW·h）］予以支持。随着农村劳动力成本逐年上升及国家针对环保的要求提高，该电价只是勉强维持项目健康发展。目前，生物质热电项目面临着项目补贴电价列入国家支持环节多、困难大、周期长、支持款严重拖欠等问题。

生物质成型燃料供热面临的一个问题是我国对生物质成型燃料的排放指标限定问题。根据环境保护部办公厅《关于生物质成型燃料有关问题的复函》（环办函〔2009〕797 号），我国对生物质成型燃料在燃烧过程中的大气污染排放提出了严格的标准，应以燃气的排放标准来要求。虽然较高的生物质成型燃料锅炉排放标准可以体现生物质成型燃料绿色低碳清洁环保的本质特性，更加有利于环保部门的认定和加强监管，但是，过高的排放标准也有可能导致生物质成型燃料行业的整体萎靡。

2.6 生物质发电技术展望

根据国际能源署（International Energy Agency, IEA）的预测，到 2023 年生物质能源将满足全球约 3%的电力需求。目前，西方工业国家 15%的电力来自生物质发电，我国生物质发电量约占全部发电量的 1.3%，距离世界平均水平特别是发达国家水平还有不小差距。根据《生物质能发展"十三五"规划》，到 2020 年，我国生物质发电总装机容量达到 1 500 万 kW，年发电量为 900 亿 kW·h。实际上到 2020 年底，我国生物质发电总装机容量为 2 952 万 kW，年发电量为 1 326 亿 kW·h，均已超额完成目标。按照目前的增长速度，到 2030 年我国生物质发电比重有望超过 5%（李佩聪，2018）。

生物质发电不仅能发挥生物质能作为零碳能源的优势，避免其自然条件下分解释放出 CH_4 等温室效应更强的气体，而且通过结合碳捕获、利用与封存技术，或联产生物质炭等固碳技术，可以实现负碳排放。《中国能源电力发展展望 2020》预计，到 2060 年包括生物质能碳捕获和封存在内的各种生物质能利用途径将减碳超 20 亿 t。其中，生物质发电减碳 4.6 亿 t，相关的生物质供热减碳 2.4 亿 t，生物质能碳捕获和封存减碳 4.5 亿 t。

生物质发电还可以助力美丽乡村建设，通过将农作物秸秆和生活垃圾等有机废弃物转化为清洁电力和绿色化肥，保护蓝天绿水青山。同时，生物质发电作为推动现代农业高质量发展和增加农民收入的重要途径，在乡村振兴战略和生态文明建设中有着广阔的发展空间。

2.6.1 生物质发电技术比较

生物质发电技术包括农林生物质发电技术、垃圾发电技术和沼气发电技术。其中，以农林废弃物为燃料的发电技术分为直接燃烧发电、气化发电和混燃发电等不同类型。不同生物质发电技术比较如表 2-3 所示。

表 2-3 不同生物质发电技术比较

比较	直接燃烧发电	气化发电	混燃发电	
			直接混燃发电	间接混燃发电
主要优点	技术成熟，独立运行，污染物排放较燃煤低，灰渣可利用	清洁燃气，分布式供能，多联产	发电效率高，投资、运行成本低	避免受热面沾污、腐蚀，无须专门的燃气净化装置，灰渣可利用
主要缺点	受热面沾污、腐蚀，发电效率低	焦油处理难，气化效率低，气化炉内结渣	掺混比例<20%，灰渣无法利用	投资较直接混燃发电大

生物质直接燃烧发电系统独立运行，规模和效益受原料供应制约较大。与燃

煤相比，生物质燃烧烟气中污染物原始浓度低，治理难度较小，但生物质中的碱金属和氯元素易导致锅炉受热面的积灰、结渣和腐蚀，影响锅炉安全稳定运行。另外，生物质灰分中含有多种营养元素，是良好的农用肥料（张振 等，2016）。

生物质气化发电通过将不同类型气化设备和燃烧设备有机结合，实现能源高效转化利用，适用于不同规模电力生产。特别是分布式供能系统，还可以联产液体燃料、H_2 等，阻碍其技术应用的主要是焦油问题。同时，还须进一步提高气化效率及避免气化炉内的结渣。

混燃发电的优势是可以充分发挥大型燃煤发电机组高参数及污染物控制技术先进的优势，而且初投资成本较低，建设周期短，生物质利用规模灵活，可根据煤和生物质价格波动进行自身调节，与直接燃烧相比具有明显的优势。

对于生物质与煤直接混燃发电方式，由于生物质的加入同样会造成锅炉受热面的积灰、结渣和腐蚀，甚至改变灰成分，影响除尘器运行。因此，生物质的混燃比例一般控制在 20% 以下。采用生物质间接混燃发电方式，则可大幅降低生物质灰分对燃煤锅炉的不利影响，并且生物质灰和煤灰可分别处理，能够利用的原料范围更广，生物质混燃比例也更高。另外，与生物质气化发电相比，无须专门的燃气净化装置，燃气的显热及焦油的化学能都能得到充分利用。当然，生物质间接混燃发电由于需要增加气化设备，其投资要比生物质与煤直接混燃发电高一些。

2.6.2　生物质燃烧发电技术展望

国内外生物质燃烧发电技术已比较成熟。我国自主研发的高温高压水冷振动炉排炉和循环流化床锅炉已占据国内市场，正在发展具有国际先进水平的高温超高压机组，以及适应未来热电联产需要的高温超高压再热机组，同时锅炉容量向大型化方向发展。

我国拥有世界上规模最大的清洁煤电体系。在节能减排要求下，众多尚未达到使用年限的燃煤机组将面临着转型或关停的抉择。国外已有不少大容量、高参数的燃煤机组改造成 100% 燃烧生物质的成功案例。与新建生物质发电厂相比，改造现役燃煤发电厂既可以节省投资、避免资产浪费，还可以继续发挥类似煤电的基础保障作用，使生物质发电成为未来可再生能源电力供应中的稳定器和压舱石。要实现这一目标，一方面，要充分考虑生物质燃料的稳定供应；另一方面，推广应用生物煤等新型生物质燃料也可大大降低燃煤机组改造的难度。

我国生物质发电项目大多以纯发电为主，能源转换效率不足 30%，低效、低附加值的状态早已不能满足生物质发电发展的需要。从国际的生物质利用经验来看，生物质热电联产的能源转化效率可达到 60%～80%，比单纯发电提高 1 倍以上（李佩聪，2018）。

我国的生物质发电项目的收入约有 50%来源于国家可再生能源补贴。近年来，由于生物质发电补贴拖欠，造成部分企业经营困难，甚至项目停运。我国生物质能产业要向高能效、高附加值、低能耗方向发展，行业要尽快探索创新出减少补贴依赖、甚至不依赖补贴的商业运营模式。从长远看，我国生物质能行业主要依赖发电及政府补贴的发展模式不可持续，生物质发电项目向热电联产方向发展是必然趋势。

国外生物质供热十分普遍，北欧生物质供热已成为中小型区域的主要供热来源。据统计，生物质能供热量占北欧供热能源消费总量的 42%，是城镇供热的绝对主力。丹麦生物质能消费占全国能源消费比重超过 60%，72.8%的城镇区域供暖来自生物质热电联产，670 个生物质热电联产项目为 60%家庭提供热力（熊健，2017）。

目前，我国鼓励支持纯发电项目实施热电联产改造。《国家能源局关于开展"百个城镇"生物质热电联产县域清洁供热示范项目建设的通知》（国能发新能〔2018〕8 号）指出，建立生物质热电联产县域清洁供热模式，构建就地收集原料、就地加工转化、就地消费的分布式清洁供热生产和消费体系，为治理县域散煤开辟新路子。形成 100 个以上生物质热电联产清洁供热为主的县城、乡镇，以及一批中小工业园区，达到一定规模替代燃煤的能力，为探索生物质发电全面转向热电联产、完善生物质热电联产政策措施提供依据。

未来，我国生物质能产业应由单一的生物质发电向生物质热电联产或生物质供热（冷）方向转型发展。在此基础上，再向综合能源服务方向升级发展，探索提供电能、热能及相关的增值服务等，如为用户提供设施优化解决方案。

2.6.3　生物质气化发电技术展望

当前，生物质气化发电技术还面临着气化效率低、焦油难处理等问题，特别是针对低质农林废弃物。

在生物质气化过程中，高温气体净化和催化技术是促进生物质高效气化的关键。由欧洲多家研究机构联合研发的 UNIQUE 气化工艺（图 2-7），将生物质气化、燃气净化与催化重整集于一体，实现了生物质向清洁燃气的高效转化，可应用于各种发电及热电联产系统（Heidenreich et al.，2015）。

在 UNIQUE 气化工艺中，生物质与水蒸气在流化床内发生气化反应，同时整个气体处理系统也都位于气化炉内，颗粒过滤、焦油裂解和污染物脱除均在高温下完成，既保证了催化剂和吸附剂的活性，又使整个转化过程具有较高的热效率。颗粒和焦油的脱除采用一体化装置，集成在流化床的稀相区，从而在反应器出口获得清洁燃气。UNIQUE 气化工艺将传统的一次和二次热气体处理的主要优点结合在一起，防止固体颗粒堵塞催化剂，减少了燃气的化学能和热能损失，同时具有非常紧凑的结构，即使是应用于中小规模的发电厂，其气化发电效率也较高。

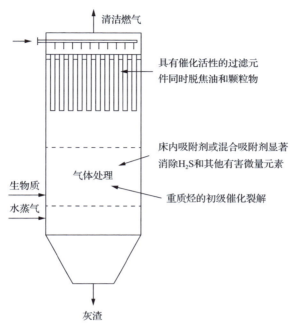

图 2-7　UNIQUE 气化工艺

生物质气化是一个包含干燥、热解、氧化和还原等系列反应的过程。在单一反应器中，这些过程之间存在复杂的相互影响，使调控和优化难以实现。如果采用多级气化，可以独立控制热解和气化过程，也可以在一个多级气化过程中联合控制。与单级气化相比，多级气化过程可以降低焦油含量和提高产气纯度，并且整个气化过程的效率和产气的质量和数量均有所提高。目前，国内外研究机构已开发出多种不同形式的多级气化装置，如哈尔滨工业大学研发的两段式生物质旋风高温热解气化炉和西班牙塞维利亚（Sevilla）大学研发的三级 FLETGAS 气化炉（李季 等，2016）。

随着生物天然气、生物质液体燃料和 H_2 等的大规模应用，生物质气化技术具有了更广阔的应用空间，生物质气化多联产技术越来越受到关注。基于生物质气化技术，生物天然气-热-电联产、生物燃料-热-电联产、H_2-热联产等概念相继出现。华中科技大学在国内较早建立了环境友好的多联产资源化系统（图 2-8）。该系统由多功能加压流化床气化装置、气体净化装置、液相合成反应装置和固体燃料电池发电装置等组成。

图 2-8　环境友好的多联产资源化系统

2.6.4　生物质混燃发电技术展望

作为当前最经济可行的生物质发电技术,生物质混燃发电技术在国外已得到广泛应用。在我国由于政策方面的原因,在相当长时间里未受到重视。《国家能源局、环境保护部关于开展燃煤耦合生物质发电技改试点工作的通知》(国能发电力〔2017〕75 号)提出要大力支持生物质耦合发电试点项目的发展及相关方向的科技研究。在多项政策的扶持下,全国各地已经启动了大量的燃煤与农林生物质及污泥耦合发电的试点项目。

在这次技改试点的 84 个项目中,从技术方案上看,采用"生物质气化炉对农林废弃物进行气化,产生的生物质燃气输送至燃煤机组锅炉进行燃烧、发电"这一模式的技改试点项目多达 40 多个,说明气化混燃发电成为此次燃煤耦合生物质发电技改的主要模式。

将生物质气化气送入燃煤锅炉燃烧,可以减少煤炭消耗,降低 CO_2 和污染物排放。但由于生物质气化气热值只有约 5 MJ/m^3,实际上会降低燃煤锅炉效率。除常规空气气化技术外,在无氧或缺氧的条件下热解生物质,生成的气体产物具有较高的热值(>10 MJ/m^3)。同时,热解气中富含有机物,冷凝可得生物油,可做液体燃料或化学品,或直接送入锅炉分解生成大量碳氢类还原性气体,有利于炉内脱硝。热解得到的固体产物——生物炭热值高,孔隙结构发达,可用作优质燃料或改性为活性炭、电极材料等,是一种高附加值的生物质基产品。

生物质热解多联产技术由华中科技大学自主研发,采用多项核心关键技术实现对气、炭、油产品的精确调控和高效提质,可以满足不同用户的需求。该技术目前已在湖北省鄂州、天门、孝感、赤壁等地建设 20 多个示范点,最大规模的示范点年处理 5 万 t 各种废弃生物质资源,经济效益与社会效益明显。

考虑常规生物质空气气化燃气热值较低,而提高燃气热值有利于提高锅炉效率,可以将生物质流化床气化技术与热解多联产技术有机结合,即将流化床气化产生的高温燃气先送入热解炉供生物质热解,再与热解气混合后送入锅炉燃烧。

混合后的燃气热值有所提高，温度可以控制在 400℃ 左右，不再需要燃气换热器，热解过程生产生物炭副产品。生物质气化混燃发电新技术流程如图 2-9 所示。

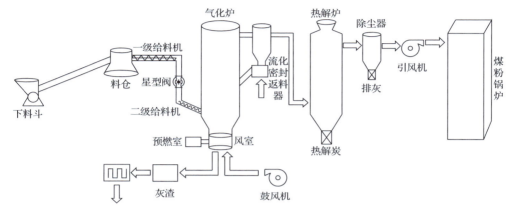

图 2-9　生物质气化混燃发电新技术流程

上述燃煤耦合生物质发电新技术具有明显的经济效益，主要表现在 3 个方面。①生物质原料价格低于煤炭，可以节省燃料费用。②通过提高锅炉效率，可以增加发电量。③热解过程产生的生物炭，市场价格为 2 500～4 000 元/t，可以增加收益。这对于在当前国家调整补贴政策的情况下，开展燃煤耦合生物质发电技改试点显得尤为重要。

根据欧盟国家和英国的成功经验，生物质与煤混燃技术可以在各种容量的煤粉炉和循环流化床锅炉机组上应用，生物质混燃的比例可在 0～100%，这为我国规模庞大的煤电机组提供了一条在最短的时间和用最经济的方式实现煤电低碳转换的可行路径。将原燃煤机组转换成燃烧生物质燃料不仅可以最大限度地保留煤电的主要设备，经济性好，而且保留煤电可靠、稳定和灵活可调的技术优点，可以作为可再生能源大规模发电的可靠灵活调度电源。如果在燃用生物质的基础上，再采用生物质能碳捕获和封存技术，则可以实现负碳排放，不仅使煤电不再是碳排放的负担，而且成为碳调节器和减碳救星（倪维斗，2019）。

值得一提的是，我国是世界上循环流化床锅炉数量最多、容量最大的国家，截至 2017 年，我国已拥有超过 3 000 台循环流化床锅炉，占全球循环流化床锅炉总数的 60%，循环流化床锅炉总容量近 1 亿 kW·h，约占我国煤电装机容量的 10%（邓卓昆 等，2017）。循环流化床锅炉具有燃料适用性广、负荷调节性能好等优点，原料预处理较煤粉锅炉简单，在实现煤与生物质直接混燃，甚至 100% 燃烧生物质方面具有显著优势。

2.6.5　生物质供热技术展望

欧美等发达国家主要以木质生物质为原料生产颗粒燃料，其成型燃料技术及设备的研发已经趋于成熟，相关标准体系比较完善，形成了从原料收集、储运、预处理到成型燃料生产、配送和应用整个产业链的成熟技术体系和产业模式。我国主要以农业废弃物为原料生产成型燃料，成型燃料的生产成本和质量控制还难以满足供热市场的需求，需要不断加大科技投入，提高成型设备制造水平，同时开发适合我国成型燃料特点、自动化程度高、满足分布式供热需求和环保要求的成型燃料燃烧设备。

根据《生物质能发展"十三五"规划》，到 2020 年，生物质成型燃料年利用量为 3 000 万 t。目前实际年利用量约为 1 500 万 t，主要用于城镇供暖和工业供热等领域，与规划目标相差甚远，其中一个很重要的原因是生物质成型燃料属于清洁燃料的定位一直存在较大争议。2017 年，环境保护部发布《高污染燃料目录》，正式明确了生物质成型燃料在限定条件下属于清洁燃料的定位，极大地促进了生物质成型燃料供热产业的发展。

2017 年 12 月《国家发展改革委、国家能源局关于印发促进生物质能供热发展指导意见的通知》（发改能源〔2017〕2123 号）指出，到 2020 年，生物质热电联产装机容量超过 1 200 万 kW，生物质成型燃料年利用量 3 000 万 t，生物质燃气年利用量约 100 亿 m^3，生物质能供热合计折合供暖面积约 10 亿 m^2，年直接替代燃煤约 3 000 万 t。到 2020 年，形成以生物质能供热为特色的 200 个县城、1 000 个乡镇，以及一批中小工业园区。

根据《北方地区冬季清洁取暖规划（2017—2021）》（发改能源〔2017〕2100 号），到 2019 年，北方地区清洁取暖率要达到 50%，替代散烧煤 7 400 万 t，而目前北方地区的清洁取暖率不足 20%，煤改气改电受到资源保障和经济成本的双重压力。在今后的一段时间里，我国能源需求是缺热而不缺电。对于生物质能而言，寻求产业升级，向热电联产和供热方向转变势在必行，这为生物质清洁供热提供了更多的发展空间（冯义军，2018）。

当前，生物质成型燃料机械制造、专用锅炉制造、燃烧及污染物控制等技术日益成熟，已具备规模化、产业化发展的基础。但在一些地方，由于认识不到位，生物质成型燃料进入供热市场还存在一些障碍。另外，生物质成型燃料相关标准体系还需要进一步完善，虽然已有《生物质成型燃料质量分级》（NB/T 34024—2015），但并没有从污染物排放控制的角度进行分级。同时还要考虑添加剂对生物质成型燃料整个生产和燃烧过程的影响。

近年来，一种新型生物质燃料——生物煤受到越来越多的关注。所谓生物煤是指通过烘焙、配料和成型等工艺将生物质原料加工成热值与煤相当，但比煤更清洁的燃料。烘焙是指在缺氧和 200～300℃ 条件下对生物质进行热处理，脱除部分不稳定成分的过程。与生物质直接成型燃料相比，生物煤具有较低的挥发分和较高的固定碳含量，燃料特性更接近于煤，同时提高了疏水性，具有更好的稳定性；可以直接替代煤用于现有燃煤设备，能够显著降低现役大型燃煤机组的改造难度和改造成本。

　　无论是生物质成型燃料还是生物煤，虽然燃料成本会有所增加，但是由于它们具有较高的能量密度和统一的规格，可以大幅降低运输成本，简化燃烧设备的进料系统，并且能使燃烧设备容易发挥出最佳的性能。因此，综合来看，这是有利于生物质燃料技术应用的，特别是应用于现有燃煤设备向 100%生物质燃料的转化，从而更好地发挥生物质能在节能减排中的作用。

第3章

生物质成型燃料

3.1 概　　述

世界温室气体排放主要是 CO_2。截至 2018 年，全球能源消耗的 CO_2 排放量增长了 1.7%（约 5.6 亿 t），总量达到 331 亿 t，达到 CO_2 排放量的历史最高水平。在全球温室气体的影响下，面对新冠疫情、经济低迷、气候变化等一系列问题的冲击，我国确立了以国内大循环为主体、国内国际双循环相互促进的新发展格局。碳达峰是指 CO_2 年排放总量在某一个时期达到历史最高值，达到峰值之后逐步降低。当在一定时期内，通过植树、节能减排、碳捕获和封存技术等方式抵消人为产生的 CO_2，实现 CO_2 净排放为零，也就实现了碳中和。碳中和的实现主要从以下 3 个公式理解。能源碳排放=能源消耗量×化石能源的占比×单位化石能源排放（需计及多种温室气体和多种化石能源）；碳汇=林业等碳汇吸收；碳排放=碳汇。在能源结构中，降低化石能源（特别是煤炭）占比，高比例发展非化石能源（特别是可再生能源），使其成为高质量能源并在这个过程中增加碳汇。

要实现节能减排，"十四五"期间能源的增量就必须由非化石能源提供，特别是由可再生能源提供。"十五五"期间，随着非化石能源增长与再电气化的发展，非化石能源开始部分替代煤和油的存量，煤碳+石油消耗要尽早达峰。逐步建立我国的新能源电力体系、能源体系，基于这个能源体系的经济体系将支撑我国的生态文明。所以，大力发展可再生能源，促进低碳转型，是国内推进能源革命、对外构建人类命运共同体的融合点，也是推动双循环相互促进新发展格局的抓手。到 2025 年，中国非化石能源在一次能源中的占比大约达到 20%，电力在终端能源的占比将大于 30%，非化石电力装机占比将达到 50%，发电量大于 40%。这些指标的实现，涉及水电、核电、风电、太阳能、生物质能、地热，也涉及储能、新能源汽车等技术领域及综合能源服务。自然资源、技术能力、成本下降支撑了可再生能源的快速增长。

生物质作为一种独立存在的能量载体，是可再生能源当中唯一的绿色零碳燃料，具有许多不同于煤炭、石油、天然气等化石能源的特点（能量密度低、高度分散、呈现明显的地域性；资源丰富，具有可再生性；具有季节性、周期性和随机性；资源和生态环境密切相关；清洁干净，CO_2 零排放等），保障了减碳去煤电力安全，填补"煤改生"用能空白，更因其碳捕获和封存技术的开发在减碳方面潜力巨大。

目前，对生物质的利用主要借鉴石油及煤等成熟产业技术，采用热解、气化、发酵等技术进行能源化高效利用，多以碳原子高利用率为重要的考量指标。然而，生物质与煤、石油等化石资源最大的区别在于其极高的含氧量，初始含氧量超过45%。为了实现类化石基燃料的高效制备，往往需要通过加氢脱氧技术降低其含氧量，此过程需要碳损失或氢投入，从而导致目标产物的产率过低和投入成本增加，使生物质基燃料的竞争力不强。从化学势能角度，传统煤和石油基产品的化学裂解技术是将有序化大分子裂解为小分子的熵增化学热力学过程，从而损失了部分化学势。从物理形态角度，生物质是分散的能源，能量密度低，能源品位低。为了和集中式、规模化发展的热发电技术配适，可将分散在田间地头的生物质资源固化成型以增加利用效率。

因此，高效利用生物质成型燃料策略，耦合具有化学热力学优势的工艺路径，可实现较高的原子经济性和系统技术经济性，是生物质创新且高效利用的新视角、新思路。生物质转化为能源产品可以实现零排放，而生物质转化为化学品和材料则为负排放。因此，在实现碳中和目标中，生物质占有举足轻重的位置，已成为新时代社会发展的刚性需求。同时，充分有效地利用生物质，实现燃料、化学品及材料联产，在实施碳中和战略目标中将发挥出重要且不可替代的作用。

3.1.1　生物质成型燃料概念

生物质成型燃料是具有一定粒度的生物质燃料。它们可以在一定压力作用下，被压成棒状、粒状、块状等各种形状。经过这种作用形成的燃料，它们的密度最高达到 $1\,400\,kg/m^3$，释放的能量几乎和中质煤相同，具有燃烧性能好、活力持久、烟雾少等特点。生物质成型燃料技术是指将结构疏松的生物质秸秆固化成型后作为高品位的能源加以有效利用，是解决能源短缺问题的支柱能源之一。秸秆可以再生，排放物中含硫量很低，有毒有害物质零排放，遍布农村，便于规模化收集和储存。现有的生物质成型技术按成型物的形状可主要分为圆柱棒状成型、块状成型和颗粒状成型技术。

生物质成型燃料是一种洁净低碳的可再生能源，作为锅炉燃料，它的燃烧时间长、强化燃烧、炉膛温度高，而且经济实惠、对环境无污染，是替代常规化石能源的优质环保燃料，具有明显的应用推广优势。

（1）绿色能源、清洁环保。生物质成型燃料燃烧时无烟无味，其含硫量、灰分含量、含氮量等远低于煤炭、石油等，是一种环保清洁能源，享有"绿煤"美誉。

（2）成本低廉、附加值高。生物质成型燃料热值高，使用成本远低于石油能源，是国家大力倡导的代油清洁能源，有广阔的市场空间。

（3）密度增大、储运方便。生物质成型燃料体积小、密度大，便于加工转换、储存、运输与连续使用。

（4）高效节能。生物质成型燃料挥发分高、碳活性高，灰分只有煤的 1/20，灰渣中余热极低，燃烧率可达 98% 以上。

（5）应用广泛、适用性强。生物质成型燃料可广泛应用于工农业生产，发电、供热取暖、烧锅炉，单位、家庭都适用。

生物质成型燃料的规模化应用对实现节能减排、推动"双碳"经济、改善农村生态环境具有明显的促进作用。

3.1.2　生物质成型燃料的原料来源与构成

1. 生物质原料来源

生物质原料主要是农作物秸秆、农业加工剩余物，林业废弃物、林业三剩物（采伐剩余物、造材剩余物和加工剩余物）、能源植物等。经过粉碎、烘干、成型等工艺，制成一定规格和密度的，粒状、块状、柱状，可在生物质能锅炉直接燃烧的新型清洁燃料。由于成型燃料含硫量和含氮量低，配套专用锅炉可以达到很高的清洁燃烧水平，一般只需要适当除尘即可达到天然气的锅炉排放标准，是国际公认的可再生清洁能源。

1）农作物秸秆

农作物秸秆是农业生产的副产物，含有大量的矿物质元素、纤维素、木质素及蛋白质等可被利用的成分，是一种可供开发利用的再生资源，具有来源广、污染小、热值含量高等显著优势，曾是我国农村主要的牲畜饲料和生活燃料。粮食作物秸秆是我国主要的秸秆类型，水稻秸秆、玉米秸秆和小麦秸秆是产量最高、分布最广的三大作物秸秆，约占秸秆资源总量的 2/3。油菜和棉花是秸秆可规模化利用的主要经济作物。由于区域种植方式、气候条件、耕作环境等因素的影响，我国秸秆资源存在地域性，呈现显著的南北差异和东西差异。我国东北部地区秸秆资源相对比较丰富，西南部地区比较贫乏，整体呈现东高西低的分布特点。

秸秆可作为一种优质的生物质原料进行能源化利用。根据秸秆转化利用技术的不同，能源利用的主要方式可以分为直燃供热（直接燃烧、固化成型后燃烧和混燃发电）、气化（生物质燃气、沼气）和液化（燃料乙醇和生物柴油）3 类。由于农作物秸秆综合利用率低（约为 33%），严重制约了农业的可持续发展。因此，农作物秸秆的资源化、商品化可以缓解农村能源、饲料、肥料、工业原料和基料的供应压力，有利于改善农村的生活条件，发展循环经济，构建资源节约型社会，促进农村经济可持续发展。

2）林木生物质

林木生物质是指森林林木及其他木本植物通过光合作用，转化太阳能而形成的有机物质，包括林木地上和地下部分的生物蓄积量、树皮、树叶和油料树种的果实。我国林木生物质资源种类丰富，生物量大，再生性强，燃烧值高，具有重要的开发利用潜力。我国现有林木生物质资源主要来自林地林木生长过程和森林生产经营过程中产生的林木剩余资源。

林木生物质能源的开发和利用，不仅可以在化石燃料缺乏和集中电网不能到达的农村地区增加能源供应，而且对改进林业发展模式、增加农村劳动力就业、调整农村产业结构具有重要的推动作用。目前在能源需求和环境污染的双重驱动下，我国林木生物质能源开发利用已经初步具备存在的条件和发展的空间。

3）能源植物

我国地域广阔，植物丰富多样，林木种类丰富，分布广泛，树种分布区域性差异较大。未来能源林经营以灌木林为主，土地利用以现有宜林荒地和宜林荒沙地为主。草本能源植物种类繁多，在能源草的种质资源收集筛选方面已经开展了大量的研究工作，并取得了重要的研究成果。芒属能源草转化为生物质能是相对新型的产业，需要育种技术和生物技术的支撑。对于柳枝稷来说，未来要做的工作就是增加高产杂交种的品种数和使用转基因技术提高产量和纤维素含量。能源草原料是影响产业发展的一大因素，许多国家都已经开始大量种植能源草。近年来，有关能源草发酵预处理的研究较多。我国的能源草转化研究工作也在进行，但尚处于起步阶段，仍须研究者继续努力，以及依靠国家政策推广种植能源草，实现能源草转化产业化。

2. 生物质燃料原料构成

生物质成型燃料所用的原料主要有秸秆、锯末、稻壳、木屑、农畜排泄物、有机化合物等。这些生物质原料含有纤维素、半纤维素和木质素，占植物体积比 2/3 以上。

3.1.3　生物质成型燃料技术现状

1. 生物质成型燃料技术主要特点

生物质成型技术制备固体燃料是生物质能开发利用的一条重要途径，因其成型后的燃料产品具有一定的形状和密度（0.8～1.3 t/m³），燃烧特性明显改善，火力持久、黑烟少、炉膛温度高，且储存、运输、使用方便，可替代矿物能源用于工业生产和生活领域而具有广阔的发展前景。因此，作为生物质能转化的重要手段和方法，在我国越来越受到政府的重视。

从我国生物质固体成型燃料技术的发展历史来看，生物质成型燃料技术初期发展速度慢，后期发展速度快。这项技术经过近 30 年的发展已经取得了长足的进步。虽然有些关键问题还制约着这项技术的发展，但是经过研究人员的共同努力，生物质固体成型燃料关键技术与配套设备问题已基本解决。生物质成型燃料行业的兴起促进了生物质炉具的快速发展，且生物质成型燃料燃烧技术比成型技术成熟。河南农业大学从秸秆燃烧特性试验入手，提出了"双室燃烧、分级供气"理论，用创新结构设计方法主动消除结渣和沉积现象，只需在 8 000 h 后检查表面清理即可。经锅炉燃烧应用表明，生物质成型燃料是一种燃烧特性优于普通燃煤、价格低于煤、燃烧尾气污染成分少于煤的可再生优质燃料。农业农村部、国家能源局等先后立项制定生物质成型燃料技术与设备方面的相关标准，规范了生物质成型燃料技术行业市场。分体模块式环模生物质燃料成型技术是国内的最新研究成果，特点鲜明（欧阳双平 等，2011）。

2. 生物质成型技术发展中的主要问题

生物质能属于可再生能源，热压成型后用作燃料，使其得到高品位的利用，是替代化石能源的理想能源之一，具有广阔的发展前景。因此，在国内外生物质成型燃料技术发展现状的基础上，解决中国生物质成型技术发展中的技术问题尤为关键。具体技术问题如下：①单位产品能耗高，成型可靠性低，易损件耐磨性问题，原料的收集和预处理困难，生物质原料自身的多样性及复杂性、生物质成型设备工作环境的不稳定及多变性等；②成型燃料燃烧过程中的沉积结渣与沾污倾向、成型燃料燃烧过程中低温条件下焦油析出等。

3. 生物质成型产业现状

现代生物质能转化技术使生物质能的转化效率提高，经济效益和环境效益得到明显改善，已经在世界范围内得到示范和推广，特别是林木生物质能的开发和利用已经得到很多国家的关注，并且在能源产业中占有一定的比例。

1）国内外主要成型燃料生产技术

目前国内外生物质成型方式有螺旋挤压式，活塞式，平、环模滚压式等。国内外各种成型机的优缺点如表 3-1 所示。

表 3-1　国内外各种成型机的优缺点

特点	螺旋挤压式成型机	活塞式压缩成型机	平、环模滚压式成型机
优点	运行平稳，生产连续；成品密度高，质量好，可炭化，易燃烧；结构简单，设备投资少	成品密度高，对原料的含水率要求不高，可达 20%左右	生产率较高，不需要外部加热，对原料的适应性好，原料含水率为 12%～30%
缺点	能耗高，生产率低，螺旋杆易损件寿命短，原料含水率要求高，设备配套性能差	生产率不高，产品质量不够稳定，产品不适宜炭化，成型套筒易磨损	成型模具及压辊易磨损，寿命短，材料要求高，对原料的适应性较差

2）生物质成型燃料技术标准

国外已经制定了比较详细的生物质成型燃料技术标准，如奥地利的国家标准 ONORMM 7135（压块和颗粒）、瑞典的国家标准 SS 187120（颗粒）和 SS 187121（压块）、德国的国家标准 DIN 51731（压块和颗粒）、意大利的国家标准 CTI-R04/5（压块和颗粒）。欧盟也制定了一个通用的生物质颗粒技术分类规范（CEN/TS 14961）。我国于 20 世纪 70 年代末就制定了《木炭和木炭试验方法》（GB/T 17664—1999）、《生物质燃料发热量测试方法》（GB 5186—1985、NY/T 12—1985）等固体成型燃料标准。随着生物质固体成型燃料的市场化，标准化工作严重滞后。为适应生物质固体燃料原料多元化和大规模生产的现状，加强生物质固体燃料的生产和使用管理，在现有标准的基础上及时制定不同形式生物质固体燃料的基础标准，生产过程、工艺控制等标准就显得极为迫切。近年来，我国制定生物质成型燃料技术标准体系已基本完善，发布生物质固体成型燃料相关的国家和行业标准 24 项。对规范我国生物质成型燃料规模化生产和应用起到积极作用。

3）生物质成型设备的现状

目前，我国生产的生物质成型机一般为螺旋挤压式，电机功率达到 7.5～18 kW，电加热功率为 2～4 kW，生产的成型燃料一般为棒状，直径为 50～70 mm，单位产品能耗为 70～120 kW·h/t。

活塞冲压式产生的也是棒状成型燃料，一般单机最大生产力达到 1 t/h，成型能耗为 60 kW·h/t，总能耗为 70 kW·h/t。该机型具有生产连续性好、能耗低等优点，缺点是机器尺寸相对较大。该技术已经进入商业应用阶段。

环模滚压式生产的为颗粒燃料，直径为 5～12 mm，长度为 12～30 mm，物料水分可放宽至 22%，产量可达 4 t/h，产品电耗约为 40 kW·h/t，原料粒径小于 1 mm。该机型主要用于大型木材加工厂木屑加工或造纸厂秸秆碎屑加工，颗粒成型燃料主要用作锅炉燃料。

3.1.4　生物质成型燃料对环境生态的影响

以生物质成型燃料在某洗衣粉工业项目中的应用为例，来评价生物质成型燃料对环境生态的影响（魏文 等，2015）。该项目采用的专用洗衣粉直接式生物燃料空气加热器，其主要由燃烧机、生物燃料输送机、出渣机、燃烧鼓风机、净化室、混风室、高温插板阀、冷风调节阀、热风阀、放空阀、烟气排空湿式除尘器、高温送风机和干燥塔尾气引风机等组成。采用生物质成型燃料作为洗衣粉料浆喷雾干燥塔热风炉燃料。热风炉设置主用和备用两套系统。主用热风炉采用生物质压块燃料热空气加热器；备用热风炉采用燃气热空气加热器，在主用热风炉停车检修期间使用。生物质热风喷雾干燥工艺流程如图 3-1 所示。

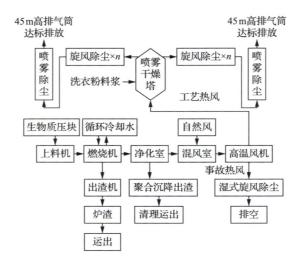

图 3-1　生物质热风喷雾干燥工艺流程

空气加热器初次使用及较长时间停机或紧急停机（每年 1～2 次）时，因烘炉阶段炉内温度偏低（一般净化室内温度低于 850℃，其聚合净化效果下降）或未及时清灰、净化室积灰过多（造成其聚合净化效果下降，严重的会造成净化室结焦）会产生温度过低或含尘量过高等未达到洗衣粉料浆喷雾干燥工艺条件的热风，用引风机排出到装有湿式喷淋装置的旋风分离器除尘吸收后达标排放。

该项目采用的热风炉为直接式高净化热风炉，热风用于洗衣粉料浆的喷雾干燥，属于工业炉窑，不同于工业锅炉。为满足温度、风量、含尘量等工艺热风要求，项目无法进行有效除硫脱硝。因此，也未设置除硫脱硝设施。在热风进入喷雾干燥塔前设置 5 个烟气净化室，通过迷宫式隔板阻挡沉降、二次燃烧和高位聚合沉降等措施，生物质燃料产生的热风经净化后可直接用于洗衣粉料浆的喷雾干燥，确保不影响洗衣粉产品的质量。净化过程为燃烧产生的高温气体从燃烧室侧面出火口喷出进入高温气体净化室中迷宫式隔板阻挡沉降净化，未充分燃烧的微量可燃灰分在净化室内进行二次充分燃烧，在燃烧过程中所夹带的少量粉尘在净化室内经高温聚合沉降（烟尘在 1 050℃左右呈半熔融状态黏性物质，易于聚合在一起重力沉降）。净化室采用多级迷宫式隔板阻挡沉降净化，既能避免水幕除尘对热风温度的影响，也能避免使用布袋除尘器时因热风温度过高造成的烧袋故障，五级迷宫结构净化室特别适合生物质压块燃料热风炉的热风净化。

根据热力学计算及类比工程实际，干燥 1 t 基粉所需热能约为 $1.66×10^6$ kJ。该项目洗衣粉生产规模为 13 万 t/年，需干燥洗衣粉基粉量为 10 万 t/年，因此，该项目干燥热需求量为 $1.66×10^{11}$ kJ/年。项目所使用的生物质成型燃料执行广东省地方标准《工业锅炉用生物质成型燃料》（DB44/T 1052—2012）。生物质压块成型燃料热值为 3 500 kcal/kg，设备热效率为 95%，则生物质燃料年使用量为 11 866.47 t。根据燃料使用量、燃料性能指标及《第二次全国污染源普查工业污染源产排污系数手册》"4430 工业锅炉产排污系数表——生物质工业锅炉"中的产排污系数核算生物质热风炉烟气污染物产生量。生物质热风炉燃料使用及产排污量如表 3-2 所示。

表 3-2 生物质热风炉燃料使用及产排污量

燃料名称	热量需求/（kJ/年）	燃料热值/（kcal/kg）	热效率/%	燃料年使用量/t	污染物名称	产污系数/（kg/t）	年产生量/t
生物质	$1.66×10^{11}$	3 500	95	11 866.47	二氧化硫	1.7	20.173
					氮氧化物	1.02	12.104
					烟尘	37.6	446.179

该项目生物质热风炉在正常生产情况下，空气系数为 1.7～1.8，项目污染物对标排放浓度根据《工业炉窑大气污染物排放标准》（GB 9078—1996）规定的工业炉窑空气系数 1.7 折算。计算可得生物质成型燃料理论消耗空气系数为 5.95 Nm³/kg，生物质理论空气消耗量为 1 650×5.95=9 815 Nm³/h，该项目生物质热风喷雾干燥塔尾气污染物浓度达标分析如表 3-3 所示。由表 3-3 可知生物质压块燃料热风炉应用于洗衣粉喷雾干燥，其尾气污染物能够达到《工业炉窑大气污染物排放标准》（GB 9078—1996）。

表 3-3 生物质热风喷雾干燥塔尾气污染物浓度达标分析

生物质压块燃料燃烧量/（kg/h）	理论空气消耗量/（Nm³/h）	实际烟气量/（Nm³/h）	污染物名称	产生量/（kg/h）	产生浓度/（mg/Nm³）	折算产生浓度/（mg/Nm³）	排放浓度/（mg/Nm³）	折算排放浓度/（mg/Nm³）	处理效率/%	标准/（mg/Nm³）
1 650	9 815	55 250	二氧化硫	2.802	50.71	167.92	50.71	167.92	0	850
			氮氧化物	1.681	30.43	100.75	30.43	100.75	0	—
			烟（粉）尘	13 904.4	251 663	833 309.1	5	16.56	99.998	200

3.2 生物质成型基础理论

3.2.1 生物质原料的基本特性

在生物质的能源化利用中，我们关心的是生物质中能够放出热量的成分，以及这些成分的准确含量，进而研究这些成分在干燥过程中不会被析出而影响生物质干燥后的品质。生物质的工业分析能帮助我们解决这一问题。工业分析的内容包括生物质的水分、灰分、挥发分和固定碳等内容。

1. 生物质的水分

根据水分在生物质中存在的状态，可分为 3 种形式。

1）外在水分

外在水分也称为物理水分，是附着在生物质表面及大毛细孔中的水分。将生物质放置于空气中，外在水分会自然蒸发，直至与空气中的相对湿度达到平衡。失去外在水分的生物质称为风干生物质。生物质中外在水分的多少与环境有关，与生物质的品质无关。

2）内在水分

内在水分也称为吸附水分。将风干的生物质在 102～105℃下加热，此时失去的水分称为内在水分。它存在于生物质的内部表面或小毛细管中。内在水分的多少与生物质的品质有关。生物质中的水分越高，在热加工时耗能也越大，导致有效能越低。内在水分高对燃烧和制气都不利。

3）结晶水

结晶水是生物质中矿物质所含的水分，这部分水分非常少。工业分析所得到的生物质的水分不包括结晶水，只包括外在水分和内在水分，两者综合称为生物质的全水分。

2. 生物质的灰分

生物质的灰分是指生物质中所有可燃物质完全燃烧后所剩下的固体（实际上还包含生物质中一些矿物质化合物）。生物质灰分的熔融特性是燃烧和热加工制气的重要指标。

由于生物质的灰分中存在一些矿物质化合物，它们可能对热加工制气过程起到催化作用。灰熔点对热加工过程的操作温度有决定性的影响，操作温度超过灰分熔点，可能造成结渣，导致机器不能正常运行。一般生物质的灰分熔点为 900～1 050℃，有的还可能更低。

3. 生物质的挥发分和固定碳

在隔绝空气的条件下，将生物质在 900℃加热一定时间，将得到的气体中的水分除去，所剩下的部分即为挥发分。挥发分是生物质中有机物受热分解析出的部分气态物质，它以占生物质样品质量的百分比表示。加热后所留下来的固体为焦炭，焦炭中含有生物质样的全部灰分，除去灰分后，所剩下的就是固定碳。水分、灰分、挥发分和固定碳的质量总和即生物质试样的质量。

生物质的挥发分的主要组分是碳氢化合物、碳氧化物、H_2 和气态的焦油。挥发分反映了生物质的许多特性，如生物质热值的高低、焦油产率等。

由表 3-4 可见，7 种生物质水分含量普遍较高，玉米芯、黄楣树、竹子挥发分含量较高（70%以上），灰分较低。

表 3-4　生物质的工业分析　　　　　　　　　　单位：wt%

生物质名称	水分含量	挥发分含量	灰分含量	固定碳含量
玉米秸秆	10.3	69.4	4.1	16.2
高粱秸秆	10.2	68.7	5.4	15.7
水稻秸秆	8.5	63.0	14.7	13.8
小麦秸秆	10.6	65.2	8.9	15.3
玉米芯	11.0	73.4	1.5	14.1
黄楣树	12.0	72.5	1.3	14.2
竹子	8.4	74.8	1.2	15.6

4. 生物质的元素分析

不同种类的生物质都是由无机物和有机物两部分组成的。无机物包括水和矿物质，它们在生物质的利用和能量转化中是无用的。

有机物是生物质的主要组成部分，生物质的利用和能量转换是由它们的性质决定的。生物质由碳、氢、氧、氮、硫等元素组成，其中特别是碳、氢、氧元素的相对含量尤为重要，对生物质热值影响较大。将样品置于氧气流中燃烧，用氧化剂使其有机成分充分氧化，令各种元素定量地转化成与其相对应的挥发性气体，使这些产物流经硅胶柱色谱或者吹扫捕集吸附柱，然后利用热导池检测器分别测定其浓度，最后用外标法确定每种元素的含量。除此之外，生物质中也难免含有部分氯和重金属元素，原子吸收光谱法、X 射线光电子能谱法、X 射线荧光光谱法、电感耦合等离子体法、能量色散 X 射线荧光光谱法、电子能量损失能谱法都是能够对未知元素进行标定的测试方法。4 种秸秆的元素分析如表 3-5 所示。

表 3-5　4 种秸秆的元素分析　　　　　　　　　单位：wt/%

秸秆名称	碳含量	氧含量	氢含量	氮含量	硫含量
玉米秸秆	42.17	33.20	5.45	0.74	0.12
玉米芯	41.59	28.40	6.32	2.52	0.19
棉花秸秆	43.50	31.80	5.35	0.91	0.20
小麦秸秆	41.70	35.98	6.28	0.87	0.10

4 种常见秸秆所含元素中可燃的碳氢成分含量差别不大，硫的含量较低，这也是秸秆能源化利用的优势之一，可以得出以下结论。

（1）尽管不同生物质的形态各异，但它们的元素分析成分的差异主要是因为灰分变化而引起的。扣除灰分变化的影响后，碳、氢、氧的元素分析只有细微的差别。一般认为以 $CH_{1.4}O_{0.6}$ 作为生物质的假想分子式已有相当的精度。这提示了生物质的利用工艺具有广泛的原料适用性。

（2）生物质中氢元素的重量组分约为 6%。相当于 0.672 m^3/kg 气态氢。

（3）生物质中氧含量为 35%～40%，远高于煤炭，因此在燃烧时的空气需求量小于煤。

（4）硫含量低是生物质原料的优点之一，它的使用将大幅降低二氧化硫的排放量，减少酸雨等环境问题的发生。

5. 生物质的发热量

生物质的发热量是指单位质量的生物质完全燃烧时所能释放的热量，单位一般为 MJ/kg。发热量的大小取决于含有可燃成分的多少和化学组成。发热量在生物质的热利用过程中是重要的理化特性，决定了其工业利用的可行性。采用氧弹热量计测定的是物料的应用基高位发热量，应折算出其应用基低位发热量。表 3-6 为部分生物质原料发热量（干基），与劣质煤的发热量相当。

表 3-6　部分生物质原料发热量（干基）　　　　　单位：MJ/kg

原料名称	高位发热量	低位发热量
玉米秸秆	18.101	16.849
玉米芯	18.210	16.963
小麦秸秆	18.487	17.186
棉花秸秆	15.830	14.724
杨木	20.795	19.485
水稻秸秆	18.803	17.636

对照表 3-4 中的灰分含量，就会发现各种原料的发热量差别主要是由灰分多少引起的，以 19.5 MJ/kg 和 18 MJ/kg 作为去除灰分后（无水无灰）生物质原料的发热量，不会有太大的误差。

6. 生物质的主要化学成分组成

生物质的化学成分大致可分为主要成分和少量成分。主要成分是指纤维素、半纤维素和木质素，少量成分是指水、水蒸气或有机溶剂提取出来的物质（雷廷宙，2006）。

纤维素是生物质的重要组成部分，它是形成细胞壁的基础，主要分布在细胞壁的第二层和第三层中。纤维素是由脱水 D-吡喃式葡萄糖基($C_6H_{10}O_5$)通过相邻糖单元的 1 位和 4 位之间的 β-苷键连接而成的一个线性高分子聚合物。纤维素分子链平面结构式如图 3-2 所示。纤维素分子聚合度一般在 10 000 以上，其结构中 C=O=C 键比 C—C 键弱，易断开而使纤维素分子发生降解。

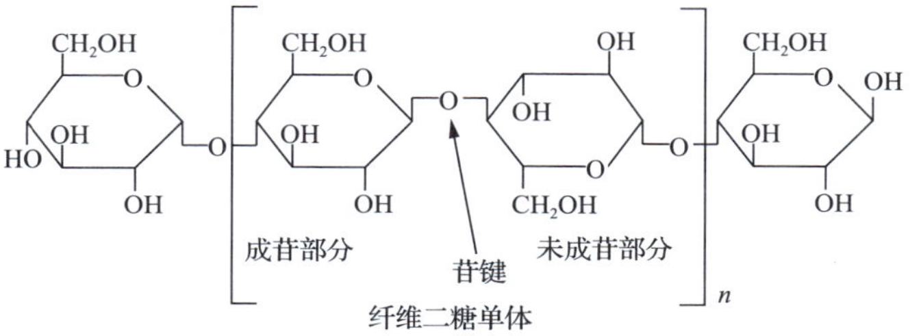

图 3-2　纤维素分子链平面结构式

半纤维素在化学性质上与纤维素相似，通常是指生物质的碳水化合物部分。半纤维素与纤维素不同之处是前者容易被稀酸水解。聚戊糖、聚己糖和聚糖醛酸苷均属于半纤维素。通过 β-1,4 氧桥键连接而成的不均一聚糖，其聚合度（150～200）比纤维素小、结构无定性、易溶于碱性溶液、易水解，热稳定性比纤维素差，热解容易。阔叶木（如杨木）中的半纤维素主要为木聚糖类，只含少量的聚葡萄糖甘露糖。玉米秸秆中的半纤维素不含聚葡萄糖甘露糖，主要为阿拉伯糖基葡萄糖醛酸木聚糖。

木质素是由苯基丙烷结构单元以 C—C 键和 C=O=C 键连接而成的复杂的芳香族聚合物，常与纤维素结合在一起，称为木质纤维素。木质素分子结构中相对弱的是连接单体的氧桥键和单体苯环上的侧链键，受热易发生断裂，形成活泼的含苯环自由基，极易与其他分子或自由基发生缩合反应生成结构更为稳定的大分子，进而结炭。

生物质的化学组成对其物理转变过程有着重要的影响，纤维素、木质素含量及结合方式对其粉碎、干燥成型过程与热解等都有重要的影响，并决定了其工艺设备的选型与能耗。采用 VELP 纤维素测定仪，利用国际通用的酸洗、碱洗的方法，分析生物质中的纤维素、半纤维素、木质素等含量。表 3-7 为部分生物质的干基化学组成。

表 3-7　部分生物质的干基化学组成　　　　　　　单位：wt%

生物质名称	抽出物含量	纤维素含量	半纤维素含量	木质素含量	灰分含量
玉米秸秆	11.4	46.2	20.8	17.1	4.6
高粱秸秆	9.2	49.1	18.7	17.0	6.0
水稻秸秆	13.6	30.2	21.7	18.5	16.0

续表

生物质名称	抽出物含量	纤维素含量	半纤维素含量	木质素含量	灰分含量
小麦秸秆	10.9	47.3	14.6	17.2	10.0
玉米芯	9.6	40.4	31.9	16.5	1.6
黄桷树	6.8	52.5	10.7	28.5	1.5
竹子	6.4	52.7	16.5	23.2	1.2

由表 3-7 可以看出，竹子的纤维素含量最高，玉米芯的半纤维素含量最高，黄桷树的木质素含量最高。在生物质的 3 种主要化学成分中，半纤维素最易热解，纤维素次之，木质素最难热解且持续时间最长，半纤维素、纤维素热解后主要生成挥发物，木质素热解后主要生成碳，所以低水分、低灰分、高挥发分及高半纤维素、纤维素含量与低木质素含量的生物质最适合作为生物质热解液化的原料。在上述 7 种生物质中，竹子、玉米秸秆、玉米芯是比较好的生物质原料。

3.2.2 生物质压缩成型特性

在生物质能的各种应用技术中，都需要对生物质进行前期的预处理。因此，生物质前期的预处理成为生物质能规模化利用的核心因素。在生物质预处理技术中，压缩成型技术是最重要的技术手段之一。

1. 成型过程中的力学性质

生物质的力学特性包括弹性、塑性、强度（抗拉强度、抗压强度、抗弯强度、抗剪强度、扭曲强度、冲击韧性等）等。生物质的弹性是指应力在弹性极限下，一旦除去应力，物体的应变就完全消失，即应力解除后产生应变完全恢复的性质。生物质的塑性是指当应力超过生物质的弹性极限时，在应力作用下，生物质高分子结构发生变化和相互间移动，产生应变，应变随时间的增加而逐渐增大，除去应力后不可恢复的现象。生物质同时具有弹性和塑性的综合特性称为弹塑性。蠕变和松弛是弹塑性的主要内容。蠕变是指在恒定应力下，生物质应变随时间的延长而逐渐增大的现象。松弛是指在恒定应变条件下，应力随时间的延长而逐渐减小的现象。

生物质力学特性的性能指标受生物质含水率的影响较大。当含水率在纤维饱和点以下时，结合水吸附在生物质内部表面。当含水率下降时，生物质发生干缩现象，胶束之间的内聚力增高，内摩擦系数变大，密度增大，因而生物质力学强度急剧增加。当含水率在纤维饱和度以上时，自由水虽然充满导管、管胞和秸秆组织其他分子的大毛细管，但只是浸入生物质细胞内部和细胞间隙，与生物质的实体物质没有直接结合，所以对生物质的力学性质影响不大，生物质力学强度基本上为定值。

2. 成型过程中的物理性质

生物质是由实体、水分及空气组成的多孔性材料，其主要物质形态是不同粒径的粒子。由于生理方面的原因，生物质的粒子排列通常都比较疏松，粒子间空隙较大，生物质密度较小。由于生物质构造的特殊性，生物质粒子的填充和流动等特性对压缩成型具有十分重要的影响。当生物质开始压缩成型时，由于压力较小，粒子在压力作用下慢慢挤紧。在压力的连续作用下，粒子位置不断错位，由原来杂乱无章的排列逐渐变得有序。随着压力的继续增大，空隙越来越小，此时大粒径的粒子在压力作用下，发生破裂现象，变成细小的粒子，并产生变形，以填补粒子周围较小的空隙。当压力再增加时，粒子发生塑性变形，在垂直于主应力方向上，粒子被延展，相邻的粒子以啮合的方式紧密接触。由于生物质是弹塑性体，当发生塑性变形后，不再恢复到原有的结构形貌，粒子间储存的部分残余应力使粒子结合更加牢固，这是生物质成型燃料表现较好致密性的一个重要方面。对于玉米秸秆、棉花秸秆、小麦秸秆，由于小麦秸秆微纤丝排列的平行度最差，纤维强度最低。在压力作用下，大粒径的粒子较其他原料易发生破裂现象，变成细小的粒子，粒子间空隙被填补得更充分，故颗粒成型燃料的致密性最好。

3. 成型过程中的化学性质

生物质的化学成分包括主要组分和少量组分。主要组分是构成生物质细胞壁和胞间层的物质，由木质素、半纤维素和纤维素 3 种高分子化合物组成。少量组分主要包括有机物和灰分等。在生物质压缩成型过程中，在压力和水分的共同作用下，木质素的大分子易碎片化，进而发生缩合和降解，溶解性发生显著变化，生成可溶性木质素和不溶性木质素。此外，酚羟基和醇羟基的存在，促使碱性木质素溶解，木质素磺酸盐与水溶解可形成胶体溶液，起到黏合剂的作用。通过黏附和聚合生物质颗粒，进而提高了成型燃料的结合强度和耐久性。半纤维素由多聚糖组成，具有分枝度，主链和侧链上含有较多羟基、羧基等亲水性基团，是生物质中吸湿性较强的成分，在压力和水分共同作用下可转化为木质素，也可起到黏合剂的功能。纤维素是由大量葡萄糖基组成的链状高分子化合物构成，不溶于水，主要功能基是羟基。羟基之间或羟基与氧、氮、硫基团能够结合成氢键，能量强于范德华力。在压缩成型过程中，由氢键连接成的纤丝在黏聚体内发挥了类似混凝土的"钢筋"加强作用，成为提高成型燃料强度的"骨架"。

4. 成型过程的黏结机理

就不同材料的压缩成型而言，成型物内部的黏结力类型和黏合方式可分为 5 类，分别是固体颗粒桥接或架桥、非自由移动黏合剂作用的黏合力、自由移动液体的表面张力和毛细压力、粒子间的分子吸引力或静电引力、固体粒子间的填充或嵌合（李金旺，2013）。

对于生物质原料来说，原料粒度大小不同，纤维素分子链排序也不尽相同。当处于相同压力时，结晶区和非结晶区的纤维素分子链断裂也不一样，所以会形成不同形状和大小的颗粒。在压缩过程中易产生固体颗粒桥接或架桥现象，进而影响成型燃料的松弛密度和耐久性。生物质原料不同，出现固体颗粒桥接或架桥现象的程度也有差异。此外，固体粒子间的填充或嵌合是秸秆压缩成型过程的重要途径。在垂直于主应力方向上，粒子被延展，相邻的粒子靠啮合的方式紧密结合。在平行于主应力方向上，粒子变薄，相邻的粒子靠贴合的方式紧密接触。

3.3　生物质成型技术及设备

3.3.1　生物质压缩成型预处理技术及设备

1. 生物质预处理技术

生物质是最丰富的可再生资源之一，将其转化为各种可利用的化学品是各国关注的焦点。对于生物质转化预处理的手段目前已有大量研究，常用的生物质预处理方法有物理法、化学法、生物法及物理化学法（潘永康 等，1998）。

1）物理法

物理法预处理包括粉碎、挤压成型、微波处理及冻干。粉碎旨在减小生物质颗粒尺寸，增加比表面积与孔隙度，而且能降低原料的聚合度，有去结晶化的作用。挤压成型是热物理处理法，原材料在搅拌、加热、剪切应力等作用下，内部的物理化学结构发生了改变。微波处理是通过微波辐射带来的直接内部热辐射，破坏纤维素外部的硅化表面积内部的微观分子结构，去除木质素，提高水解效率。冻干则是通过冷冻预处理破坏纤维素的分子结构，达到提高酶解效率的目的。物理法通常与其他预处理方法相结合，能达到很好的预处理效果。但物理法预处理耗能较高，增加了预处理成本。因此，需要寻找更合理高效的预处理方法。

2）化学法

化学法预处理是利用酸、碱、有机溶剂、离子液等化学物质对原料进行预处理，打破各组分间的氢键连接，破坏木质素结构，从而增加化学/热解反应可及度。臭氧分解法是利用臭氧作为氧化剂打破木质素和半纤维素对纤维素的包裹，加速纤维素的生物降解。同时，臭氧通过打破木质素的结构，将可溶解的乙酸、甲酸等组分释放出来，大幅提高降解率。该法操作简单，能显著提高秸秆类生物质的分解效果，但其酸碱性溶液等的排出仍会对环境造成危害。

3）生物法

生物法预处理不需要添加化学试剂，是一种环境友好的预处理方法。微生物通过生物作用，使生物质内的木质素和半纤维素降解，破坏了其对纤维素组分的包裹，提高了秸秆类生物质的生物转化效率。常用的微生物种类包括白腐菌、褐霉菌、软腐菌等。生物法预处理过程中，生物质颗粒尺寸、含水量、预处理时间和温度都会对分解率产生影响。因此，稳定适宜的环境非常必要。不同的微生物类型也有不同的降解效果。虽然生物法预处理是耗能少、环境友好、不需要化学添加的绿色预处理方法，但是由于其处理周期长、反应装置占地大、微生物生长控制耗时多、降解效率不高等限制性因素的存在，其产业化应用仍受到限制。

4）物理化学法

物理化学法预处理包括自发水解、蒸汽爆破、CO_2 爆破、氨纤维爆裂、热液法等。自发水解过程是纤维素在水介质中在一定温度范围（150～230℃）进行的自动水解过程，半纤维素会部分溶出，在溶液中发生解聚，产生低聚糖和单糖。木质素未发生显著变化，纤维素仍以固态形式存在。蒸汽爆破、CO_2 爆破、氨纤维爆裂等方法是在高压饱和状态下，蒸汽、CO_2 及氨等小分子物质分散到秸秆类生物质的各孔隙中，随后在短时间内系统突然减压，使原料爆裂。在迅速减压爆裂过程中，由于高温高压下生物质结构遭到破坏，半纤维素发生水解、木质素发生转化，纤维素的结晶区增加，提高了酶等物质的可及度。爆破法预处理效率高，能够实现序批式和连续式两种处理方式，但是由于爆破过程会形成抑制酶解发酵的副产物，仍须进一步研究。热液法是指将生物质放置于高温高压水溶液中 15 min，不需要添加其他化学试剂或催化剂。这种方法已经广泛应用于多种农产品剩余物，如玉米芯、甘蔗渣、玉米秸秆、小麦秸秆。据报道，其分解效率达 80% 以上，半纤维素也能有效降解。

2. 生物质收集及储运设备

1）收集设备

生物质收集是能源化利用的基础，生物质收集方法与途径将直接影响其能源化利用的生产成本。生物质的收集方法分为人工收集和打捆收集。目前，我国农作物秸秆等生物质原料主要是靠人工收集的方法获得，也可采用联合收割机收获籽粒后，将农作物秸秆用运输工具运回存放场地。秸秆打捆收集主要是在农作物收获时节，将水稻秸秆、小麦秸秆及棉花秸秆等进行打捆收集与处理。

尽管我国生物质发展呈现良好的发展态势，但由于我国生物质产业化发展缓慢，国产设备产业链不够完善，配套的机械制造业还未形成，商业化程度较低，经济效益不太乐观，市场竞争力比较弱，而一系列利好消息［发布《"十二五"农作物秸秆综合利用实施方案》、《可再生能源发展"十二五"规划》、《生物能源和生物化工原料基地补助资金管理暂行办法》（财建〔2007〕435 号）、《秸秆能源化利用补助资金管理暂行办法的通知》（财建〔2008〕735 号）、《可再生能源发展专项资金管理暂行办法》（财建〔2015〕87 号）］，无疑给生物质收集及利用设备市场带来一个极佳的发展机遇期，将大幅加速生物质产业化的发展。

2）运输设备

秸秆运输包括打捆后用平板车、大型汽车运输及粉碎后用三轮车或者汽车运输。搬运作业通常使用起重机和轮式装载机完成。运输过程中要考虑秸秆的含水率不宜过高或过低，否则秸秆在一定条件下会降解或在运输过程中外界空气过干，产生热量甚至会引起自燃；还要尽量减少运输过程中秸秆茎叶的损失。人工收集后的秸秆大多用三轮车或拖车运输，这种运输方式的特点是由于秸秆没有进行预处理，运输秸秆的量小，适合短距离运输。

3）储藏设备

秸秆收获是有季节性的，而生产是连续的，这样生产与原料供应之间存在着时间间隔，故长期储藏生物质原料是必要的。秸秆储藏可以采用分散储藏和集中储藏两种收集模式。对于分散储藏模式的厂区，储存秸秆的库房及场地不宜设置过大，而集中储藏模式需要成型燃料厂具有较大的储藏空间。

3. 生物质干燥技术及设备

1）干燥技术

干燥是利用热能将物料中的水分蒸发排出，获得固体产品的过程。简单来说，就是加热湿物料，从而使水分气化的过程。生物质干燥有自然干燥和人工干燥两种方式。自然干燥是让原料暴露在大气中，通过自然风、太阳光照射等方式去除水分。原料最终水分与当地气候有直接关系，是由大气中的水分含量决定的。人工干燥是利用干燥机，靠外界强制热源给生物质加热，从而将水分气化。目前人工干燥用于生产的方法很多，根据不同的条件有不同的方法。

2）干燥设备

国内干燥设备大多用于蔬菜、药材干燥，这类设备一般造价高，设计复杂。干燥设备的内部结构及工作原理不适于干燥农林固体废弃物。研究开发干燥农林固体废弃物的专用设备，既是市场需要，也是我国农林业可持续发展、实现高效节能环保的大势所趋。

（1）生物质破碎转筒型干燥机。该类干燥机解决了现有干燥机存在的产品粒度及水分不均匀、热效率低、物料过热变性、着火等问题。其结构紧凑，布局合理，构造简单，提高了物料与热能的热交换率，使物料烘干效果好。同时，基础投入少，占地面积小，特别适于生物质燃料的干燥。生物质破碎转筒型干燥机的结构示意图如图 3-3 所示。

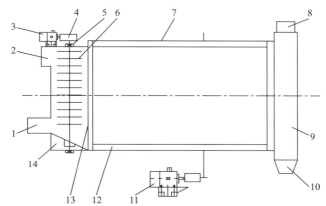

1. 热介质进口；2. 进料口；3. 电机 I；4. 破碎装置传动机构；5. 轴承；6. 破碎刀片和破碎齿；7. 回转圆筒；8. 废气出口；9. 出料罩；10. 出料口；11. 电机 II 及传动机构；12. 抄板机构；13. 隔离筛网；14. 进料罩。

图 3-3　生物质破碎转筒型干燥机的结构示意图

（2）涡流式生物质干燥机。涡流式生物质干燥机在常规烘干机内部原有扬料板基础上，增加了外环板和内挡板，使热空气的流动变为涡流型，延长了烘干行程；外环板和内挡板将烘干机筒分为多个不同的腔室，有效地阻止了风洞现象，提高了换热效率，从而促进了物料与热风的传质、传热过程，在保证烘干效果的同时显著缩减了烘干机的长度和占地空间。其结构简单，制造成本低。涡流式生物质干燥机部分示意图如图 3-4 所示。

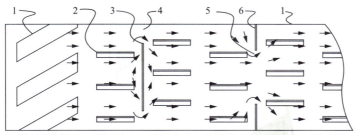

1. 进料螺旋板；2. 扬料板；3. 内挡板；4. 外通道；5. 内通道；6. 外环板。

图 3-4　涡流式生物质干燥机部分示意图

（3）生物质物料滚筒干燥机。生物质物料滚筒干燥机的结构示意图如图 3-5 所示，包括筒体，以及由电机、齿轮和齿圈构成的用于驱动筒体转动的传动装置，筒体外壁与齿圈内壁具有空间，传动装置还包括若干块推板，该推板设置于所述空间中，推板的一端连接在齿圈的内壁，而另一端相切地与筒体外壁连接。

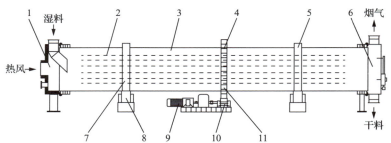

1. 前烟箱；2. 拔料板；3. 筒体；4. 传动装置；5. 滚轮架；6. 后烟箱；
7. 轮圈；8. 滚轮；9. 电机；10. 齿轮；11. 齿圈。

图 3-5　生物质物料滚筒干燥机的结构示意图

（4）生物质碎料带式干燥机。该类干燥机是利用热水、导热油作为热传导介质，通过热交换器将空气加热，加热的空气以风机为动力，以一定温度、速度及流量穿过网带上的生物质碎料，将热量传递给生物质碎料，并将生物质碎料蒸发的水分带走，完成生物质碎料干燥的安全高效的干燥机（路延魁，2001）。生物质碎料带式干燥机的结构示意图如图 3-6 所示。

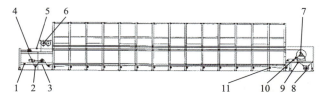

1. 头部；2. 下调偏辊；3. 上调偏辊；4. 张紧辊；5. 网带；6. 布料螺旋；
7. 动力辊；8. 出料螺旋；9. 尾部；10. 吹扫管；11. 下托辊。

图 3-6　生物质碎料带式干燥机的结构示意图

4. 生物质粉碎设备

1）铡切式粉碎机

铡切式粉碎机一般可分为铡草机和青饲料切碎机。按规格分为小型、中型和大型；按切割方式分为滚筒式和圆盘式。铡切式粉碎是将刀刃在物料上压切，此粉碎方式的主要设备是铡草机，适于各种农作物秸秆和牧草的粉碎。目前，国内对铡草技术的研究比较成熟，机具类型也较多，机型划分细致，能够满足不同的生产要求。如山西科惠农业发展有限公司生产的 93ZT-0.8 型铡草机，动力为 1.5～2.2 kW，产量为 500～800 kg/h。

2）锤片式粉碎机

秸秆粉碎大多采用锤片式粉碎。粉碎试验装置的总体结构示意图如图 3-7 所示。锤片式粉碎机具有适应性广、生产率高、使用更普遍的特点，但在加工过程中粉碎机动力消耗大，对含水率高的秸秆加工性能较差，因而降低了其经济性。

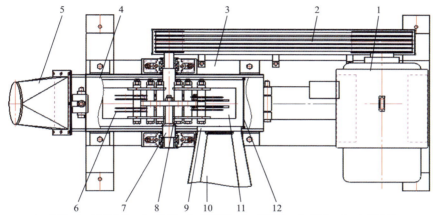

1. 电机；2．Ｖ带传动；3．机架；4．粉碎室；5．出料口；6．锤片；7．主轴转子；8．动刀片；9．定刀片；10．进料斗；11．风叶；12．筛片。

图 3-7　粉碎试验装置的总体结构示意图

3）揉搓式粉碎机

揉搓式粉碎机采用双螺杆螺旋揉搓推进机构，对物料进行强制揉搓与输送，保证对物料的揉搓及顺畅的出料能力。同时，采用多动刀与定刀组的多刀剪切，既利用了刀刃对物料的剪切，又在动刀和定刀之间的间隙对物料进行揉搓，并由高速旋转的转子抛向工作室内壁。随后由转子拖动着再行揉搓，在降低能耗的同时，保证了物料的加工质量。如秸秆挤丝揉碎机可加工低于 70%含水率的秸秆，可一次性连续完成压扁、挤丝、揉碎等复杂工序。秸秆在揉碎机的作用下形成丝状，完全破坏茎节的同时秸秆被切碎成合适的段块，从而大幅提高其适口性，提高秸秆的利用率（李金旺，2013）。

4）组合式粉碎机

组合式粉碎机是将铡草、粉碎和揉搓等功能组合成一体的机器。物料在动刀、定刀、锤和齿板的综合作用下被粉碎，在离心力和风机的作用下排出，提高了粉碎的质量与效率。其结构包括机座、安装在机座上的含粉碎机构的粉碎机构箱体和含切断机构的切断机构箱体，切断机构具有位于粉碎机构喂料口上方且朝向粉碎机构喂料口的出料导向机构，粉碎机构箱体的下端设有集料室，所述集料室的一侧与含有电机驱动的风引出料装置连通，与风引出料装置相对的另一侧具有风量控制槽，风引出料装置的上端具有出料口。此种类型的粉碎机可有效提高粉碎和粉尘收集效率。

3.3.2 生物质颗粒燃料成型技术及设备

1. 颗粒燃料成型技术

近年来，随着新能源产业的不断发展，秸秆能源化利用得到了高度重视，国家相继出台了一系列鼓励和支持相关产业发展的政策法规。在这些政策法规的鼓励和支持下，国内生物质固体燃料成型产业蓬勃发展。国内生物质固体成型燃料主要用作农村居民炊事、取暖、工业锅炉及发电厂等，可减少一次能源的损耗，增加生态效益；减少温室气体排放，增加环境效益；为农民增收，增加社会效益。生物质颗粒燃料的加工工艺主要包括原料接收、粉碎成粗粉、粉碎成细粉、混合、除尘、成型、冷却、筛选回收和计量包装等工序。生物质颗粒燃料加工工艺流程图如图 3-8 所示。

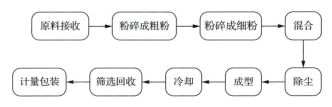

图 3-8　生物质颗粒燃料加工工艺流程图

2. 平模颗粒成型设备

平模颗粒机采用平模和与其相配合的圆柱形压辊为主要工作部件。按工作部件的运动状态分类，平模颗粒机有动辊式、动模式、模辊双动式 3 种，动辊式则一般用于较大机型，动模式和模辊双动式常见于小型平模颗粒机。按压辊的形状分类，可分为锥辊式和直辊式两种（张吉鸿，2002；梁念喜，2012）。生物质平模颗粒成型机的结构如图 3-9 所示。

该机对原料水分适应性强，含水率一般为 15%～25%，结构简单，成本较低，适于农村小规模使用，但产量普遍偏低，一般不超过 0.5 t/h。

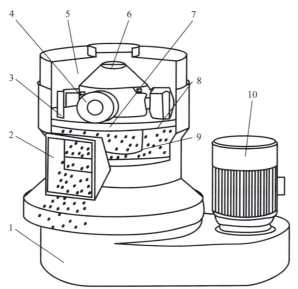

1. 传动箱；2. 出料口；3. 均料板；4. 压辊；5. 喂料室；6. 主轴；7. 平模；8. 切刀；9. 扫料板；10. 电机。

图 3-9 生物质平模颗粒成型机的结构

3. 环模颗粒成型设备

生物质颗粒燃料主要采用环模挤压成型技术。在压缩成型时，原料被进料刮板卷入环模和压辊之间，中主轴带动环模旋转，在摩擦力作用下，压辊与环模同时转动，利用二者的相对旋转将原料逐渐压入环模孔中成型，并不断向孔外挤出，再由切刀切成所需长度的成型颗粒燃料。在环模挤压成型过程中，物料在压制区内的位置不同，其受压辊的压紧力也不同，可分为 4 个区间，即供料区、挤压区、压紧区和成型区。环模挤压式成型机按压辊的数量可分为单辊式、双辊式和多辊式 3 种，按成型主要运行部件的运动状态可以分为动辊式、动模式和模辊双动式 3 种。该成型机系统主要由上料机构、喂料斗、压辊、环模、传动机构、电机及机架等构成。图 3-10 为卧式环模颗粒成型机的结构。其中，环模和压辊是成型的主要工作部件。

4. 螺旋挤压成型设备

螺旋挤压成型机是开发最早、当前应用最普遍的设备。螺旋挤压成型机是靠外部加热维持成型温度为 150～300℃，将木质素、纤维素等软化形成黏结剂，螺杆连续挤压生物质通过成型模具形成生物质棒状成型燃料。螺旋挤压成型机主要由挤压螺旋、套筒及加热圈等组成。螺旋挤压成型机的优点是运行平稳、连续成型、成型品质量好。成型压力可通过调整螺杆的进套尺寸进行调节。

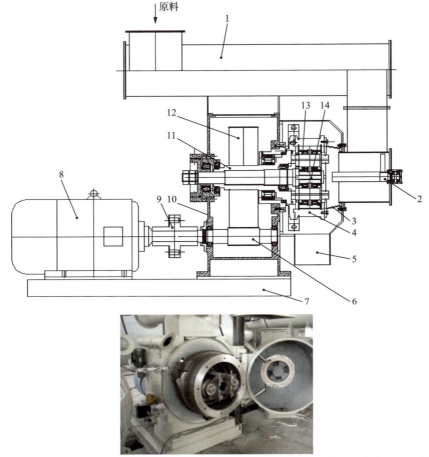

1. 变频喂料器；2. 强制喂料器；3. 喂料盘；4. 环模；5. 出料口；6. 驱动轴；7. 底座；8. 主电机；
9. 联轴器；10. 减速箱；11. 空心轴；12. 减速齿轮；13. 压辊；14. 主轴。

图 3-10　卧式环模颗粒成型机的结构

3.3.3　生物质块状燃料成型技术及设备

1. 块状燃料成型技术

　　生物质块状燃料成型技术是把粉碎及干燥后的农林废弃物在一定的压力作用下（加热或不加热）可连续挤压制成块状成型燃料的加工技术方法。农林废弃物主要由纤维素、半纤维素和木质素组成。木质素是光合作用形成的天然聚合体，具有复杂的三维结构，是高分子物质，在植物中含量为 15%～30%。当温度达到 70～100℃时，木质素开始软化，并产生一定的黏度，生物质压块成型燃料主要是利用木质素的胶黏作用。当把温度提高到 100～200℃时，生物质呈熔融状，黏度变高。此时增加一定的压力，可使它与纤维素紧密黏结，使植物体积大量减少，密度显著增加。取消压力后，由于非弹性的纤维分子间相互缠绕，其仍能保持压制形状，待冷却后强度进一步增加，成为成型燃料（宋卫东 等，2013）。生物质压块成型燃料的生产工艺过程分为原料粉碎、干燥、挤压、加热等。当原料进入压块成型室后，在压辊和模盘的转动作用下，物料进入压模与压辊之间，被挤入成型孔（压力在 15～30 MPa），从成型孔挤出的原料被挤压成型，压制出块状成型燃料。

2. 平模压缩成型设备

1）平模式成型机的种类

按执行部件的运动状态不同，平模式成型机可分为动辊式、动模式和模辊双动式 3 种，动辊式一般用于大型平模式成型机，模辊双动式用于小型平模式成型机。按压辊的形状不同又可分为直辊式和锥辊式两种。锥辊的两端与平模盘内、外圈线速度一致，压辊与平模盘间不产生错位摩擦，阻力小，耗能低，压辊与平模盘的使用寿命较长。平模式成型机依据平模成型孔的结构形状不同也可以用来加工棒状、块状和颗粒状成型燃料。截面最大尺寸大于 25 mm 的成型烘料称为棒状或块状烘料。

2）平模式块状成型机

平模式块状成型机主要由上料机构（喂料斗、压辊、平模盘）、减速机构、传动机构、电机及机架等部分组成。工作时，经切碎或粉碎后的生物质原料通过上料机构进入成型机的喂料室，电机通过减速机构驱动成型机主轴转动，主轴上方的压辊轴也随之低速转动，由于压辊与平模盘之间有 0.8～1.5 mm 的间隙（称为模辊间隙），通过轴承固定在压辊轴上的压辊围绕主轴公转。

平模式块状成型机结构简单、成本低廉、维护方便。由于喂料室的空间较大，可采用大直径压辊，加之模孔直径可设计到 35 cm 左右，纤维较长的原料都可以直接切成 10～15 mm 的原料段，原料含水率为 15%～25%。平模式块状成型机主要用于解决农作物秸秆等加工不一的问题，成型孔径可以设计大一些，控制在 35 mm 左右，平模盘厚度与成型孔直径的比值要随直径的变大适当减小，盘面磨损与套筒设计要同步。

3. 环模压缩成型设备

1）环模式成型机的种类

环模式成型机根据主轴位置不同分为卧式环模式成型机和水平环模式成型机。水平环模式相当于平模挤压式与卧式环模式的结合。水平环模式成型机主轴处于竖直位置，保持环模结构和参数不变，而将其平放。将压轮的旋转轴位置由平行改为垂直，在工作直径相同的情况下生产效率明显提高。水平环模式成型机模孔均分布在环模圆周方向上，压辊旋转挤压时，物料能够被全部压入型孔。在成型过程中，电机提供的动力基本上全部用于成型做功。根据实际生产试验比较，在生产成本方面比传统的卧式环模式成型机降低约 30%。

2）环模式块状成型机

环模辊压式块状成型机主要是由上料机构、喂料斗、压辊、环模、传动机构、电机及机架等部分组成。工作时，生物质原料输送到成型机的喂料斗，然后进入预压室，在拨料盘的作用下均匀地散布在环模上。主轴带动压辊连续不断地碾压原料层，将物料压实、升温后挤进成型腔，物料在成型腔模孔中经过成型、保型等过程后呈方块或圆柱形状被挤出。图 3-11 所示的是立式环模式棒（块）状成型机的结构。

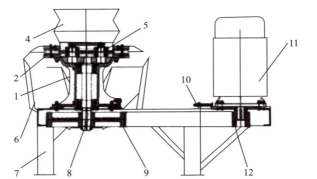

1．主轴架；2．模盘；3．防护罩；4．喂料斗；5．压辊；6．出料斗；7．机架；
8．主轴；9．皮带轮；10．调节装置；11．电机；12．皮带轮。

图 3-11　立式环模式棒（块）状成型机的结构

3.3.4　生物质棒状燃料成型技术及设备

1. 棒状燃料成型技术

生物质棒状燃料成型技术有螺旋挤压成型技术与活塞挤压成型技术。活塞挤压成型技术的成型是靠活塞的往复运动实现的，按驱动动力分为机械驱动活塞式成型机和液压驱动活塞式成型机。螺旋式成型机是最早研制生产的热压成型机，其原理是利用螺杆输送推进和挤压生物质。根据成型过程中黏接机理的不同可分为加热和不加热两种形式。

2. 螺旋挤压式成型设备

1）螺旋挤压式成型机的种类

螺旋挤压式成型机，按螺旋杆的数量不同，可分为单螺旋杆式、双螺旋杆式和多螺旋杆式成型机；按螺旋杆螺距的变化不同，可分为等螺距螺旋杆式和变螺距螺旋杆式成型机；按成型产品的截面形状不同，可分为空心圆形和空心多边形（四方、五方、六方等）成型机。

2）结构组成与工作过程

螺旋挤压式成型机主要由电机、传动部分（防护罩、大皮带轮）、进料机构（进料斗、进料预压）、螺旋杆、成型套筒和电热控制（电热丝、控制柜）等几部分组成，如图 3-12 所示，其中螺旋杆和成型套筒为主要工作部件。工作时，收集通过切碎或粉碎的生物质原料，由上料机、皮带输送机或人工将原料均匀送到成型机上方的进料斗中，经进料预压后沿螺旋杆直径方向进入螺旋杆前端的螺旋槽中，在螺旋杆的连续转动推挤和高温高压作用下，将生物质原料挤压成一定的密度，从成型套筒和保型筒内排出即成一定形状的燃料产品。

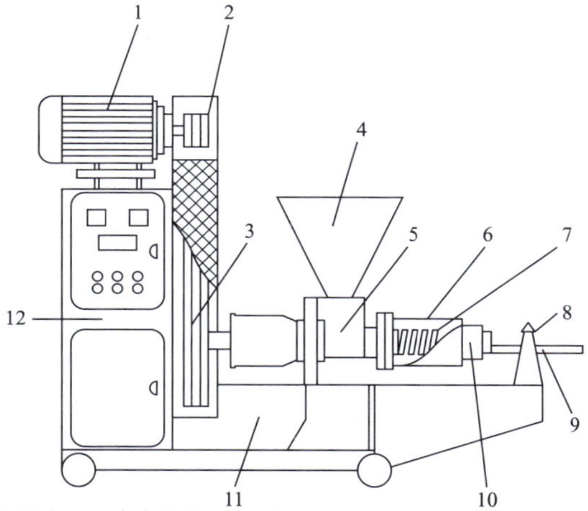

1．电机；2．防护罩；3．大皮带轮；4．进料斗；5．进料预压；6．电热丝；7．螺旋杆；8．切断机；9．导向槽；10．成型套筒；11．机座；12．控制柜。

图 3-12　螺旋挤压式成型机的结构

3. 机械活塞冲压式成型机

机械活塞冲压式成型机主要由喂料斗、冲杆套筒、冲杆、成型套筒（成型锥筒、保型筒、成型锥筒外套）、夹紧套、电控加热系统、曲轴连杆机构、润滑系统、飞轮、曲轴箱、机座、电机等组成（图 3-13）。成型机第一次启动时，先对成型套筒预热 10～15 min，当成型套筒温度达到 140℃以上时，按下电机启动按钮，电机通过“V”形带驱动飞轮使岬轴（凸轮轴）辖动，曲轴回转带动连杆、活塞使冲杆做往复运动。待成型机润滑油压力正常后，将粉碎后的生物质原料加入喂料斗，通过原料预压机构或靠原料自重及冲杆下行运动时与冲杆套筒之间产生的真空吸力，将生物质吸入冲杆套筒内的预压室中。当冲杆上行运动时就可将生物质原料压入成型腔的锥筒内，在成型锥筒内壁直径逐渐缩小的变化下，生物质被挤压成棒状从保型筒中挤出，成为实心棒状燃料产品。

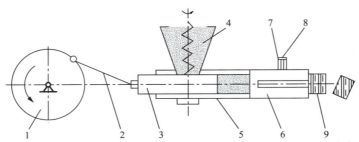

1. 曲轴；2. 连杆；3. 冲杆；4. 喂料斗；5. 冲杆套筒；6. 成型套筒；7. 加热圈；8. 夹紧套；9. 成型燃料。

图 3-13　机械活塞冲压式成型机的结构

4. 液压活塞冲压式成型机

液压活塞冲压式成型机采用的成型原理均为液压活塞双向成型，主要由活塞冲杆、喂料斗、冲杆套筒、成型锥筒等组成。工作时，先对成型锥筒预热 15～20 min，当温度达到 160℃时，依次按下油泵电机按钮、上料输送机构电机按钮。待整机运转正常后，通过输送机构上料。每一端的原料都经两级预压后依次被推入各自冲杆套筒的成型腔内，并具有一定的密度。冲杆在一个行程内的工作是一个连续的过程，根据物料所处的状态分为 5 个区：供料区、压紧区、稳定成型区、压变区和保型区。液压活塞冲压式成型机成型原理图如图 3-14 所示。

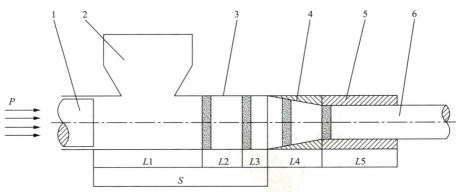

$L1$. 一级预压长度；$L2$. 二级预压长度；$L3$. 塑性变形区长度；$L4$. 成型锥筒长度；$L5$. 保型筒长度；S. 冲杆行程；P. 成型压强；1. 活塞冲杆；2. 喂料斗；3. 冲杆套筒；4. 成型锥筒；5. 保型筒；6. 成型棒。

图 3-14　液压活塞冲压式成型机成型原理图

3.3.5　生物质成型自动化生产控制系统

1. 设计总体要求

生物质成型自动化生产控制系统的设计可根据原料的种类、含水率等要求，对生产线的运行参数进行自动调整。针对玉米秸秆、小麦秸秆、棉花秸秆等原料的不同特点和成型参数的要求，设置不同的控制程序，分别调用相应的数据库，使其在最佳状态下工作。针对成型工艺的不同过程，也应有相应的子程序，使各个工段的设备在最佳状态下工作。对热风炉运行的自动控制，使其可根据总程序的要求提供相应温度与总量的热风。对干燥机运行的自动控制，可使干燥机在总程序的要求下以最高的热利用率把生物质原料干燥到合适的含水率。对加水过程的控制，如生物质的含水率低于成型工艺要求的最佳含水率，可向粉碎后尚未成型的生物质原料加入一定的水分，达到成型工艺的要求。

2. 自动控制部分及效果

生物质成型燃料控制系统工艺流程如图 3-15 所示。其过程可分为热风控制系统、干燥控制系统、加水控制系统与成型控制系统。

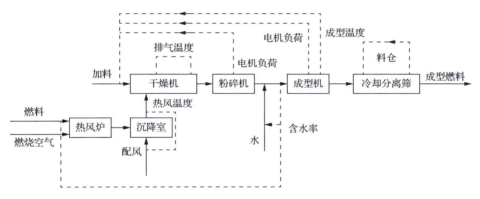

图 3-15 生物质成型燃料控制系统工艺流程

1）控制系统

控制系统可对进入成型机前的生物质含水率、粉碎机和成型机电流、进入干燥机前的热风与排出的湿气温度、成型仓的温度进行在线检测。其控制过程是控制系统检测到成型原料的含水率高于所需含水率时，可调用热风控制系统程序，增加高温烟气产量，使温度保证在设定的温度。同时，降低拖动电机的转速，使干燥机的热利用率保持在较高的水平。控制系统检测到粉碎机或成型机的主电机工作电流大于设定值时，则减少干燥机进料皮带的转速，减少给料量。同时，热风炉的产风量也相应减少，干燥机拖动电机转速增加。生物质成型燃料控制系统硬件配置如图 3-16 所示。

2）热风控制系统

热风控制系统如图 3-17 所示。控制系统检测到进入成型机的物料含水率高于最佳成型所需含水率时，启动热风控制系统子程序，发出增加热风量的指令。其运行过程是按设定比例增加进料电机与风机转速,从而按比例增加热风炉的进料量与空气量,提高热风炉的输出负荷。同时,控制系统检测到热风温度高于350℃时,增加配风风机转速,提高冷空气进入量,使热风温度维持在 350℃左右。当控制系统检测到进入成型机的物料含水率低于最佳成型所需含水率时,热风系统按相反的方向调整各电机减速,从而减少热风的输出量。该子程序可根据物料的脱水量,为干燥机提供所需的最佳温度与风量的热空气。

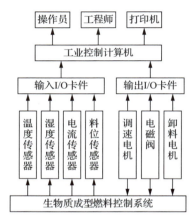

图3-16　生物质成型燃料控制系统硬件配置

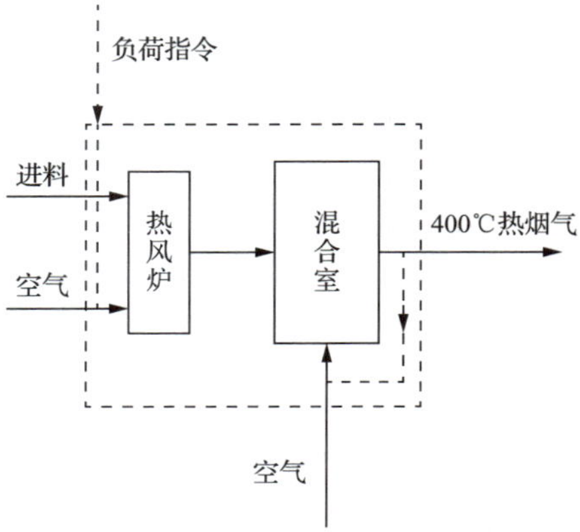

图3-17　热风控制系统

3）干燥控制系统

干燥控制系统如图3-18所示。该子程序可保证干燥机在设定的最佳工况下运行,能保证进风温度为350℃时,排风温度为80℃。干燥系统运行参数的控制过程是加入物料的含水率增加时,在控制系统的作用下,热风炉提供的高温烟气量也相应增加。当干燥控制系统检测到干燥机的排气温度高于设定的80℃时,干燥控制系统的子程序启动,发出指令降低电机转速,提高物料干燥时间,高温烟气能充分与物料换热,从而降低排气温度,保证干燥机在较高效率下工作。

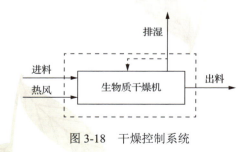

图3-18　干燥控制系统

4）加水控制系统

通过原料水分传感器及成型压力传感器连续测量设备生产过程中原料水分和

成型压力的变化。根据测量值采用计算机自动调整进料系统加水装置的喷水速率及加料绞龙的给料速率，从而保持成型设备始终在最佳的成型原料水分及压力下工作，达到最经济的运行状态。其水分控制精度在±3%以内，成型压力控制精度在±1 MPa 以内。

5）成型控制系统

成型控制系统采用控制理论和技术，根据原料的进料量、粉碎量、供热量、出料量及物料水分含量等条件的变化自动调整设备运行工况，实现全系统的自动化运行和调节，使该系统连续稳定运行，提高了设备的技术集成化水平，进一步降低成本，提高产量。

3.4　生物质成型燃料生产体系

3.4.1　生物质成型燃料工业化生产系统

中国对生物质成型燃料技术方面的研究开发已有 20 多年的时间。20 世纪末期主要集中在螺旋挤压领域，但是在研究开发过程中存在螺旋轴和成型筒磨损严重、寿命短、电力消耗大、成型过于简单等缺点，最终导致综合生产成本较高，发展停滞不前。进入 21 世纪以来，生物质固体成型燃料技术日趋成熟，且成型设备的生产和应用形成了一定规模。

1. 产业规模

国内主要以农业剩余物为原料生产成型燃料的技术逐步完善和成熟。目前，主要在河南、山东、辽宁、黑龙江、吉林、安徽、河北、广东、北京等地开始将成型设备进行示范推广。年生产生物质固体成型燃料总量为 350 万 t。成型燃料主要用于中小型燃煤发电厂或改造升级的工业锅炉、炉窑及其他燃煤和燃油燃烧设备。国内区域市场主要企业的生物质固体成型燃料销售量如表 3-8 所示。

表 3-8　国内区域市场主要企业的生物质固体成型燃料销售量　　　　单位：万 t

项目	华中地区	华东地区	西北地区	华南地区	西南地区	华北地区	东北地区
销售量	22	27	10	33	1	51	84

2. 技术水平

生物质成型燃料技术可根据不同的工艺分为螺旋挤压、活塞冲压、模压、辊压等类型；根据不同动力形式可分为机械驱动和液压驱动等类型。中国主要以应用螺旋挤压式压缩成型技术较多。河南农业大学和合肥天焱绿色能源开发有限公司等多家公司对挤压螺杆的耐磨性进行了研究，延长了它的使用寿命。压辊式颗粒成型机在中国也有了一定发展，北京惠众实科技有限公司开发的生物质固体成型技术和北京老万生物质能科技有限责任公司研发的生物质颗粒燃料成型机等成为中国制作生物质成型燃料设备的代表。目前，中国生物质成型燃料机的生产和应用已形成初步规模，并逐步踏入半商业化、商业化阶段，但与国际先进水平相比还有一定差距。

立式环模式及平模式成型机（也有卧式成型机）成型孔是双片组合式方孔，喂入形式为辊压式，这是中国制造的具有自己独立知识产权的技术。我国生物质原料的主要来源是秸秆，秸秆是所有生物质中含有非金属氧化物最多的。因此，加工过程中成型机部件磨损最快，秸秆也难以被粉碎，是耗能最高的资源。由于中国加工金属细小长孔的能力不强，所以没采用秸秆类物质生产颗粒的技术路线，而创造了辊压式环模及平模成型技术。这类燃料因保型段短，每次喂入料量小，外观也不太好，但适用性强、能耗低，多数用于户用生活炊事、取暖燃炉或热水锅炉。棒状冲压式成型机生产的成型燃料多用于壁炉取暖、4 t 以上热水锅炉，有双向单头，也有双向多头。设备采用液压驱动，也有机械驱动，整体技术比较成熟，运行比较平稳。

螺杆类成型机根据采用原料的不同分为两种。①加工生物质炭化用的木质空心棒料，这种产品生产总体上不属于能源范畴；②农产品加工剩余物的"熟料"资源。中国每年产生几千万吨糠醛、酒糟、醋糟及牛粪等，在生产厂区堆积成害，这些原料含热值较低。国内生物质成型设备主要零部件寿命大于 5 000 h，易损件寿命不超过 500 h。国内成型燃料技术主要指标如表 3-9 所示。

表 3-9　国内成型燃料技术主要指标

项目	直径/mm	密度/（g/cm³）	单位耗能/（kW·h/t）	成型燃料含水量/%
成型块状燃料	30～100	0.8～1.3	30～60	<30
成型颗粒燃料	8～12	0.9～1.4	70	<30

3.4.2　生物质成型燃料规模化生产系统

以生物质平模成型燃料设备的生产示范和推广为例。生物质平模成型燃料生产示范主要以平模成型设备生产生物质成型（块状）燃料（袁振宏 等，2009）。生物质平模成型设备生产示范点之一在河南省汝州市。2010～2012 年汝州市小麦和玉米播种面积及产量如表 3-10 所示。

表 3-10　2010～2012 年汝州市小麦和玉米播种面积及产量

	项目	2010 年	2011 年	2012 年	3 年平均值
小麦	播种面积/hm²	43 722	44 352	44 880	44 318
	产品产量/t	207 555	188 416	220 810	205 594
玉米	播种面积/hm²	36 760	31 451	41 165	36 459
	产品产量/t	187 315	188 416	194 464	190 065

计算谷草比得出，小麦∶小麦秸秆为 1∶1.2；玉米∶玉米秸秆为 1∶1.5。玉米秸秆的收集系数在 0.70 左右，小麦秸秆的收集系数在 0.55 左右。由以上分析可知，2010～2012 年汝州市仅在玉米秸秆和小麦秸秆方面，资源量达 50 万 t，平均可收集量达 30 万 t，秸秆资源非常丰富。

汝州市建立了以玉米秸秆等为主要原料的 4 个成型燃料试验厂。通过调试运行，形成 1 个稳定生产能力为 2 万 t、3 个生产能力为 1 万 t 的农作物秸秆成型燃料生产线，最终完成年产 5 万 t 的秸秆成型燃料生产体系或基地建设，覆盖面积 4 666.67 hm² 左右。该生产系统主要设备包含生物质干燥设备、粉碎设备、成型设备、干燥热源炉。生物质原料首先被送入干燥设备，干燥设备的热源由沸腾燃烧炉提供，热量经过沉降室后进入干燥设备。原料在干燥设备内通过等压分流的稳压箱和板式射流加热板组成高效气流组织进行干燥，干燥后的原料含水率控制在 15% 左右，不均匀度小于 3%，其含水率可灵活调节。干燥后的生物质进入粉碎设备进行切割粉碎，使其粒径为 3～6 mm。粉碎后的生物质经自动传输系统进入料仓斗，然后进入成型设备，压缩后形成密度为 0.9～1.3 g/cm³ 的生物质成型燃料，成型后的燃料通过冷风设备使其温度从 70℃ 降低到常温。

3.4.3　生物质成型燃料生产体系综合分析评价

1. 经济效益分析

以河南省汝州市年产 5 万 t 秸秆成型燃料的生产体系为例进行分析。建设期为 1 年，年额定产量为 5 万 t。利用动态评价指标对其进行经济性分析。

1）费用分析

初投资费用包括固定资产和流动资产费用。生产系统建设期为 1 年，运行年限为 15 年，财务基准收益率为 10%，不计残值。投资费用分析如表 3-11 所示。

表 3-11　投资费用分析

项目	原值/万元	折旧费/（万元/年）
设备购置费	671.50	55.43
厂区建设费	230.00	30.25
建筑工程费	76.25	10.03
土地费用	112.50	14.78
流动资金	500.00	—
其他费用	50.00	6.58
合计	1 640.25	134.58

秸秆原料采用直接购得的方式，由专车负责送货到厂，秸秆单价为 200 元/t，年收购量为 5.15 万 t（秸秆折损率约 3%），农作物秸秆可免征进项税。生产用电可作为农业生产用电，一般农业生产电价为 0.60 元/（kW·h），每吨秸秆成型过程（压缩为块状）消耗电力 68 kW·h/t 左右，则 5 万 t 生物质转变为成型燃料消耗电力为 340 万 kW·h 左右。秸秆成型燃料包装单价为 50 元/t。系统运行稳定后，管理人员 10 人，运行人员 60 人，工人工资为 210.00 万元/年。年产 5 万 t 秸秆成型燃料生产体系总成本费用分析如表 3-12 所示。

表 3-12　年产 5 万 t 秸秆成型燃料生产体系总成本费用分析

项目	运行成本/（万元/年）
折旧费	134.58
原料费	1 030.00
耗电费	204.00
包装费	250.00
工人工资	210.00
设备维修费（2%）	13.43
总成本费	1 842.01

2）经济评价指标分析

每吨成型燃料的成本为 362.42 元。秸秆成型燃料生产体系运行投产后，每年销售成型燃料 5 万 t，价格为 500 元/t，年销售收入 2 500 万元，除去税金 125 万（减免税后销项税为 5%），年销售收入 2 375 万元。由投资现金流量可得出该成型系统的经济评价指标。经济评价指标分析如表 3-13 所示。

表 3-13　经济评价指标分析

项目	建设期	运行期
现金流入	—	2 375.00 万元/年
销售收入	—	2 375.00 万元/年
现金流出	1 640.25 万元	1 927.50 万元/年
建设投资	1 640.25 万元	—
经营成本	—	1 677.50 万元/年
增值税	—	250.00 万元/年
净现金流量	−1 640.25 万元	447.50 万元/年
经济评价指标	—	—
净现值	—	1 763.50 万元
内部收益率	—	25.15%
投资回收期	—	6.60 年
经营成本	—	1 677.50 万元/年

根据表 3-13 的数据，计算得出该成型燃料系统的内部收益率为 25.15%，财务净现值（10%）为 1 763.50 万元，投资回收期为 6.60 年（含建设期），项目盈利情况较好，内部收益率大于行业基准收益率，回收期较短。

3）盈亏平衡点分析

秸秆成型燃料生产体系正常运行时，销售收入 Y 和总成本费用 C 分别为

$$Y=Q\times500\times(1-0.05) \tag{3-1}$$

$$C=200\times Q\times1.03+Q\times50+58\times0.6\times Q+1\ 345\ 800+2\ 100\ 000+135\ 000 \tag{3-2}$$

式中，Y 为销售收入（万元）；Q 为秸秆成型燃料产量（t）；C 为总成本费用（万元）。

通过分析，当年产销量达到生产体系设计生产能力的 39% 时，即可实现保本目标。盈亏平衡点分析如图 3-19 所示。

4）经济效益影响因素分析

分析生物质成型燃料系统经济性时所考虑的影响因素有秸秆价格、成型燃料价格、固定投资、耗电费、工人工资和包装费等，通过各因素对净现值、内部收益率和投资回收期等经济评价指标的敏感性分析可找出主要影响因素。分别将上述影响因素数值减小 10%、20% 或增加 10%、20%，其他数值不变，则改变结果对该项目的净现值、内部收益率和投资回收期的影响如图 3-20～图 3-22 所示。由图 3-20 可知，随着成型燃料价格的增加，净现值增加；随着秸秆价格、固定投资、耗电费、包装费、工人工资的增加，净现值减少。由图 3-21 可知，随着成型燃料价格的增加，内部收益率增加；随着秸秆价格、固定投资、耗电费、包装费、工人工资的增加，内部收益率减少。由图 3-22 可知，随着成型燃料价格的增加，投

资回收期减少；随着秸秆价格、固定投资、耗电费、包装费、工人工资的增加，投资回收期增加。通过各因素对净现值、内部收益率和投资回收期等的影响大小分析，可明显得出秸秆成型燃料售价是影响经济评价指标的最主要因素，成型燃料售价越高，系统经济效益越好。秸秆原料的进价对经济评价指标的影响也加大，秸秆进价增高，系统经济效益降低。

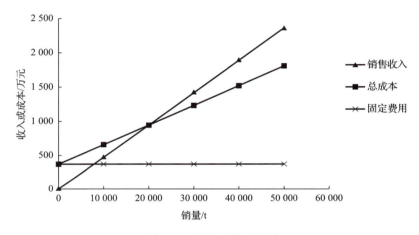

图 3-19　盈亏平衡点分析

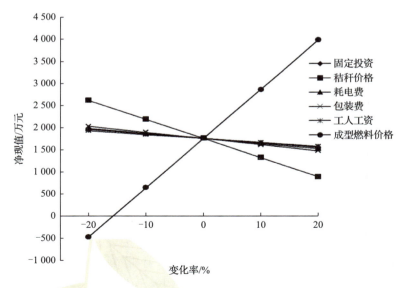

图 3-20　净现值与各影响因素的关系

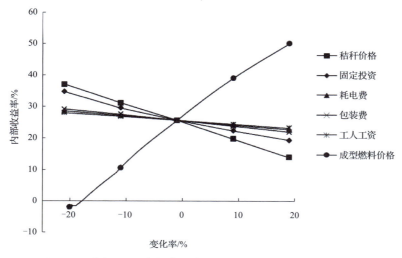

图 3-21　内部收益率与各影响因素的关系

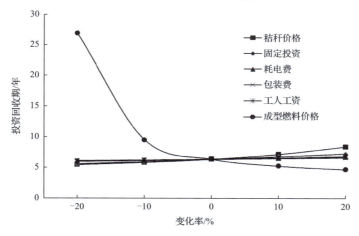

图 3-22　投资回收期与各影响因素的关系

2. 环境效益分析

生物质成型燃料生产对环境的影响可以分为成型燃料生产过程、使用过程及相关能耗所产生的对环境的影响，与化石能源相比，是综合起来所产生的环境效益。其循环周期仅在成型燃料的压缩成型等环节排放少量温室气体，但从整体而言，生物质成型燃料可显著减少温室气体的净排放，并减少煤等化石燃料和秸秆等生物质原料就地燃烧产生的污染，具有显著的环境效益。生命周期评价是一种对产品及其生产工艺活动给环境造成的影响进行评价的方法。它通过对能量和物质消耗及由此造成的环境气体排放进行辨识和量化，来评估能量和物质利用对环境的影响，以寻求改善产品或工艺的途径。这种评价贯穿于产品生产、工艺过程的整个生命周期。从能源消耗和环境排放出发，以较为常见的玉米秸秆成型燃料为例，分析玉米秸秆的生长、运输、压缩成型、成型燃料运输、燃烧利用等单元过程，建立秸秆成型燃料的生命周期能源消耗、环境排放分析模型，对模型进行逐步分析，对考察指标进行量化，较为系统和全面地评价秸秆成型燃料的优势及特点。

1）生命周期评价模型

玉米秸秆等生物质是一种可再生资源，理论上讲，秸秆燃烧后，产生的 CO_2可以在秸秆的生长中，通过光合作用等量地返回到秸秆。但在秸秆利用过程中融合了大量的人的行为，使环境污染物的排放量和吸收量存在差异。秸秆成型燃料生命周期评价流程图如图 3-23 所示。

图 3-23　秸秆成型燃料生命周期评价流程图

在秸秆的生长过程中，耕作、施肥和收获都需要耗能和排放环境污染物，在农药、化肥的生产和使用过程中同样需要消耗能源和排放环境污染物。秸秆为粮食生长的附属物和废弃物，因此这里的【能耗】1 及耕作、施肥过程中排放的环境污染物不计算到秸秆的生长过程中，秸秆在生长过程中可以吸收大量的 CO_2。秸秆的运输、秸秆压缩成型燃料、成型燃料的运输等，都需要消耗能源和排放环境污染物。秸秆成型燃料可以直接替代煤等化石燃料，所以使用秸秆成型燃料的燃烧炉等设备在生产中的【能耗】5 可以忽略不计。秸秆成型燃料生命周期的主要分析指标如图 3-24 所示。

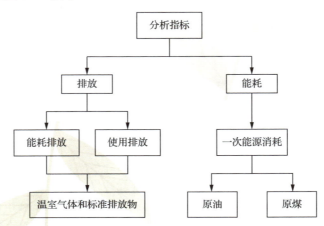

图 3-24　秸秆成型燃料生命周期的主要分析指标

2）数据的采集和评估

秸秆的生产：如果不考虑粮食减产和种植面积减少等因素，则可将秸秆视为循环型能源，其 CO_2 的循环可以永久性地进行（图 3-25）。

图 3-25　玉米秸秆的 CO_2 循环示意图

在燃烧利用秸秆的过程中，大气中 CO_2 在一定时期内增加，随着新一代农作物的生长，CO_2 又被秸秆固定起来，大气中的 CO_2 又恢复到了秸秆燃烧前的水平。秸秆吸收 CO_2 的反应可简单表示为

$$CO_2 + H_2O \xrightarrow[\text{叶绿素}]{\text{光合作用}} (CH_2O) + O_2 \tag{3-3}$$

秸秆的运输：由于秸秆的能量密度较低，在确定秸秆的利用规模时，要考虑原料收集半径的问题。秸秆的收集包括秸秆的购买、运输等，农作物秸秆收集过程的能耗和环境排放主要由运输秸秆的车辆产生。关于粮食生产和收割过程中产生的能耗和环境排放如何划分主要有 3 种说法：一种是粮食和秸秆各被划给一半，另一种是按照粮食和秸秆的价格比划分，还有一种就是把秸秆作为农业废弃物，能耗和环境排放划给粮食。因此采用第 3 种方法，是为了便于计算和阐明道理。设 L 为单台机车完成一次运输的平均运程，则车辆空载和实载的运程比为 1：1。综合反映运输机械结构特性参数与运输条件参数的耗油量数学模型为

$$q = \dfrac{\left[g_1 \dfrac{L}{2v_1} + g_0 \dfrac{L}{2v_0} \right] N_{en}}{m \dfrac{L}{2}} = \left(\dfrac{g_1}{v_1} + \dfrac{g_0}{v_0} \right) \dfrac{N_{en}}{m} \tag{3-4}$$

式中，q 为机车单位质量千米耗油量 [kg/（kg·km）]；g_1 为满载时的单位功率耗油量 [kg/（kW·h）]；g_0 为空载时的单位功率耗油量 [kg/（kW·h）]；v_1 为满载时的平均车速（km/h）；v_0 为空载时的平均车速（km/h）；N_{en} 为车辆的额定功率（kW）；m 为机车载质量（10^3 kg）；L 为单台机车完成一次运输的平均运程（km）。

式（3-4）中的机车载质量 m 与车辆的额定功率 N_{en} 呈某种正比关系，即 m 越大，要求配备的 N_{en} 也要越大，故可设功载比 $kn = N_{en} / m$，单位为 kW/kg。则完成一次秸秆运输所消耗的柴油热量为

$$Q_o = qLmE_o \qquad (3\text{-}5)$$

式中，Q_o 为完成一次运输所消耗柴油的热量（MJ）；E_o 为柴油的热值（MJ/kg）；柴油平均低位发热量为 39 MJ/kg。

运输秸秆的货车选用农用柴油车，由于秸秆密度较小，每次平均载质量为 1 000 kg。秸秆运输车辆在沙砾路面的基础参数值如表 3-14 所示。

表 3-14　秸秆运输车辆在沙砾路面的基础参数值

满载车速/(km/h)	空载车速/(km/h)	满载耗油率/[kg/(kW·h)]	空载耗油率/[kg/(kW·h)]	功载比/(kW/kg)
25	35	0.382	0.310	7.2×10^{-3}

秸秆的压缩成型：农作物秸秆的堆积密度小，运输和储存占用空间大，这个缺点严重制约了秸秆的大规模利用。秸秆成型燃料的密度是原秸秆密度的近 10 倍，因此，可以节约大量的运输和储存费用。玉米秸秆成型燃料生产系统的电耗如表 3-15 所示。

表 3-15　玉米秸秆成型燃料生产系统的电耗　　　　　单位：kW·h/t

干燥设备	粉碎设备	成型设备	冷却抽湿	其他设备	总计
3.0	18.0	43.0	3.5	0.5	68

以河南汝州市玉米秸秆成型燃料为例，其工业分析和元素分析如表3-16所示。

表 3-16　玉米秸秆成型燃料的工业分析和元素分析

工业分析/%				元素分析/%					低位热值/(MJ/kg)
挥发分	固定碳	灰分	水分	碳	氢	氧	氮	硫	
71.45	17.75	5.93	4.87	39.04	6.16	42.76	1.05	0.19	16.32

注：表中数据为空气干燥基分析。

成型燃料的运输：秸秆运输工具采用农用柴油车，每次满载运输成型燃料 1 500 kg。柴油车的温室气体排放因子如表 3-17 所示。

表 3-17　柴油车的温室气体排放因子　　　　　单位：g/MJ

温室气体			标准排放物				
N_2O	CH_4	CO_2	VOC	CO	氮氧化物	PM10	二氧化硫
0.001 9	0.004 2	74.037 1	0.085 3	0.473 9	0.284 3	0.041 3	0.016 0

注：VOC 为挥发性有机化合物；PM10 为粒径在 10 μm 以下的颗粒物，又称可吸入颗粒物或飘尘。

成型燃料的燃烧利用：农作物秸秆成型燃料可以提高燃烧效率，稳定燃烧火焰和温度。常用的秸秆成型燃料燃烧类型有固定式燃烧和流化式燃烧，设备有户用生物质燃烧炉、生物质流化床燃烧炉、生物质沸腾气化燃烧炉等。秸秆成型燃料的燃烧效率和排放与其利用设备有关，同时还与设备的功率有关。这里以应用前景较好的生物质沸腾气化燃烧炉为例，结合国家标准，1 MW 生物质沸腾气化燃烧炉的排放因子如表 3-18 所示。

表 3-18　1 MW 生物质沸腾气化燃烧炉的排放因子　　　　　单位：g/MJ

温室气体			标准排放物				
N$_2$O	CH$_4$	CO$_2$	VOC	CO	氮氧化物	PM10	二氧化硫
—	—	83.260 0	—	0.020 0	0.023 1	0.015 0	0.001 6

3）结果与分析

能耗计算与分析：以规模为 50 000 t/年的秸秆成型燃料生产体系为例，成型燃料供应给周边用户，平均距离为 20 km，秸秆收集半径计算公式为

$$S = \pi R^2 = \frac{Q_y}{\theta(1-\mu)} \tag{3-6}$$

式中，S 为秸秆收集面积（km^2）；R 为秸秆收集半径（km）；Q_y 为年消耗秸秆量（t/年）；θ 为单位耕地面积秸秆产量 [t/（km^2·年）]；μ 为秸秆减量系数。

实际用于成型的秸秆资源必须考虑剔除各种用途和消耗的部分，将其在当地秸秆资源总量中所占百分比表示为秸秆减量系数。

由于要考虑成型燃料生产体系所在地区的耕地面积占当地总面积的比例，故实际最佳秸秆收集半径为

$$(R')^2 = \frac{R^2}{\xi} \tag{3-7}$$

式中，R' 为实际秸秆收集半径（km）；ξ 为耕地面积系数，即所计算区域耕地面积占当地总面积的比例。

秸秆成型燃料生产系统秸秆收集相关数据如表 3-19 所示。

表 3-19　秸秆成型燃料生产系统秸秆收集相关数据

规模/(万 t/年)	秸秆耗量/（万 t/年）	秸秆产量/[t/（km^2/年）]	秸秆减量系数	耕地面积系数	收集半径/km
5	5.15	525	0.50	0.63	10.12

表 3-19 中，消耗的秸秆量考虑了秸秆压缩为成型燃料的成型率等因素，生产损耗按 3%计算，秸秆运输和秸秆成型过程的秸秆耗量按 5.15 万 t/年计算，成型

燃料运输和燃烧使用按 5 万 t/年计算。秸秆资源的可获得量必须剔除秸秆的各种用途部分，确定恰当的减量系数是测算秸秆资源可获得量的基础。

生产秸秆成型燃料的能源消耗量折合为原煤或原油进行计算，其中消耗的电力折合的原煤热量为

$$Q_c = \frac{E_e \times 3.6}{\eta_e \eta_{grid}} \tag{3-8}$$

式中，Q_c 为折算原煤的热量（MJ）；η_e 为发电厂平均发电效率（%）；η_{grid} 为电网输配效率（%）；E_e 为消耗的电量（kW·h）。

目前，中国常规发电厂平均发电效率为37%，电网输配效率为93%。玉米秸秆成型燃料生产系统电耗为 68kW·h/t。根据以上分析，计算秸秆成型燃料的能源消耗，如表 3-20 所示。

表 3-20　年产 5 万 t 秸秆成型燃料的能源消耗　　　　单位：10^6 MJ/年

秸秆运输	压缩成型	成型燃料运输	成型燃料能量
1.048	35.572 75	1.694	840

由表 3-20 可以看出，玉米秸秆成型过程消耗的能源最多，占总能耗的96%；虽然压缩成型的能耗较大，但压缩后成型燃料的密度为 1.2 t/m³ 左右，便于储存和运输。

环境排放计算与分析：秸秆压缩为成型燃料消耗的电力由燃煤发电厂提供，燃煤电站锅炉排放因子如表 3-21 所示。

表 3-21　燃煤电站锅炉排放因子　　　　单位：g/MJ

温室气体			标准排放物				
N_2O	CH_4	CO_2	VOC	CO	氮氧化物	PM10	二氧化硫
0.000 3	0.000 7	105.087 0	0.001 4	0.011 9	0.270 2	0.012 0	3.249 0

用温室气体 N_2O、CH_4 和 CO_2 的排放因子分别乘以各自的地球变暖指数（表 3-22），便可折算为基于 CO_2 的温室气体排放量。

表 3-22　地球变暖指数

温室气体	地球变暖指数
N_2O	310.0
CH_4	24.5
CO_2	1.0

根据表 3-21 和表 3-22 可计算出年产 5 万 t 玉米秸秆成型燃料的生命周期温室气体（CO_2）排放量，如图 3-26 所示。

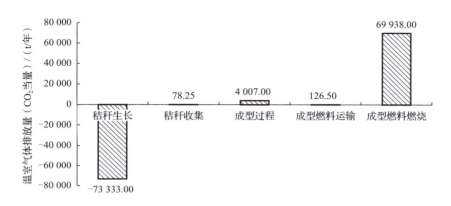

图 3-26　年产 5 万 t 玉米秸秆成型燃料的生命周期温室气体（CO_2）排放量

由图 3-26 可知，玉米秸秆成型燃料的生命周期中，秸秆的生长可以固定 CO_2，其 CO_2 排放为负值，其他环节 CO_2 排放均为正值。生产过程总计碳排放为 74 149.75 t，秸秆生长过程固碳 73 333.00 t，秸秆固定的 CO_2 为成型燃料和使用排放出 CO_2 的 98.90%，说明秸秆成型燃料使用周期内虽然存在少量温室气体的排放，但其使用总体上极大地减少了温室气体的排放。

根据表 3-21 和图 3-26 计算年产 5 万 t 玉米秸秆成型燃料的生命周期标准排放物排放量分布，如图 3-27 所示。

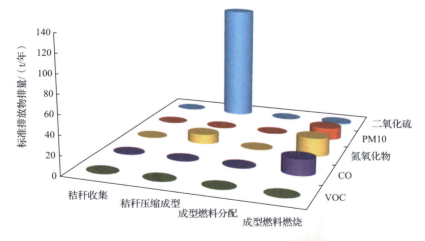

图 3-27　年产 5 万 t 玉米秸秆成型燃料的生命周期标准排放物排放量分布

由图 3-27 可知，标准排放物总量在秸秆压缩成型过程最多，其次为成型燃料燃烧过程。其中，二氧化硫的量在标准排放物中占的比例最大，主要产生于压缩过程的用电，即发电厂的排放。PM10 主要产生于成型燃料的燃烧利用。氮氧化物主要产生于成型燃料的燃烧利用和成型压缩过程的发电厂排放。

3. 社会效益分析

生物质能源是可再生能源中唯一可以收集、储存、运输和固定碳的可再生能源。农业废弃物是生物质能源原料的重要组成部分。河南作为农业大省，生物质资源十分丰富，其农业废弃物资源量占全国农业废弃物资源量的 1/10，每年全国农作物秸秆产量为 8 亿 t，河南农作物秸秆产量为 8 000 万 t。河南的农业废弃物中小麦秸秆占到了其总量的近 45%，玉米秸秆占到了其总量的近 30%；加上林业废弃物，仅农林生物质资源每年可达 9 000 万 t，折合标煤 4 500 万 t。

按照生态工业原理，以生物质能源原料为基础，以生物质能利用技术和相关企业为保障和平台，构建生物质利用产业链，产业链上的各种企业在农村地区形成企业集群，促进经济活动在局部空间上的集中，从而吸收大量的农村劳动力，消耗大量的生物质能原料。5 万 t 的生物质成型燃料工厂已经购买了超过 5 万 t 玉米秸秆，为当地农民增收超过 900 万元，并提供了 70 多个工作岗位。每年如果把河南省的 2 000 万 t 秸秆等农业废弃物用作生物质能源，收集成本按照每吨 180 元，则可为当地农民增收 36 亿元，覆盖 1 000 多万农民，人均增收约 360 元，同时，2 000 万 t 秸秆等生物质能源利用产业可满足 2 万～3 万人就业，对农业大省经济发展方式的转变起到积极的作用。生物质能源规模化利用具有双向清洁作用。以秸秆为例，如果不被利用就难免被就地焚烧，随意焚烧时会释放大量的 CO_2，导致大气中二氧化硫、NO_2、可吸入颗粒物 3 项污染指数明显升高；还会引起雾霾现象，危害人体健康，影响民航、高速等交通的正常运营。2 000 万 t 的秸秆可替代标煤约 1 000 万 t，减排 CO_2 2 200 万 t，减排二氧化硫 20 万 t。这些农业废弃物转化为生物质能源，一方面大大缓解了农作物秸秆等生物质随意焚烧带来的空气污染，另一方面替代了化石能源，起到节能减排的作用。农业废弃物资源的能源化利用，对促进农业经济、低碳经济的发展具有重要的意义，具有广阔的发展前景。同时生物质成型燃料的利用为能源安全提供保障，可美化农村环境，对生物质能产业竞争力的提升、减少化石燃料消耗、促进社会主义新农村的建设和发展等具有重要意义。

3.5　生物质成型燃料技术展望

3.5.1　生物质成型燃料技术的发展趋势

1. 原料供应体系的发展趋势

农林生物质原料具有分散性和季节性特点，原料收集主要依靠人工和小型机械，运输主要依靠通用运输工具，收储运效率低，难以满足生物质能源规模化利用的需要。因此，必须建立专业化原料收集、运输、储存及可持续供应的收储运体系。

针对不同区域、不同规模的成型燃料生产厂，研究不同的农林生物质原料收储运运营模式，合理确定收集半径，探索收集、储运和预处理模式，着力缓解农林生物质原料的分散性、周期性供应与生产集中性的矛盾，建立适宜不同区域、不同规模的农林生物质原料收储运体系，已成为下一步发展的重点。

2. 成型设备技术的发展趋势

随着化石能源价格连续攀升和成型技术的不断成熟，生物质成型燃料已进入了产业化示范和市场化起步阶段。在"十二五""十三五"期间，围绕生物质成型燃料方面的工作，部署了生物质成型燃料产品开发应用及低能耗装备研制等课题。以替代化石能源为市场需求，生物质成型燃料的产业链得到进一步的整合和发展。目前，我国生物质成型燃料生产设备主要存在的问题是核心部件寿命较短、设备稳定性差、系统连续运行能力低、成型设备适应范围小、规范标准不统一等。未来生物质成型燃料生产设备发展的重点有成型机组可靠性强、模具耐磨损性能好、能耗低、产能高等关键技术及自动化运行技术等。

生物质炭化成型燃料的生产是利用生物质资源的有效途径。目前，我国在生物质炭化燃料的生产技术方面已经取得了很好的成绩，但是仍然存在着如下问题：成型设备和工艺的原料适用性差，关键部位易磨损、使用寿命短，自动化程度低，单机产量较低，成型密度低，燃烧效率有待提高等。因此，研制原料适用性广、使用寿命长的设备及部件，并且通过技术的研发和创新提高单机产量、增加成型密度和燃烧效率将是生物质致密成型及炭化燃料生产设备的发展趋势。

3. 成型工艺技术的发展趋势

根据我国不同区域生物质的资源特点，研究成型燃料生产技术工艺，并选择优化设备，达到各系统、工序的配合协调，研究开发在线监测与控制系统，实现系统全程自动操作运行和实时监控，最终建成自动、连续、高效、环保的成型燃料生产线，解决国内成型燃料生产多为低产率的单机作业、系统配合协调能力差等问题。因此，建立连续、稳定、环保、智能化的生产线，解决生产各环节匹配难题，推进产业不断升级是成型工艺发展的重点。

4. 成型应用设备及技术的发展趋势

生物质成型燃料的市场适用范围比较窄，积极探索生物质成型燃料在工业锅炉、民用采暖、气化发电、缓释肥制备等方面应用的新方法、新技术将是今后生物质成型燃料应用技术的发展方向。

生物质成型燃料燃烧设备未来将在高效燃烧利用、低污染物排放等方面发展。燃烧设备将充分结合燃煤、燃油、燃气等工业锅炉的改造工程而逐步升级。结合生物质发电技术的要求，逐步克服结焦、结渣等缺点，发展规模化、成熟稳定的大型生物质成型燃料锅炉。结合民用炊事炉具的使用，逐步发展低成本、易操作的燃烧炉具。生物质成型燃料作为气化原料具有加料稳定、流化性能好、气体产率高等特性。开发适合生物质成型燃料特性的气化设备，工艺稳定、产能大、焦油含量低的生物质成型燃料气化炉是今后的发展方向。

开展生物质成型燃料改性提质工艺技术研究，通过研发成型过程中全新的添加剂和预处理技术工艺，以期在提高生产效率的同时实现成型燃料的改性调质，解决秸秆成型燃料生产过程中电耗高、经济性差的问题。大幅减少成型燃料后续燃烧利用中的硫氮污染排放及解决燃烧结焦等问题，提高成型燃料燃烧效率及环境生态效益。

（1）构建秸秆烘焙提质耦合制备活性炭技术体系。耦合秸秆烘焙-成型预处理、活化剂热渗透、化学活化与洗涤脱灰技术，以各种农作物秸秆为原料生产高附加值活性炭，比表面积达 1 404 m^2/g，碘吸附值为 907 mg/g，亚甲基蓝吸附值为 225 mg/g，焦糖脱色率为 110%，可用于重金属污染治理、污水处理等领域，填补了国内外秸秆制备活性炭领域的空白。

（2）创制两段式秸秆烘焙提质技术工艺。秸秆脱水-热解两段式烘焙提质，是采用热解气回烧、烟气能量梯级利用技术，在秸秆高温热解段烟气间接加热，提高热解气热值，在秸秆脱水段烟气直接加热，提高干燥效率。两段式秸秆烘焙提质技术，可降低秸秆烘焙能耗，提高秸秆热值 20% 以上，含水率小于 5%，粉碎能耗降低 75%，成型压力下降 10%。提高秸秆纤维素、半纤维素含量，降低氧含量，为制备高附加值秸秆活性炭、高品质成型燃料提供了条件。

（3）研发秸秆成型燃料变压射流分级层燃技术。采用一级中量底风和二、三级分层多角度小量侧风，使秸秆成型燃料欠氧层燃和强氧层燃相结合，以补燃方式强化中温燃烧、强化热质传递。一次风和二次风以自旋、整体旋或者二者叠加的方式在炉体内形成变压射流，风压依系统烟风阻力采用平衡或强制通风。二次风采用旋流方式，可加强扰动、提高穿透能力，以强化热质传递，提高燃料燃烧充分度，提高秸秆成型燃料燃烧效率，控制燃烧过程氮氧化物的生成。

（4）成型燃料用于炭基缓释肥制备。目前，我国缓释肥主要为包膜类缓释肥。所采用的包膜材料多来自高分子材料，其技术含量高，生产工艺复杂，工艺设备要求相对较高。成型燃料经炭化后能够进行非包膜类缓释肥制备，具有生产成本低、环境友好、缓释效果好的特点，能够进行大规模推广和使用。因此，以生物质成型燃料为基础制备炭基缓释肥是成型燃料应用的发展趋势。

3.5.2　生物质成型燃料产业发展展望

1. 生物质成型燃料产业发展目标

根据生物质成型燃料产业发展路线、产业发展现状、需突破的关键技术等制定成型燃料发展近期目标及中长期目标。近期目标主要以突破关键技术为主导，中长期目标以产业化、规模化生产及应用为主导。

1）近期目标

建立生物质原料理化数据库；揭示生物质成型燃料成型机理；开发适合多种原料的粉碎、干燥等设备；建立多条万吨级生物质成型燃料规模化生产线；突破生物质成型燃料应用燃烧效率低、腐蚀严重等技术瓶颈；开拓生物质成型燃料应用新途径；总产量争取超过 1 000 万 t；产业总产值争取达到 100 亿元，产业利润争取达到 25 亿元；实现生物质能的商业化和规模化利用。

2）中长期目标

生物质成型燃料达到产业化、规模化生产及应用；生物质成型燃料生产成本进一步降低，可进行大规模燃油、燃气替代；生物质成型燃料应用新途径初见成效；生物质成型燃料总产量争取达到 5 000 万 t；产业总产值争取达到 550 亿元，产业利润争取达到 150 亿元。

3）产业发展目标

建立千万吨生物质成型燃料科技工程。在东北、华北建立以农作物秸秆为主的原料收储运体系，在华东、华南建立以林业废弃物为主的原料收储运体系。开发适合多种原料的粉碎、干燥、成型等设备，提高成型燃料生产系统自动化水平，实现生物质高效、低能耗、智能化生产。突破生物质成型燃料应用燃烧效率低、腐蚀严重等技术瓶颈，建立适合不同区域的供热模式与系统。健全从原料供应，到燃料生产、燃料配送及应用等整个产业链体系。生物质成型燃料生产成本进一步降低，可进行大规模燃油、燃气替代应用，与煤炭形成相当竞争力；建立 10 万 t/年以上生物质成型燃料规模化生产基地 20 个，打造生物质成型燃料高科技龙头企业 20 家，生物质成型燃料总产量争取达到 2 000 万 t/年。预计 2025 年，形成生物质成型燃料规范的生产、应用市场体系，总产量达到 3 000 万 t/年。

区域供热工程是重要的应用领域。国家能源局和环境保护部联合出台了《关于开展生物质成型燃料锅炉供热示范项目建设的通知》（国能新能〔2014〕295 号），拟建 120 个生物质成型燃料锅炉供热示范项目，总投资 50 亿元。需满足的条件是项目规模不低于 20 t/h（14 MW），其中单台生物质成型燃料锅炉容量不低于 10 t/h（7 MW）。示范项目应当按照以下要求严格控制排放：烟尘排放浓度小于 30 mg/m^3，二氧化硫排放浓度小于 50 mg/m^3，氮氧化物排放浓度小于 200 mg/m^3。

采用生物质成型燃料区域供热技术，在村镇机关、医院、中小学等建立区域供热工程，解决采暖用能问题，替代燃煤。

2. 生物质成型燃料产业发展重点

根据科技创新和产业发展目标，在主要任务的布局下，确定生物质成型燃料产业发展重点，为战略新兴产业发展奠定基础。

1）成型燃料高效低成本生产与装备

（1）前沿技术。重点开展生物质成型燃料大型成套设备与一体化工业生产自动控制系统关键技术研发；研究建立生物质原料的收储运模式，并建立数理模型，实现量化计算最佳收集半径及建厂规模；研究生物质物料的特性参数、生物质成型过程的特性参数及成型产品的特性参数在线式数据采集与智能化生产自控系统；开展生物质成型物热能自给连续热解炭油联产新技术研究。

（2）关键核心技术。围绕生物质成型燃料产业发展目标，开展生物质成型燃料收储运供应体系及生产建设规模研究、生物质成型燃料智能化生产自动控制系统研究、生物质成型燃料高效低成本工业化管件技术设备研究开发、生物质致密成型及炭化燃烧高效低成本工业化生产关键技术设备研究开发、成型燃料直燃热电联产设备系统关键技术开发、成型燃料高效气化及清洁燃烧关键技术设备开发。

（3）重大产品及产业化（示范）。在我国不同特色原料的区域，建成规模不小于 10 万 t/年的成型燃料收储运生产示范体系；实现生物质成型燃料生产系统智能化控制，稳定生产时间提高到 5 000 h/年；开发出以木本原料为主的高产能、低能耗的颗粒燃料成型机组，单机生产规模达到 3～5 t/h，生产电耗达到 60 kW·h 以下，示范生产线规模达到 3 万 t/年；开发出以草本原料为主的高产能、低能耗的块状燃料成型机组，单机生产规模达到 3～5 t/h，生产电耗达到 40 kW·h 以下，示范生产线规模达到 3 万 t/年；开发出以木本原料为主的高效、低能耗的生物质致密成型及炭化成套设备，单机生产规模达到 0.3～0.5 t/h，示范生产线规模达到 0.5 万 t/年；建成年产 2 万 t 的成型炭生产基地。开展成型燃料规模化替代化石能源关键技术研究与工程示范，研究生物质成型燃料直燃热电联产设备系统。

2）成型燃料工业化生产关键技术研发与应用

（1）生物质成型燃料原料收储运供应体系及生产建设规模研究。根据我国不同地域的生物质原料分布产出规律，结合生物质成型燃料 3 种生产模式及生产企业实际运营情况，开展收储运的理论研究和试验示范，建立生物质原料的收储运模式，并构建数理模型，确定量化计算原料最佳收集半径及建厂规模，解决农林生物质原料收储运成本费用问题。建立健全农林生物质原料收储运服务体系，建立适宜不同区域、不同资源、不同规模、不同生产方式的农林生物质原料收储运体系。在我国有代表性的区域，建成规模不小于 10 万 t/年的成型燃料收储运生产示范体系。

（2）生物质成型燃料智能化生产自动控制系统研究。研究生物质物料特性参数、生物质成型过程的特性参数及成型产品的特性参数在线式数据采集与控制系统，对成型生产系统的粉碎机主电机电流、红外线在线水分、在线皮带秤、水流量计、进烘干机烟气温度与出烘干机延期温度进行实时监测，根据原理成型最佳工艺条件设定程序，对粉碎机进料速度、加水速度、成型机运行负荷等进行智能化控制，从而使原料尺寸与含水率符合最佳成型条件。实现全生产系统的智能化控制，保证成型系统稳定持续运行。将生产系统的稳定生产时间提高到 5 000 h/年，实现工业化连续生产。

（3）生物质颗粒成型燃料工业化生产关键技术设备研发及产业化生产示范。根据我国不同地域的原料特性，开发出以木本原料为主的高产能、低能耗的颗粒燃料成型机组，单机生产规模达到 3～5 t/h，生产电耗达到 60 kW·h 以下配套设备完整匹配，形成一体化连续生产力，示范生产线规模达到 3 万 t/年；选择代表性区域，建成年产 10 万 t 以上颗粒燃料示范生产基地。

（4）生物质块状成型燃料工业化生产关键技术设备研发及产业化生产示范。根据我国不同地域的原料特性，开发出以草本原料为主的高产能、低能耗的块状燃料成型机组，单机生产规模达到 3～5 t/h，生产电耗达到 40 kW·h 以下配套设备完整匹配，形成一体化连续生产力，示范生产线规模达到 3 万 t/年；选择代表性区域，建成年产 10 万 t 以上块状燃料示范生产基地。

（5）生物质致密成型及炭化燃料工业化生产关键技术设备研发及产业化示范。研制热改性生物质快速成型技术，根据我国不同地域的原料特性，开发出以木本原料为主的高效、低能耗的生物质致密成型及炭化成套设备，成型机单机生产规模达到 0.3～0.5 t/h，开发完整匹配的成套设备，形成一体化连续生产的炭、气、油联产体系，示范生产线规模达到 0.5 万 t/年；选择代表性区域，建成年产 2 万 t 成型炭生产基地。进一步研究炭化热能回用干燥技术，开发热解焦油资源化利用技术，实现副产物的高值利用。

（6）秸秆烘焙提质制备成型燃料工艺技术。生物质成型燃料能源化利用，一直存在成型燃料品质差、应用范围小、经济性差等问题，导致没有大的资金进入，限制了其大规模推广应用。生物质烘焙提质制备成型燃料技术是根据生物质在烘焙的过程中失去强度，木质素在很大程度上能保持原态，烘焙后木质素在生物质中的比例增大而开发的。烘焙后生物质的粉碎变得容易，亲水性变成疏水性，生物活性剧减。在这个过程中，生物质部分降解，多种挥发性物质转变为气相，最终导致质量和能量的流失，但减轻的重量远高于流失的能量。因此，研究烘焙提质制备成型燃料并联产活性炭技术，实现秸秆烘焙提质预处理与全自动成型技术，开发秸秆活性炭制备工艺与规模化生产技术，开发秸秆固化成型燃料高效低氮燃烧技术，完成秸秆烘焙成型装备制造技术与成型燃料炉具制造技术开发，建设烘焙秸秆成型燃料生产与秸秆活性炭生产示范工程，研究农村秸秆制备成型燃料联产活性炭应用模式意义重大。烘焙后的生物质成型燃料具有比原初生物质更大的发热量，与原秸秆相比可提高20%以上，粉碎能耗下降了75%，单位质量电耗能基本不变，单位能量电耗下降10%以上。成型燃料强度、疏水性都有较大的提高。成型燃料运输、处理和储藏更加容易，提高了秸秆能源化的经济性。

第 4 章

生 物 沼 气

4.1 概　　述

4.1.1 沼气技术在促进社会发展中的作用

1. 助力节能减排事业

生物质能是国际上公认的对实现净零碳排放极具贡献潜力的可再生能源，能够通过供电、供热、供气等方式，应用于工业、农业、生活、交通等多个领域。大力发展生物质能必将在各个领域为我国节能减排做出重大贡献（佟继良，2020）。沼气技术作为生物质资源化高值利用的一种极具潜力的方式，以农业生产废弃物、林业废弃物、厨余垃圾、禽畜粪便、工业生产、生活各类有机废弃物为原料，经厌氧发酵可产生绿色低碳清洁的可再生高品位能源。2021 年，中央一号文件明确提出，将全面推进乡村振兴战略，加快农业农村现代化。这些都为中国沼气的持续发展、沼气产业的不断壮大及再创辉煌指明了方向。据预测，2030 年可获得的沼气生产潜力为 1 690 亿 m^3，实现温室气体减排量 3.0 亿 t CO_2 当量。到 2060 年可获得的沼气生产潜力为 3 710 亿 m^3，实现温室气体减排量 6.6 亿 t CO_2 当量（中国沼气行业双碳发展报告，2021）。

联合国政府间气候变化专门委员会（Intergovernmental Panel on Climate Change，IPCC）指出，一般经济的发展与碳排放速度呈正相关。中国要推动经济转型，发展生物质沼气工程将有助于摆脱经济快速发展与碳排放的矛盾，对增加中国优质能源供应、实现乡村振兴战略具有中流砥柱的作用。

2. 促进农业生态环境的改善

在促进农业生态环境的改善方面，沼气技术具有以下几方面的功能。

（1）保护森林资源，减少水土流失。目前，在我国广大农村地区，尤其是在中西部地区，农村生活用能仍以林木、柴草和秸秆等生物质能为主。根据 2017 年我国各区域农村生活能源利用构成及数量分析，华北农村生活用能中秸秆、薪柴利用量分别占本区非商品能源利用总量的 41% 和 30%；东北、西北地区农村生活用能中煤、秸秆和薪柴常规能源利用量占80%以上，秸秆、薪柴利用量分别为713.3万t和525.8万t，分别占52%和38%；华南和长江中下游地区薪柴和秸秆利用量分别为2 343.7万t和1 346万t，分别占52%和30%；西南地区农村薪柴利用量为1 500万t，占非商品能源利用量的65%（冯凯辉 等，2020）。因此，在农村推广沼气技术，以沼气代替薪柴，将会有效缓解森林植被被大量砍伐的状况。

（2）生产有机肥和杀虫剂，减少农药和化肥污染。农村沼气的开发利用，可以解决燃料和肥料问题，减少农药、化肥的污染。开发沼气施肥技术、降低化肥使用量，主要是通过生产的沼肥替代化肥来实现。沼肥中的腐殖酸含量为10%～20%，对土壤团粒结构的形成起着直接的作用。沼肥中的氨态氮和蛋白氮使该有机肥具有缓速兼备的肥效特性。沼肥中的纤维等有机成分为疏松土壤及增强土壤有机质含量提供了必不可少的基础。沼肥中大量活性微量元素则是提高肥料利用率及增强土壤肥力的因素。长期施用沼肥的土壤，有机质、氮、磷、钾等的含量明显增加，肥力显著提高，可促进农业持续增产。

（3）无害化处理畜禽粪便和生活污水，防治农村面源污染。目前，由于农业生产中有害投入品、生活污水和养殖污水等造成的面源污染相当严重。据《第二次全国污染源普查公报》（2020）显示，2017年全国畜禽养殖业化学需氧量（COD）排放量、$NH_3\text{-}N$排放量、总氮（TN）排放量、总磷（TP）排放量分别为1 000.53万t、11.09万t、59.63万t、11.97万t。其中，畜禽规模养殖场污染物排放量分别为COD排放量604.83万t、$NH_3\text{-}N$排放量7.50万t、TN排放量37.00万t、TP排放量8.04万t。畜禽养殖业COD排放量达到1 268万t，占农业源COD排放量的96%，是造成农业面源污染的重要原因（刘春 等，2021）。畜禽养殖场的污水中含有大量的污染物质，如猪粪尿和牛粪尿混合排出物的COD浓度分别高达81 000 mg/L和36 000 mg/L；鸡场冲洗废水的COD浓度为43 000～77 000 mg/L，$NH_3\text{-}N$浓度为2 500～4 000 mg/L。据部分大型养殖场排出粪水的检测结果，COD超标50～70倍，生物需氧量（BOD）超标70～80倍，悬浮物（SS）超标12～20倍。

畜禽粪便排放主要对环境中的水、土壤、大气产生影响。畜禽粪便中含有大量的有机质、氮、磷、钾、硫及致病菌等，进入水体会导致水体富营养化，甚至会导致土壤单位面积农用地氮磷负荷和重金属等超标；粪便腐败分解会产生100多种有毒、有害物质；畜牧业是温室气体的重要排放源（刘春 等，2021）。结合我国规模化养殖场采取正常水冲粪工艺导致的上述污染物的流失率（表4-1），并考虑我国规模化养殖场的数量较大，如不加以控制，若这些高浓度畜禽有机污水排入江河湖泊中，势必造成水质不断恶化。

表 4-1　畜禽粪便污染物进入水体的流失率　　　　　　　单位：%

项目	牛粪	猪粪	羊粪	家禽粪	牛猪尿
COD	6.16	5.58	5.50	8.59	50
BOD	4.87	6.14	6.70	6.78	50
NH_3-N	2.22	3.04	4.10	4.15	50
TP	5.50	5.25	5.20	8.42	50
TN	5.68	5.34	5.30	8.47	50

在解决畜禽粪便污染问题方面，生物质沼气工程可以发挥很好的作用。养殖粪便污水经过沼气发酵处理后，显著降低了废水中有机质的含量，改善排放废水的水质。采用污水净化沼气池处理生活污水可以解决小城镇发展带来的水污染问题。与废水好氧生物处理技术相比，沼气厌氧处理技术还具有运行维护费用低、污泥产量低和产生沼气能源等优点。生物质沼气工程的应用能够在产生清洁能源、达到资源高值利用的同时，使养殖场排放的粪污达标，再结合农牧、种养循环，对控制水体污染、温室气体排放、农业面源污染，减少工业化肥使用、构建生态文明建设大有裨益。

3. 促进乡村振兴战略的实施

沼气技术在农村推广利用可以为乡村振兴战略的实施提供有力的支持。首先，沼气技术的发展可以促进农村经济的发展，从而为提高农民的生活质量提供必要的经济保障。建沼气池可以节省燃料费用、化肥和农药费用及增加畜禽养殖效益等，为农民带来直接效益。近年来，以沼气为纽带的生态农业模式已经成为许多地区调整农业产业结构的重要技术支持，而农业产业结构的根本任务是为了"生产发展"。以沼气技术为核心的生态家园建设，将会使农村的村容村貌得到根本性的改变，从而实现"村容整洁"的目标。农沼结合发展模式是以沼气工程为核心，包含安全养殖、废弃物处理、生态种植、农产品加工等环节的复杂系统。以沼气为纽带连接养殖业和种植业，是解决废弃物资源浪费、环境污染及促进农牧业增值的有效手段。在对农业废弃物（秸秆、畜禽粪污）-沼气发酵-沼渣沼液-农业种植的资源循环再生农业模式的研究中发现，园区农作物生产过程采取有机种植方式，每公顷耕地年平均可节约化肥和农药费用近 200 元，农产品比同期普通种植农产品每公顷增收 2 000 元以上，经济效益明显。该模式可有效解决农户日常生活 80%以上的燃料需求，有效缓解农村能源供应与环境污染的矛盾；还可以辐射带动周边村庄，为周边村民提供就业机会，转移了劳动力，扩大了就业，增加了农民收益（童燕 等，2020）。

我国一直重视生物质能的发展，《乡村振兴战略规划（2018—2022 年）》明确构建农村现代能源体系。按照十九届五中全会精神和对节能减排的要求，"十四五"期间要以绿色低碳为目标，加快构建农村清洁能源体系，以应对气候变化和满足农民对美好生活的新期待。构建农村现代能源体系必须走绿色低碳之路。发挥生物质"零碳"和"负碳"的作用，特别是减少 CH_4 排放的优势。构建农村现代能源体系必须与农村生态建设相结合。以沼气工程技术为依托的能源化利用是减量化、无害化处理农林废弃物的主要途径。将废弃物转化为可再生能源用于居民生活和生产经营，构建农村现代能源体系必须与解决农民需求紧密结合。坚持低碳环保、使用方便、经济耐用的原则，为农民提供清洁能源产品，让农民"用得起、用得好、用得长远"，促进生态宜居新家园建设和乡村旅游，吸引年轻人返乡创业。必须坚持创新驱动，借鉴国际经验开发适合我国农村的生物质能转换技术（别凡，2021）。沼气技术是能够满足这些要求的最佳途径之一。

发展生态农业，助推乡村振兴，离不开沼气技术。要进一步优化投资结构，加大对向农户集中供气的大中型沼气工程的支持力度，发展"产业沼气"，不断提高沼气发展的综合效益。农业农村部将按照国家发展绿色经济、建设资源节约型社会和社会主义新农村的总体要求，围绕"巩固成果、优化结构，建管并重、强化服务，综合利用、提高水平"的思路，把农村沼气工程作为发展现代农业、推进新农村建设、促进节能减排、改善农村环境、提高农民生活水平的一项全局性、战略性、长远性的系统工程，进一步加大建设力度，促进农村沼气发展上规模、上水平，让更多农民受益。

4.1.2　沼气技术的国内外研究现状与趋势

随着能源和环境问题的日益突出，沼气技术作为一种处理废弃物并能回收能源的环境工程技术，在世界上受到了越来越多的关注。2020 年，欧盟颁布了甲烷减排战略（EU strategy to reduce methane emissions），旨在解决农业生产、畜禽养殖、农业废弃物处置、工业能源等过程中产生的 CH_4 排放，预计到 2050 年减少50% 的 CH_4 排放。甲烷减排战略中一项非常重要的措施就是大力发展沼气市场。欧洲沼气工程技术发展成熟，其规模沼气产业主要以热电联产、净化提纯制备生物质天然气为主。以德国为例，截至 2016 年，已建成沼气工程 9 004 处，总装机容量达到 4 018 MW。在欧洲国家中，德国是发展中小型农场沼气工程的典型代表。其主要动力来自一系列优惠鼓励政策的出台，德国政府大力支持小型的和以农场为基础的生物质能发电工程，其生产的沼气基本都用于发电。2018 年农业领域8 780 家沼气厂的发电量和供热分别为 315 亿 kW・h 和 165 亿 kW・h。

中国是一个农业大国，发展沼气技术具有十分广阔的前景。在国家政策及资金的支持下，我国沼气产业的规模呈现逐年递增的趋势。从 2006 年起，国内《可再生能源法》等相关法律相继出台，沼气产业发展有了制度保障，户用沼气快速发展。2008 年，全国农村户用沼气产气量突破 1 100 亿 m^3，2013 年到达顶峰（1 367.4 亿 m^3）。但伴随着户用沼气产气量的猛增，后续服务和相关保障并未跟上，沼气池管理不善、利用率低等问题日渐突出，户用沼气产气量出现逐年下降的趋势，2018 年底农村户用沼气产气量回落到 842 亿 m^3。与此同时，大中型沼气技术发展迅速，2006～2015 年沼气工程产气量年均增长率为 135.61%，到 2015 年底沼气工程产气量达到 250.3 亿 m^3，占沼气产气总量的 16.26%（罗尔呷 等，2022）。《2015 年农村沼气工程转型升级工作方案》和《全国农村沼气发展"十三五"规划》的出台，使规模化、产业化沼气工程的发展进入了快车道。2015～2018 年沼气工程发展较为平稳，年产气量稳定在 260 亿 m^3 以上。2019 年 12 月，《关于促进生物天然气产业化发展的指导意见》（发改能源规〔2019〕1895 号）提出，生物天然气到 2030 年产量要超过 2 000 亿 m^3，发展生物天然气十分必要。同时，明确了沼液、沼渣是良好的有机肥料，需要将沼肥用于当地优势特色产业发展，大力推动以沼气为纽带的循环农业，提高农产品的品质，打造一批赋能产业。据农业农村部不完全统计，截至 2020 年底，全国累计农村户用沼气保有量为 3 380 万户，以农业有机废弃物为原料的各类中小型沼气工程和大型及超大型沼气工程分别为 94 900 个和 7 737 个。

在农村沼气发展过程中，逐渐形成了多种原料底物的沼气工程。如以秸秆、畜禽粪污、城市生活垃圾及混合原料为底物的沼气工程都已具备工程先进性。厌氧发酵工艺中的湿法发酵以中温条件下的全混合厌氧反应器（continuous stirred tank reactor，CSTR）工艺为主，干法发酵中以间歇式干法发酵工艺居多。我国沼气经过吸收法、吸附法、渗透法等提纯技术处理后，用于生活供气为主，热电联产、净化提纯生产生物天然气等多种方式共同发展（韩雨雪 等，2021）。规模化生物天然气项目充分利用生物废弃物原料，生产沼气和有机肥，综合利用气-热-电-肥联产模式、种养结合畜-沼-果（菜、茶）等生态农业模式，符合国家产业政策，具有较好的环境效益和社会效益。

4.2　沼气技术基础

4.2.1　沼气发酵基本原理

沼气作为我国农村地区清洁能源的主要组成部分，并且具有可再生、清洁的特点，符合当今社会绿色能源的主题（万峰，2017）。沼气是有机物质（如农业有机废弃物、城市有机固体废弃物、工业有机废水）在厌氧条件下，经特定微生物通过一系列复杂的生物化学变化形成的产物。沼气发酵的实质是微生物在厌氧条件下为了获得自身生活和繁殖所需要的能量，将一些高能量的有机物质分解，同时释放能量以供微生物代谢之用，并释放出沼气，即沼气是微生物生长过程的副产物。沼气产生过程中的生化反应离不开微生物的作用。因此，发酵微生物成为影响沼气产量和品质最为重要的因素。沼气池中存在种类繁多的发酵微生物，在发酵过程中它们对复杂有机物的作用各不相同，可根据自身营养需要进行转化、各自发挥作用。

1. 沼气发酵微生物种类

近年来，国内外科学家对沼气微生物进行了大量的研究，把沼气发酵细菌分为不产甲烷细菌与产甲烷细菌两类。发酵性细菌、产氢产乙酸菌被称为不产甲烷细菌，它们有 18 属 51 种。按照在生长过程中对 O_2 的需求分为好氧菌、专性厌氧菌和兼性厌氧菌 3 类。其中，专性厌氧菌是在不产 CH_4 阶段起主要作用的菌类，将复杂大分子有机物变成简单小分子。食氢产甲烷菌、食乙酸产甲烷菌称为产甲烷细菌，它们有 3 目 4 科 7 属 13 种，是 CH_4 的生产者。它们有着严格的厌氧要求，对 O_2 很敏感；合适的生存环境一般为中性或弱碱性（周文娟，2012；于蕾 等，2014）。

2. 沼气发酵微生物之间的关系

在沼气发酵过程中，一方面，不产甲烷细菌和产甲烷细菌之间相互依赖，互为对方创造与维持生命活动所需要的良好环境条件；另一方面，不产甲烷细菌和产甲烷细菌之间又互相制约，构成厌氧系统中的动态平衡，影响着产物中 CH_4 的产量（张全国，2017）。它们之间的关系主要表现在以下几个方面。

（1）不产甲烷细菌为产甲烷细菌提供生长活动所需的物质养分，产甲烷细菌为不产甲烷细菌生化反应解除反馈抑制。不产甲烷细菌通过其生命活动把复杂的有机物厌氧降解，生成氢、CO_2 及小分子酸等产物。不产甲烷细菌的发酵产物可以抑制其本身的产生。如氢的积累可以抑制产氢产酸菌继续产氢，酸的积累可以抑制产氢产酸菌继续产酸。产甲烷细菌通过利用不产甲烷细菌提供的碳源、电子供体、氢供体和氮源等资源合成细胞物质，得到产 CH_4 的能源物质。同时由于产甲烷细菌对不产甲烷细菌降解产物的消耗，解除了产甲烷细菌由于产物过多形成的反馈抑制（李文哲，2013；李建昌，2011）。

（2）不产甲烷细菌为产甲烷细菌创造适合其生长和产 CH_4 的厌氧环境。产甲烷细菌有极高的厌氧特性，但在沼气发酵初期，原料、水等物质的添加，使大量空气进入沼气池，这对产甲烷细菌的生长是十分不利的。不产甲烷细菌中的好氧和兼性厌氧微生物的活动，使发酵液中含氧量不断下降，从而为产甲烷细菌的生长和活动创造了良好的厌氧环境。

（3）不产甲烷细菌与产甲烷细菌共同调节维持沼气池中的 pH，使其保持在适宜的状态。在沼气发酵初期,不产甲烷细菌首先降解原料中的复杂有机物,产生大量的有机酸和 CO_2,使发酵液的 pH 下降。但同时,一方面由于不产甲烷细菌中的氨化细菌也要进行氨化作用,其产生的 NH_3 可中和部分酸;另一方面,由于产甲烷细菌不断消耗乙酸、H_2 和 CO_2 合成 CH_4,使发酵液的 pH 上升。

3. 发酵基本原理

沼气发酵又称厌氧消化、厌氧发酵或 CH_4 发酵,是指有机物质(如人畜家禽粪便、秸秆、杂草)在一定的水分、温度和厌氧条件下,通过种类繁多、数量巨大、且功能不同的各类微生物的分解代谢,最终形成 CH_4 和 CO_2 等混合性气体(沼气)的复杂生物化学过程。沼气发酵的实质是微生物自身物质代谢和能量代谢的生理过程。发酵过程一般可以分为液化、产酸、产 CH_4 3 个阶段(张全国,2017)。

(1)液化阶段。在沼气发酵中,微生物分泌胞外酶(纤维素酶、淀粉酶、蛋白酶和脂肪酶等),将有机物质(农作物秸秆、畜禽粪便等生物质资源)分解成可溶于水的小分子化合物(即碳水多糖水解成单糖或二糖,蛋白质分解成肽和氨基酸,脂肪分解成甘油和脂肪酸)。这些小分子化合物进入微生物细胞内,进行一系列的生物化学反应,这个阶段称为液化阶段。

(2)产酸阶段。水解产物进入发酵性微生物细胞后,在胞内酶的作用下,将单糖类、肽、氨基酸、甘油、脂肪酸等物质转化成简单的有机酸(如甲酸、乙酸、丙酸和乳酸等)、醇(如甲醇、乙醇等)以及 CO_2、H_2、氨气和硫化氢等,由于其主要的产物是挥发性的有机酸(以乙酸为主,约占 80%),故此阶段称为产酸阶段。因为产酸阶段参与反应的微生物细菌统称为产酸菌,第一阶段和第二阶段由于没有 CH_4 生成,统称为不产 CH_4 阶段。

(3)产 CH_4 阶段。由于产氨细菌大量繁殖,氨态氮浓度增高,挥发性酸浓度下降,为产甲烷细菌创造了适宜的生活环境,产甲烷细菌大量繁殖。产甲烷细菌中的食氢产甲烷菌、食乙酸产甲烷菌利用简单的有机物、CO_2 和 H_2 等反应合成 CH_4。在这个阶段中合成 CH_4 主要有以下几种途径:由醇和 CO_2 形成 CH_4;由挥发酸形成 CH_4;CO_2 被氢还原形成 CH_4。

沼气发酵的 3 个阶段,主要过程如图 4-1 表示。

图 4-1　沼气发酵过程

沼气发酵的 3 个阶段存在动态平衡。在正常情况下,有机物质的分解消化速率和产气速率相对稳定。若平衡被破坏，就会影响发酵产气过程，严重时会引起产气停止。如果液化阶段和产酸阶段的发酵速率过慢，产气率就会很低，发酵周期将变得很长，原料分解不完全。但如果前两个阶段的发酵速率过快而超过产 CH_4 速率，则会有大量的有机酸积累，出现酸阻抑，也会影响产气，严重时会出现"酸中毒"，引起产气停止。原则上来说，通过控制厌氧发酵条件（如温度、pH、添加物等）可以控制不同阶段的速率，从而控制整体的产气效果。实际应用中，由于接种物、原料及消化器结构的不同使控制方法灵活多变，不同类型或不同地点的沼气工程，其工艺条件往往各不相同，需要长期的摸索实践，才能建立最佳的生产工艺。

4. 沼气发酵的主要产物

沼气发酵产物主要分为气相（沼气），液相（沼液），固相（沼渣）3 种。沼气的主要成分是 CH_4，其成分组成为 CH_4 50%～80%、CO_2 20%～40%。除此以外，还含有少量 N_2、H_2、O_2、CO 和 H_2S 等气体。

沼液是各种有机物经厌氧发酵后的液态残余物。由于厌氧发酵的原料不同，沼液中的成分也不同，并且在发酵过程中多菌群共生作用使厌氧发酵液成分复杂，含有多种生物活性物质，而且营养丰富。厌氧发酵液可分为 3 种。第 1 种是营养物。发酵原料中不能直接被作物吸收的物质能通过微生物分解，向作物提供氮、磷、钾等主要营养元素，从而被作物吸收。第 2 种是微量元素。厌氧发酵液中含量最高的是钙（0.02%），其次是磷（0.01%），还有钾、铁、铜、锌、锰、钼等微量元素。它们可以渗进种子细胞内，刺激种子发芽和生长，也是牲畜生长所必需的。第 3 种相当复杂，目前还没有完全弄清楚。已经测出的这类物质有氨基酸、生长素、赤霉素、纤维素酶、单糖、腐殖酸、不饱和脂肪酸、纤维素及某些抗菌素，可以把它们称为"生物活性物质"，它们对作物生长具有重要的调控作用，参与了种子萌发、植株长大、开花结果的整个过程。例如，赤霉素可以刺激种子提早发芽，提高发芽率，促进作茎、叶快速生长（毕建国 等，2005）。

原料中不能被微生物分解或分解不完全的物质与随同发酵原料进入反应器的尘土及其他杂质，由于重力作用而沉积在反应器底部形成流态物质，这些流态物质干燥去除水分后就形成了沼渣。在厌氧发酵过程中，微生物将发酵原料分解为多种蛋白质、氨基酸、维生素、生长素、糖类等物质，这些物质以单体或多体形式游离于发酵液和吸附在固态物质上。当将反应器底部流态物质干燥脱水时，除部分易挥发性物质（如吲哚乙酸）挥发外，其他物质仍保留在沼渣中。发酵过程中形成的微生物菌团及未完全分解的纤维素、半纤维素、木质素等物质继续保留在沼渣中。因此，沼渣基本上保留了厌氧发酵产物中除气体外的所有成分。由于微生物菌团和未完全分解原料的加入，使沼渣具有其独有的特性，既可以作为肥料使用，又可用作某些特种养殖的饲料（沈连锋，2014）。

4.2.2 沼气发酵工艺及条件

沼气发酵工艺是原料从配料入池到产出沼气采用的一系列技术与方法。按照沼气发酵温度、进料方式、装置类型、发酵阶段、料液状态可以把沼气发酵工艺分为若干种类型（表 4-2）。

表 4-2 沼气发酵工艺类型

分类	工艺类型	主要特征
发酵温度	常温发酵	发酵温度随气温的变化而变化，沼气产气量不稳定，转化效率低
	中温发酵	发酵温度为 28～38℃，沼气产气量稳定，转化效率高，工程中常采用此工艺
	高温发酵	发酵温度为 48～60℃，发酵细菌生长活跃，有机质分解速率快，滞留期短，适用于有机废物及高浓度有机废水的处理，可以杀死各种致病菌和寄生虫卵，一般用于存在余热的工艺
进料方式	批量发酵	一批料经一段时间发酵后，将沼气池中废料取出，重新换入新料，开始第二个发酵周期。可以观察发酵产气的全过程，无须严格管理，简单，但不能均衡产气
	半连续发酵	启动初期，一次性加入较多原料，进行沼气发酵，当产气量下降时，开始少量进料，以后定期地补料和出料，能均衡产气，适用性较强
	连续发酵	沼气发酵正常运转后，便按一定的负荷量连续进料或进料间隔很短，能均衡产气，运转效率高，是大型的沼气发酵系统，一般用于有机废水的处理
装置类型	常规发酵	装置内没有固定或截留活性污泥的措施，运转效率受到一定限制
	高效发酵	装置内有固定或截留活性污泥的措施，产气率、转化效果、滞留期等均较常规发酵好
发酵阶段	二步发酵	沼气发酵的产酸阶段与产 CH_4 阶段分开进行，一方面有利于厌氧微生物细菌的培养，另一方面有利于高分子有机废水及有机废物的处理，有机质转化效率高，但单位有机质的沼气产气量稍低
	混合发酵	沼气发酵的产酸阶段与产 CH_4 阶段在同一装置内进行，农村户用沼气大多采用此工艺
料液状态	液体发酵	干物质（TS）含量在 10% 以下，启动时需要加入大量的水，废料不易处理
	固体发酵（干发酵）	干物质含量为 20% 左右，用水量少，运行能耗低，但出料难，CH_4 含量较低，气体转化效率稍差，适用于水源紧张、原料丰富的地区
	高浓度发酵	发酵浓度在液体发酵与固体发酵之间，适宜浓度为 15%～17%

上述发酵工艺是按照沼气发酵过程中某个特点进行分类的，实际上同一个沼气发酵工艺按照不同的分类方式，可以分为很多种。例如户用沼气池根据使用温度属于常温发酵，按照进料方式属于半连续发酵。除了表 4-2 中的发酵工艺类型外，还存在其他工艺。如按照微生物在沼气池中的生长方式、多种技术的过程结合、发酵等级等可分为各种其他发酵工艺。

沼气工程的规模主要按发酵装置的容积大小或日产沼气量的多少来划分，可分为小型、中型和大型沼气工程。沼气工程规模分类指标如表 4-3 所示。

表 4-3　沼气工程规模分类指标

工程规模	单体装置容积/m³	总体装置容积/m³	日产沼气量/m³	配套系统的配置
小型	20～50	20～100	>20	发酵原料的计量、进出料系统；沼渣、沼液综合利用系统；沼气储存、输配和利用系统
中型	50～300	100～1 000	>50	发酵原料预处理系统；沼渣、沼液综合利用或进一步处理系统；沼气储存、输配和利用系统
大型	>300	>1 000	>300	完整的发酵原料预处理系统；沼渣、沼液综合利用或进一步处理系统；沼气净化、储存、输配和利用系统

注：日产沼气量指标是指厌氧消化温度控制在 25℃以上（含 25℃），总体装置的最低日产沼气量。

　　将沼气工程规模分类指标中的单体装置容积指标和配套系统的配置指标定为必要指标，将总体装置容积指标与日产沼气量指标定为择用指标。在进行沼气工程规划分时，应同时采用两项必要指标和两项择用指标中的任意一项指标加以界定。

　　1. 小型沼气工程的沼气发酵工艺

　　小型沼气工程的沼气发酵工艺主要用于农户生产沼气，沼气产气量只能用于炊事和照明，且大多数沼气池建于畜禽圈栏旁边和靠近圈栏，甚至有的地区建在畜禽圈栏内（上为畜禽圈栏，下为沼气池），距离用气点比较近，一般在 20 m 以内。小型沼气工程的沼气发酵工艺设计参数如表 4-4 所示。

表 4-4　小型沼气工程的沼气发酵工艺设计参数

条件	设计参数
气压	农村户用沼气池的设计气压一般为 2 000～6 000 Pa
产气率	产气率是指每立方米沼气池 24 h 产沼气的体积，常用 m³/（m³·d）表示。根据经验，农村户用沼气池在常温条件下，以人畜粪便为原料，其设计产气率为 0.2～0.4 m³/（m³·d）
容积	沼气池容积主要是根据用户发酵原料的丰富程度和用户用气量的多少而定。农村户用沼气池，每人每天用气量为 0.3～0.4 m³，那么 3～6 口之家，沼气池建造容积为 6～10 m³。容积计算公式：沼气池容积=发酵间容积+贮气间容积；发酵间容积=气温影响系数×人口系数×家庭人口
贮气量	户用水压式沼气池是通过沼气产生的压力把大部分发酵料液压到出料间、把少量的发酵料液压到进料管而储存沼气的。浮罩池由浮罩的升降来储存沼气。贮气间容积的确定和用户用气的情况有关。一般将最大贮气部位线以上部位作为贮气间，考虑用气、浮料和留有储备量等，贮气间容积应占发酵间容积的 25%左右（$V_2 = V_1 \times 25\%$）（V_1 为发酵间容积，m³；V_2 为贮气间容积，m³）
投料量	沼气池设计投料量，主要考虑料液上方留有贮气间，用于储存沼气。一般来说，沼气池的设计投料量一般为沼气池容积的 90%

　　户用沼气池的结构以"圆"（圆形池）、"小"（容积小）、"浅"（池子深度浅）为基本原则，是较为合理的结构，其布局在不同地区有不同的选择方式。我国南

方地区多采用"三结合"（厕所、猪圈、沼气池）的方式，北方地区由于温度较低，多采用"四位一体"（厕所、猪圈、沼气池、太阳能温棚）的方式。按照固定拱盖方式的不同沼气池可分为水压式沼气池、大揭盖水压式沼气池、吊管式水压式沼气池、曲流布料水压式沼气池、顶返水水压式沼气池、分离浮罩式沼气池、半塑式沼气池、全塑式沼气池和罐式沼气池等。沼气池形式多种多样，主要有水压式沼气池、浮罩式沼气池、半塑式沼气池和罐式沼气池 4 种基本类型。

常见的户用水压式沼气池属于半连续进出料，单级常温发酵工艺。户用水压式沼气池发酵工艺流程如图 4-2 所示。

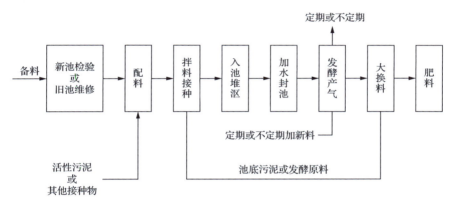

图 4-2　户用水压式沼气池发酵工艺流程

沼气池运行具体流程如下。备料：数量充足、种类搭配合理。新池检验或旧池检修要确保不漏水、不漏气。配料：满足工艺对料液总固体浓度（TS，%）和碳氮比的要求配比原料。均匀拌料接种。入池堆沤，踩紧压实。当堆沤原料温度上升至 40～60℃时，从进出料口加水，然后用 pH 精密试纸检查发酵液的酸碱度，pH 为 6～7 时，可以盖上活动盖，加水封池。若 pH 低于 6 时，可加草木灰、氨水或澄清石灰水将其 pH 调整到 7 左右，再盖水封盖。封盖后应及时安装好输气管、开关和灯、炉具，并且关闭输气管上的开关。封池 2～3 天后，在炉具上点火试气，如能点燃，即可使用；如若不能点燃，则放掉池内气体，次日再点火试气，直至能点燃使用为止。日常管理：按照工艺规定添加新料，进行搅拌，冬季防寒，检查有无漏气的现象。大换料：发酵周期完成后，除去旧料，按照工艺开始第二个流程。

2. 大中型沼气工程的沼气发酵工艺

大中型沼气工程是我国沼气生产的主要形式，广泛应用于畜禽屠宰场、食品加工厂、污水处理厂等，具有显著的经济效益和环境效益。合理、科学的设计是发展高效稳定的大中型沼气工程的必要前提，是确保沼气工程运行成功的关键。

大中型沼气工程应根据已批准的初步设计及有关技术标准进行设计。其主要设计原则如下。

（1）总体规划，现实可行。沼气工程的设计应根据总体工程的规划年限、规模和目标，选择投资低、占地面积小、运行稳定、操作简便的工艺路线，以求达到技术先进、经济实用、结构合理、便于实现的目的。沼气工程工艺设计的流程、建筑物、设备设施等应能最大限度地满足生产和使用需要，以保证沼气工程建设实现其使用功能。

（2）总结经验，吐故纳新。工艺设计应在不断总结生产实践经验和吸收科研成果的基础上，积极采用实践可行的新技术、新设备、新工艺和新材料。

（3）降低成本，节约劳动力。在经济合理的原则下，对经常使用且性能要求较高的设备和监控系统，应尽可能采用自动化控制，以方便运行管理，降低劳动强度，节约经济成本。

（4）就地取材，因地制宜。工艺设计要充分考虑邻近区域内的污泥处置及污水综合利用系统，充分利用附近的农田。同时，要考虑邻近区域的给水、排水和雨水排放系统及供电、供气系统的使用情况。设计还要考虑因某些突发事故而造成沼气工程停运时的应对措施。

大中型沼气工程的沼气发酵工艺就发酵原料浓度来说，可分成过稀、稀、稠和过稠 4 种发酵原料类型，如表 4-5 所示。

表 4-5　发酵原料类型

原料类型	形态	总固体浓度/%	原料来源
过稀	液态	<0.1	城镇生活污水
稀	液态	0.1～5	酒糟液分离的糟液、屠宰场清液、城镇粪便
稠	液固态混合	5～15	畜禽粪便、秸秆
过稠	液固态混合	>15	粪便、秸秆

就发酵原料的来源情况划分，沼气生产原料可分成酒厂、屠宰场、畜牧场和城镇粪便处理厂 4 种行业来源。不同来源的原料，其理化特性有显著的差别，应根据原料的自身特性，选择合适的沼气发酵工艺。

图 4-3 为屠宰污水与猪粪混合原料的沼气发酵工艺流程。屠宰污水与粪便混合，在一级沉淀池内将宰猪的大量污水除去猪肠胃内物和废毛蹄壳及部分漂浮物（废脏器、油渣），再进入二级沉淀池继续沉淀微细悬浮物及寄生虫卵。污水在沉淀池滞留两天，处于密封或半密封的状态，使有机质分解、血色素脱色、悬浮物减少。沉淀池的沉淀物刮入斜斗槽中，然后流入消化器发酵。猪栏粪便由人工和机械收集，直接进入厌氧消化器并与沉淀池沉淀物混合，再经厌氧发酵 120 天后，COD 值由发酵前的 19 000 mg/L 降至 1 306 mg/L，去除率为 93%，大肠杆菌（$E \cdot coli$）

菌值由 10^{-4} 降至 10^{-9}。

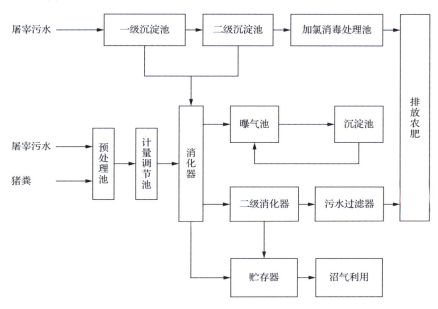

图 4-3 屠宰污水与猪粪混合原料的沼气发酵工艺流程

3. 两相沼气发酵工艺

两相沼气发酵工艺将发酵过程分为酸化和甲烷化两相反应，其中酸化反应相包含上述的液化阶段。由于酸化阶段的酸化菌群在营养要求、生理代谢及其繁殖速率和对环境条件的要求等方面与甲烷化阶段的菌群有很大的差别。因此，人们把酸化阶段和甲烷化阶段人为分开，建立起酸化罐和甲烷化罐两相发酵工艺，使沼气的产生效果大幅提高。有机物在酸化阶段（第一阶段）被分解成有机酸、醇、H_2 及少量的 CO_2、CH_4 等。甲烷化阶段（第二阶段）把大量有机酸进一步分解成 CH_4 和 CO_2 等。图 4-4 为两相沼气发酵工艺流程。

第一阶段：先将高浓度的废水进行适当稀释，用泵打入高位箱，通过热交换器将料液加热至 36℃ 进入酸化罐（33℃），酸化罐容积为 30 m^3。

第二阶段：从酸化罐出来的料液，经过中和池中和，再泵入高位箱；通过热交换器加热至 35℃ 进入甲烷化罐（温度 33℃），罐容积为 100 m^3；经消化后的污泥污水再回流至高位污泥池进入甲烷化罐，而溢流的消化液流入污泥沉淀池，上清液作为灌溉之用而被排放。甲烷化罐上部的沼气发酵产品气经流量计计量后，由气泵输入贮气罐中加以水封保存，最终输入终端用户。

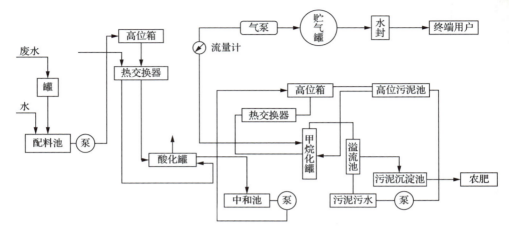

图 4-4　两相沼气发酵工艺流程

4. 沼气干发酵工艺

沼气干发酵是指沼气发酵过程中发酵液总固体浓度（TS，%）超过 20%的发酵方法。干发酵是以秸秆、粪便等固体废弃物为原料，在无流动水的情况下进行沼气发酵的工艺。可以将传统消化工艺中的干物质含量由低于 8%提高到 25%～30%。传统的发酵基本上都是采用湿发酵技术，即将秸秆与粪便、生活废水或工业废水等有机物混合，在厌氧条件下通过产甲烷细菌的作用生成 CH_4。干发酵与湿发酵相比，主要优点是自身能耗低、节约用水、节省成本、池容产气率较高等。干发酵由于固体浓度太高难以采用连续投料或半连续投料的方式，绝大多数均采用批量投料，最具代表性的有 Dranco 工艺、Biocel 工艺、Kompo-gas 工艺和 Valorga 工艺等（郭萃萍，2012）。

5. 沼气发酵的主要工艺条件

影响沼气发酵的工艺条件中，原料种类、温度、pH、干物质浓度和有机物负荷量、搅拌等因素决定着沼气发酵的品质。沼气发酵的主要工艺条件如表 4-6 所示。

表 4-6　沼气发酵的主要工艺条件

工艺条件	取值范围	调节办法
原料种类	就地取材，沼气发酵细菌对碳素和氮素营养需求要维持在适当的碳氮比[（20～30）∶1]	畜禽粪便与秸秆混合发酵，如牛粪、猪粪和玉米秸秆要比牛粪或猪粪与玉米秸秆两者的混合更好
温度	沼气发酵细菌在 8～65℃都能进行正常的生长活动，产生沼气	加辅助热源，如太阳能加热、生物质锅炉；也可采取保温措施，在装置上增加保温棉

续表

工艺条件	取值范围	调节办法
pH	一般 pH 为 6.0～8.0 均可发酵，最佳值是 7.0～7.2	pH 过小时可经常换料（少量），以稀释发酵液中的挥发酸；也可用适量的石灰乳、草木灰或氨水进行调节。如果发酵液的 pH 大于 8.0，可以加入适量的酸性物质（如牛粪、马粪），同时加水稀释
干物质浓度和有机物负荷量	沼气发酵最适宜的干物质浓度，应随季节不同（发酵温度不同）而相应变化。高温季节浓度控制在 6% 左右，低温季节浓度则以 10%～12% 为好；沼气发酵的处理能力，中温发酵为 2～3 kg/(m^3·d)，高温发酵为 5 kg/(m^3·d)	沼气发酵处理时先要保证发酵原料中的有机物含量不能超出发酵容器的最大负荷
搅拌	搅拌的目的在于使消化器内原料的温度分布均匀，使细菌和发酵原料充分接触，加快发酵速率，提高产气量，并有利于除去产生的气体。此外，搅拌还破坏了浮渣层，便于气体排出	①机械搅拌。搅拌器安装在沼气池液面以下。②液体搅拌。用人工或泵使沼气池内的料液循环流动，以达到搅拌的目的。③气体搅拌。将沼气池产生的沼气，加压后从池底部冲入，利用气流达到搅拌的目的。①适于小型沼气池。②③比较适于大中型的沼气工程

在沼气发酵过程中，菌种数量的多少和质量的优劣直接影响着沼气发酵的产气率。预处理原料中产甲烷细菌比较少，故在投料前，必须接种产 CH_4 活性较好的接种物。不同来源的接种物（俗称沼气菌种）数量及菌群结构对产气和气体组成有着不同的影响。要对菌种进行培养及优化菌群的特定环境。在菌种培养过程中，通常都是先从老发酵池的池底部取出污泥，再移入新建的发酵池中，并在适宜的温度条件下，添加一些新料，逐步增加以培养菌种；也可以将老发酵池中的沼液抽取一部分出来加入新发酵罐中，并逐步加入新鲜的原料，这样可以加快菌体繁殖的速度。厌氧发酵的菌群可以通过给定的特定环境进行驯化，相关的有纤维素与蛋白驯化高效沼气发酵菌系研究、脂肪驯化高效沼气发酵菌剂研究、丙酸耐受菌属驯化研究、高氨氮耐受驯化研究、沼气发酵复合菌剂混合发酵研究、H_2S 耐受菌剂驯化研究等。建立多原料高效沼气发酵复合菌剂生产线，将高效生产菌种和工程化技术相结合，可以实现菌剂生产的半自动化；特别是在原料预处理和接种阶段节省大量的人力和财力，生产效率得到了大幅提升，工程化控制也使菌剂的质量得到了有效保证，能够满足规模化沼气工程的应用。

4.3　沼气提纯与利用技术

沼气属于生物质能，其主要成分是 CH_4，在水中溶解度极小，故可以用水封法来储存沼气。CH_4 无色、无味、无毒，热值为 35 900 kJ/m^3。沼气完全燃烧时火焰呈浅蓝色，温度可达 1 400～2 000℃，并放出大量的热，燃烧后的产物是 CO_2 和水蒸气，不会产生严重污染环境的气体。1 m^3 沼气的热值为 18 017～25 140 kJ，相当于 1 kg 原煤或 0.74 kg 标煤，是一种优质的气体燃料。沼气最早是作为农村生活燃料使用的，并为人们广泛接受。随着能源危机的加剧及人们环境保护意识的加强，把沼气作为发动机燃料替代石油，从 20 世纪 70 年代开始受到我国重视，成为一个重要的课题被提出来。

4.3.1 沼气净化提纯技术

沼气是一种混合气体，其中主要含有 CH_4 和 CO_2，以及少量的 H_2S、O_2、水蒸气及杂质颗粒等。CO_2 和水蒸气的存在会降低沼气的热值，阻碍沼气的燃烧；而 H_2S 的存在，不仅加速输送管路及配件的腐蚀，还会对人身安全造成极大的威胁；杂质颗粒会在压缩机及气体储罐中沉积并引起设备堵塞；沼气中的 O_2 含量过高则可能引起爆炸。因此，作为燃料，沼气在使用前一般需要经过脱水、脱硫等净化提纯处理。

沼气净化提纯的具体方法有吸收法、吸附法、渗透法和其他分离法。沼气净化的程度取决于沼气的用途，不同用途所须除去的杂质也有差异。沼气作为汽车燃料的处理要求最高，需要脱水、脱硫、脱碳等，可采用化学吸收和变压吸附等方法。渗透法是利用低压和高压膜进行分离，此外，还有低温分离和生物分离等其他分离法。这几种方法在现阶段沼气工程中应用较少，不再赘述。

1. 沼气脱水工艺

沼气脱水相对来说比较简单，一般有冷凝法、吸收法、吸附法等。

1）冷凝法

沼气冷却到水蒸气露点温度以下时，其中的气态水便凝结成为液态水。从发酵装置出来的沼气含有饱和水蒸气，为了避免沼气在管道输送过程中所析出的凝结水腐蚀金属管路或堵塞阀门，常在管路的最低点安装凝水器，并将沼气中冷凝下来的水聚积起来进行定期排除。利用压力变化引起温度变化这一原理，使水蒸气从气相中冷凝下来，称为冷却分离法。常用的流程有两种：节流膨胀冷却脱水法和加压后冷却法。节流膨胀冷却脱水法虽然简单经济，但脱水效果较差，只能将露点降低至-5℃。若需要进一步降低露点则需要增压，多数情况两种方法同时使用（韩文彪 等，2017）。

2）吸收法

吸收法是将吸收剂与沼气逆向注入吸收塔达到除水效果。常用的吸收剂有可吸湿盐类（氯化钙、氯化锂）及甘醇类等。氯化钙价格低廉，但与油类相遇时会发生乳化，溶液能产生电解腐蚀。露点降（11～20℃）小。氯化锂溶液吸水能力强，腐蚀性较小，加水不易分解，露点降（22～37℃）也较大，但价格昂贵。甘醇类脱水剂性能优良，二甘醇和三甘醇吸水性能都较强：二甘醇的露点降为17～33℃；三甘醇的露点降更大，为28～47℃（刘伟 等，2013）。

3）吸附法

吸附是在固体表面力作用下产生的，根据表面力的性质分为化学吸附（脱水后不能再生）和物理吸附（脱水后可再生）。能用于沼气脱水的干燥剂有硅胶、活性氧化铝、分子筛及复式固定干燥剂，后者综合了多种干燥剂的优点。不同干燥剂的特点如表 4-7 所示。

表 4-7   不同干燥剂的特点

干燥剂	优点	缺点	使用情况
硅胶	吸附能力好，吸水选择性强	遇液态水、油料易碎，处理量大时失效快	适用于处理量大、含水量不大的情况
活性氧化铝	吸附能力较好，再生温度低，在液态水中不易碎	活性丧失快，特别是酸性气体较多时	适用于含酸性气体少的燃气
分子筛	吸附能力较好，对高酸性气体的脱水可用抗酸性分子筛	成本稍高	适用于处理量较大、露点降要求高的气体

脱水是通过两相分离、冷却来净化沼气。当沼气纯度要求较高时，脱水采用乙二醇吸收或分子筛吸附。常用的脱水装置有板式塔、填料塔、沼气凝水器等。

2. 沼气脱硫工艺

沼气中含有微量的 H_2S。H_2S 是无色气体，有类似腐烂鸡蛋的恶臭味，剧毒，如不加以控制，泄漏到空气中会对人身安全造成威胁。根据《工业企业设计卫生标准》（GBZ1－2010）规定，H_2S 气体含量在居民区的空气中不得超过 0.011 0 mg/m^3，在工厂车间不得超过 0.01 mg/L，在城市煤气中不得超过 0.02 mg/L。H_2S 含量达 0.6 mg/L 时，可使人在 0.5～1 h 致死；含量在 1.2～2.8 mg/L 时，可使人立即致死。不同原料产生的沼气中 H_2S 的含量如表 4-8 所示。

表 4-8   不同原料产生的沼气中 H_2S 的含量

沼气原料来源	H_2S 含量/（mg/L）
城市粪便处理厂	7.56～7.59
屠宰场	1.70～1.96
禽畜厂	1.22～1.79
酒厂	0.96～1.15
垃圾填埋场	1.00～1.15

除了对人身安全造成威胁外，H_2S 还会在空气中及潮湿环境条件下，对管道、燃烧器及其他金属设备、仪器仪表等造成强烈腐蚀。

根据脱硫工艺在生物质燃气生产和净化工艺中的位置，可将其分为原位脱硫技术和异位脱硫技术。原位脱硫技术是指通过在发酵池中通入空气或添加 $FeCl_3$ 氧化去除 H_2S。但原位脱硫后 H_2S 含量仍较高，若通入空气还会引入 N_2 等杂质，无法满足大规模商业化生产生物天然气的要求。异位脱硫技术的脱硫工艺可分为两类：一是物理化学脱硫，即涉及物理化学反应的脱硫工艺（化学或物理反应吸收、化学或物理吸附）；二是生物脱硫即涉及生物过程的脱硫工艺（酸性脱硫、碱性脱硫、嗜盐嗜碱性脱硫）（杨嘎玛 等，2021）。

1）物理化学脱硫

根据工作状态，涉及物理化学反应的脱硫工艺可分为湿法脱硫和干法脱硫。

（1）湿法脱硫。化学吸收是脱除 H_2S 最常用的方式，天然气工业近百年来一直依靠化学吸收法净化天然气。常用的化学吸收剂有 NaOH、$Ca(OH)_2$、$FeCl_3$、$Fe(OH)_3$、Fe-EDTA 和乙醇胺（MEA）等。此外，还可利用胺醇、碱液、低温甲醇等对 H_2S 溶解度较高的溶液进行化学吸收或物理吸收。与物理方法相比，化学吸收具有更快的吸收速率，化学吸收对原料气的组成也没有严苛的要求，在原料组分波动的情况下脱除效果也很好。

（2）干法脱硫。干法脱硫是指利用金属氧化物或活性炭等吸附剂对 H_2S 选择性吸附，将其从生物质燃气中去除。吸附剂再生过程通常须空气吹洗，易生成单质硫，导致吸附剂活性位被占据。因此，吸附剂再生循环的次数受到限制。常用的吸附剂有活性炭、金属氧化物（CuO、ZnO、Co_3O_4、Fe_2O_3、MgO 等）、金属有机骨架材料（MOFs）等。

2）生物脱硫

生物脱硫是利用微生物硫氧化菌对硫化物的氧化作用，将 H_2S 转化为硫单质。根据所用菌种适宜生长环境的差异，生物脱硫可分为嗜酸性微生物脱硫、耐碱性微生物脱硫和嗜盐嗜碱微生物脱硫工艺。生物脱硫工艺一般由 3 个过程组成：①将 H_2S 气体吸收至溶液中形成硫化物；②硫化物被硫氧化菌转化为非挥发性物质，如硫和硫酸盐；③硫颗粒分离。脱硫菌种和生物反应器是生物脱硫的两个核心。

生物脱硫技术与物理、化学脱硫相比，具有脱硫效率高、运行成本低、化学品消耗少、无二次污染、处理条件温和、绿色环保等特点。生物脱硫的产物主要是生物硫单质，生物硫黄具有很好的亲水性，颗粒小，在肥料、农药等领域具有应用价值。因此生物脱硫技术更符合绿色经济发展的要求，已经得到全面应用。

实际生产中常利用氧化亚铁和活性炭对沼气进行净化脱硫，水洗可以同时脱硫和脱 CO_2。农场沼气工程主要采用生物脱硫，这是因为生物脱硫技术比较简单，费用低，并能满足发电机组的要求。

沼气中 H_2S 可以采用多级脱硫装置脱除，应根据沼气工程实际情况、H_2S 浓度、脱硫程度采用合适的脱硫级数。对 H_2S 含量较少的沼气可以采用干法脱硫中的常温氧化铁脱硫法直接脱除 H_2S。但当 H_2S 含量高时，如超过 10 g/m³ 时，一般应先采取湿法对 H_2S 进行粗脱，再用氧化铁干法进行精脱。

3. 沼气脱碳工艺

由于沼气中 CH_4 含量较低，其高位热值只有 23.9 MJ/m³（CH_4 含量 60% 计），而纯 CH_4 高位热值为 39.78 MJ/m³。作为车用燃料或者管道天然气燃料，其高位热值要求大于 31.4 MJ/m³，这就要求沼气中 CH_4 浓度至少提高到 88% 以上，即要脱除多余 CO_2。

沼气脱碳技术多源于天然气等脱碳技术，包括物理化学吸收法、变压吸附法、膜分离法、低温分离法等（刘建辉 等，2013）。目前，主要的脱碳技术可分为用液体进行物理化学吸收、变压吸附到固体表面、膜分离及甲烷化反应（杨嘎玛 等，2021）。欧洲的生物 CH_4 提纯技术已经比较成熟，应用最多的工艺是水洗、膜分离、化学洗涤和变压吸附（Marcus Gustafsson et al.，2019）。

1）物理化学吸收法

物理化学吸收法是根据不同气体组分在吸收剂中的溶解度不同进行气体分离，可分为物理吸收和化学吸收。物理吸收工艺有高压水洗法和有机溶剂吸收法；化学吸收工艺主要有胺洗法。

高压水洗法是生物质燃气提纯工艺中最常用且目前最完善的工艺技术。高压水洗法的工作原理是常温下 CO_2 在水中溶解度远高于 CH_4，为 CH_4 的 26 倍。这一物理吸收过程遵循亨利定律，因此也较容易通过降压进行 CO_2 解吸。尽管高压水洗法工艺成熟，无须投入化学试剂，且 CH_4 回收率较高（>95%），但投资成本和运营成本仍很高，水再生过程中耗能较大。如何实现水的高效再生、处理大量废水是水洗法面临的问题。

有机溶剂吸收法的基本原理与高压水洗法相同，二者均属于物理吸收法，只是用有机溶剂替代水作为吸收剂。常用的吸收剂有甲醇、N-甲基吡咯烷酮（NMP）和聚乙二醇醚（PEG）。

胺洗法的过程涉及可逆化学反应，常用的吸收剂有一乙醇胺、二乙醇胺和三乙醇胺等。与 CO_2 在水中溶解不同的是，CO_2 在胺溶剂中的溶解过程同时涉及化学吸收和物理吸收。溶解度先随温度升高而增加，达一定温度后随温度升高而降低，该吸收为放热过程。胺洗法具有极好的吸收效果，经过胺吸收后的生物天然气中 CH_4 浓度高达 99%，胺洗法可同时将 H_2S 完全吸收。胺洗法的缺点是能耗很高，溶剂具有腐蚀性和挥发性，不仅容易污染环境，且溶剂损耗也较严重。

2）变压吸附法

变压吸附法的原理是利用高压下吸附剂对不同气体组分吸附能力的差异实现生物质燃气中 CH_4 和 CO_2 的分离。吸附剂的优选是变压吸附法的关键，选择适当的吸附剂甚至可在一定程度上实现同时脱除 CO_2、H_2S 和 H_2O。吸附剂优选的主要目标是获得高 CO_2 选择性的吸附剂，常用的吸附剂有活性炭、沸石（4A、5A、13X）和其他具有高比表面积的材料。变压吸附法的优势在于该工艺无须提供热量，但加压吸附过程中需要相对较高的压力，因此运行过程中消耗大量的电力。根据采用变压吸附法的生产厂的情况，变压吸附法处理 $1\ m^3$ 生物质燃气所消耗的电能为 $0.2\sim0.3\ kW\cdot h$。

3）膜分离法

膜分离法脱除 CO_2 是利用膜的渗透选择性，在压力差（浓度差、温度差）下实现气体的分离。基于相对渗透率，分子越小，越易透过膜。生物质燃气中所含不同组分的渗透率由小到大顺序为 CH_4、N_2、H_2S、CO_2、H_2O。膜分离的核心问题是选择高性能的膜，理想的膜应具有较大的 CH_4 和 CO_2 渗透率差异，最大限度地减少 CH_4 损失。常用于生物质燃气提纯的分离膜有聚合膜、无机膜和混合基质膜。商业化应用最多的是聚合膜，常用的有聚砜（PSF）、聚酰亚胺（PI）、聚碳酸酯（PC）、聚二甲基硅氧烷（PDMS）和乙酸纤维素（CA）等。

生物质燃气中的 H_2S、H_2O 等组分会影响膜的分离性能。因此，在实际应用中为避免分离膜被腐蚀和污染从而对膜的分离性能产生负面影响，必须先进行净化除去 H_2S、H_2O 和气溶胶等组分后，才能进行膜分离操作。

4）低温分离法

低温分离法是根据不同气体组分在不同温度和压力下液化或固化的原理，通过逐级降低原料气温度进行分离的一项技术，在降温过程中将液化的 CH_4 与 CO_2 和其余成分分开。CH_4 在 1 个大气压下的液化温度为 161.5℃，远低于 CO_2（78.2℃），因此可通过液化将 CO_2 与 CH_4 分离。该方法主要用于生产液化天然气（liquefied natural gas，LNG）。

由于低温分离法须对气体进行多级压缩，压缩步骤将消耗大量的机械能。同时，为防止固化后的 CO_2 升华也需要消耗一部分能量。目前，低温分离工艺处在研究阶段，商业化应用还较少。

5）新型生物脱碳技术

上述传统的物理化学脱碳技术是目前工业上使用的主要技术。但脱碳材料昂贵、高能耗和化学试剂投入等造成的高成本一直是这类生物质燃气提纯技术面临的问题。物理化学方法也无法对 CO_2 进行高值化利用。在这种情况下，新型生物脱碳技术（生物甲烷化技术）被视为从根本上减少 CO_2 直接排放的解决方案。

生物甲烷化技术通过在反应器中添加 H_2，利用氢营养型产甲烷细菌将 CO_2

转化为 CH_4。该过程可在发酵池中（原位）进行，也可在发酵池后（异位）的相邻反应器内进行。生物甲烷化技术分为原位生物脱碳技术、异位生物脱碳技术和混合生物脱碳技术 3 种。原位生物脱碳技术因为发酵池中固有的细菌和有机质，只需要向发酵池内提供外源 H_2。异位生物脱碳技术除提供 H_2 外，还需要保证产甲烷细菌、菌种所必需的营养素。混合生物脱碳技术是在原位进行初步脱碳，然后进行异位精度脱碳。甲烷化过程中所需的 H_2 可由过剩的风能、太阳能产生的电能进行电解水生成。

4. 沼气脱氧工艺

沼气生产过程中不可避免地会混入空气，特别是垃圾沼气。O_2 的脱除是沼气加工的必经步骤，沼气中的 O_2 必须脱至一定范围内，才能确保整个工艺过程的安全性。若由生物沼气生产车用压缩天然气或天然气，根据《天然气》（GB 17820—2018）与《车用压缩天然气》（GB 18047—2017），则须将其中 O_2 含量降至 0.5% 以下。

目前，普遍使用的气体净化脱氧方式主要有催化脱氧、化学吸收脱氧及碳燃烧脱氧 3 种。催化脱氧是在催化剂的作用下使气体中的 O_2 与 H_2、CO 等还原性组分反应而被脱除。化学吸收脱氧一般在没有还原性气体存在的条件下，气体中的 O_2 与脱氧剂发生化学反应而被脱除。这类脱氧剂一般为过渡金属型，O_2 与金属单质反应生成氧化物或 O_2 与低价金属氧化物反应生成高价金属氧化物。碳燃烧脱氧是利用活性炭与 O_2 反应脱氧，通常对于惰性气体脱氧比较有效，对沼气脱氧并不适用。CH_4 催化燃烧脱氧是过量 CH_4 与少量或微量 O_2 在催化剂作用下发生氧化反应，温度为 200~300℃，为无焰燃烧。国内外已经成功研制了多种 CH_4 燃烧催化剂可供选择。利用沼气中主要组分 CH_4 与 O_2 在催化剂作用下反应，是较为经济有效的脱氧方法（刘建辉 等，2013）。

4.3.2 纯化沼气及其应用

在节能减排大背景下，随着我国碳市场的启动和碳减排交易体系的建立与完善，低碳产业布局更加重要，沼气行业固碳减排的作用、地位和效益将越发凸显，国家对低碳减排的需求也将进一步推动沼气的发展。2016 年 12 月国家发展和改革委员会、国家能源局印发《能源生产和消费革命战略（2016—2030）》（发改基础〔2016〕2795 号），提出就近利用农作物秸秆、畜禽粪便、林业废弃物等生物质资源，开展农村生物天然气和沼气等燃料清洁工程。近 20 年来，随着社会主义新农村建设步伐的加快，农村沼气逐渐转型，大中型沼气工程因能量利用率、产品多样性比户用沼气池更具有竞争力而得到大力推广，正向规模化和产业化方向发展。大中型沼气工程发展迅速，沼气产量已十分可观，可将沼气经过脱硫、脱碳等净化提纯为生物天然气。其具有清洁、安全、高效、可再生的特点，将其并入城市燃气管网或进一步制成车用压缩天然气是目前国内和国际上越来越被重视的一种生物质能利用模式（李秀金，2016；张全国，2017）。

1. 生物天然气并入燃气管网作为燃气

将低品质的沼气净化提纯得到生物 CH_4，达到管道天然气质量标准后并入燃气管网，是重要的发展方向，是极具开发前景的一种生物质能产业。生物天然气并入燃气管网将节约和替代大量化石能源，减少污染物和温室气体排放，对全面建设小康社会和社会主义新农村起到重要作用，会有力地推进经济和社会的可持续发展。图 4-5 为以管道天然气为媒介的沼气高值化利用图。以大连东泰夏家河污泥处理厂污泥沼气提纯后并入城市燃气管网为例，沼气经过净化提纯后，在达到管道天然气质量标准的条件下即可并入燃气管网，大幅提升了沼气的应用价值及当地天然气供应的可靠性。这种利用方式特别适合长江以南温带和亚热带地区，这些区域的自然条件优越、生物质资源丰富、经济条件好，而天然气资源相对缺乏，利用生物 CH_4 替代化石天然气能率先得到突破。

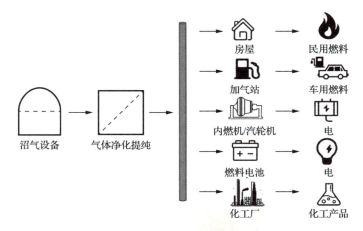

图 4-5　以管道天然气为媒介的沼气高值化利用图

2. 生物天然气作为车用燃料

沼气经净化提纯后，品质相当于化石天然气。在条件允许、符合标准的情况下，可替代燃油和天然气用作车用燃料。

瑞典是使用沼气作为车用燃料最先进的国家，沼气被广泛用于大、中、小型汽车，甚至火车的驱动。1995 年瑞典首都斯德哥尔摩出现了第一辆沼气汽车，2005年 6 月世界上第一辆沼气火车在瑞典东海岸成功运行。瑞典先进的沼气纯化技术、车辆燃气技术及完善的加气设备、商业供应有效推动了沼气车用燃料的发展（焦

文玲 等，2015）。瑞典应汽车制造商的要求颁布了沼气作为车用燃料的国家标准，要求 CH_4 含量不低于 97%，水含量不超过 32 mg/m³，总硫含量不超过 23 mg/m³。沼气汽车可由常规燃料汽车改装而成，将沼气加压至 200～250 bar（1 bar=10⁵ Pa）储存到汽车后备箱内的沼气罐中，发动机通常为双燃料型，当沼气燃尽时自动转换为燃油。纯化后的沼气和天然气性质相似，在-162℃低温下可变为液态，液化沼气密度是压缩沼气的 3 倍，运输成本降低。2012 年 8 月在瑞典投产新型沼气厂，专为中型车生产液化沼气（焦文玲 等，2015）。

在国内，净化提纯沼气在车用燃料方面的应用主要有：湖北国新天汇能源有限公司在湖北襄阳的污泥处置项目将沼气提纯气作为车用压缩天然气；黑龙江龙能燃气投资有限公司在宾县宾州镇新立村投资建设了我国首座利用厌氧发酵产沼工艺的有机垃圾处理场，并将所产沼气提纯为车用压缩天然气；广西南宁市武鸣安宁淀粉有限责任公司利用提纯后的沼气制备车用生物天然气等。

3. 生物天然气在沼气燃料电池方面的应用

沼气燃料电池是一种效率高、清洁、噪声低的发电装置。其应用范围逐渐拓展，用于可移动电源、发电站、分布式发电、热电联产和热电氢联产等领域。沼气既可通过高温燃料电池直接发电，也可经过重整后转换为 H_2 作为燃料电池的传统燃料。由于不受卡诺循环的限制，燃料电池的能量转换综合效率可达 60%～80%，与沼气发电机组相比具有很大的发展优势。沼气燃料电池尽管在融资、技术和相关政策法规等方面面临巨大挑战，但在一些发达国家已得到较好发展。

沼气燃料电池在美国一些格外重视环境污染和能源供给的地区得到推广应用。美国圣地亚哥市将污水处理厂生产的沼气净化提纯后作为燃料电池的原材料，发电量达 2.4 MW，预计 10 年内可节省 78 万美元的电力成本（焦文玲 等，2015）。怀俄明州的夏延市干溪谷污水处理厂建设了沼气燃料电池项目，该项目配置独立电网，从而在断电时可为微软公司数据中心持续供电（微软公司向该项目投资了500 万美元）。

4.3.3 沼气综合利用技术

沼气工程的典型利用经营模式依托于农村沼气工程中的沼液、沼渣的生态循环经济，形成猪-沼-果模式和集中供暖发电等发展模式。沼气综合利用涉及冷热电联供、种植业、养殖业、加工业、服务业、仓储业等方面，可在解决农村环境污染问题的同时实现厌氧消化产品的消纳，使沼气工程转型为生态工程。

1. 沼气发电的冷热电联供

冷热电联供系统（combined cool, heat and power system, CCHP）是分布式能

源系统的发展方向之一，是一种建立在能量梯级利用的基础上，同时生产冷、热、电 3 种能量的总能系统。其不仅可以提高能源的综合利用效率，还有利于环保和降低投资成本。

沼气发电机在发电的同时，产生大量的热量，烟气温度一般为 550℃。利用热回收技术，将燃气内燃机中的润滑油、中冷器、缸套水和尾气排放中的热量充分回收利用，可作为冬季采暖和生活热水来源。夏季发电机组可与溴化锂吸收式制冷机联接，作为空调制冷。一般从内燃机热回收系统中吸收的热量以 90℃的热水形式供给热交换部分使用。内燃机正常回水温度为 70℃。在污水处理厂中，可利用这一热量给消化池进行加热。沼气发动机的冷却与一般的汽油和柴油发动机一样，都要用到冷却水。为了防止产生水垢，冷却水要用软水，有时还要添加防冻液。为此，通常把调制的水作为一次冷却水，在发动机内部循环利用，热交换器将热量传递到二次冷却水的为间接冷却方法，比如缸套水冷却循环就是采用此方法。此外，润滑油吸收的热也可以通过润滑油冷却器传至冷却水中。沼气发电系统能积极、有效地利用沼气，可以将沼气中约 30%的能量变为电能，40%的能量变为热能。

2. 沼气替代农户家庭商品用能

在新农村建设过程中，要提高现代化农村建设速度，需要转变农村能源利用模式。通过落实新农村沼气工程，加强农村沼气利用，可以优化农村能源结构，降低农民的生活生产成本，改善农村环境（董衡，2021）。

根据沼气发酵现状及农村用能多样化需求，依据梯级用能思想，河南农业大学联合华中科技大学等高校开发农村联户式沼气热电联供余热梯级利用装置，开展沼气发电机组余热利用装置形式及结构设计研究。确定余热回收的利用途径，实现烟气和缸套水的余热多级梯度利用的高效耦合。通过建立可调式沼气发电余热梯级利用模式，提高系统的能量利用效率，实现农户沼气炊事、冷、热、电的全面供给。在河南省南阳市西峡县建设有 50 户规模的联户式沼气冷热电联供示范工程。该工程在结合机组的沼气消耗、机组整机性能、参数反馈、自动控制等的基础上，将沼气发电后的缸套水和高温烟气的余热进行供热和制冷，满足 50 户联户规模的冷热电需求。

3. 沼气应用于蔬菜大棚

沼气中含有大量的 CH_4 和 CO_2，CH_4 燃烧时又可以产生大量的 CO_2，同时释放大量的热能。一般燃烧 1 m^3 沼气可产生 0.975 m^3 CO_2，释放大约 23 kJ 的热量。沼气在塑料大棚中有两个作用：一是利用沼气燃烧的热量，提高棚内温度或增加光照；二是利用沼气燃烧后产生的 CO_2，为蔬菜生长提供"气肥"，促进光合作用，提高作物产量。试验结果表明，沼气温室可使黄瓜增产 50%，西红柿增产 20%，辣椒增产 30%（张再起 等，2017）。

4. 沼气储粮

沼气储粮的特点是成本低、操作方便、使用性广、无污染、缺氧环境能杀灭病虫害、防治效果好。沼气储粮方法一般如下：按照 1 m³ 粮堆用 1.5 m³ 沼气，在小型农户可每 15 天通一次沼气，每次沼气通入量为储粮容器容积的 1.5 倍，这种储粮方式可串联多个储粮容器。小型农户储粮装置示意图如图 4-6 所示。

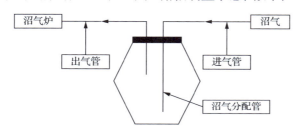

图 4-6　小型农户储粮装置示意图

5. 沼气保鲜储藏

沼气内含有较多 CO_2，而 O_2 的含量占比较少，可营造高 CO_2、低 O_2 的条件。在粮食、水果存放的环境中，采取措施，用沼气取代空气，在缺少 O_2、高浓度 CO_2 的环境里，降低粮食、水果、蔬菜、种子等的呼吸强度，使其新陈代谢也随之减弱，大幅降低储藏过程中的基质消耗。在这种环境中，沼气抑制储藏物乙烯的生成，阻碍了某些真菌的生长，能显著减轻果品的腐烂程度。与此同时，也抑制了害虫、病菌的生长，从而达到延长粮食、水果的保存期和提高完好率的目的。通常充入粮堆体积 1.5 倍的沼气量，密封 3～5 天，粮食可以保存 1 年以上（范仁英，2020）。

6. 沼气烘干粮食

我国广大农村主要靠日晒使粮食和农副产品干燥，收获时如果遇到连阴雨天，往往造成霉烂。利用沼气烘干粮食和农副产品，设备简单，操作方便。烘干设备主要由砖块垒成的圆形灶台、沼气炉具与竹编的凹形烘笼组成。沼气炉具置于灶台中央，将耐高温的铁皮盒倒扣在炉具上，然后将装有湿粮食的烘笼放在灶台上，点燃沼气炉，利用铁盒的热辐射烘烤笼内的粮食。烘干设备成本低，功效高，可以有效地减少阴雨天气造成的霉变损失，适合一家一户使用。

7. 沼气灯育雏

目前蛋鸡的养殖朝着规模化、集约化的方向发展，养殖规模逐渐扩大。沼气灯育雏方法简单，不受停电的影响，成本低廉，投资少，效果好；能使雏鸡生长良好，体质增强，成活率提高。利用沼气灯给雏鸡升温比用一般电灯效果好。选择一些旧纸箱、木箱、竹筐作育雏箱，将沼气灯置于育雏箱上方 0.65 m 左右为宜。饲养过程中，要严格控制温度和光照，为雏鸡生长发育提供一个适宜的环境。

8. 沼液、沼渣利用

沼气经过发酵，其中的有机物被降解转化为无机物与 CH_4。与发酵原料相比，沼液、沼渣更均质，含有更多的无机氮，能够被植物利用。沼液是厌氧发酵的产物，长期的厌氧环境，使沼液中无寄生虫卵和有害的病原微生物。在养殖业中，可以用沼液喂养猪，把沼液上的浮沫撇开，取中部清液经纱布过滤后加入饲料中搅拌成流质料。同理，沼液也可以用于喂鸡。在种植业中，沼液也有多种利用方式。比如沼液浸种可提高种子的发芽率，用沼液喷洒作物叶面可以调节作物的生长代谢，从而为作物提供营养，同时还能抑制病虫害。此外，沼液还常用于水培蔬菜和果园滴灌。

从沼气发酵池底部直接取出的沼渣，其固体含量约为 10%。沼渣可在春季或秋季大量用肥时作为底肥施用，果树施于基坑内，其他作物直接施入土壤中即可。沼渣中含有较多的腐殖质，对土质具有良好的改良作用，也起到了增产作用；还可养殖蚯蚓、栽培蘑菇等。沼渣与氮肥配合施用可减少氮素损失，提高化肥利用率。

4.4 以沼气为纽带的生态农业模式

4.4.1 以沼气为纽带的农业生态工程理论与技术体系

1. 基本概念

1）生态系统

生态系统是指由生物组分与环境组分组合而成的结构有序系统。生物组分可分为生产者、消费者和分解者；环境组分包括太阳辐射、气体、水体和土体。气体包括空气和来自各种生命活动和非生命活动产生的组分（如氨、二氧化硫和氮氧化物）。水体包括江、河、湖泊、海洋内的水、地下水和弥漫在空气中的水蒸气等。土体泛指自然环境中以土壤为主体的，包括生物残体、排泄物、岩石和飘尘在内的固体成分。生态系统的结构相互联系、相互渗透和不可分割，即包括物种结构、时空结构和营养结构。物种结构是指组成生态系统生物组分的生物种群及它们之间的量比关系。时空结构是指生态系统中各生物种群在空间上的配置和在时间上的分布。营养结构是指生态系统中由生产者、消费者和分解者三大功能类群以食物营养关系所组成的食物链、食物网。系统结构决定系统的功能。生态系统具有能量流动、物质循环和信息传递三大功能。能量流动和物质循环是生态系统的基本功能，而信息传递则对能量流动和物质循环过程起调节的作用，能量和信息依附于一定的物质形态，推动或调节物质运动，三者不可分割，构成生态系统的核心。

2）生态工程与农业生态工程

生态工程是应用生态系统中物种共生、物质循环再生原理、结构与功能协调原则，结合系统工程的最优化方法，设计分层多级利用物质的生产工艺系统。这里的生态指的是生态系统而非生态环境，所以根据工程的定义，生态工程也可以简单地概括为生态系统的人工设计、施工和运行管理。其目标就是在促进物质良性循环的前提下，充分发挥资源的生产潜力，防止环境污染，促使经济效益与生态效益的同步发展。生态工程主要包括 3 个方面的技术：①在不同结构的生态系统中，能量与物质的多级利用与转化技术；②资源再生技术；③自然生态系统中生物群落之间共生、互生与抗生关系的利用技术。

农业生态工程作为生态工程的一种类型，是指有效地运用生态系统中生物群落共生原理，系统内多种组分相互协调和促进的功能原理，以及地球化学循环的规律，实现物质和能量多层次多途径利用与转化，从而设计与建设合理利用自然资源，保持生态系统多样性、稳定性和持续高效功能的农业生态系统。

2. 基本原理

以沼气为纽带的农业生态工程作为按照生态学原理和经济学规律建立起来的社会、经济和生态 3 种效益统一的农业生产体系，它遵循农业生态工程的生态学原理（潘松波，2021）。

农业生态工程的生态学原理可概括为整体、协调、循环、再生，具体又包括多项原理。其中，与以沼气为纽带的农业生态工程关系较密切的有 8 项原理，分别为整体效应原理、互惠共生原理、食物链原理、边缘效应原理、生态位原理、限制因子作用原理、物质循环再生原理、能量流动与转化原理。

3. 农业生态工程设计的技术体系

目前农业生态系统设计中存在的问题主要是结构元的单一性、结构链的不完整性和结构网的不合理性，农业生态工程设计的技术体系主要包括加环、解链和接口技术。食物链的加环与解链是生态学原理在农业生态系统中应用的突破，在农业生态系统中加入营养级，从而增加系统产品的输出，而且可以防治病虫害及有害动物（段博俊 等，2013）。

1）加环技术

加环技术是指根据物质能量通过食物链发生浓集及生物之间相生相克的原

理，以人工生物种群代替自然生物种群，从而达到废弃物的多级综合利用，增加高能量、高价值的产品生产和抑制能量损失的生物工艺过程（辛雨菡，2017）。通过增加某些食物链环节，充分利用系统获得资源，生产出相应的可为人类二次利用的产品的过程。

根据食物链加环的性质不同，可以将加环分为生产环、增益环、减耗环、复合环、加工环 5 类。加环的过程实质上是增加环中的组分或增加形成环的接口。农业生态系统中增加的环节主要是一些具有高的生态经济位的环节和能促使资源循环利用的环节，去掉的环节主要是一些低效高耗性环节。

2）解链技术

所谓的解链是指通过生态工程的设计实施，使有害物质降解或脱离与人类相联系的食物链。食物链的解链不是在所有的地区都需要的，只是在环境污染严重，有害物质有可能沿着食物链逐步累积，而且有可能危及人类身体健康时才采用。食物链解链的方式一般有 3 种。①改变最终产品用途，使它们脱离与人类食物相连接的食物链。②改变生态工程人工种群的类型，使这些种群生产的产品不可能进入人体。③加入新的种群，使对人类有害的物质降解，或者对有害的物质不吸收、不浓集。食物链解链流程图如图 4-7 所示。

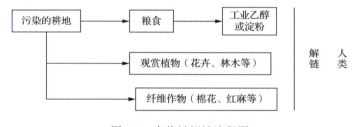

图 4-7　食物链解链流程图

3）接口技术

接口技术就是将原来构不成循环关系或互不相关的两条或多条食物链通过适宜的配置连接起来，形成一个闭合循环的食物网的技术。接口是能量、物质和信息的汇集交换场所，接口技术是促进生态经济协调发展，符合生态恢复演替规律，益于生态保护和经济发展的双赢技术，是属于良性循环的技术。

实现农业资源高效利用、清洁生产的良性循环接口至少由肥料接口、饲料接口、加工接口和储藏接口 4 部分组成。肥料接口将畜禽粪便加工成种植业的肥料，完成养殖业到种植业的接口。同时，也将作物秸秆加工还田，完成不同作物间、上下茬口作物间的接口。饲料接口加工处理种植业的主副产品和加工的废物，为养殖业提供饲料，完成种植业到养殖业的接口。同时，又将畜禽粪便、屠宰下脚料饲料化，完成养殖业内部不同畜种间的接口。加工接口将种植业和养殖业的原料产品加工后投放市场，完成系统同外部环境的接口。储藏接口既可储存生产原料，又可对农产品起保鲜和后熟作用，实现种植业和养殖业间及系统与环境间的接口。它们既是系统的组成，又是系统的调节器。生态农业接口示意图如图 4-8 所示。

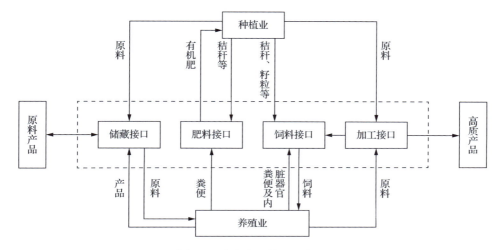

图 4-8　生态农业接口示意图

实际上，无论加环、解链还是接口都是人类对多样化的系统结构关系的一种主观能动性的理解和应用，是人类更好地认识和改造自然的有效途径，加环和接口都是十分必要的。近年来发展起来的各种各样的以沼气为纽带的农业生态工程都不同程度地利用了这些技术。

4.4.2　沼气技术在生态农业中的应用模式

20 世纪 90 年代以来，沼气技术在生态农业中的应用呈现出快速发展的局面，并主要形成 4 种生态模式：种养结合模式、生态果园模式、生态农场模式和生态庭园模式。本节主要介绍前两种模式。

1. 种养结合模式

以沼气为纽带的种养结合模式的主要组成要件包括沼气池、温室大棚、畜禽舍。在此基础上，还可以增加厕所、蚯蚓养殖槽等（孙文平，2019）。在模式各组成要件中，沼气池起着联结养殖与种植、生产与生活用能的纽带作用，处于核心地位。畜禽舍内的家畜和家禽起着为沼气池提供发酵原料的功能，畜禽粪便在沼气池内发酵后，产生的沼气用于为温室大棚增温及提供 CO_2 气肥的作用（曾积良等，2011）；产生的沼液可用作温室大棚内植物的叶面肥和杀虫剂，还可用来喂猪；产生的沼渣用作有机肥，也可用作蘑菇栽培的基质。另外，畜禽呼吸产生的

废气 CO_2 可以为植物提供光合作用所需的 CO_2，而植物的呼吸则为畜禽提供新鲜的 O_2。种养结合模式物质与能量流动示意图如图 4-9 所示。

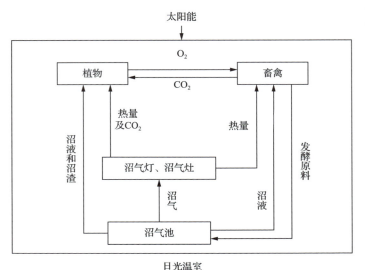

图 4-9　种养结合模式物质与能量流动示意图

这种类型的生态农业模式较典型的有北方"四位一体"模式和中部地区生态温室模式。两种模式的结构分别如图 4-10 和图 4-11 所示。种养结合模式除了具有温室型之外，还可以不设温室。如大型规模养殖场种养结合模式中养殖场采用干清粪或水泡粪清粪模式，液体废弃物进行厌氧发酵后，就近应用于蔬菜储藏，茶园、林木、大田作物等生产。固体废弃物经过堆肥后就近或异地用于农田。

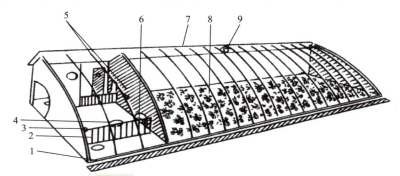

1. 厕所；2. 猪圈；3. 进料口；4. 沼气池；5. 通气孔；
6. 出料口；7. 日光温室；8. 菜地；9. 沼气灯。

图 4-10　北方"四位一体"模式的结构

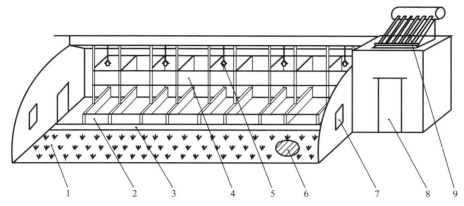

1. 种植区；2. 家畜养殖区；3. 工作通道；4. 家禽养殖区；5. 沼气灯；
6. 沼气池；7. 温室通风窗；8. 看护房；9. 太阳能真空管热水器。

图 4-11　中部地区生态温室模式的结构

　　种养结合模式是20世纪90年代在辽宁省研究探索出来的一种生态农业模式。目前，已在我国北方农村大范围推广，取得了显著的经济效益、能源效益和生态效益。这种模式的特点可归结为6点。①多业结合，集约经营。通过模式单元之间的联结和组合将动物、植物、微生物结合起来，加强了物质循环利用，使养殖业与种植业通过沼气纽带作用紧密联系在一起，形成一个完整的生产循环体系。②合理利用资源，增值资源。模式实现了对土地、空间、能源、动物粪便等农业生产资源最大限度的开发和利用，从而使资源实现了增值。③物质循环，相互转化，多级利用。生态模式充分利用了太阳能，使太阳能转化为热能，又转化为生物能，实现合理利用。④保护和改善自然环境与卫生条件。生态模式把人、畜、禽、作物联结起来，进行第二步处理，达到规划合理、整齐、卫生，从而保护了环境。⑤有利于开发农村智力资源，提高农民素质。生态模式是技术性很强的农业综合型生产方式。推广应用北方生态模式，极大地增强了农民的科技意识和技术水平，提高了农民的素质。⑥提高社会效益、经济效益、生态效益。高度利用时间，不受季节、气候限制；高度利用劳动力资源，生态模式是以自家庭院为基地，闲散劳力、男女老少都可从事生产；缩短养殖时间，延长农作物的生长期，养殖业和种植业经济效益较高。

　　中部地区生态温室模式是近年来在河南省发展起来的一种生态农业模式，其特点是生态化、立体化、设施化和高效化。以该模式生产的农产品品质和产量得到了提高，从而保证了系统的高效产出。

　　2. 生态果园模式

　　以沼气为纽带的生态果园模式，其主要组成要件是沼气池、畜禽舍和果园。

沼气池起着为果园的生产提供沼肥和沼气的功能，而畜禽养殖承担着为沼气发酵提供原料的功能。这类模式的设计依据生态学、经济学、能量学原理，以农户土地资源为基础，以沼气为纽带，以太阳能为动力，以牧促沼，以沼促果，果牧结合，建立起生物种群互惠共生、食物链结构健全、能量流和物质流良性循环的生态果园系统。充分发挥果园内的动植物及光、热、气、水、土等环境因素的作用，从而实现无公害果园的产业化和农业的可持续发展（张全国，2017）。

　　这种类型的生态农业模式较典型的有中部地区生态果园模式、南方猪-沼-果模式、西北"五配套"模式（"五配套"模式是解决西北干旱地区的用水问题，促进农业持续发展，提高农民收入的重要能源生态农业模式。其主要内容是，每户建一个沼气池、一个果园、一个暖圈、一个蓄水窖和一个看营房。"五配套"模式以农户庭院为中心，以节水农业、设施农业与沼气池和太阳能的综合利用作为解决当地农业生产、农业用水问题和提供日常生活所需能源的主要途径，并以发展农户房前屋后的园地为重点，以塑料大棚和日光温室等为手段，以增加农民经济收入，实现助农致富奔小康）。3种模式组成及物质和能量流动示意图如图4-12～图4-14所示。

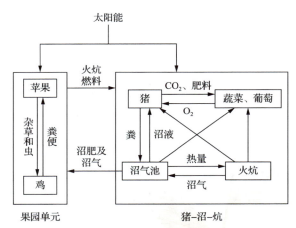

图4-12　中部地区生态果园模式组成及物质和能量流动示意图

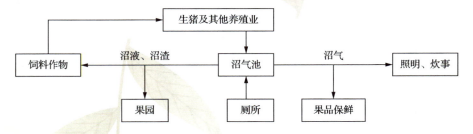

图4-13　南方猪-沼-果模式组成及物质和能量流动示意图

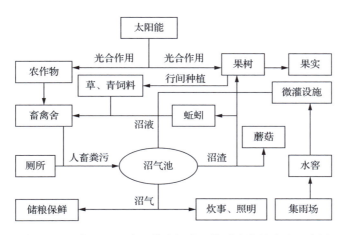

图 4-14 西北"五配套"模式组成及物质和能量流动示意图

这些模式的特点可以归纳总结为以下几点。

（1）利用沼气的纽带作用，将养殖业、果树种植业有机地联结起来形成的农业生态系统，实现了物质和能量在系统内的合理流动，最大限度地降低了农业生产对系统外物质的需求，增强了系统自我维持的能力，也显著降低农业生产的成本。

（2）在基本内容相同的前提下，每种模式充分考虑了与其应用区域的地貌、气候、水土等特征相适应，体现了模式鲜明的地域性。

（3）模式都便于建造、操作和管理，与我国农村现有的经济基础和生产力水平相适应。

（4）模式建设内容易于扩展，可根据使用者的具体情况丰富模式建设内容，从而最大限度地发挥模式的功能。

4.4.3 生态农业模式应用

除厌氧消化沼气产物可进行能源化利用外，对农村沼气工程中的沼液、沼渣产物的综合利用成效也较为突出。沼液、沼渣富含多种营养成分，是优质的农用有机肥料。关于沼气、沼肥的应用理论、应用方法，很多科研部门、农业生产部门都做了大量的工作，也形成了许多具体的应用方式。

1. 模式构建与特征分析

生态农业模式主要是指通过吸收和总结国内外农业生产的经验和教训，合理开发和综合利用农业资源，建立协调和谐的生态系统，以提高各种资源的利用率。运用自然界的转化循环原理，建立无废物、无污染的生产体系；采用先进技术与工艺，对农林牧渔产品进行加工与利用，实行种、养、加相结合，建立增产增值的生产流程。通过农业生态系统的结构设计和工艺设计，达到最大限度地适应、巧用各种环境资源，提高生产力和改善环境。

各地发展生态农业的具体道路和模式也应该因地制宜，充分发挥农民的首创精神，创造有当地特色的生态农业模式。以猕猴桃种植生态模式为例，河南农业大学提出了一种基于价值链的生态型猕猴桃产区生物发酵气肥联产的综合利用模式。该模式以沼气为纽带，按照生态规律、经济规律，把养猪业、沼气、种植业有机地结合起来，人畜粪便经过沼气池发酵后产生的沼气、沼液、沼渣按物质和能量的生态循环链，为下一级生产、生活提供肥料、饲料、添加剂和能源等，从而形成复合型生态系统。该模式更易保持平衡，而物质交换、能量流动均有利于人们的生产、生活方面。

1）构建原则

气肥联产综合利用模式构建要遵循以下几个原则。

（1）多样性原则。原料多样性是提高沼气工程产生沼气量的基础，是生态系统得以稳定的前提，有效地保证沼气原料的多样性并充分发挥废弃物资源的潜力，将有力促进农村、农业废弃资源的回收利用。

（2）良性循环原则。要充分发挥沼气在农村的重要作用，并在不破坏生态环境的前提下维持稳定生产力，靠减少外源投入来降低劳动成本，依靠体系内部的良性循环，使物质循环和能量流动向有利于提高经济效益和生态效益的方向发展。

（3）统筹兼顾原则。保持水土，培肥地力，改良土壤结构，改善农村卫生环境，采取生物措施和工程措施相结合，标本兼治，构筑一个生态协调、资源有效利用、养分平衡、农村环境卫生洁净、能源节约的可持续农业生态结构模式。

（4）经济适用原则。考虑农村的实际经济状况，应该寻找结构设计简单、功能相对齐全、系统性较强、容易操作、方便推广、劳动力和生产资源投入相对较少、广大农村村民可以且容易接受的模式。

（5）因地制宜原则。在修建沼气池时要充分考虑地理环境与气候条件来选择适合的建池材料，以保证建好的沼气池能高效运行，产气多。

（6）安全原则。在修建沼气池时，要严格按照规定的操作方法与工艺流程进行；在验收沼气池时，要严格按照所规定的技术指标去衡量已修好的沼气池是否可以投入使用；在交付农户使用时，要对农户进行安全使用知识培训。这样才能保证以后农户能安全使用沼气池，以免给农户带来不必要的伤害。

2）模式总体结构

在生态农业模式建设过程中，沼气是系统能量转换、物质循环和农业废弃物综合利用的中心环节，是联系初级生产者、初级消费者和分解者的纽带，它对改善农业生态环境、建立农业循环体系和增加经济收入起着极其重要的作用。

3）系统要素组成

依据系统论，任何一个系统都是由诸多要素在系统环境里，通过一定的方式耦合而成，以实现系统功能。基于沼气利用的猕猴桃种植产业的生态系统，其要素包括设计模式、应用模式、管理模式等多个子系统，综合了生产、运送、分解和循环等活动的集合体，通过有形的移动和无形的交流，创造新的价值。这个新价值不仅指单个部分的经济效益，而且包括整个系统的经济效益、社会效益和环境效益。这几个方面的总和称为生态型猕猴桃产区气肥联产价值链，如图 4-15 所示。

能流	电力供给	物料运输	水资源供给	通信服务	经济效益 社会效益 环境效益
人流	猕猴桃合作社管理	人员培训		人员交流	
信息流	原料供求信息	猕猴桃、沼气、沼肥等产品需求信息	猕猴桃销售统计及反馈	沼气等副产品分类与分析等	
物流	秸秆、粪便等原料运输、仓储	猕猴桃等产品库存、订单处理	猕猴桃运输、包装等	沼气等副产品分类及回收	
价值链	原料核查、核算及替代品研究	猕猴桃等产品销售模式	猕猴桃营养及使用模式	废弃资源回收和再利用	
	资源供给	生产经营及销售	消费	回收	

图 4-15　生态型猕猴桃产区气肥联产价值链

4）模式特征

与传统沼气应用及猕猴桃种植模式相比，本模式具有以下特征。

（1）没有废弃资源。由图 4-15 可知该模式下各个环节无资源浪费，对所有环节的资源都进行了充分合理的利用。

（2）往复循环。每一个单元不仅有自己的功能，还相互提供所需原料。

（3）经济、方便。农民厨房、灶台干净卫生，家用电器不会因为停电或是担心用电过多而成装饰品。

（4）资源多层次利用。废弃物资源化和再循环利用，提高了生物能的转化率。

（5）产业链得到拓宽。相应地拓展了旅游业、食品加工业等，实现了农村经济可持续发展。

（6）具有科技特色。"三高"农业［高产、优质（高质量）、高效的农业（种植项目）］的具体体现。大片土地通过平整与规划，用先进农业技术进行开发，由掌握先进技术的人来管理，建成具有相当规模、各具特色的农业整体，成为具有先进农业技术支持和科学管理手段的新型农业。

（7）低碳农业。以农业多功能为核心的低碳农业，符合经济规律，遵循生态平衡自然规律，实现经济、社会和环境的和谐统一，可以实现经济规律和自然规律的统一，完善以农业为核心的产业链，实现了以沼气为纽带的价值链。

2. 具体应用形式

以下几种应用模式，也可综合为一种新型的"四位一体"沼气综合应用模式，依据用途不同这种模式可以形成为"沼肥果蔬生态农业""有机沼肥低碳农业""农沼果循环农业""绿色能源生态产业"等多种新型气肥联产应用模式，如图 4-16 所示。以沼气为纽带的生态农业模式。延伸农业产业链，形成了农村循环经济的新模式，如殖-沼-果模式、殖-沼-电-果模式、多品种综合生态模式、以绿色能源为主模式、以循环农业为主模式、立体农业循环经济模式。

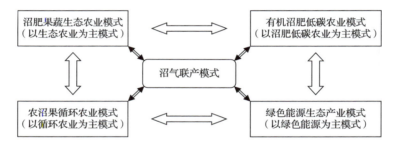

图 4-16　新型"四位一体"气肥联产应用模式

1）殖-沼-果模式

殖-沼-果模式是以沼气为纽带，在传统农业精华的基础上，与现代农业先进技术有机组合的一种先进农业生产适用技术体系。它是以户为单元，以山地、大田、庭院、水面等为依托，以养殖业为动力，以沼气为纽带，按照生态循环规律，把养殖业、沼气、种植业有机地结合起来的三结合工程，实现沼气、沼肥、沼液的综合利用。人畜粪便经过沼气池发酵后，所产生的沼气、沼液、沼渣为下一级生产、生活提供肥料、饲料、添加剂和能源等。

2）殖-沼-电-果模式

殖-沼-电-果模式是将养猪业的猪粪送入沼气池发酵产生沼气，将秸秆经过处理后送入发酵罐产生沼气，沼气用于炊事、照明与发电，沼液用于猪养殖，沼渣肥田的生态循环模式。该模式以猪养殖、沼气池、沼气罐、沼气发电机及猕猴桃果园为主体。殖-沼-电-果模式的框架结构如图 4-17 所示。

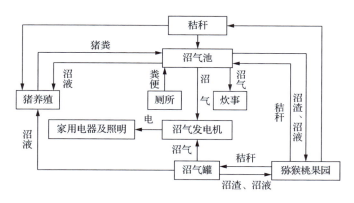

图 4-17　殖-沼-电-果模式的框架结构

3）多品种综合生态模式

沼气池、猪舍、温室、猕猴桃间互相利用、相互依存。温室为沼气池、猪舍、果树创造良好的温湿条件，猪为温室提高温度。猪的呼吸和沼气燃烧为蔬菜提供 CO_2 气肥，蔬菜生产又为猪提供 O_2。同时，猪粪尿入沼气池产生沼肥，为蔬菜及猕猴桃种植提供高效有机无害肥。在一块土地上实现产气、积肥同步，种植、养殖并举，建立起生物种群较多、食物链结构较长、能源物流循环较快的生态系统，基本上达到了农业生产过程清洁化、农产品无害化。以沼气池为中心的生态农业模式建成后，其养分循环也将发生相应变化。以沼气为纽带的多品种综合生态模式如图 4-18 所示。

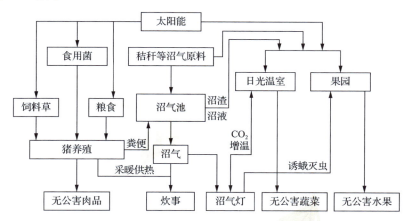

图 4-18　以沼气为纽带的多品种综合生态模式

系统在增加沼气池和食用菌两个环节后，养分循环发生了很大的变化，养分在系统内循环的次数增加，促进了系统内生物小循环。由于作物秸秆通过沼气池和食用菌两个环节的转化和再利用，同时调整作物种植结构，提高土地植被指数，从而减少了养分地表径流和渗透流失，产品的养分输出量增大。具体表现为生态系统投入和产出的物质少，是一个封闭性较强的系统。内部子系统间的养分交换主要局限于农田和畜禽，系统层次少，结构简单，养分在系统内的再循环有限，表现为传统的自给自足式经营方式。系统非生活性养分输出量过高，大部分养分通过地表径流而损失了。人工输入的养分量不能抵消输出的养分量，系统养分得不到积累，难以避免系统退化的总趋势。增加腐生食物链后，农田中有机肥料的输入量大幅增加，化肥的施用量减少。系统的封闭性状况得到改善，系统非生活性养分输出量降低，养分通过地表径流而损失的数量减少。人工输入的养分量抵消输出的养分量，系统养分得到积累，土壤肥力不断提高，系统退化的趋势得到有效遏制。

　　4）以绿色能源为主模式

　　以绿色能源为主模式是根据中部地理、气候、生产条件和特点，将住宅、日光温室、鱼塘、沼气池、猕猴桃种植田、农副产品初加工车间有机地结合于一体的新型高效农业种养绿色生态模式。该模式以秸秆能源化利用为核心，以绿色无污染农副产品的产出为目的，增加农民收益，拓展农村特色产品的开发利用，延伸农产品的产业链条，提高了农民生活用能质量。

　　以绿色能源为主模式以土地资源为基础，以太阳能为动力，以沼气池为纽带，通过生物转换技术，将种植业、养殖业、日光温室、农户、农副产品初加工有机结合为一体，实现了秸秆处理资源化、沼气发展集约化、"三沼"利用产业化、农业生产无害化。

　　5）以循环农业为主模式

　　以循环农业为主模式形成生产因素互为条件、互为利用和循环永续的机制和封闭或半封闭生物链循环系统。农作物秸秆和人畜粪便进入沼气池发酵生产沼气，沼气为农户提供日常用能，沼液可作为猪、鸡的优质饲料，沼渣则是果蔬种植的上等有机肥料。由此完成一个循环周期，并开始另一个新的循环过程。此循环以沼气为中心，故可称为沼气循环经济。整个生产过程做到了废弃物的减量化排放、甚至是零排放和资源再利用，大幅降低不可再生能源的使用量，从而形成清洁生产、低投入、低消耗、低排放和高效率的生产格局。

　　6）立体农业循环经济模式

　　立体农业循环经济模式根据循环经济原理，构建一个复合生态链，以人畜粪便、生活垃圾废物及秸秆为原料，以沼气站为核心，农产品生产加工、养殖、房屋建设环绕周围，它使废弃物得到循环利用。立体农业循环经济模式如图4-19所示。

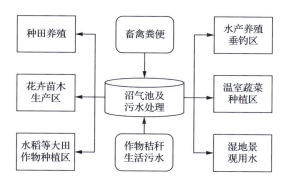

图 4-19　立体农业循环经济模式

　　该模式可以减少水土流失、培肥土壤、提高土地的利用价值、保护自然生态环境；不仅产生大量优质有机肥、生物肥供菜田施用，提高土壤有机质含量，而且可产生沼气为示范园提供燃料源，有利于环境保护。

4.5　展　　望

　　在全面推进高质量发展要求、乡村振兴战略和节能减排的背景下，包括沼气在内的生物质能将产生不可替代的作用。能源革命与高质量发展、绿色低碳清洁能源体系构建、农村生态环境保护和绿色乡村建设将成为节能减排和乡村振兴战略的重要着力点。

　　针对当前日趋严重的环境污染和能源短缺问题，农林废弃物的能源化利用可有效避免农林废弃物不当处置造成的环境问题，其能源化转化还可在一定程度上解决环境区域性能源短缺问题。沼气厌氧发酵作为农林废弃物的重要利用途径，实现了气态清洁能源的产出，发酵所形成的沼液、沼渣又可作为有机肥替代传统化肥，减少化肥使用量，减少农业面源污染，实现了农业生态链条的链接和贯通，推进了农业生产的生态化发展。

　　沼气厌氧发酵作为传统的生物应用技术在20世纪70年代以后得到快速发展，发酵理论体系逐步形成和完善，发酵工艺日臻成熟，沼气厌氧发酵工程也广泛应用于种植业、畜牧业、轻工、市政、餐饮等行业的有机废弃物处理，并在生态环境治理中发挥着重要作用。但在以清洁能源替代和生态环境友好发展为社会发展背景下，沼气厌氧发酵技术在工艺形式、沼气提纯净化、沼液高值化利用等方面尚无法满足新的需求，大型沼气工程的商业化运行还有待发展。目前，以农林废弃物处理为主的生物质沼气产业主要研究方向有以下几方面。

　　（1）预处理工艺及装备研究。针对农林废弃物木质纤维素结构较难直接降解转化的问题，开展生物预处理、物理预处理等环境友好型低能耗原料预处理工艺研究，并结合农林废弃物原料组分特性和厌氧工艺进料要求研发配套的预处理装备，提高原料预处理水平。

（2）多元物料的协同发酵及广适性高效厌氧工艺研究。针对农林废弃物样式多、组分差异大、发酵特性差异明显的问题，研究多元物料的混合发酵工艺，使厌氧发酵过程既兼顾不同原料降解速率、原料转化效率，又充分考虑反应器的容积利用率，实现多元物料的协同发酵，提高原料转化率。开发对复杂多变原料具有广泛适应性的高效厌氧反应器，实现多元物料厌氧发酵装备的工程化。

（3）低耗高效燃气提纯净化技术研究。针对沼气提纯净化技术中工艺复杂、运行能耗高、产品成本高等问题，在现有水洗、化学吸收、膜分离等技术基础上，研究多途径联合处理及功能性吸附材料，开发新型沼气提纯净化成套装备，降低沼气提纯净化过程中的能耗和延长设备使用寿命，降低沼气提纯净化成本。

（4）沼液高值化利用及以沼肥利用为核心的生态农业模式研究。针对沼液处置难度大、易引发二次污染、利用价值低等问题，开展以沼液成分分离为基础的沼液浓缩液态有机肥、功能肥料、栽培营养液、生物农药等沼液高值化利用技术。提高沼液利用价值、扩展沼液利用市场，解决沼液的处置和利用问题。充分发挥沼液的水肥特性，开展以水肥综合利用为特征的生态农业模式研究，减少化肥、农药和水的使用量，达到农业生产的"一控两减三基本"（"一控"，要控制农业用水的总量，要划定总量的红线和利用系数率的红线。"两减"，是把化肥、农药的施用总量减下来。"三基本"，针对畜禽污染处理问题、地膜回收问题、秸秆焚烧问题采取的有关措施，也就是说通过资源化利用的办法从根本解决好这个问题）的要求。

虽然我国沼气技术起步较晚，但受国家政策激励和市场需求刺激，我国沼气技术还是得到了快速发展。尤其是改革开放以来，沼气技术由传统户用沼气形式实现了向大型沼气工程的发展，沼气使用形式也由传统生活用能逐步转向集中供气、并网发电和生物天然气等形式，实现了由农业领域向工业领域的跨越，技术水平处于世界前列。我国沼气厌氧发酵技术的发展，不仅充分利用农村地区广泛存在的农林废弃物资源，解决农村地区生活用能短缺、清洁能源供应不足的问题，而且在改善农村宜居环境、促进生态农业发展中发挥了重要作用，形成具有中国特色的典型生态农业模式。

第 5 章

生物质热解气化

5.1 概　　述

5.1.1　生物质热解气化技术的意义

当今世界正面临人口与资源、社会发展与环境保护的多重压力，合理开发和利用可再生的清洁能源是改变这种状况的有效途径之一。生物质能作为唯一可储存和运输的可再生能源，其高效转换和洁净利用日益受到全世界的关注。生物质在高效利用时必须要经过转化。由于生物质资源在物理、化学方面的差异性，其转化途径各不相同，除人畜粪便的厌氧处理及油料与含糖作物的直接提取外，多数生物质须经过热化学转化的方法加以利用。生物质热化学转化技术主要包括直接燃烧、气化、热解和液化技术，是发展最成熟的生物质利用技术之一。该技术不但可以解决资源利用率低、环境污染等问题，还能以连续的工艺和工厂化的生产方式，将低品位的生物质转化为高品位的易储存、易运输、能量密度高且具有商业价值的固态、液态及气态燃料，以及热能、电能等能源产品。因此，生物质热化学转化技术和产品具有极大的潜在市场，成为世界、特别是我国发展多元化清洁能源战略的重要组成部分。

随着我国生态文明建设的不断推进，"绿水青山就是金山银山"的理念日益深入人心。节能减排是我国经济进入高质量发展的内在要求和必然趋势，要求能源系统从工业革命以来建立的以化石能源为主体的能源体系转变为以可再生能源为主体的能源体系，实现能源体系的净零排放，甚至负排放。目前我国生物质资源的能源化利用量约为每年 4.61 亿 t。生物质能的利用包括生物质发电、生物质供热、生物天然气、生物质液体燃料、化肥替代品等，实现碳减排量约为每年 2.18 亿 t（中国产业发展促进会生物质能产业分会 等，2021）。生物质热解气化技术将在我国实现节能减排工作中发挥巨大的作用。

5.1.2　生物质热解气化技术现状

各国政府在战略层面上对生物质能技术给予高度重视，出台了一系列促进生物质能产业发展的政策法规，制订了发展计划和战略目标。生物质能技术呈现出快速发展的趋势，部分技术已经开始具备市场竞争优势，并实现规模化应用。

1. 生物质热解技术

生物质热解技术是人类获得优质固体燃料的一项技术，主要用来使木材炭化得到木炭产品。根据热解条件和产物的不同，热解工艺主要分为炭化、干馏和快速热解。木材热解历史悠久，在我国长沙马王堆汉墓中发现了古人烧制的木炭，说明 2 000 多年前就已经有了木炭生产技术。在石油开采和炼制技术没有广泛应用的年代，木材干馏是获得有机化工原料、产品的一个重要途径（南京林产工业学院，1983）。

炭窑是长期应用的传统木材炭化设备，在木材制炭行业发挥着重要作用，至今仍在机制炭、原木炭等方面应用。随着热解技术的进步和发展，已出现了立式炭化炉、槽式炭化炉、移动式炭化炉、多层炭化炉、干馏釜、回转式炭化炉等炭化设备，在不同领域广泛应用。其中，多层炭化炉、回转式炭化炉可以连续化运行，机械化程度较高。总体来看，依然存在劳动强度大、设备造价高、热解燃气未得到利用、单台设备规模小等问题。

生物质快速热解技术是近几十年出现的一项新技术，以制取液体产物为目标，通过生物质快速热解制备生物原油。生物原油可以直接作为粗燃料使用，进一步精炼后还可作为车用燃料，也可以提取或制备多种化学品。生物质快速热解技术自 20 世纪 70 年代末出现以来，发展非常迅速，各国研究机构已研制了多种类型的快速热解技术和反应器。我国研制的生物质快速热解装置达到中试水平，主要用于制备液体燃料。

由于生物质快速热解技术工艺条件要求高，工艺装置很难达到瞬间升温后快速冷却的要求，目前尚处于实验室研究和小规模示范阶段，难以实现大规模、长期稳定、连续化的工业化应用。

2. 生物质气化技术

生物质热解气化制备气体燃料技术在发达国家已受到广泛重视。美国建立的生物质气化发电示范工程代表生物质能利用的世界先进水平，可生产中热值可燃气体。德国生物质燃气的产量约为 207 亿 m^3，占德国燃气产量的 14.5%；瑞典和丹麦正在实施利用生物质进行热电联产的计划，使生物质能在转换为高品位电能的同时满足供热的需求，以提高其转换效率。

我国自行研制的集中供气和户用气化炉产品也进入实用化试验及示范阶段，形成了多个系列的炉型，可满足多种物料的气化要求。如中国农业机械化科学研究院研制的 ND 系列生物质气化炉，中国科学院广州能源研究所研制的 GSQ 型气化炉，山东省科学院能源研究所研制的 XFL 系列秸秆气化炉，大连市环境科学设计研究院研制的 LZ 系列生物质干馏热解气化装置，云南省研制的 QL-50、60 型户用生物质气化炉，中国林业科学研究院林产化学工业研究所研制的生物质固定床气化炉、流化床气化炉、回转式热解炉、移动床气化炉等，都取得了良好的社会效益和经济效益（黄英超 等，2007）。

3. 生物质气化发电技术

生物质气化发电是生物质燃气应用的一个重要方向。生物质热电联产已成为欧洲，特别是北欧国家重要的供热方式。截至 2018 年，全球生物质能发电装机容量达 108.96 GW。其中，欧洲国家生物质能发电装机容量为 35.39 GW，占全球32.48%；美洲国家生物质能发电装机容量为 33.43 GW，占全球 30.69%；亚洲国家生物质能发电装机容量为 33.83 GW，占全球 31.05%。国外小型固定床生物质气化发电已商业化，容量为 60～240 kW，气化效率为 70%，发电效率为 20%。生物质气化发电技术在印度农村地区的应用比较成功。BIGCC 效率可达 40%，有可能成为生物质能转化的主导技术之一。世界银行全球环境基金（Global Environment Facility, GEF）的 30 MW 气化发电项目在巴西进行示范，英国和美国有 3 个 6～10 MW 示范项目，欧美等国家已经建立了能源林、气化发电和供热的生物质能源林发电工程产业链。

我国早在 20 世纪 30 年代，就出现了木炭、木材气化燃气用于驱动汽车、排灌机械动力等技术。对生物质气化技术的深入系统研究始于 20 世纪 80 年代，经过几十年的努力，生物质气化技术日趋完善。近年来，随着乡镇企业的发展和人民生活水平的提高，一些缺电、少电的地方迫切需要电能。生物质气化发电可以有效地利用农业废弃物，避免丢弃或焚烧农业废弃物造成环境污染。因此，以农业废弃物为原料的生物质气化发电逐渐受到人们的重视。近年来，我国生物质能发电量保持稳步增长态势。2020 年，生物质年发电量同比增长 19.35%。随着生物质发电的快速发展，生物质发电在我国可再生能源发电中的比重呈逐年稳步上升态势。截至 2020 年底，我国生物质发电累计装机容量占可再生能源发电装机容量的 3.2%；总发电量占比上升至 6.0%。目前，我国已进入实用阶段的生物质发电装置规模、种类较多。如中国节能环保集团有限公司投资建设的江苏宿迁 2×12 MW生物质发电项目，广东粤电湛江生物质发电项目（2×50 MW），阳光凯迪新能源集团有限公司单机容量 30 MW 生物质发电机组等。大批单机容量为 30 MW 的生物质发电机组的建设和投产表明该技术在我国已经初步成熟。

基于国家政策的强力支持和国内对各类生物质废弃物处理的强烈需求，我国生物质燃气发展正进入有史以来最好的时期。"十三五"期间，国家发展和改革委员会等 10 部委发布了《关于促进生物天然气产业化发展的指导意见》（发改能源规〔2019〕1895 号），国家发展和改革委员会、财政部、国家能源局联合印发了《完善生物质发电项目建设运行的实施方案》。生物质利用新政策的出台，引起了社会各界高度关注，极大推动了生物质相关领域的发展。通过众多科研院所和企业的生物质燃气技术研发和产业模式创新，攻克了一些制约生物质燃气生产的共性关键技术，探索出一些新的产业化模式，对我国生物质燃气产业发展起到了巨大的推动作用，但总体上我国生物质能产业还未实现真正的盈利和商业化运作。技术层面上，生物质燃气核心关键技术、新型工艺、生物质燃气高值化利用技术等还需要进一步的技术攻关；产业化层面上，亟须创新生物质燃气产业化模式，打通生物质燃气产业链条，实现上游原料保障、中游高效制气和下游电、气等产品出售的有机贯通，实现生物质燃气产业的商业化运行；政策层面上，从市场引导、政府扶持等方面进行研究，创造有利的政策环境和实施氛围，主管部门提供政策指导和经济杠杆调控，重点扶持热电肥联产项目、大型发电并网项目、村镇集中供气项目、车用燃气项目、管道燃气项目等。政府激励燃气管网企业、电网企业提供并网条件，大型生物质燃气发电项目所发电量均按国家核定的标杆上网电价全额收购，完善生物质燃气的产业链和价值链，促进生物质燃气产业的主动性发展。

5.2　生物质热解技术

5.2.1　生物质热解的基本原理

生物质热解是指在隔绝空气或通入少量空气的条件下，利用热能切断生物质大分子中的化学键，使之转变为低分子物质的过程。生物质热解最终会生成生物油、木炭和可燃气体 3 种产物，3 种产物的比例取决于原料种类、热解方式和工艺等。一般来说，低温（低于 700℃）慢速热解，产物以木炭为主；高温（700～1 100℃）闪速热解，产物以可燃气体为主；中温（500～650℃）快速热解，产物以生物油为主。

生物质热解是复杂的热化学反应过程，包括分子键断裂、异构化和小分子聚合等反应。木材、林业废弃物和农业废弃物等植物纤维原料的主要组分都是纤维素、半纤维素和木质素。根据热重分析表明，纤维素在 300～375℃发生热分解，随着温度升高，逐步降解为低分子碎片，其降解过程为

$$(C_6H_{10}O_5)_n \longrightarrow nC_6H_{10}O_5 \tag{5-1}$$

$$C_6H_{10}O_5 \longrightarrow H_2O + 2CH_3-CO-CHO \tag{5-2}$$

$$CH_3-CO-CHO + H_2 \longrightarrow CH_3-CO-CH_2OH \tag{5-3}$$

$$CH_3-CO-CH_2OH + 2H_2 \longrightarrow CH_3-CHOH-CH_3 + H_2O \tag{5-4}$$

半纤维素结构上带有支链，是木材中最不稳定的组分，在 225~325℃分解，比纤维素更易热解，其热解机制与纤维素相似（胡二峰 等，2018；刘广青 等，2009）。

1. 纤维素热解

纤维素是存在于植物细胞的细胞壁中最丰富的有机聚合物。它是一种吡喃糖（六碳环有机物）的天然聚合物，每个吡喃糖环中的 3 个羟基可彼此相互作用，形成分子内和分子间氢键，使纤维素具有晶体结构，以及独特的机械强度和化学稳定性。氢键的形成过程中会脱去水分子，因此纤维素也可以被定义为脱水吡喃葡萄糖的聚合体。

对纤维素的热解反应研究最广泛。纤维素在加热初期会发生水分的蒸发，氢键断裂，热容量增大和相变。当进一步加热时，碳水化合物发生正位异构化、转糖苷或配糖基的解离和糖单体的聚合作用。

以杨树热解为例，纤维素在 300~375℃发生热分解，约在 300℃时发生配糖键的迅速解离，生成木聚糖、1,6-脱水-β-D-吡喃葡萄糖（左旋葡聚糖）和其他焦油热解产物。纤维素在真空下热解时，可以得到高产量的挥发产物，特别是左旋葡聚糖。但是在常压下左旋葡聚糖的产量急剧下降，这是由于它的化学活性很高，易发生次级反应转化为其他产物。杨树的热重分析如图 5-1 所示。

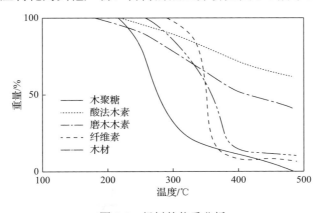

图 5-1 杨树的热重分析

转糖苷的分解反应是随着或紧接着糖单体的脱水、分裂和歧化反应而发生的。它生成水和其他脱水产物［如呋喃衍生物和左旋葡烯酮糖（1,6-脱水-3,4-双脱氧-β-D-丙三基-六-3-烯醇吡喃-2-酮糖）］。加入酸性物质（如磷酸、磷酸氢二铵、磷酸二苯酯和氧化锌），对反应有明显的催化作用，可以提高左旋葡烯酮糖和 2-糠醛的产率。

在更高的温度下，中间产物（包括左旋葡聚糖）和缩合产物进一步热解，由于碳水化合物单体的分裂和中间产物的重新调整而生成各种产物。加入酸性物质时，水和炭的得率会大大提高，焦油的得率下降，证明这些物质对脱水和炭化反应具有促进作用。在高温分解的后期，碎片或分解产物的缩合、失去取代基及游离基团的相互作用，导致形成一种碳素残渣。

2. 半纤维素热解

半纤维素包裹着纤维素并且连接纤维素和木质素，它是一种无定形的支链多糖结构。不同的单体（如葡萄糖、半乳糖、甘露糖、木糖、阿拉伯糖和葡糖醛酸）是组成半纤维素的基本结构要素。半纤维素是无定形的，具有很小的物理强度，易被稀酸或碱及半纤维素酶水解。

半纤维素是木材主要组分中最不稳定的部分，在 225～325℃ 分解。代表半纤维素的木聚糖的热解反应和纤维素类似，木聚糖热解时生成约 16% 的焦油，其中含 17% 的低聚糖混合物。在加酸水解时，它们生成约 54% 的 D-木糖。

生成的聚合物的结构分析表明，它们是具有支链的聚合物，也表明其是从木糖基单体不规则缩合衍生出来的，木糖基单体是类似于纤维素热解时的配糖基解离而形成的。加入氯化锌，加强了脱水反应，大幅降低了焦油的产率，提高了炭的产率。在较高的温度下，木糖基单体和不规则缩合的产物进一步降解成许多挥发性产物。

半纤维素与纤维素高温热解的产物基本相似。加入氯化锌时，2-糠醛和炭的产率大幅增加和焦油产率的下降证明其加强了脱水作用，这与氯化锌对纤维素热解的影响是一致的。

3. 木质素热解

木质素是一种天然非晶体结构的聚合物，其使植物具有一定的机械强度。木质素的热解反应发生在 250～500℃ 较宽广的温度范围内，从气体产物和馏出物的产量表明，在 310～420℃ 时分解最快。将木质素逐渐加热到 250℃ 时，开始析出含氧气体（CO_2 和 CO），温度进一步升高到 320～340℃ 时，木质素热解开始生成大量的气体产物，其中含有乙酸、甲醇、木焦油和其他分解产物，在气体中出现碳氢化合物时，这表明木质素剧烈热解的放热过程开始。

木质素除了其特有的苯基基团外，还含有丰富的官能团（如醇羟基、酚羟基、羰基、羧基和甲氧基）。因此，木质素具有生产燃料和多种化学品的潜力。根据连接在苯环上甲氧基的数量不同，木质素有 3 种基本单元：愈创木基、紫丁香基和对羟基苯基。基团之间通过醚键和羰基混合交联形成特殊的结构。由于不同化学键的反应活性不同，木质素热解是一个跨温度范围较广的反应过程。随着温度的升高，不断有化学键断裂，产生挥发分和固定碳。木质素热解过程产生的挥发分主要由不稳定的含氧官能团组成。

5.2.2 生物质热解的工艺分类

1. 生物质热解过程

根据木材热解过程的温度变化和生成产物的情况等特征，大体上可以将生物质热解过程划分为以下 4 个阶段（马隆龙 等，2003；南京林产工业学院，1980）。

1）干燥阶段

这个阶段的温度在 150℃以下，热解速度非常缓慢，主要是木材中所含水分依靠外部供给的热量进行蒸发，木材的化学组成几乎没有变化。

2）预炭化阶段

这个阶段的温度为 150～275℃，木材的热分解反应比较明显，木材的化学组成开始发生变化，木材中比较不稳定的组分（如半纤维素）分解生成 CO_2、CO 和少量乙酸等物质。

以上两个阶段都要外界供给热量来保证热解所需维持的温度，所以又称为吸热分解阶段。

3）炭化阶段

这个阶段的温度为 275～450℃，木材急剧进行热分解，生成大量的分解产物。生成的液体产物中含有大量的乙酸、甲醇和木焦油，生成的气体产物中 CO_2 量逐渐减少，而 CH_4、乙烯等可燃性气体逐渐增多。这一阶段放出大量的反应热，所以又称为放热反应阶段。

4）煅烧阶段

当温度上升到 450～500℃后，木材热解进入木炭煅烧阶段。这个阶段依靠外部供给热量，残留在木炭中的少量挥发物质排出，木炭的固定碳含量提高。该阶段生成的液体产物已经很少。

应当指出，这 4 个阶段的界限实际上难以明确划分。干馏釜各个部位受热的情况不同，木材的导热系数较小，因此，釜内木材所处的位置不同（如釜底或釜顶），甚至大块木材的内部和外部，都可能处于不同的热解阶段。在间歇式干馏釜中，可以看出放热反应阶段明显的温度变化。虽然燃烧炉的加热强度没有多大变化，但釜内温度却迅速上升。

2. 不同升温速率的热解工艺

根据热解条件和产物的不同，生物质热解工艺主要分为慢速热解和快速热解两种类型。一般慢速热解又分为炭化和干馏。

1）慢速热解

（1）炭化。生物质炭化是生物质在炭窑或烧炭炉中，通入少量空气进行热分解制取木炭的方法。一个操作期一般需要几天。木炭用途极其广泛。在冶金行业，可以用来炼制铁矿石，熔炼的生铁具有颗粒结构、铸件紧密、无裂纹，适用于生产优质钢；在有色金属生产中，木材常用作表面阻熔剂；大量的木炭也用于二硫化碳生产和活性炭制造。此外，木炭还用于制造渗碳剂、黑火药、固体润滑剂、电极炭制品等。

（2）干馏。木材干馏是将木材原料置于干馏釜中，隔绝空气热解，制取乙酸、甲醇、木焦油抗聚剂、木馏油和木炭等产品的方法。很久以前，古埃及人就使用木材干馏技术生产焦油和焦木酸，用于防腐。20世纪初，木材干馏技术还大量用于生产可溶性焦油、沥青和杂酚油等化工原料，直到石油化工兴起才没落了。根据温度的不同，干馏可分为低温（500～580℃）干馏、中温（660～750℃）干馏和高温（900～1 100℃）干馏。

2）快速热解

快速热解是指将生物质在缺氧的状态下，在极短的时间（0.5～5 s）内加热到500～540℃，然后其产物迅速冷凝的热解过程。快速热解的主要产物是液体燃料（生物原油），它在常温下具有一定的稳定性，热值一般为16～18 MJ/kg，相当于燃油的一半，可替代传统燃料应用于固定场所，具有一定的应用空间。

由于生物原油在储存、运输和热利用等方面有明显的优势，生物质快速热解技术自20世纪70年代出现开始，发展迅速。国内外的大量研究机构对生物质快速热解技术进行了卓有成效的工作，研究了多种生物质快速热解工艺及反应器，开发了一些示范和商业化的工艺和项目。典型技术及装备包括巴西某公司处理干料量为16 667 kg/h的循环流化床技术，芬兰某公司的10 000 kg/h流化床技术，荷兰某公司干料处理量5 000 kg/h的旋转锥技术，加拿大某公司日处理50 t原料的连续烧蚀式热解装置等。中国科学技术大学研究的120 kg/h的流化床快速热解技术，主要用于制备液体燃料。由于生物质快速热解技术对工艺条件要求较高，一般设备的设计和材料很难达到瞬间高温后快速冷却的要求，或者是设备制备成本过高，导致生物质快速热解技术的应用研究大多处于实验室阶段，极少有大规模、长期稳定、连续化的工业化应用报道（刘荣厚 等，2005）。

热解的主要产物包括固体、液体和气体，具体组成和性质与热解的方法和反应参数有关。烧炭的过程较慢，一般持续几小时至几天，低温和较低的传热速率可使固体产物的产量达到最大。快速热解具有较高的传热速率，产物气体中的高分子化合物在完全分解之前瞬间被冷凝，减少了气体产物的形成，产物以液体为主。

5.2.3　生物质热解过程的影响因素

生物质热解过程反应复杂，主要以裂解反应和缩聚反应为主，中间反应途径甚多，包括纤维素、半纤维素和木质素的裂解，裂解产物中轻组分的挥发，挥发产物在析出过程中的分解和再结合，裂解残留物的缩聚、进一步分解和再缩聚等过程。热解过程大致分为干燥预热阶段、挥发分析出阶段和生物炭缩聚阶段。经历自由水和化学水脱出、主要结构分解和焦炭生成阶段，产物包括水、热解气、直链烃类、醛、醇、酮、酸等。

生物质热解的条件，如原料种类、升温速率、热解温度、反应停留时间、原料水分、原料预烘焙等都不同程度影响热解产物的产率和组成，因此，掌握生物质热解的影响因素与工艺研究现状对新技术的设计与开发具有重要的指导意义。浙江大学在分子团裂化重组对生物油影响、金属盐催化热解机理、生物质转化中官能团转变机理方面开展了研究；中国科学院广州能源研究所在定向气化、水相重整、间接合成液体燃料方面开展了研究；华中科技大学在生物质液化产物控制及多联产调控方面进行了研究；华东理工大学在生物质聚集态酸催化方面进行了研究；天津大学在生物质热化学转化制备生物油方面开展了基础研究；中国林业科学研究院林产化学工业研究所研究了生物质在流态化气化炉和上吸式气化炉中的催化气化过程。国外生物质热解技术最初的研究主要集中在欧洲和北美，20 世纪 90 年代开始蓬勃发展，研究机构主要在英国、美国、法国、荷兰及加拿大等，研究主要集中在生物质热解转化技术、生物质焦油提质及生物质热解装置等方面（贾爽 等，2018；江俊飞 等，2012；蒋剑春 等，2001；蒋剑春 等，2006；蒋剑春 等，2005；蒋剑春 等，2002；蒋剑春，2003）。

1）原料种类

生物质原料种类直接影响热解开始温度、热解产物分布和品质等。棉花秸秆、水稻秸秆、小麦秸秆和玉米秸秆在相同热解条件下，棉花秸秆的生物炭产率最低，水稻秸秆的生物炭产率最高；棉花秸秆的木醋液和热解气产率最高；玉米秸秆的热解气产率最低。与稻壳、木屑和牛粪等相比，玉米秸秆的挥发分析出的开始温度和终止温度较低，热解活化能最小，热解最容易进行。活化能直接反应热解中分子键能断裂的一系列复杂、连续反应过程。根据不同秸秆活化能差异，推测玉米秸秆和水稻秸秆的热解过程差异很大。

2）升温速率

随着加热速率的升高，玉米秸秆和小麦秸秆达到最高热解速率所对应的温度升高，不同升温速率下达到最大热解速率时的温度为 327～357℃。当升温速率增加时，焦油的产量将显著增加，而木炭产量则显著降低。所以，以固相为最终产物时，应采用低温、低升温速率的慢速热解方式，而主要生产生物油的反应则宜采用较高的升温速率。

3）热解温度

随着热解温度的升高，热解炭产率逐渐降低，木醋液和热解气产率逐渐升高。当热解温度从 350℃增加到 700℃时，生物炭芳香化结构加深，比表面积和孔隙度也有所增加。随着热解温度的升高，生物炭比表面积先增大后减少，且孔隙以微孔和介孔为主。当热解温度高于 750℃时，生物炭部分孔隙坍塌表明炭沉积，生物炭比表面积有所降低。

4）反应停留时间

反应停留时间是影响生物质热解过程的重要参数。在恒定的热解温度和升温速率等条件下，反应停留时间的延长会增加生物炭的产量，对生物炭的灰分含量及元素组成也有一定影响。缩短热解气在反应器内的停留时间，有助于热解气相产物脱离颗粒表面，减少了二次反应，提高生物油产率和品质。

5）原料水分

生物质所含水分显著影响生物质热解过程的时间和燃料消耗量。在树皮热解过程中，原料水分含量对半焦表面化学性质影响显著，水分含量降低，半焦成分的芳构化程度提高。水稻秸秆热解过程中水分含量的增加，使热解干燥阶段所需热量增多，水分含量直接影响热解焦油中苯、甲苯和苯酚含量。颗粒孔隙中水分的析出，有利于形成通往颗粒内部的孔道，使挥发分更容易逸出，热解更容易进行，减小了化学能。

6）原料预烘焙

预烘焙可以有效降低原料中的水分，减少进入生物油中的水分，降低生物油中的氧及乙酸含量，提高生物油的产率和品质。预烘焙提高了物料的热传递速率，加快热解反应的进行，有助于热解过程中 CH_4 和 H_2 的生成。预烘焙后生物质产生的焦油含水率更低、热值更高，产生的生物炭含量及热值增加 15%～25%。

5.2.4　生物质热解炉

1. 生物质炭化设备

1）炭窑

炭窑烧炭是最简单的一种木材热解方法，它的主要产品是木炭。我国主要利用薪材烧炭，以小径木和粗枝丫为原料，筑窑烧炭。炭窑主要由炭化室、燃烧室、烟道、进火口等组成，正常烧炭周期为 3～4 天。采用闷窑熄火方法得到的炭为"黑炭"；以湿沙土熄火的窑外熄火方法，木炭的外部会被氧化生成白色的灰，称为"白炭"。浙江炭窑结构如图 5-2 所示。

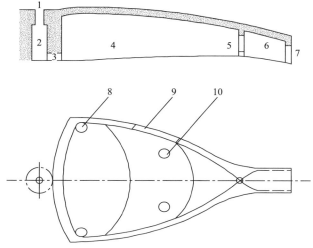

1. 烟道口；2. 烟道腔；3. 排烟孔；4. 炭化室；5. 进火口；6. 燃烧室；
7. 引火口；8. 后烟孔；9. 出炭门；10. 前烟孔。

图 5-2　浙江炭窑结构

2）移动式炭化炉

为了克服筑窑烧炭劳动强度大、受季节影响、得率低等缺点，可采用移动式炭化炉。该炉用 2 mm 的薄钢板焊接，由炉下体、炉上体、顶盖叠接而成。炭化周期为一天，炭化最终温度为 450℃；所得木炭含灰分 2%，挥发分 17%，固定碳>80%；木炭得率为 25%。

3）果壳炭化炉

果壳炭是生产活性炭的重要原料。果壳炭生产的活性炭具有强度高、吸附力强、杂质含量低等优点。果壳炭化炉为立式炭化炉，结构如图 5-3 所示。由两个立式炭化槽组成。果壳从加料到出料分为预热段、炭化段、冷却段 3 个阶段，炭化段用耐火混凝土预制成块砌筑成槽。炭化槽外为烟道，空气由进风管均匀进入烟道。耐热混凝土上留有许多栅孔，空气通过栅孔进入炭化槽，炭化产生的混合气体也通过栅孔进入烟道，最后排出。果壳在槽内停留时间为 4～5 h，炭化温度控制在 450～460℃，炭得率为 25%～30%。炭化时产生的气体混合物通过炭化槽的栅孔进入烟道并燃烧，提供了果壳炭化所需的热量。

4）立式多槽炭化炉

立式多槽炭化炉由立式炭化槽、烟道、燃烧室、加料室和卸炭口组成。燃料在燃烧室内燃烧，产生的高温烟气进入烟道由底部上升至顶部，并将热量通过隔墙间接传给炭化物料。这种炭化炉结构简单、容易砌造、操作易掌握、但质量不均匀、得炭率低、劳动强度大。

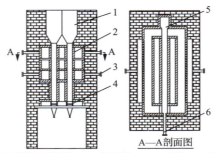

1. 炭化槽；2. 耐火混凝土预制块；3. 进风管；4. 出料器；5. 烟道；6. 测温口。

图 5-3　果壳炭化炉结构

5）多层炭化炉

多层炭化炉是一种内热式连续炭化炉，用来炭化木屑、木片、树皮等。多层炭化炉结构如图 5-4 所示，炉的外壳体为钢制圆筒形，内壁衬耐火砖，中央用耐火砖拱砌成数段炉床，在炉的中心装有伞形齿轮带动可旋转的耐高温钢轴，在轴的两侧配装耙臂，臂下装有若干耙齿，轴和臂都是双层构造，通过空气冷却，所以也称耙式炉。物料由炉顶进入炉内，在第一层炉的床板上，由于耙臂及耙齿的搅拌作用移向中心，从中心的开孔落到第二层炉床板上，第二层的搅拌耙齿方向与第一层相反，将物料推向外沿并落在第三层炉床板上，依此类推一直到底层炉床板，最后从底部卸料装置卸出得到炭化产品。该炉型也可用来生产活性炭（南京林产工业学院，1983）。

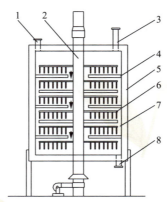

1. 进料口；2. 中心转轴；3. 气体出口；4. 炉床；5. 炉体；6. 搅拌耙；7. 料孔；8. 出料口。

图 5-4　多层炭化炉结构

6）外热式热解釜

外热式热解釜是指密封性能良好，能使生物质原料在隔绝空气的条件下进行热分解的装置。外热式热解釜一般是采用耐高温的碳钢或不锈钢制成圆筒形的釜体，采用与釜体相同的材料制作釜盖。运行时釜体的外表面被高温热源加热，热量通过釜壁传导给釜内的生物质原料。外热式热解釜的炭化过程是间歇性的，装入热解釜内的生物质炭化完成待冷却后再取出。热解产生的燃气一部分作为燃料返回加热炉燃烧，产生高温烟气给热解釜加热使用，其余燃气可输出作为气体燃料使用。生物质炭可用于民用烧烤或工业还原剂等。外热式热解釜结构如图 5-5 所示。

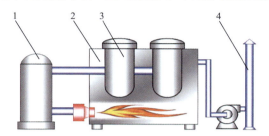

1. 燃气缓冲罐；2. 燃烧换热室；3. 热解釜；4. 排烟装置。

图 5-5　外热式热解釜结构

7）外热式回转热解炉

回转热解炉是一种用于生物质细颗粒或块状物料进行热化学转化的设备。回转热解炉用于生物质热解在我国发展时间较短，以外热式回转热解炉为主。其转炉筒体外部套有保温炉壁，回转炉筒体与保温炉壁之间的中空部分为高温换热室，燃烧室内燃料燃烧产生的热量进入换热室加热回转炉筒体，为筒体内物料热解反应提供热量。

外热式回转热解炉结构如图 5-6 所示，主要由回转炉筒体、保温炉壁、传动装置、支承装置、带挡轮支承装置、密封装置、高温换热室、燃烧室、进料装置、燃气出口和出料装置组成。

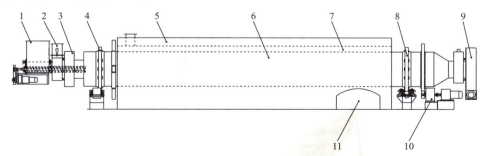

1. 进料装置；2. 燃气出口；3. 密封装置；4. 支承装置；5. 保温炉壁；6. 回转炉筒体；7. 高温换热室；
8. 带挡轮支承装置；9. 出料装置；10. 传动装置；11. 燃烧室。

图 5-6　外热式回转热解炉结构

回转炉用于生物质热解的典型工艺流程如下。生物质原料经破碎、筛分后进入干燥窑进行干燥，然后通过进料装置送入回转炉。物料随着炉体转动由炉头向炉尾移动，物料在高温条件下发生热解反应，产生生物质炭和生物质燃气及焦油和木醋液副产物。生物质炭从炉尾离开炉体进入冷却器降温。生物质燃气由炉头出气口排出，经过净化的燃气由罗茨风机将一部分送入燃烧室燃烧为热解反应提供热量，其余部分作为燃气产品用于供气、供热等。

外热式回转热解炉的工作温度上限与回转炉筒体的材质有关，热解温度和热解时间主要依据热解工艺、产品目标、产物得率，以及原料种类和形状尺寸等进行调控，一般为 500～900℃、30～90 min，工作压力通常处于微正压或微负压状态。

2. 生物质快速热解反应器

生物质热解的产物种类和分布与加热速率密切相关。当加热速率（900℃/s）较高时，最终加热温度控制在 650℃以内，热解大分子产物还来不及分解为小分子气体产物，就已经被迅速冷却，尽可能多地获得液体产物。因此，提高传热速率是快速热解技术的关键。

1）流化床反应器

流化床热解技术在 20 世纪 80 年代就已经出现，主要目的是创造最佳的反应条件，最大限度地利用生物质。流化床反应器又分为携带床反应器、鼓泡流化床反应器和循环流化床反应器等。

携带床反应器主要由美国的佐治亚理工研究院（Georgia Tech Research Institute，GTRI）和比利时的英杰明（Egemin）国际集团有限公司研发。英杰明公司在 1991 年将其热解技术实现了商业应用，但运行过程中发现依靠流化载气向生物质颗粒传递热量，在热量传递速率方面存在很大问题，最后英杰明公司终止了该技术的深入研究。

鼓泡流化床反应器的研发机构主要有德国卡尔斯鲁厄研究所（Forschungzentrum Karlsruhe）。这项技术对生物质进行快速热解后，不用对产物进行气固分离，而是直接冷凝，从而得到生物油和焦炭的浆状混合物，作为气化合成气原料。目前，这项技术还没有进入工业示范研究。

循环流化床反应器的研发机构主要有加拿大爱恩森（Ensyn）公司、希腊可再生能源中心（Centre for Renewable Energy Sources，CRES）和化学过程工程研究院（Chemical Process & Energy Resources Institute，CPERI）、意大利国家电力公司（Enel）、芬兰国家技术研究中心（VTT）等。爱恩森公司开发了多种不同结构的循环流化床热解装置，这是目前世界上唯一已经实现商用的热解技术，其中规模最大的热解装置日处理 50 t 原料，出售给美国红箭（Red Arrow）公司，但红箭公司并不是利用该装置生产生物油作为燃料使用，而是从生物油中提取高附加值的食品添加剂。反应条件与常规获得最大生物油产率的反应条件有所不同，主要是大幅缩短了气相滞留时间，经过化学提取后的残油作为燃料油燃烧使用。美国马尼托沃克（Manltowoc）发电厂对该装置生产的生物油与煤共燃发电试验表明，生物油的燃烧特性较差，这说明爱恩森公司目前使用的热解技术还不能得到品质较好的生物油。循环流化床反应器工艺流程如图 5-7 所示（陈冠益 等，2017）。

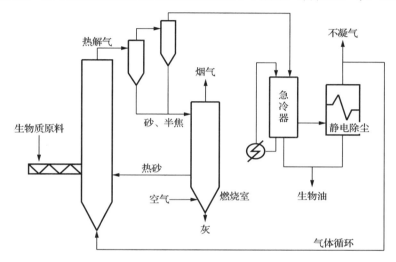

图 5-7　循环流化床反应器工艺流程

2）烧蚀反应器

烧蚀反应器主要由 NREL 和法国国家科学研究中心（CNRS）研发，反应器运行时生物质颗粒由速度为 400 m/s 的 N_2 或过热蒸汽流引射，由切线进入反应管，生物质受到高速离心力的作用，在受热的反应壁上高度烧蚀发生融化和气化反应。此外，研究人员在 NREL 研究结果的基础上开发了第二代烧蚀床反应器，并进行了规模化应用，得到的生物油产率为 70%（王富丽 等，2008）。

3）旋转锥反应器

旋转锥反应器是由荷兰特文特大学发明的高效反应器。生物质颗粒加入惰性颗粒流（如沙子），一同被抛入加热的反应器表面发生热解反应，同时沿着高温锥表面螺旋上升，木炭和灰从锥顶排出，其工作原理如图 5-8 所示。其生物油产率超过 60%，已在马来西亚建立了日处理 50 t 棕榈壳的旋转锥工业示范装置（姚向君 等，2004）。

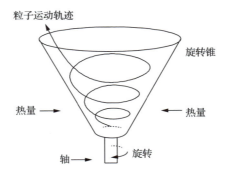

图 5-8　旋转锥反应器工作原理

4）真空移动床反应器

生物质原料在干燥和粉碎后，由真空进料器送入反应器。原料在水平平板上被加热移动发生热解反应，融盐混合物加热平板并维持温度在 530℃。热解反应生成的气体混合物由真空泵导入两级冷凝设备，不凝气体通入燃烧室燃烧，释放出的热量用于加热盐，冷凝的重油和轻油被分离，剩余的固体产物离开反应器后立即被冷却。反应产物为 35%的生物原油、34%的木炭、11%的气体和 20%的水分（姚向君 等，2004）。

5.3　生物质气化技术

生物质气化是一种热化学转化技术，是将生物质能转化为高品位燃气的一种有效方法，也是目前工业化广泛应用的一种生物质能利用技术。

5.3.1　生物质气化的基本原理

生物质气化是指在一定的温度、压力下，生物质中的可燃组分与气化剂（如空气、水蒸气）发生热化学反应，将固体生物质转化为 H_2、CO、CH_4 和其他烃类等可燃气体的过程。在本质上，生物质气化是将生物质由高分子固体物质转化为低分子气态产物的过程。

生物质气化时必须同时具备 3 个条件，即气化炉、气化剂、热量，这三者缺一不可。气化过程需要适量的空气或 O_2 或水蒸气等；需要在特定的空间内进行反应；原料须发生部分氧化反应释放出热量，为气化反应提供热力学条件。

生物质气化的反应过程主要包括热解、燃烧（氧化）和还原反应。以空气为气化剂的生物质气化，总的反应式可表达为

$$CH_{1.4}O_{0.6} + 0.4O_2 + 1.5N_2 \longrightarrow 0.7CO + 0.3CO_2 + 0.6H_2 + 0.1H_2O + 1.5N_2 \quad （5-5）$$

式中，$CH_{1.4}O_{0.6}$ 代表生物质的分子式。

以空气为气化剂，在加入 O_2 的同时携入了惰性气体 N_2，稀释了燃气中的可燃成分，所以空气气化得到的燃气热值较低，通常为 4～6 MJ/m^3（吴创之和马隆龙，2003）。

生物质气化原理可以用上吸式固定床常压气化炉的气化反应过程来说明。如图 5-9 所示，生物质原料从顶部加入气化炉中，在重力作用下逐步向下移动，完成气化过程，最后成为灰渣由气化炉底部排出，气化剂（如空气）由底部进入，通过生物质原料层，与原料发生气化反应后，由气化炉上部的燃气出口导出，整个反应过程是连续进行的。气化炉自上而下可以分成干燥区、热解区、还原区和氧化区（南京林产工业学院，1983；朱锡锋 等，2014）。

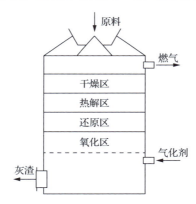

图 5-9　上吸式固定床常压气化炉的气化原理

1. 物料干燥

生物质物料由顶部进入气化炉，气化剂（空气）从底部进入，气化炉的最上层为干燥区，含有水分的物料在此区域受到来自热解区的热源加热，物料中的水分被蒸发出去，包括物料中游离水的蒸发和结合水的蒸发。干燥是一个物理变化过程，物料化学组成没有发生变化。

干燥区的温度为 100～150℃，其产物主要为干物料和水蒸气。干物料由重力作用而向下移动，水蒸气则在外部气体输送设备的抽吸下随燃气向上移动。

2. 热解反应

干燥区的干物料和来自还原区的高温气体进入热解区，在还原区传递来的热量加热下持续升温，当温度升高到 160～250℃时生物质开始发生热解反应。热解是高分子有机物受热在高温下所发生的不可逆的裂解反应。其总的结果是大分子碳水化合物的化学键被打断，降解生成并析出有机挥发物，形成焦炭进入还原区。

生物质热解总体为放热反应，反应产物非常复杂，主要为炭、H_2、CO、CO_2、CH_4、水蒸气、焦油和其他烃类物质等，可用化学反应方程式来近似表示：

$$CH_xO_y \xrightarrow{\quad} n_1C + n_2H_2 + n_3CO + n_4CO_2 + n_5CH_4 + n_6H_2O \qquad (5\text{-}6)$$

式中，CH_xO_y 为生物质的特征分子式，通常假设为 $x=1.4$，$y=0.6$；$n_1 \sim n_6$ 为气化反应根据具体情况而定的平衡常数。

3. 氧化反应

气化剂由气化炉的底部导入，在气化炉氧化区，气化剂与来自还原区的炽热焦炭发生氧化反应（燃烧反应），生成 CO、CO_2 和水蒸气，并放出大量热量，使氧化区的温度通常保持在 800～1 200℃，这个区域氧化反应产生的热量为干燥、热解和还原过程提供了热源。生成的热气体进入气化炉的还原区，灰渣则进入下部的灰室排出。值得注意的是，这个区域的气化剂比例受到限量控制，是一个不完全燃烧过程。这也是生物质气化与生物质燃烧的本质区别。

氧化区发生的化学反应主要有：

$$C + O_2 \xrightarrow{\quad} CO_2 + 393.51\,kJ \qquad (5\text{-}7)$$

$$2C + O_2 \xrightarrow{\quad} 2CO + 221.34\,kJ \qquad (5\text{-}8)$$

$$2CO + O_2 \xrightarrow{\quad} 2CO_2 + 565.94\,kJ \qquad (5\text{-}9)$$

$$2H_2 + O_2 \xrightarrow{\quad} 2H_2O + 483.68\,kJ \qquad (5\text{-}10)$$

$$CH_4 + 2O_2 \xrightarrow{\quad} CO_2 + 2H_2O + 890.36\,kJ \qquad (5\text{-}11)$$

4. 还原反应

气化剂在氧化区发生氧化反应（燃烧反应）而消耗其中的 O_2，因此，在还原区已不存在 O_2，主要是 CO_2 和水蒸气与炽热的炭在高温下发生还原反应，生成 CO 和 H_2 等。生成的这些高温气体进入热解区，而未反应完的焦炭则进入氧化区。由于还原反应是吸热反应，还原区的温度会相应比氧化区有所降低，为 700～900℃。

还原区发生的化学反应主要有：

$$C + CO_2 \xrightarrow{\quad} 2CO - 172.43\,kJ \qquad (5\text{-}12)$$

$$H_2O + C \xrightarrow{\quad} CO + H_2 - 131.72\,kJ \qquad (5\text{-}13)$$

$$2H_2O + C \xrightarrow{\quad} CO_2 + 2H_2 - 90.17\,kJ \qquad (5\text{-}14)$$

$$H_2O + CO \xrightarrow{\quad} CO_2 + H_2 - 41.13\,kJ \qquad (5\text{-}15)$$

$$3H_2 + CO \longrightarrow CH_4 + H_2O + 250.16 \, kJ \tag{5-16}$$

需要指出的是，只有固定床气化炉中存在比较明显的这 4 个特征区域，而在流化床气化炉中是无法界定这些区域的。实际的气化过程，其区域的界限也并不固定，边界也不清晰，而且气化反应过程中也会在不同区域间出现互相交错的状态（朱锡锋 等，2014）。

5.3.2　生物质气化技术的分类

生物质气化技术具有多种工艺和设备类型。生物质气化技术的选择和应用需要根据原料种类、产物目标、规模大小等来具体分析决定。气化技术通常可依据气化剂、气化炉型等进行分类。

1. 按气化剂进行分类

生物质气化按照使用的气化剂不同可以分为空气气化、O_2 气化、水蒸气气化、CO_2 气化、H_2 气化等多种形式。

（1）空气气化是以空气为气化剂的气化方法，是空气中的 O_2 与生物质原料中的可燃成分发生气化反应的过程。空气是一种成本低廉的气化剂，同时空气气化过程又能够实现自供热而不需要外部热源，因此空气气化是各种气化方法中最简单、最经济、最容易实现的气化技术。但是空气中含有约 79% 的 N_2，且 N_2 属于惰性气体而不参与气化反应，却带走大量的热量而使气化反应器中的反应温度降低，并且稀释了生成气中的可燃组分，因而空气气化得到的燃气热值较低，为 4～6 MJ/m^3，属于低热值燃气。燃气的主要成分为 CO、H_2、CH_4、CO_2、N_2 及少量其他烃类等，其中 N_2 通常占 50%～60%，作为燃料使用时燃烧效率、输送效率较低，作为合成气原料使用时还需要进一步处理。

（2）O_2 气化是以纯氧气体为气化剂的气化方法。其原理与空气气化相似，但气化剂中没有惰性气体 N_2，在与空气气化相同的 O_2 当量比下，反应温度有所提高，并使反应速率加快，反应器容积也相应减小，系统整体热效率提高。O_2 气化得到的燃气主要成分为 CO、H_2 和 CH_4 等，其热值与城市煤气相当，为 12～15 MJ/m^3，属于中热值燃气，可用作燃料，也适合用作合成气原料。由于制备纯氧气体的成本非常高，在实际应用中，生物质 O_2 气化工艺往往采用富氧气化，通过空气的膜富氧技术等降低空气中 N_2 的体积分数，以提高气化剂中氧的体积分数，从而提高燃气热值，同时又比纯氧气化的生产成本低。

（3）水蒸气气化是指以水蒸气作为气化剂的气化方法，是在高温下水蒸气与生物质中的可燃成分发生反应生成燃气的过程。水蒸气气化过程主要包括热解反应、高温水蒸气与高温炭的还原反应、高温水蒸气与 CO 的变换反应及各种甲烷化反应等。水蒸气作为气化剂，与炭及含碳气相产物反应，是气化过程中的氧供体和氢供体。水蒸气气化得到的燃气热值较高，为 $11\sim19$ MJ/m^3，H_2 体积分数为 $20\%\sim50\%$，H_2 与 CO 比值高，可作为优质气态燃料，更适合用作合成气原料。

（4）CO_2 气化是以 CO_2 为气化剂的气化方法，是指在高温下 CO_2 与生物质中的可燃成分发生反应生成燃气的过程。生物质 CO_2 气化过程中，生物质受热发生热解反应形成焦炭，并在高温条件下，焦炭与 CO_2 进行还原反应生成 CO，此过程为吸热反应，且反应速率比较小，提高反应温度可以增加其反应速率。CO_2 气化目前还处于研究探索阶段，尚无工程化应用。

（5）H_2 气化是以 H_2 为气化剂的气化方法，是在高温高压条件下主要发生 H_2 与焦炭和水蒸气反应生成 CH_4 的过程。H_2 气化得到富含 CH_4 的气体，燃气热值高达 $22\sim26$ MJ/m^3，属于高热值燃气。但由于反应条件十分苛刻，且需要大量的 H_2 作气化剂，H_2 气化目前尚处于研究探索阶段（马隆龙 等，2003；朱锡锋 等，2014）。

2. 按气化炉型进行分类

生物质原料气化时所使用的设备称为气化器或气化炉，它是生物质气化系统中的核心设备，生物质在气化炉内进行气化反应生成可燃气。生物质气化按照气化炉的结构主要分为固定床气化、流化床气化两大类。固定床气化又可以分为上吸式固定床气化、下吸式固定床气化、横吸式固定床气化和开心式固定床气化；流化床气化又可分为单流化床气化、循环流化床气化和双流化床气化、携带床气化等。生物质气化炉常见炉型如图 5-10 所示。

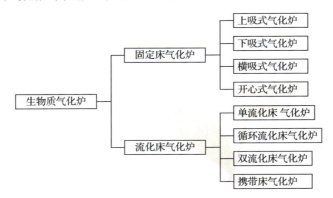

图 5-10　生物质气化炉常见炉型

5.3.3　生物质气化新技术

近年来，随着不同学科的交叉融合，研究工作的深入开展，形成了多种生物质气化新技术、新方法，主要有高温空气气化、超临界水气化、化学链气化等新技术。

1. 高温空气气化

生物质高温空气气化是指将空气预热至 1 000℃以上，与生物质原料中的可燃成分发生气化反应转化为燃气的过程。由于空气被加热到很高温度，不需要纯氧气体或富氧气体作气化剂，就能迅速进行气化反应，并且大幅提高气化效率。其主要化学反应如下：

$$C + 烷烃 + O_2 + N_2 \longrightarrow CO + H_2 + H_2O + CO_2 + N_2 + \Delta Q_1 \qquad （5-17）$$

为了抑制气化反应过程中形成烟尘，并改善所得到燃气的品质和提高其热值，通常在预热前加入 10%～20%的水蒸气到空气中；在高温条件下，生物质原料含有的水分和添加的水蒸气可与碳和烷烃等发生水蒸气重整副反应：

$$C + 烷烃 + H_2O \longrightarrow CO + H_2 - \Delta Q_2 \qquad （5-18）$$

由于高温空气气化反应所产生的热量 ΔQ_1 远大于高温空气及水蒸气重整副反应吸收的热量 ΔQ_2，气化室内的气化温度高于气化剂的初始预热温度。为使灰渣熔化成液态排出气化室，通常选择气化温度高于生物质原料的灰渣熔点。因此，气化过程须合理地调节水蒸气的含量及原料的添加速率，水蒸气的含量通常低于20%，而原料的添加速率一般则控制在使过剩空气系数为 0.3～0.5。

1）高温空气气化系统及过程

生物质高温空气气化系统主要由气化剂高温预热室、卵石床气化室、热量回收装置、气体净化装置及空气压缩机等装置组成。生物质高温空气气化系统工艺流程如图 5-11 所示。常温空气由空气压缩机输入气化剂高温预热室，同时输入一定比例的低温饱和水蒸气，与预热室内的高温陶瓷蓄热体进行热交换，空气和水蒸气被迅速升温至 1 000℃以上。产生的高温气化剂，一小部分用于气化剂高温预热室另一侧燃气燃烧的助燃，其余大部分进入卵石床气化室。生物质与高温气化剂同时进入气化室中，以 0.3～0.5 的化学计量速率进行气化反应，同时也发生水蒸气重整副反应。气化所得的燃气及液态灰熔渣夹带部分未气化完的炭粒从卵石的间隙中流过，熔渣及炭粒被卵石捕获，沿卵石的表面流下。炭粒停留足够长的时间以完全气化，熔融灰渣则流入下部的集渣器中排出气化室。高温燃气与熔渣分离后输出到热量回收装置，利用高温燃气所释放的显热将水加热成 100℃的水蒸气，按比例添加到预热前的常温空气中。被降温的燃气通过气体净化装置净化，净化后的清洁燃气分成两部分，一部分用作气化剂高温预热室的燃料，另一部分则从系统输出用作内燃机或燃气轮机、蒸汽锅炉等工业动力装置的燃料，或用于民用燃料。

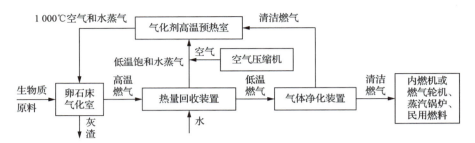

图 5-11　生物质高温空气气化系统工艺流程

2）高温空气气化的主要特点

生物质高温空气气化具有许多优越特性，主要有以下几个方面。

（1）燃气热值显著提高。高温空气气化增强了气化反应，空气过剩系数也大大降低，仅为常温空气气化的 50% 左右，减少 N_2 的携入量而明显提高了燃气热值。在空气预热 1 000℃下气化比在空气常温下气化时所获得的燃气热值高 2 倍多。因此，传统气化方法无法利用或利用价值不大的低热值燃料也可以被有效地利用，从而使气化所用的燃料范围显著扩大，并提高气化技术的经济性。

（2）降低气体污染物排放。采用高温空气气化，气化温度控制在 1 000℃以上，一方面，使二噁英在 800℃以上被高温分解，可有效抑制二噁英的生成；同时，烟气与蓄热体热交换后迅速冷却到 200℃以下，也有利于抑制二噁英的生成。另一方面，在气体净化过程中去除了燃气中氮氧化物的来源物 NH_3 及 HCN 等，加之预热器的燃烧室内采取烟气再循环实现高温低氧燃烧，都能有效地抑制氮氧化物的生成，氮氧化物的排放浓度仅为（3×10^{-5}）～（5×10^{-5}）mg/L。另外，采用高温空气气化还可有效地抑制焦油产生。因此，高温空气气化是一种清洁的生物质气化技术。

（3）工艺简单、气化效率高、经济性好。采用高温空气气化工艺，构成一个封闭式循环系统，工艺简单、操作灵活、适应性强。该系统不用纯氧气体制备装置，也不需要流化床气化所需的大功率动力装置，与常温空气气化相比，却能显著提高气化系统热效率。生物质高温空气气化系统热效率可达 45.1%，而且燃气的热值也成倍提高，系统的经济性明显增强（曹小玲 等，2004）。

2. 超临界水气化

超临界水气化（supercritical water gasification，SCWG）是利用超临界水可溶解多数有机物和气体，而且密度高、黏度低、运输能力强等特性，将生物质高效气化，获得高含氢燃气的气化技术。20 世纪 70 年代中期，美国麻省理工学院（Massachusetts Institute of Technology，MIT）的研究人员发现超临界水能高效转化有机废弃物为气态产物，随后研究者开展了有关纤维素在超临界水中分解的动力学研究，进一步验证了这一现象。近年来，生物质超临界水气化作为一种制氢的新方法，受到了广泛的关注。

在温度和压力达到水的临界值（374.15℃、22.1 MPa）的条件下，利用超临界水的特殊性质（介电常数小、黏度小、扩散系数大及溶解性强等），此状态下水和有机物的混合不存在界面传输限制，所以具有很高的化学反应效率，原料的气化效率接近 100%。以超临界水作为反应介质，进行热解、氧化、还原等一系列复杂的热化学反应，将生物质转化为高含氢燃气，所产燃气中 H_2 的体积占比高于 50%。超临界水气化技术可直接处理高含水率的生物质，无须干燥过程，具有气化效率高、对环境友好等优点，有效克服传统方法存在的问题，目前已成为研究热点（杨世关 等，2013）。

3. 化学链气化

化学链气化（chemical looping gasification，CLG）是一种新颖的气化技术。它的原理是以固体氧载体中的晶格氧替代纯氧作为氧源（一种特殊的气化剂）。气化过程分别在两个独立的反应器（燃料反应器和空气反应器）中分步进行。在燃料反应器中通过控制晶格氧与燃料的比值，生物质原料与晶格氧发生部分氧化反应，从而得到主要成分为 CO 和 H_2 的气态产物，而避免燃料被完全氧化生成 CO_2 和 H_2O。氧载体参与气化反应后被还原成为低价氧化物，在空气反应器中被空气氧化，重新恢复为晶格氧。氧载体则在两个反应器中进行循环使用，从而实现了生物质化学链气化过程。

与传统气化技术相比，化学链气化技术的优势主要表现在以下几个方面。①氧载体可循环使用，并为气化过程提供纯氧气化剂，提高了燃气热值，降低了制氧成本。②氧载体在燃料反应器中发生氧化反应，放出的热量被氧载体带到空气反应器，为生物质气化过程提供热量，以维持反应的持续进行，并提高系统热效率。③金属氧载体对气化过程产生的焦油有一定的催化裂解作用，可减少气体产物中的焦油含量（赵坤 等，2011；颜蓓蓓 等，2020）。

以采用赤铁矿为氧载体进行生物质化学链气化为例，气化所得燃气中的 CO 和 H_2 体积分数总和为 85%、气体产率为 1.13 m^3/kg、气化效率达 77.8%、碳转化率达 96%。在引入水蒸气气化剂、水蒸气与生物质的质量比率（Steam/Biomass Ratio，S/B）为 0.85 时，H_2/CO 接近 1，气体产率达 1.53 m^3/kg，气化效率达 79.5%，碳转化率达 98%。

以上几种新型生物质气化技术目前尚处于研究试验阶段。

5.3.4　生物质气化当量比的影响

空气气化是最常见的生物质气化工艺之一。在以空气等为气化剂的气化系统中，当量比是气化过程中最重要的影响因素。它不仅决定了生物质进料量与气化剂供给量之间的匹配关系，而且决定了反应器内的气化温度和压力，以及生成气体的热值和组分等。

当量比（ER）是指生物质气化过程中的实际供给空气量与生物质完全燃烧所需理论空气量的比值，即

$$ER = \frac{AR}{SR} \qquad\qquad (5\text{-}19)$$

式中，AR 为气化过程中实际供给空气量与生物质原料量之比（kg/kg），简称实际空燃比，该值由运行参数确定；SR 为所供生物质原料完全燃烧所需要的最低空气量与生物质原料量之比（kg/kg），简称化学当量比，该值由生物质的燃料特性确定。

由式（5-19）可以看出，ER 是由生物质的燃料特性所决定的一个参数，ER越大，燃烧反应进行得越充分，反应器内的温度就会越高，越有利于气化反应的进行。同时，气化产物中 N_2 和 CO_2 的体积分数也会随之增加，可燃成分被稀释而使热值随之降低。所以，应当综合考虑各种因素（原料含水率和气化方式等）来确定合适的 ER。在实际运行中，可根据不同的原料与气化方式，将生物质气化ER 控制在 0.2～0.4 较为适宜。

图 5-12～图 5-19 给出了某下吸式固定床气化炉以木屑为原料进行气化反应时，其 ER 的变化对所得到燃气中的主要气体成分（O_2、CO、N_2、CO_2、H_2、CH_4）、气体热值和气体产率的影响，随 ER 变化而形成的趋势。可以看出，通过改变 ER的大小可以调节燃气各个组分的体积分数，且燃气的热值与 ER 存在一个最佳匹配范围，以木屑为例，最佳 ER 为 0.3～0.4；图 5-19 反映了 ER 对气体产率的影响，随着 ER 的提高，气体产率也随之增加（朱锡锋 等，2014）。

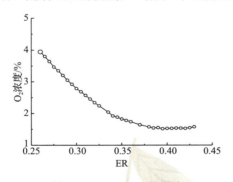

图 5-12　ER 对 O_2 的影响

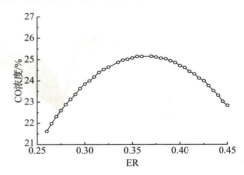

图 5-13　ER 对 CO 的影响

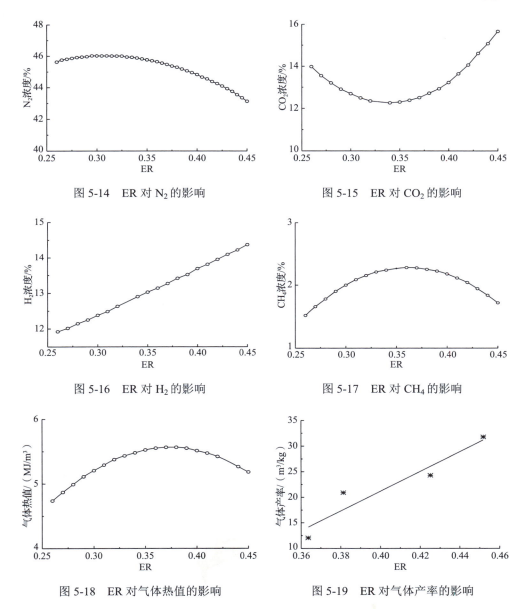

图 5-14　ER 对 N_2 的影响　　　　图 5-15　ER 对 CO_2 的影响

图 5-16　ER 对 H_2 的影响　　　　图 5-17　ER 对 CH_4 的影响

图 5-18　ER 对气体热值的影响　　　图 5-19　ER 对气体产率的影响

5.3.5　生物质气化过程的评价指标

　　生物质气化过程的评价指标主要有气化强度、气化效率、气化剂比消耗量、气化炉负荷调节比等（孙立 等，2013）。

1. 气化强度

气化强度是指在单位时间内、气化炉单位截面积上所气化的原料量或气化产生的燃气量，还可表达为炉膛热负荷，即气化炉单位截面积上所产生燃气的热通量。根据气化强度可以确定气化炉的生产能力，即每小时的原料处理量。

气化强度（q）的 3 种计算方法如下：

$$q_1 = \frac{原料消耗量(kg/h)}{气化炉截面积(m^2)} \tag{5-20}$$

$$q_2 = \frac{燃气产量(m^3/h)}{气化炉截面积(m^2)} \tag{5-21}$$

$$q_3 = \frac{燃气产量(m^3/h) \times 燃气热值(MJ/m^3)}{气化炉截面积(m^2)} \tag{5-22}$$

从表达式可以看出，在同样的气化炉截面积下，气化炉的气化强度越大，其生产能力越大。气化强度与原料性质、气化剂种类和供给量、炉型结构等因素相关。在气化炉的实际运行过程中，要考虑各个因素来选择合适的气化强度。

几种常见生物质气化炉的气化强度参考值：上吸式气化炉为 100～300 kg/（$m^2 \cdot h$），下吸式气化炉为 60～350 kg/（$m^2 \cdot h$），流化床气化炉为 1 000～2 000 kg/（$m^2 \cdot h$）。

2. 气化效率

气化效率是指单位质量的生物质原料气化得到的燃气所包含热量与气化原料所包含热量的比值。气化效率是反映生物质气化过程能量利用率的一项重要指标。根据燃气使用时状态的不同，有冷燃气气化效率和热燃气气化效率两种计算方法。前者更为常用，后者只在直接利用热燃气作为工业炉窑和锅炉燃料时使用。

1）冷燃气气化效率

$$\eta = \frac{V_G Q_G}{Q_M} \times 100\% \tag{5-23}$$

式中，η 为冷燃气气化效率（%）；V_G 为气化产生燃气的产率[kg/（$m^2 \cdot h$）]；Q_G 为气化产生燃气的热值（kJ/m^3）；Q_M 为生物质原料的热值（kJ/kg）。

2）热燃气气化效率

$$\eta_h = \frac{V_G Q_G + Q_H}{Q_M} \times 100\% \tag{5-24}$$

式中，η_h 为热燃气气化效率（%）；Q_H 为气化产生燃气的热燃气显热（kJ/m^3）。

气化效率受气化温度、气化剂比消耗量等因素的影响，还受气化过程中原料的损失、残炭的带出、燃气的显热损失、散热损失等因素的影响，因此，生物质原料的总能量不可能全部转移到燃气中。

3. 气化剂比消耗量

气化剂比消耗量是指 1 kg 生物质原料气化反应过程所消耗的空气、O_2、水蒸气或超临界水等气化剂的量。为了对各种气化方法进行比较，还可以生产 1 m^3 生物质燃气或以燃气中的 $CO+H_2$ 气体为基准。它是设计生物质气化炉时需要考虑的一项重要技术指标和经济指标。

气化剂比消耗量主要与原料的特性有关。气化剂比消耗量随着生物质原料的种类和组分不同而变化。碳含量高的气化原料，其气化剂比消耗量相对较高；气化原料中的水分和灰分含量高，则气化剂比消耗量低。

气化剂比消耗量还与气化反应的操作条件有关。例如，在水蒸气气化过程中，通入气化炉的水蒸气量除了作为气化剂满足气化反应的需要外，还必须用于调节氧化层温度，使气化反应温度维持在原料灰分的熔点之下，以避免原料灰分熔融结渣。

4. 气化炉负荷调节比

对于某种气化炉型，通过试验或经验值确定其气化强度的合理范围以后，其允许的气化强度最大值与最小值之比称为该气化炉的负荷调节比。在生物质气化过程中，气化强度超过最大值或者低于最小值时，将导致生物质燃气品质和气化效率严重下降，或者使气化炉不能正常运行。负荷调节比反映了气化炉操作弹性的大小，跟气化方式和燃料的质量有关。固定床气化炉的负荷调节比通常为 4～6，若使用粒度比较均匀的木质燃料，负荷调节比可达到 8 左右，木炭作气化燃料时甚至可以达到 10 以上；流化床气化炉的负荷调节比通常为 2～4，操作弹性相对小一些（孙立 等，2013）。

5.3.6 生物质气化炉

生物质气化炉是生物质原料进行气化反应，将固态燃料转化为气态燃料的设备。它是生物质气化系统的核心装置。根据气化炉结构可以分为固定床、流化床两大类气化装置，以及水平移动床热解气化炉等新设备，主要炉型介绍如下。

1. 固定床气化炉

固定床气化炉是一种气化剂流体通过恒定高度的原料床层，而原料相对气化剂流体处于静止状态的气化反应器。固定床气化炉的主要特征是反应器内设有一个可容纳生物质原料的炉膛和一个用于承托物料床层的炉栅；生物质原料在重力作用下于反应器中向下移动，并与气化剂进行气化反应。所产生的燃气由外部动力引出。根据气流在炉内的运动方向，固定床气化炉又可分为上吸式、下吸式和横吸式 3 种，如图 5-20 所示。燃气中主要有 CO、H_2、CH_4 及少量不饱和烃等可燃成分（孙立 等，2013）。

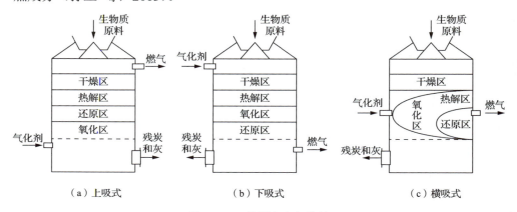

图 5-20　3 种固定床气化炉

固定床气化炉结构相对简单，具有原料适应性广、制造简便、成本低、运动部件少、操作简单、系统热效高等优点，可以适用于块状、颗粒等生物质原料，如木片、稻壳、果壳、玉米芯等，但是存在气化强度低、气化炉单机规模较小等问题，主要用于中小规模的生物质气化项目。在实际应用中，以上吸式和下吸式固定床气化为主，且多采用空气作为气化剂。

1）上吸式固定床气化炉

上吸式固定床气化炉的工作过程：生物质原料由炉体顶部进入，原料在重力作用下由顶部逐渐向下移动；气化剂由下部进入，向上流动经过各反应层，燃气则由上部引出气化炉；气化剩余的残炭和灰由底部排出。上吸式固定床气化过程中，气化剂自下而上流动与生物质原料进行气化反应，原料的移动方向与气化剂流动的方向相反，所以也称逆流式气化。

上吸式固定床气化具有气化效率高、燃气热值高、床层阻力较小、燃气夹带粉尘少，且适用于水分含量高的原料等优点；主要缺点是燃气中含有较多的焦油、加料操作过程容易泄漏燃气等。

2）下吸式固定床气化炉

下吸式固定床气化炉的工作过程：生物质原料由炉体顶部进入，原料在重力作用下由顶部逐渐向下移动；气化剂由上部进入，向下流动经过各反应层，燃气由反应层下部引出气化炉；气化剩余的残炭和灰由底部排出。下吸式固定床气化过程中，气化剂自上而下流动与原料发生气化反应，原料移动方向与气化剂流动方向相同，所以也称顺流式气化。

下吸式固定床气化具有燃气中焦油含量较低、加料口可以敞口运行且方便操作等优点；主要缺点是气化效率较低、床层阻力较大、燃气夹带灰分较多，且不适用于水分含量较高的原料。

3）横吸式固定床气化炉

横吸式固定床气化炉的工作过程：气化剂由炉体的一侧进入，与原料的移动方向相交叉，横向穿过各个反应层，产生的燃气从炉体的另一侧引出，在装置内的同一高度的炉膛截面上同时存在热解区、氧化区和还原区。横吸式固定床气化炉的特点是启动周期短、气化强度很高，其中的氧化区温度非常高，往往会超过原料灰分的熔点。因此，通常适用于低含水率、低灰分原料（如木炭）的气化（孙立等，2013）。

2. *流化床气化炉*

生物质原料在流化床气化炉内被气化剂气流吹动而悬浮于流体中，床层的这种状态称为流化床。通常采用空气作为气化剂，兼作流化介质，砂子作为热载体，向上流动的气流使原料像流体一样流动起来，所以流化床有时也称为沸腾床。也可以用石灰或者催化剂等其他非惰性材料作为热载体以增强传热效果，同时又能起到催化气化反应的作用。流化床气化具有传热传质效率高、反应温度均匀等优点，气化强度为固定床气化炉的 2～5 倍，气化温度为 700～950℃，通常适用于细颗粒生物质原料，还可用于大规模工程化项目。

与固定床气化炉相比，流化床气化炉的优点主要如下：①生物质原料粒度细且较为均匀，气固两相迅速而充分地混合使床层内气固两相传热传质达到良好的效果，具有较高的气化效率和气化强度；②流化床的操作弹性范围较宽，流化床的气化能力可在较大范围内进行调节，而不会造成气化效率和气化质量的明显降低；③流化床床层温度比较均匀，有利于气化反应的均衡进行。

根据流化床气化炉的结构，又可分为单流化床气化炉、循环流化床气化炉、双流化床气化炉、气流床气化炉、锥形流化床气化炉等炉型。

1）单流化床气化炉

单流化床气化炉只有一个流化床气化反应器。反应器分为两段，上段为气固稀相段、下段为气固密相段，其工作原理如图 5-21（a）所示。气化剂从底部经由气体分布器进入流化床气化炉，生物质原料从气体分布器上方进入流化床气化炉。生物质原料随着气化剂向上做流态化运动，完成干燥、热解、氧化和还原等过程。随着流化介质气流速率逐渐增加，床层内逐渐形成气泡，床层表面出现明显的波动，固体物料在气化炉中表现出类似于流体的一些特性，因此这种床层也被形象地称为鼓泡床。依据原料种类、密度、外形尺寸、灰分熔点等的不同，气化炉内气化剂的流速通常为 0.5～3 m/s，反应温度一般控制在 700～950℃。在流化床气化炉中，生物质在高强度的传热传质和快速的热化学反应状态下转化为可燃气体。

2）循环流化床气化炉

循环流化床气化炉工作原理如图 5-21（b）所示。循环流化床气化炉通常采用较高的流化速率，炉内气化剂的上升流速为 3～10 m/s，与单流化床气化炉相比，气化炉中出来的燃气中会携带大量的未气化固体颗粒物。这些颗粒物包含未完全反应的残炭，通过气化炉的燃气出口处设置的旋风分离器分离，并将颗粒物重新送入流化床气化炉内继续参与气化反应。循环流化床气化炉的反应温度一般控制在 700～950℃。

与单流化床气化炉相比，循环流化床气化炉的主要优点如下：①流化介质的气流速度可以大幅提高，而且始终能够保持炭的高转化率，气化效率、气化强度都得到进一步提高；②可以适用较小粒径的原料，并在多数情况下不需要添加流化热载体，气化炉运行较为简单。其主要缺点是未气化含碳固体产物回流系统不易控制，特别是料脚部位常会出现下料困难等问题，且在固体产物回流量较小时易于变成低速携带床。

3）双流化床气化炉

双流化床气化炉由两个流化床反应器组成，一个作为气化炉，另一个则是燃烧炉（氧化炉），其工作原理如图 5-21（c）所示。生物质原料与水蒸气在气化炉中发生气化反应，生成气携带着炭粒和床料热载体（如砂子）进入分离装置，气固分离后的炭粒和床料进入氧化炉，炭粒在氧化炉中与空气进行氧化反应，使床层温度升高，高温烟气携带着床料热载体进入分离装置，分离的床料热载体重新进入气化炉，从而为生物质气化反应提供热量。双流化床气化的燃烧过程和气化过程分别在两个独立的反应器中进行，生物质炭粒与空气燃烧提供系统所需的热量，通过床料热载体传递热量使水蒸气与生物质进行气化反应生成富氢气体，从而避免了气化产出的燃气被 N_2 所稀释，提高了气化燃气热值，降低了焦油含量，整体提升了燃气品质。

4）气流床气化炉

气流床是一种特殊形式的流化床，又称携带床。气流床气化炉只适用于粉体状物料。生物质原料必须先破碎成非常细的粉体状颗粒，且不使用惰性床料，粉体状生物质原料由气化剂直接载入气化炉中在高达 1 100～1 400℃下迅速完成气化，气化速度非常快，气体在炉内仅须停留 1～2 s，生成气中的焦油及其他可凝有机物含量很低，碳转化率可达 99% 以上。

由于气流床气化反应温度非常高，炉壁必须采用耐高温的耐火材料，并且需要绝热材料进行隔热，以保持气化炉的上部区域处于高温状态。此外，气流床气化炉温度往往会高于原料灰分熔点，在设计气流床气化炉时宜采用镜面耐火材料做炉壁，当炉内温度高于灰分熔点时，使灰分熔融也不会黏附在炉壁上（朱锡锋等，2014）。

5）锥形流化床气化炉

锥形流化床气化炉是炉体成一定锥度的流化床，锥形流化床气化炉工作原理如图 5-21（d）所示。锥形流化床气化炉截面随高度变化，所以表观气速在轴向上存在着速度梯度，使其具有独特的流化特性。底部截面积较小，流速较高，可以保证大颗粒的流化；顶部截面较大，流速低，可防止颗粒带出。其具有在一定的气化剂流量下，使大小不同的颗粒都能在床层中流化的独特优点。因此，对于形状不均匀、颗粒粒径范围分布宽的生物质原料，锥形流化床气化炉具有良好的适用性，操作弹性大，压力降较小（许玉 等，2009）。

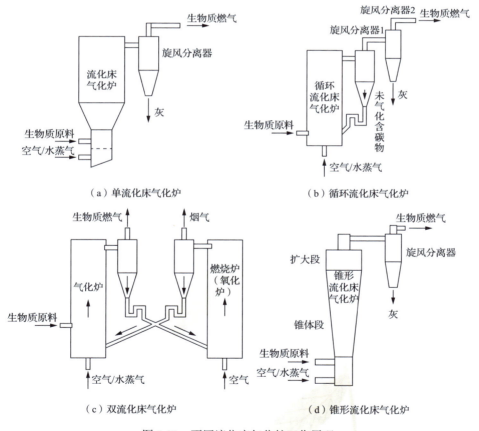

图 5-21　不同流化床气化炉工作原理

3. 水平移动床热解气化炉

近年来开发的水平移动床热解气化炉，是一种生物质热解气化制备生物质燃气的同时联产生物质炭的设备。

生物质水平移动床热解气化工艺如下。生物质原料（如木块、木片、木颗粒、枝叉、稻壳等物料）由进料装置从料斗送入炉体内的炉排上，物料随着炉排的移动与炉排布风室进入的空气依次发生干燥、热解、氧化、还原等气化反应，产生生物质燃气和生物质炭。生物质炭最终由出料装置送出炉体，燃气则由炉体顶部的燃气出口排出。在炉体进料口处设有控制高度的料位闸板，调节闸板高度可以控制炉体内链条炉排上的料层厚度。炉膛顶部设计成燃气出口高、两端低的斜拱形结构，既可保证燃气顺利输出，又可避免焦油在炉膛内富集。生物质燃气可作为锅炉燃料等。生物质炭经排炭口和螺旋出炭机送入炭冷却器冷却后提升至炭仓进行包装。

系统运行过程中，可以利用冷却后的烟气，将其中一部分通过风机送入水平移动床热解气化炉和燃气燃烧器，用于降低热解气化炉炉排的表面温度和控制燃气燃烧温度，达到保护受热部件和减少氮氧化物形成的目的。生物质水平移动床热解气化炉的结构如图 5-22 所示。

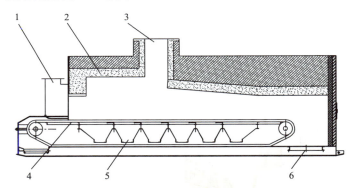

1. 料斗；2. 炉拱；3. 燃气出口；4. 炉排；5. 布风室；6. 排炭口。

图 5-22 生物质水平移动床热解气化炉的结构

生物质水平移动床热解气化炉通过改变炉排运行速度可调节生物质原料处理量：提高炉排转速，增加生物质原料处理量；降低炉排转速，则减少生物质原料处理量。通过改变进风量可调节生物质燃气产量及生物质炭的含碳量。在炉排转速不变的情况下，增加进风量可提高生物质燃气产量，但生物质炭的含碳量会降低；减少进风量会降低生物质燃气的产量，但生物质炭的含碳量则会提高。

生物质水平移动床热解气化炉运行时须控制炉内为微负压。炉内若正压会导致燃气从炉体外漏，负压过大又会加大漏风量，导致产生的燃气在炉内燃烧消耗过多，不仅浪费能量，而且容易导致炉膛温度过高、生物质炭品质下降。

生物质水平移动床热解气化炉与传统的生物质固定床热解气化装置、流化床热解气化装置等相比，具有结构简单、造价及维修成本低、运行稳定、操作方便、设备规模易于放大等优点，提供热量的同时联产生物质炭，大幅提高了生物质气化供热项目的经济性。

5.4　生物质热解气化技术的应用

5.4.1　生物质热解技术的应用

1. 生物质炭化技术的应用

传统木炭是采用土窑、砖窑或钢制窑生产的，在有限供氧的条件下慢速热解，得到最大产量的木炭。烧炭在我国已有 2 000 年以上的历史。在我国长沙马王堆出土的汉墓中，发现木炭层厚 30～40 mm，约 5 000 kg，说明我国早在公元前 100 多年就已经开始生产木炭。唐代著名诗人白居易在《卖炭翁》中的描述说明了烧炭作坊在当时已经相当普遍（黄律先 等，1995）。

生物质炭化的工艺流程是将生物质原料干燥使水分降低至 10%～15%，将原料装入炭化窑进行热解。严格控制温度、压力、流量、固相和气相停留时间等参数。一般情况下，热解温度控制在 600℃左右，压力控制在微负压状态。

以木质成型棒为原料，每吨原料可产木炭 300 kg 左右，木炭固定碳含量≥70%，含水率≤5%，灰分含量≤5%，可作为工业还原剂、活性炭原料或民用燃料等。每吨原料产可燃气 250～300 m³，其热值高达 14 MJ/m³。

2. 生物质快速热解技术的应用

快速热解是将农林废弃物（如木屑、秸秆）在缺氧的情况下快速加热，然后迅速将气体产物冷却为液态生物油的热解方法。生物油的主要应用领域如下。

1）替代燃油

相对固体和气体来说，液体产物容易输送和储存，这对燃烧应用和现有设备改造非常重要。生物油用作燃料只须对现有的油类燃烧器略加改动，有些场合甚至不须改动即可应用。通过生物油的重整，可以获得运输燃料，但目前在经济上并不可行。

生物油的一个显著优点是它作为发电燃料时无须与其他物质耦合。一个较小的热解厂完全可以提供大功率的发电，或将生物油输送到大型发电厂供发动机或涡轮机使用。朱斯特（Juste）等采用柴油发动机对生物油进行了成功测试，经过近 400 h 的运行，从发动机的各个参数和释放功率看，其性能与柴油相似。

2）生产化学品

已经在生物质的快速热解产物中发现了几百种化学物质，人们对回收或利用这些化学物质的研究兴趣日益增加。已见报道的生物油分离组分包括与甲醛反应生产树脂的聚酚，用于可生物降解防冰剂的乙酸钙或乙酸锰，左旋葡聚糖、羟基乙醛、食品工业用的调味品及香精。目前，最可行的市场应用为生产食用调味品。研究结果表明，生物油与含氮原料（氨、尿素、蛋白质材料）反应可生成具有缓释功能的肥料。这种肥料可以减少对土壤中因使用动物性肥料带来的氮流失问题。NREL 成功地从生物原油中提取合成树脂，已通过独立的实验室的检测，准备进一步商业开发。

5.4.2　生物质气化技术的应用

1. 生物质气化的集中供气应用

生物质气化供气是将农村丰富的生物质资源转化为使用方便的清洁可燃气体输送到居民用户，用作炊事燃气。一般是以自然村为单元的小型生物质燃气供应系统。根据地域不同，主要使用的原料为农业秸秆（如小麦秸秆、棉花秸秆、玉米秸秆、玉米芯），通常使用的气化炉有下吸式固定床气化炉、上吸式固定床气化炉、流化床气化炉等（金淳 等，1995）。

生物质气化集中供气系统主要包括原料预处理设备、送料装置、气化炉、燃气净化装置、风机、储气柜、安全装置、管网和用户燃气灶等。

生物质气化集中供气属于农村公益事业，我国"十五""十一五"期间，在各地建设了许多为农村居民供气的生物质气化站。据统计，截至 2010 年底全国共建成秸秆气化集中供气站 900 余处。但由于生物质燃气热值低、有焦油二次污染、缺乏维护管理、经济上入不敷出而经营亏损等问题，目前多数生物质气化集中供气站已处于停运状态。

小型生物质气化供气站单纯依靠供气收入，难以维持运行，必须开发生物质炭等副产物来增加收入来源，才能具有经济效益。

2. 生物质气化的供热应用

我国正在加强生态环境保护力度，推进绿色发展、循环发展、低碳发展进程，推出一系列的举措大力推进清洁能源替代。生物质气化供热是将生物质转化为燃气后替代天然气或煤为工业锅炉提供燃料，是绿色低碳清洁经济的可再生能源供热方式，是中小型燃煤锅炉的重要替代方案（金淳 等，1994）。

与生物质气化供气和发电相比，生物质气化供热系统燃气不须降温冷却，燃气中的焦油随着燃气一起燃烧，避免了处理焦油可能带来的二次污染。我国正在逐步淘汰中小型燃煤锅炉，而生物质作为燃料的气化供热成本虽高于燃煤，但远低于天然气，是一种经济性较好的替代方案。

3. 生物质气化的发电应用

生物质气化发电技术是生物质清洁能源利用的一种方式。生物质气化发电系统根据发电规模可以分为小型、中型和大型。中、小型生物质气化发电系统适于生物质的分散利用，具有投资小和发电成本低等特点。大型生物质气化发电系统适于生物质的大规模应用，发电效率高，宜在生物质原料较集中的地区应用。

中、小型生物质气化发电系统的主要设备由气化炉、燃气净化系统、风机、燃气发电机组、污水处理池、循环冷却水池、加料设备、生物质炭收集设备等组成。图 5-23 是锥形流化床生物质气化发电系统流程图。

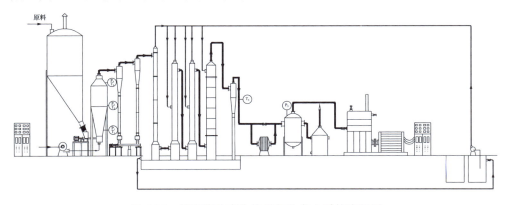

图 5-23　锥形流化床生物质气化发电系统流程图

生物质气化单纯发电利润较低，经济性较差。若能够联产生物质炭，其经济性会显著提高。

4. 生物质气化合成化学品

生物质气化合成化学品是指利用生物质气化产生的生物质燃气合成化学制品，如甲醇、二甲醚、氨等。

以生物质气化合成甲醇系统为例，其工艺流程主要由生物质预处理、热解气化、气体净化、气体重整、H_2 与 CO 比例调节、甲醇（二甲醚）合成及分离步骤构成。生物质气化合成甲醇（二甲醚）工艺流程如图 5-24 所示。

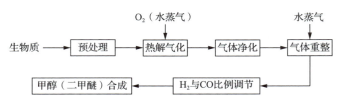

图 5-24　生物质气化合成甲醇（二甲醚）工艺流程

1）生物质气化与重整变换

生物质气化合成甲醇（二甲醚）首先要将生物质转换为富含 H_2 和 CO 的合成气。当生物质以空气为气化剂时，气化后的气体产物中含 N_2 量高达 55% 以上，将导致合成系统效率低下。因此，必须采用 O_2、水蒸气等作为气化剂。由于气化产物含有固体颗粒、焦油、碱类物质、含硫含卤化合物等杂质和有害成分，需要将其净化处理。之后进行重整，即加入适量水蒸气在高温条件下将气体中的焦油、CH_4 及其他碳氢化合物转化为 H_2 和 CO。经重整的气化气通常 H_2 不足，CO_2 过量，H_2 与 CO 比例达不到合成甲醇（二甲醚）的要求，需添加 H_2 或者除去 CO_2 调整 H_2 与 CO 比例。

生物质气化与重整变换的技术路线主要有 3 条。①加氢气化、重整。生物质先在加氢气化炉中反应，生成含有 H_2、CO 及 CH_4 的富甲烷气。该富甲烷气再与外加的 CH_4 一起在重整反应器中与水蒸气发生变换反应，生成 CO 和 H_2，两次反应共同生成的 H_2、CO 作为合成甲醇的原料气。此工艺碳转化率最高。一般能达到 75%，最高达 88%。②O_2 水蒸气气化、重整。利用 O_2 或富氧空气及水蒸气，采用加压气化炉将生物质气化，气化气经净化、水蒸气 CO 变换、H_2 与 CO 比例调整，然后合成甲醇。③O_2（水蒸气）气化、单程合成甲醇、联合循环发电。利用 O_2 或富氧空气在加压气化炉中将生物质气化后，不经过水蒸气重整，直接进入甲醇合成反应器。未反应的气体则用于联合循环发电。虽然甲醇的产量较低，但产生了热电，系统总体效率得到提高。该工艺碳转化率最低（姚向君 等，2004）。

2）甲醇（二甲醚）合成

甲醇合成一般采用成熟的固定床合成工艺，生成的甲醇可以进一步脱水制成二甲醚。浆态床甲醇合成工艺单程转化率高，但还不成熟。

二甲醚合成的工艺路线主要有两条。一种是合成气经甲醇间接合成二甲醚，另一种是复合催化剂上合成气一步合成二甲醚。

采用常规的 ICI 和 Lurgi 工艺，需要将未反应的合成气反复循环以提高甲醇产率。但国外也有只将生物质气化气一次性通过甲醇合成反应器，尾气不再循环回反应器，而是送入燃气轮机发电，以提高整体效率（姚向君 等，2004）。

5.4.3 生物质热解气化多联产技术的应用

生物质热解气化多联产技术具有先进性、经济性和环保性，符合绿色环保和资源综合利用的发展方向。生物质热解气化多联产技术在生产生物质燃气的同时，又能生产生物质炭、生物质醋液和生物质焦油等副产物。生物质燃气可用于发电、供气或作为锅炉燃料；生物质炭可分别制备炭基有机-无机复混肥、高附加值活性炭、工业用还原剂或民用燃料；生物质醋液可制备液体肥料或日化用品；生物质焦油可用作有机化工原料或提纯制备化学品。因此，生物质热解气化多联产技术可解决气化技术产品单一的问题，同时还能利用气化副产物提高技术的经济性（张齐生 等，2013）。

1. 生物质燃气

生物质燃气是生物质热解气化过程得到的主要产物，其应用技术已经十分成熟。

2. 生物质炭

1）生物质炭特性

生物质炭是生物质通过热解得到的一种含碳固体产物。生物质热解的产炭率为 15%～40%。生物质炭主要由碳元素组成、孔隙结构发达，且生物质炭具有较高的热值，富含植物生长所需的微量元素，且具备较强的吸附性能。

2）制造炭基肥

生物质炭含有植物生长必需的氮、磷、钾、钙、镁等元素，pH 为 8～10。因此，按一定的比例将生物质炭与肥料混合可制成高效、缓释的炭基复合肥，在农业生产方面的主要作用有：①改善酸性土壤的 pH 和板结状况；②增加土壤的通透性和土壤饱和含水率；③提高肥效和利用率，延长养分在土壤中的留存期和减少流失；④可以吸附和保持土壤水分，并且增强水分的渗透率；⑤具有一定的保温性能，有利于提高土壤温度。

3）制造炭燃料

以木质原料热解得到的生物质炭含碳量为 60%～80%，热值通常为 21 000～32 000 kJ/kg，可制成炭燃料，广泛用于工业生产和民用生活。

4）制造活性炭或冶金保温材料

木质原料热解气化可以得到具有较高固定碳含量和低灰分含量的木炭，可用于工业还原剂、化工原料或进一步加工为活性炭。

稻壳热解得到的稻壳炭可用作炼钢行业的优良覆盖剂材料，铺在钢水、铁水的表面具有良好的发热、保温和覆盖作用，而且炭燃烧时无烟、无明火、粉尘少，剩余残体不融化、无液渣、不结壳，从而保证了钢铁产品的质量和成品率。

3. 生物质醋液和生物质焦油

生物质热解过程会产生部分可凝性有机物，以蒸汽的形式存在于高温燃气中，当生物质燃气经冷却后可以分离出液相产物，主要分为两大类。一类为醋液等水溶性有机物，主要成分为有机酸类、醛类、酮类、酯类等有机化合物；另一类为焦油，易溶于有机溶剂，主要成分为酚类等芳香族化合物。

1）生物质醋液

生物质醋液可应用于农业和环境保护领域，具有以下作用：①促进作物的种子发芽、促根壮苗；②提高果树的水果产量和果实糖分含量，改善鲜果的口感和外观品质；③具有抑菌、杀菌和驱虫作用，减少作物的病虫害发生；④用于防治土壤中根结线虫病。

生物质醋液应用于农业生产，将有效减少农药的用量，缓解有害病虫的抗药性，减轻农药对环境的毒副作用，有助于我国无公害、绿色及有机农业的发展。

2）生物质焦油

目前，生物质焦油尚未得到工业化应用。煤焦油相关产品的开发利用已非常成熟。全球每年消耗芳烃类化学品 3 700 万 t，其中有 1/6 来自煤焦油的提炼或合成。例如，15%～25%的 BTX（苯、甲苯和二甲苯）和 95%的多环芳烃等产品只能从煤焦油中提取。根据焦油各组分沸点的不同，采用蒸馏、精馏或萃取等方法进行分离，再进一步提纯制备成各种高附加值的化学品，包括可用于食品、医药、化工、建材等行业的专用化学品。

生物质焦油原料过于分散，且总体产量不大，随原料或热解工艺不同，生物质焦油组分差异很大，不利于焦油加工利用产业的形成和发展。如何加工利用、提高附加值，还需要深入研究。煤焦油提纯技术可为生物质焦油的高值化利用提供思路，生物质焦油具有良好的应用前景（张齐生 等，2013）。

4. 生物质热解气化应用案例

1）3 MW 生物质锥形流化床气化发电项目

由中国林业科学研究院林产化学工业研究所研发、设计的 3 MW 生物质锥形流化床气化发电系统，2008 年在菲律宾建成。该系统由 3 套发电能力为 1 MW 的生物质锥形流化床气化炉及发电设备并联组成，单台气化炉扩大段内径 2.4 m，高 11.5 m；由 8 台 8300 型生物质气发动机并联组成发电机组。该系统主要由料仓、生物质锥形流化床气化炉、旋风分离器、进料螺旋、出灰螺旋、气体净化装置、罗茨风机、电捕焦油器、缓冲罐、水封、燃气储气柜和燃气内燃发电机等组成。3 MW 生物质锥形流化床气化发电项目图如图 5-25 所示。

（a）生物质锥形流化床气化炉

（b）燃气内燃发电机

（c）料仓

（d）电捕焦油器与燃气储气柜

图 5-25 3 MW 生物质锥形流化床气化发电项目图

生物质原料（稻壳）在料仓储存，料仓底部设有 3 个出口，稻壳原料被分别送至 3 套 1 MW 的锥形流化床气化发电设备的料仓。稻壳再由料仓底部的进料螺旋送入气化炉。稻壳在气化炉内进行气化反应，生成的可燃气体携带灰渣进入旋风分离器，大部分固体颗粒在旋风分离器内被分离并送入大灰仓储存，之后可燃气体进入喷淋塔等水洗净化设备除尘降温，经过电捕焦油器进一步去除焦油进入燃气储气柜，燃气由管道输送至各台燃气内燃发电机。

锥形流化床气化炉主要通过调节进料螺旋的电机转速控制加料量和空气进气阀开度改变进风量来调节控制气化炉内反应温度及其产气量。气化炉操作温度为 700～750℃，气化产生的燃气热值为 5 000 kJ/m³ 左右，稻壳炭含碳量为 20% 左右，产气率约为 1.63 m³/kg，系统发电总效率为 15%～18%。

菲律宾的电力缺口较大，而且电价昂贵，每千瓦时合人民币 0.9～1.5 元。3 MW 生物质锥形流化床气化发电机组的成功运行，将农业生产加工剩余物转化为清洁的电能，既解决了当地废弃物的出路，又为企业带来良好的社会效益和经济效益。

2）外热式回转炉热解气化联产炭项目

外热式回转炉热解气化联产炭系统由中国林业科学研究院林产化学工业研究所研发和设计，该项目位于山东省青岛市，于 2017 年建成投产。该项目采用研制的外热式回转炉，解决了回转炉的动态密封等关键问题，有效阻滞气化炉内燃气逸出和空气的吸入。外热式回转炉热解气化联产炭系统装置以当地的病死松木、间伐抚育等森林剩余物为原料，经破碎成一定的尺寸大小后进入外热式回转炉，在高温条件下，原料在炉内发生热解气化反应，产出生物质炭和生物质燃气。生物质炭经过冷却降温后，作为产品，可用作民用燃料，或深加工后可制造炭肥和活性炭等产品；生物质燃气通过降温、净化系统去除灰尘、焦油和水分，经过净化的燃气由罗茨风机输送一部分到热风炉内燃烧，为回转炉提供反应所需热量，另一部分作为燃料输送至蒸汽锅炉燃烧产生蒸汽。生产的蒸汽或热水由管道输送至工业园区内的工厂或居民住宅，为工业生产和居民冬季采暖提供热量。

该回转炉炉管直径为 1.2 m、长度为 14 m，炉管材质为 310 S。加热窑外形尺寸为 9.4 m×2.4 m×2.9 m，窑炉倾角为 3°；炉管转速为 0～6 r/min，可调。运行时控制回转炉内工作压力为 0～100 Pa，加热炉温度为 850～900℃。该系统可处理木片原料 1 000 kg/h，产生的热解燃气可生产蒸汽 1.5～2 t/h，生物质炭 300～350 kg/h。生产的生物质燃气热值为 13～15 MJ/m³，生物质炭含碳量为 70%～80%。

外热式回转炉热解气化联产炭项目图如图 5-26 所示。

（a）原料（病死松木）

（b）原料破碎

（c）外热式回转炉

（d）生物质燃气净化系统

（e）块状生物质炭

（f）蒸汽锅炉

图 5-26　外热式回转炉热解气化联产炭项目图

3）水平移动床热解气化联产炭项目

水平移动床热解气化联产炭系统装置由中国林业科学研究院林产化学工业研究所研发、设计，该项目位于江苏省溧阳市，为园区内企业的生物柴油生产线提供热量。

该项目研制的生物质水平移动床热解气化炉，以园林废弃物及稻壳等为原料。其工艺流程为：原料经预处理后通过螺旋进料机送入水平移动床热解气化炉，在炉内发生热解气化反应生成生物质燃气及生物质炭；生物质燃气进入燃气燃烧器燃烧为燃气导热油锅炉提供热量，被加热至 250～300℃的高温导热油通过管道送至生产车间为反应器、蒸发器等设备提供热量。高温烟气进入余热蒸汽锅炉回收热量产生蒸汽，再进入空气预热器进一步回收热量用于加热助燃空气，最后经过布袋除尘器净化后达标排放。部分烟气通过风机送回水平移动床热解气化炉和燃气燃烧器，用于降低热解气化炉炉排表面温度和控制燃气燃烧温度，达到防止气化炉设备受热部件过热和控制氮氧化物形成的目的。生物质炭经过炭冷却器冷却后，再送入炭仓进行包装。生物质水平移动床热解气化联产炭装置采用 PLC 电器控制系统，实现整个系统的智能化操作运行。

该项目研发的生物质水平移动床热解气化炉生物质原料处理量为 1～3 t/h，炉排为链条式炉排，炉排尺寸为 6.5 m×2.1 m，当量比为 0.25～0.35，炉排前轴转速为 0.951～9.51 r/h，炉排上的料层厚度为 300～700 mm，燃气导热油锅炉功率为 6 000 kW。以稻壳为原料生产的稻壳炭含碳量为 25%～45%。

水平移动床热解气化联产炭项目图如图 5-27 所示。

（a）生物质水平移动床热解气化炉

（b）燃气导热油锅炉

（c）空气预热器及余热蒸汽锅炉

（d）炭冷却器

图 5-27　水平移动床热解气化联产炭项目图

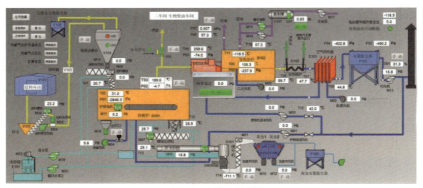

（e）PLC 电器控制系统

图 5-27 （续）

4）12 MW 生物质气化耦合燃煤锅炉发电项目

12 MW 生物质气化耦合燃煤机组发电气化装置由合肥德博生物能源科技有限公司设计，该项目位于湖北省襄阳市，于 2018 年建成投产。

该项目以周边地区的农作物秸秆、稻壳等为原料，采用生物质循环流化床气化系统，将秸秆粉碎料或稻壳气化后产生的生物质燃气送入煤粉锅炉内，与煤粉混燃，煤粉锅炉产生的蒸汽用于汽轮机发电。生物质燃气用于替代煤粉的发电功率约为 12 MW，年发电量 7 560 万 kW·h，年消纳秸秆、稻壳量约 6.04 万 t，年替代标煤 2.8 万 t，减排 7.4 万 t CO$_2$，灰渣全部作为有机肥还田综合利用，系统无焦油、污水排放。

12 MW 生物质气化耦合燃煤锅炉发电项目图如图 5-28 所示。生物质气化耦合燃煤锅炉汽轮机发电流程如图 5-29 所示。

图 5-28　12 MW 生物质气化耦合燃煤锅炉发电项目图

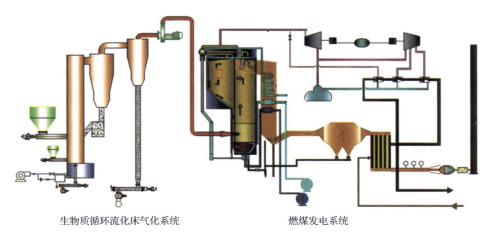

生物质循环流化床气化系统　　　　　　燃煤发电系统

图 5-29 生物质气化耦合燃煤锅炉汽轮机发电流程

5）稻壳气化供 10 t/h 蒸汽锅炉联产炭项目

稻壳气化供 10 t/h 蒸汽锅炉联产炭装置由合肥德博生物能源科技有限公司设计、制造，该项目位于安徽省合肥市肥西县，于 2018 年建成投产。该项目采用两台下吸式固定床气化炉，以稻壳为原料，产生的燃气进入 1 台 10 t/h 的燃气锅炉燃烧产生蒸汽，蒸汽为生产防护塑料的企业提供热能；稻壳气化后的稻壳炭销售给钢厂作为钢水保温剂。

单台气化炉每小时消耗 2.1 t 稻壳，产生 3 000 m³ 左右的生物质燃气和 0.6 t 稻壳炭，生物质燃气热值为 4 000～5 000 kJ/m³，燃烧后生产蒸汽约 5 t/h；稻壳炭含碳量为 45%～50%。

该项目年消耗稻壳 3.2 万 t。锅炉尾气污染物排放达到新建天然气锅炉排放的国家标准，稻壳炭全部作为炭产品销售。

下吸式固定床稻壳气化供 10 t/h 蒸汽锅炉联产炭项目图如图 5-30 所示。

图 5-30 下吸式固定床稻壳气化供 10 t/h 蒸汽锅炉联产炭项目图

6）木片气化蒸汽锅炉供热联产炭项目

木片气化蒸汽锅炉园区供热联产炭装置由合肥德博生物能源科技有限公司设计、制造，该项目位于安徽省明光市工业园，于 2019 年建成投产。采用 1 台上吸式固定床气化炉，以木片为原料，产生的燃气进入 1 台 15 t/h 的燃气锅炉燃烧产生蒸汽，蒸汽为工业园区内的食品生产企业、酒店、浴池提供热能；木片气化后的木片炭用于生产机制炭或活性炭。

单台气化炉每小时消耗 4.2 t 木片，产生 7 000 m^3 生物质燃气和 0.6 t 木炭。生物质燃气热值为 4 000～5 000 kJ/m^3，燃烧后生产蒸汽约 15 t/h，木片炭含碳量为 75%～80%。

该项目年消耗木片量 3.2 万 t，年替代标煤 1.68 万 t，减排 4.5 万 t CO$_2$。锅炉尾气污染物排放达到新建天然气锅炉排放的国家标准《锅炉大气污染物排放标准》（GB 13271—2014），木炭作为炭产品销售。

上吸式固定床木片气化蒸汽锅炉供热联产炭项目图如图 5-31 所示。

图 5-31　上吸式固定床木片气化蒸汽锅炉供热联产炭项目图

5.5 展 望

生物质热解气化技术是一种热化学转化技术，可将低品位的固体生物质转化成高品位的生物质燃气和生物质炭。世界各国为了实现生物质能源的高效利用、保障能源安全和可持续发展，长期开展生物质热解气化技术研究，学科发展和技术交叉使这一古老技术发展到新的高度。

生物质热解气化技术未来的研究将主要集中在：①以提高有效产气成分和产

率为目标的生物质气化技术的研究；②减少气化过程中的焦油产量，改善气化条件的研究和新型廉价高效焦油裂解催化剂的设计和研发；③以生物质热解气化技术制备生物质燃气和生物质炭为目标的气炭联产技术的研究；④以增强反应器适应生物质原料通用性和规模化为目标的核心装置的改进和研发。

5.5.1　提高燃气品质

目前，生物质热解气化应用技术一般采用空气为气化剂，具有设备结构简单、易于操作、原料适用性强、投资少等特点。但是得到的生物质燃气热值低，一般只有 5 000 kJ/m³，且生物质燃气中焦油含量高。目前，提高燃气热值的技术路线有两条：①在气化过程中，采用不同的物理、化学等工艺和方法，降低燃气中 N_2 的含量；②采用催化反应的方法，将燃气中焦油转变成 CO、H_2、CH_4 等可燃气体，从而降低焦油含量、提高燃气的热值。因此，开发以水蒸气为气化剂的生物质气化技术，可大幅提高生物质燃气的热值，热值达 8 000 kJ/m³ 以上，并且还有提高的潜力；双流化床气化工艺得到的生物质燃气热值可达 12 000 kJ/m³ 左右。高品质的中高热值生物质燃气，可以满足合成天然气或工业窑炉等需要，拓宽生物质燃气的应用领域和场所。

5.5.2　合成液体产品

用生物质气化技术制备合成气，进而合成化工制品和液体燃料，是一种效率高、成本低、无污染的新型可再生能源利用技术。合成气是富含 H_2、CO 和少量 CO_2 的混合气体，它可以作为中间产物用于精制或合成各种高品质液体燃料和化学品（如甲醇、二甲醚和各种烃类燃料等），可提高燃料品位，更加方便运输、储存和使用。

以生物质为原料制取合成燃料的工艺有以下两个突出优点：①可利用的原料更为广泛且可再生，有更高的原料利用率；②以生物质合成气为中间产物可以合成多种多样的化学品和高品质液体燃料。但是后一技术路线还存在燃气焦油含量高、燃气净化困难、制取的合成气中含有较多 CO_2、CH_4 等气体及气化效率较低、合成气的氢碳比不理想、进行液体燃料合成前需要进行重整等问题，有待进一步深入研究，以逐步解决相应的关键技术问题。用生物质气化技术制备合成气是非石油路线制取液体燃料和化学品的一个重要环节。其中，最重要的是廉价制备合适氢碳比的合成气。非石油路线在制取液体燃料和重要化工产品中扮演着越来越重要的角色。以生物质为原料制备的合成气可用于合成液体燃料，在经济和技术方面都具有一定优势，已成为研究热点，是生物质转化利用技术中极具潜力的发展方向，具有十分广阔的应用前景（岳金方 等，2006；涂军令 等，2011）。

5.5.3 制取富氢气体

目前，96%的工业 H_2 来源于各种化石能源的制氢技术。化石能源作为非可再生能源，储量有限，且制氢过程会对环境造成污染，因此需要寻找一种可持续发展的氢源利用途径。生物质气化是一种可将生物质转化为富氢气体的有效方法，是可再生和可循环利用的 H_2 的来源途径之一。生物质相比传统化石燃料具有高含氢量等特点。生物质定向热解气化制备富氢气体，可将低品位的固体生物质原料转化为高品位的清洁燃料。采用生物质水蒸气气化技术工艺，可显著提高燃气中的 H_2 比例，富氢气体再通过精制提纯等技术，可以获得高纯度 H_2。虽然，生物质制氢尚处于试验研究阶段，但该技术的优越性已突出表现出来。随着氢能应用领域的逐步扩大，制氢方法的研究与开发必将得到有力推动。随着生物质气化制氢效率和成本的改善，生物质气化制氢将成为最具有吸引力的制氢方法之一。

5.5.4 气炭联产技术

随着生物质热解气化技术和产品的不断发展，生物质热解气化技术已经由单一的燃气产品向多元产品方向转变，实现生物质炭和燃气联产，提高项目的经济效益，增强技术在市场中的竞争力，对技术的应用和发展至关重要。生物质气炭联产技术是将生物质转化为燃气和高附加值生物质炭的经济有效的方法。生物质燃气可直接送入锅炉等用能设备燃烧利用；生物质炭的品质随原料和操作条件的变化而不同。生物质炭可用于工业还原剂、化工原料，或进一步加工成活性炭等产品，还可用作烧烤炭或作为炭基复合肥的原料。目前，主要有内热式和外热式两种生物质热解气化气炭联产技术工艺。两种工艺各具技术优势，且经济效益和环境效益良好。与内热式热解气化气炭联产技术相比，外热式热解气化气炭联产技术在热解过程中没有空气进入，燃气中 N_2 含量少，因此可获得以 H_2、CH_4 为主的高热值燃气，燃气低位热值一般为 $10\sim18$ MJ/m^3，同时可以得到热值为 $21\sim32$ MJ/kg 的生物质炭。但是，目前生物质气炭联产技术最大单机规模仅处理原料3 t/h 左右，不仅劳动生产率较低，也无法满足用户的规模化应用需求，限制了该技术的推广应用。因此，创新研制生物质气炭联产技术规模化装备、提高系统生产效率和生物质炭产品质量成为重要的发展方向。

5.5.5 新技术新设备

现有的生物质热解技术主要有炭窑、移动式炭化炉、立式多槽炭化炉等热解炭化设备，已在不同领域得到广泛应用。

现有的生物质气化装备主要有固定床、流化床两种工艺形式。生物质气化领域处于领先水平的国家有瑞典、美国、意大利和德国等。以催化制氢为例，双流化床气化炉是目前生物质催化气化制氢研究中应用较广泛的一种反应器。气化设备方面，目前瑞典已生产出 25 MW 的生物质气化炉；欧美的生物质气化技术产品已进入规模化示范或商业推广阶段，生物质气化装置一般规模较大，自动化程度高，工艺复杂；以发电和供热为主，造价较高；气化效率可达 60%～80%。我国在这方面相对落后，目前仍停留在为数不多的示范装置上，而且主要以小规模的固定床和流化床技术为主，还存在着装置单机规模小、燃气热值低、燃气焦油含量高等问题。

因此，在完善和大力推广现有技术装备的同时，促进技术和产品不断升级，使生物质热解和气化技术装备逐步与应用需求相适应，在装置规模、应用领域等方面将进一步扩大。更需要积极开发先进的生物质热解和气化装置，使其进入工业化应用阶段，更好地适应不同种类、不同形状的物料和不同用途的需求。高效率、高品质、规模化、自动化、智能化的系统设备，是未来生物质热解和气化设备的发展方向。研发新的生产技术和先进装备，将有力推动生物质热解气化产业的技术改造和加速升级，促进行业技术进步，提升产品竞争力。

从需求上看，随着我国国民经济的快速发展，对清洁、环保燃料的需求量越来越大，而目前我国缺油少气，每年大量进口石油和天然气，对外依存度达 60%以上。因此，生物质燃气和生物质炭产业的发展，将有助于缓解我国能源供应紧张的局面和改善能源结构，对于实现节能减排、国家能源战略安全都具有重要的现实意义。

目前，我国生物质热解气化技术产业的发展正面临历史机遇。从国家层面上看，绿色清洁能源利用是未来的趋势，生物质热解气化技术的发展应用，对带动农民增收、增加就业、振兴乡村、改善生态环境都将起到积极作用。

第6章

生物质炭基肥

6.1 概　　述

6.1.1　生物质炭基肥研究意义

我国生物质废弃物产量巨大，根据第二次全国污染源普查，我国农作物秸秆年产生量为 8.05 亿 t，畜禽粪污年产生量为 38.18 亿 t。部分生物质废弃物未经妥善处理，不仅影响农业生产，而且造成严重的资源浪费，甚至污染环境。在国家出台禁止焚烧农作物秸秆的相关规定后，农作物秸秆的处置更是成为亟待解决的难题。

随着国家加快推进循环经济发展，生物质废弃物资源化利用途径日益多样化、高值化。将生物质中质量分数约 40% 的碳元素通过炭化的方式转化成生物质炭，是一种有效的生物质利用方式，不仅具有固定 CO_2 以缓解温室效应的作用（Woolf et al.，2010），而且炭化制备得到的生物质炭含有氮、磷、钾、钙、镁等营养元素，可用于改良土壤。在农业生产中，土壤中施用生物质炭后，可以减少养分淋失，提升肥力，提高 pH，改善持水透气能力，增加孔隙结构，降低容重，优化微生物群落。用于制备生物质炭的生物质资源大致可分为种植业生物质资源、林业生物质资源和畜牧业生物质资源 3 类。随着生物质炭化产业的兴起，生物质炭化方法多样。根据制备原理的不同，生物质炭化方法可分为热解炭化、微波炭化和水热炭化 3 类。然而，生物质炭中矿质养分含量低，无法给作物生长提供充足的养分。将生物质炭与肥料复合制备生物质炭基肥，不仅弥补了生物质炭养分不足的缺陷，而且赋予了肥料固碳和缓释的功能，这已经成为近年来生物质炭利用的新热点。

6.1.2　生物质炭基肥研究现状

据统计，我国年均化肥消耗量近 6 000 万 t，已成为世界化肥生产和消费的第一大国。施用化肥虽然可以提高农作物产量，但长期施用化肥会导致土壤酸化、养分流失、环境污染等问题出现。以化肥为主的农业生产模式显然已无法满足我国生态农业建设的需要，开发绿色环保的新型肥料已成为生态农业增产增收的首要任务。以生物质炭为基质复配农作物生长所需的营养元素制备成的生物质炭基肥，能减少化肥施用量，促进农作物生长与增产，减少养分流失，延长肥效，改善土壤理化性质，降低重金属离子在土壤中的活性，具有环保、高效、改良土壤等优势。目前，有关生物质炭基肥的性质、制备技术、效果评价的研究已成为热点。研究表明，生物质炭和肥料养分结合的机理有以下 3 个方面：①生物质炭表面具有丰富的官能团，可静电吸附肥料的养分因子；②生物质炭具有较大的比表面积，可物理吸附肥料的养分因子；③生物质炭可与肥料成分通过化学反应结合。因此，生物质炭具有吸附固持肥料养分的特性，使生物质炭基肥具备缓释肥的功能，能够提高土壤肥力和养分利用率。

以埃及西部沙漠的砂性土壤为研究对象，通过对比传统禽类粪便有机肥和禽类粪便制备的生物质炭基肥对砂性土壤生化性质的影响，发现生物质炭基肥能够显著提高砂性土壤的 pH、矿物质氮和有机碳的含量（Mohamed et al.，2019）。韩国生物炭研究中心（Korea Biochar Research Center）的研究人员发现，生物质炭基肥能够显著提高低黏度高砂性土壤的肥力（El-Naggar et al.，2018）。巴西研究人员发现，生物质炭与尿素结合制备的生物质炭基肥，不仅具有缓释氮素的作用，而且能够减少氨挥发量（Puga et al.，2020）。生物质炭基肥能够改良盐碱化和板结的土壤，但生物质炭的生产成本高是制约其大规模应用的瓶颈（Saifullah et al.，2018）。利用磷酸、氧化镁和生物质共同热解制备的生物质炭基磷肥，能够增加生物质炭基磷肥的比表面积（Carneiro et al.，2018）。施用生物质炭能够增加土壤中的微生物量，丰富微生物种群，以稻壳生物质炭、氮磷钾肥和枯草芽孢杆菌孢子粉复配，可以制备炭基微生物肥料。生物质炭基氮肥还能显著增加土壤有机碳含量，提高土壤的 pH，增加阳离子交换量，增强土壤的保肥能力。土壤中加入生物质炭能够增强植物养分摄取能力、根系定植能力和加快植株生长速度（Rafique et al.，2019）。通过施用生物质炭，能够减少钾肥的施用量，提高棉花的产量（Wu et al.，2019）。将生物质炭基肥施用于玉米、水稻、小白菜和青椒等农作物上，已经取得了增产、减排和提高农作物品质的效果。此外，在重金属污染土壤修复方面，添加生物质炭能够钝化土壤中的铜和锌，降低重金属的生物有效性（Li et al.，2019）。利用稻壳生物质炭改性后制备的新型生物质炭基肥具有缓释效果和钝化重金属镉的能力（Chen et al.，2018）。

目前，我国在生物质炭基肥产业化方面，沈阳农业大学陈温福院士团队已经研发出以"半封闭亚高温缺氧干馏炭化新工艺"和"移动式组合炭化炉"为核心的生物质炭制备技术，以及制备生物质炭基缓释肥和土壤改良剂的技术，初步研发出烟草、土豆和花生等多种作物专用型生物质炭基肥，并已开始在试点应用。中国科学院城市环境研究所开发的集烘干和炭化为一体的热解炭化炉，能够实现畜禽粪便的连续炭化，将畜禽粪便中的部分氮和绝大部分磷、钾等营养元素保留在生物质炭中，制备成富磷生物质炭基肥料。浙江科技学院生态环境研究院通过对水稻秸秆、小麦秸秆、芦苇秸秆、棉花秸秆、杨木、猕猴桃枝、夏威夷果壳、山核桃壳、花生壳、猪粪等 30 多种生物质废弃进行炭化，系统研究了炭化温度与生物质炭理化性质的关系，设计研发出畜禽粪便分级炭化工艺（施赟 等，2020），为生物质废弃制备生物质炭基肥料的产业化奠定了基础。此外，浙江省生物炭工程技术研究中心、浙江省农业科学院和国家林业和草原局竹子研究开发中心，已在各种生物质炭化技术、工艺和生物质炭基肥的生产、设备开发等方面进行了一系列富有成效的研究。清华大学、北京大学、浙江大学等知名高校和科研院所，正在围绕我国丰富的农林废弃物资源，开发生物质能源的高效利用设备、生物质炭化设备及生物质炭基肥制备装置。

6.2　生物质炭制备技术和理化性质

生物质炭是指生物质在无氧或缺氧条件下经过热化学转化生成的一种高度芳香化和富碳的多孔固体物质。秸秆、木材和畜禽粪便等均可用于制备生物质炭，常见的生物质炭有木炭、竹炭、秸秆炭、猪粪炭等。生物质炭的化学组成及特性与生物质材料和炭化条件密切相关（Keiluweit et al.，2010）。一般来说，煅烧温度越高，生物质炭的 pH 越大。从工业分析方面来看，生物质炭包括挥发分、灰分和固定碳。经干燥处理后的生物质炭在无氧条件下，加热到一定温度后产生的气体称为挥发分；生物质炭在有氧条件下完全燃烧至恒重后，剩余的残渣称为灰分；除了灰分和挥发分之外剩余的部分称为固定碳。因原料、制备工艺和方法的不同，生物质炭挥发分、灰分和固定碳组成也不同。不同原料制备的生物质炭的灰分含量顺序一般为畜禽粪便>草本生物质>木本原料。随着炭化温度的提高，生物质炭的固定碳含量增加，芳香化程度也加大，挥发分含量降低。碳、氢、氧、氮等是生物质炭中的主要元素，此外生物质炭还含有硫、钾、钙、钠、镁、磷、铁、硅、铝等元素。经过炭化后，生物质炭中磷、钾、钙、镁等矿物质元素含量普遍高于其他原料。生物质炭可通过多种制备技术获得，各类生物质炭生产设备的种类日益多样、功能日益丰富。针对不同的生物质原料，采用适宜的炭化技术，设定专门的炭化参数，可制备出不同种类、不同功能的生物质炭。因此，生物质炭因原料、炭化技术的不同，其理化特性和功能性存在差异。

6.2.1　生物质炭制备技术

生物质炭化是生物质在无氧或缺氧条件下吸收热能，破坏生物质中的大分子结构，分解形成以固定碳为主的多孔结构固体的过程。生物质原料炭化时不同加热方式的炭化原理不同。通常，生物质炭化技术可分为热解炭化技术、微波炭化技术和水热炭化技术。

1. 热解炭化技术

生物质热解炭化通常需要经过干燥、预炭化、炭化和煅烧 4 个阶段（孟凡彬等，2016）。①干燥阶段。干燥阶段的温度为 120~150℃，在炭化装备中吸收外部供给的热量后，生物质中的结合水蒸发去除，内部的纤维素、木质素和半纤维素等成分几乎不变。②预炭化阶段。预炭化阶段的温度为 150~275℃，生物质中的不稳定物质开始发生热解反应，部分有机质开始挥发，大分子化学键发生断裂和重排，如半纤维素会开始分解为 CO、CO_2、乙酸及水等物质，形成短链脂肪烃和杂环烃。③炭化阶段。炭化阶段的温度为 275~450℃，生物质会进一步热解，产生大量的挥发分，同时还会产生焦油、水、酸等液体产物和 CH_4、CO、H_2 等气体。④煅烧阶段。煅烧阶段的温度为 450~700℃，高温条件下生物质中的不稳定物质进一步分解，木质素分解后缩合成杂环、芳香环的炭结构，生物质炭中固定碳含量进一步得到提高，孔隙率和比表面积增大，最终获得所需的生物质炭。利用傅里叶变换红外光谱仪、X 射线衍射仪等探究了木本和草本两类生物质的炭化过程，并把生物质的热解炭化的 4 个阶段绘制成图 6-1（Keiluweit et al., 2010）。

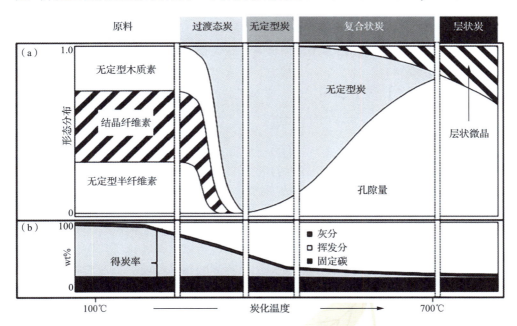

图 6-1　不同热解炭化阶段生物质炭的结构变化

2. 微波炭化技术

生物质微波炭化是指用 300 MHz 到 300 GHz 频率的电磁波对生物质原料进行加

热，不同于外部热量通过热辐射由外及内的传导式常规加热，微波加热是将微波电磁能转化为热能对生物质进行加热，生物质能够吸收微波使其中的原子或分子发生剧烈振动、摩擦和碰撞，从而在短时间内释放出大量的热量，达到快速加热的目的。

3. 水热炭化技术

生物质水热炭化是指以水为溶剂，将生物质原料和水按一定比例混合后，放置在密闭的反应器中，通过外部热源对反应容器加热，将水热炭化温度控制在100～350℃，反应炉内的压力升高，使反应器内部的生物质原料进行水热炭化反应。生物质水热炭化一般会经过水解、脱水、脱羧、缩聚和芳构化等步骤。水热条件下，能够加速生物质原料和溶剂水的物理化学作用，促进生物质原料的水解反应，同时促进离子和酸的反应，最终形成含碳量高的多孔结构的生物质炭。

6.2.2 影响生物质炭化的关键因素

影响生物质炭化的关键因素主要有生物质原料特性、预处理方法和炭化工艺参数。根据对生物质炭的要求，选取合适的炭化条件，能够制备得到满足生物质炭基肥生产要求的生物质炭。

1. 生物质原料特性

生物质炭的性能与生物质原料特性相关。制备生物质炭的生物质主要来自种植业、林业和畜牧业。种植业生物质资源包括水稻秸秆、小麦秸秆、玉米秸秆、大豆秸秆、高粱秸秆、棉花秸秆、稻壳、麦壳等，这些均可作为生物质炭的生产原料。以《中国统计年鉴2018》的主要农产品产量统计为依据，根据谷草比可推算出我国每年约产生水稻秸秆25亿t、小麦秸秆20亿t、玉米秸秆50亿t。林业生物质资源既包括在森林抚育和间伐作业过程中残余的枝干和叶子，也包括林产品加工过程中的剩余物（如果壳、果核、木屑）。我国每年从林木养护和木材加工过程中获取的剩余生物质约为4 000万 m^3。此外，我国竹材资源丰富，竹材利用率约为采伐量的1/3，存在大量的加工剩余物，具有极大的开发利用潜力。我国畜禽粪便年排放量约38亿t。畜禽粪便除含有未完全消化的粮食、秸秆和牧草等生物质外，还含有丰富的氮、磷、钾等农作物生长所必需的矿物质营养元素。未经处理的畜禽粪便直接排放到自然环境中，易造成水体富营养化等问题。此外，畜禽粪便中还可能含有多种病原体，会增加流行病的传播风险。将畜禽粪便转化为生物质炭，既能高温消毒杀菌和减少粪便体积，又能生产生物质能和制备生物质炭基肥，是具有环境和经济双重效益的畜禽粪便处置利用的有效途径。

2. 预处理方法

为了满足不同炭化工艺的需要，须对生物质进行预处理。通过预处理，可以改变生物质的硬度、颗粒度、密度和含水率等特性。根据不同炭化工艺的要求，对生物质进行相应的预处理，能够降低炭化成本，提高炭化效率，提高生物质炭的品质。常用的物理预处理方法包括干燥、切割、粉碎、成型等。为了获取比表面积大、孔隙率高的生物质炭产品，热解炭化和微波炭化前，可对生物质进行酸处理、碱处理或添加其他化学试剂进行预处理，化学法预处理能够破坏生物质原料中的纤维素、半纤维素结构，从而在后续的炭化过程中产生更高的孔隙率和更大的比表面积。

3. 炭化工艺参数

炭化工艺参数包括炭化温度、升温速率、炭化时长等，这些炭化参数均会直接影响生物质炭的产量和特性。对热解炭化和微波炭化来说，随着炭化温度的升高，所制备生物质炭的碳含量和灰分含量增加，氢和氧的含量降低（Schmidt et al.，2000）。通常情况下，生物质炭是碱性固体，随着热解温度升高，生物质炭的 pH 会增大。此外，热解温度对生物质炭的微观结构起着决定性作用，可以通过控制生物质炭化温度，使生物质炭获取最佳的孔隙率、比表面积和离子交换量。在热解温度大于 500℃时，生物质原料炭化比较完全，所制备的生物质炭具备较大的比表面积和较多的微孔；在热解温度低于 500℃时，生物质炭化不太完全，所制备的生物质炭比表面积相对较小，但表面含氧官能团较多。对水热炭化来说，随着水热炭化温度升高，所制备的生物质炭的产量降低；低温水热炭化能够减少生物质在炭化过程中的养分流失量，养分含量高的生物质炭更适于制备生物质炭基肥（Liu et al.，2017）。升温速率小，生物质在低温炭化条件下更多地转化成碳，可提高生物质炭的产率。在热解炭化过程中，根据升温速率的快慢，可将生物质热解分为慢速热解、中速热解和快速热解（何绪生 等，2011a）。热解炭化时间越长，所制备的生物质炭的品质越均匀，但维持较长的炭化时间需要消耗大量的能量，一般生物质热解炭化时长为 2 h 左右。

6.2.3　生物质炭理化性质

生物质炭理化性质包括密度、比表面积、孔隙结构、元素含量、灰分、挥发分、阳离子交换量、pH、表面官能团等。根据原料和制备技术的不同，生成的生物质炭的理化性质也存在一定差异。分析不同生物质炭的理化性质，便于筛选和开发适于生物质炭基肥生产的生物质炭，有利于生物质炭基肥的推广应用。

1. 生物质炭的密度

生物质炭的密度可用生物质炭的体积密度来表示，生物质炭的体积密度是指生物质炭在自然状态下单位体积（孔隙和实际体积）的质量。一般而言，随着制备温度的升高，生物质炭的孔隙率增加，单位体积的生物质炭的质量减小，生物质炭的体积密度随制备温度的升高而降低。制备温度在 400℃以上获得的生物质炭的体积密度约为 0.5 g/cm³。鉴于生物质炭的体积密度远低于土壤的体积密度，因此施用生物质炭基肥能够显著降低土壤容重，增加土壤的持水性、通透性。

2. 生物质炭的比表面积和孔隙结构

生物质炭具有丰富且复杂的孔隙结构，孔隙大小也存在差异。生物质炭的孔隙率越大，其比表面积也越大。生物质炭的比表面积和孔隙结构与其制备条件密切相关，其中制备温度是影响生物质炭比表面积和孔隙结构的关键因素之一。以热解制备生物质炭为例，热解温度高，有利于制备比表面积大、孔隙率高的生物质炭材料。以孔隙结构丰富的生物质炭生产炭基肥，将其施用于土壤中，能够为土壤微生物提供栖息场所，改善土壤微生物群落结构，增强土壤肥力。

为探究水稻秸秆炭的微观形貌，浙江科技学院生态环境研究院研究团队采用扫描电镜观察水稻秸秆炭的微观形貌结构。图 6-2 为 700℃制备的水稻秸秆炭的微观形貌图。从图 6-2 中可以看出，水稻秸秆炭的孔隙丰富，可以清晰地观察到水稻秸秆炭表面有一层致密的结构，该结构表面有一个个椭圆形的规则形状排列。致密表层包裹着具有管道状的多孔结构，孔口直径为 2～4 μm，且孔道结构规则。秸秆炭内部还可以观察到层状的网络结构，这些层状的网络结构交织在一起，形成了多孔层。可见水稻秸秆炭为多孔结构，丰富的孔隙结构能够为微生物附着提供良好的条件。因此，将水稻秸秆炭化后还田或生产炭基肥后施用，能够改善土壤的通透性、涵养水分、固持土壤中的营养物质、提高土壤的肥力。

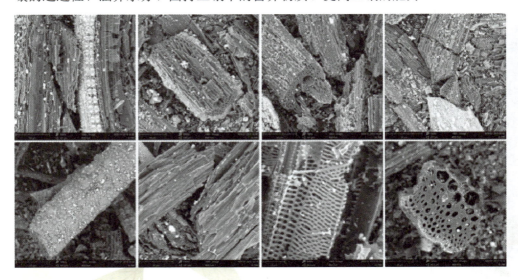

图 6-2　700℃制备的水稻秸秆炭的微观形貌图

3. 生物质炭的元素含量

生物质炭中主要含有的元素包括碳、氢、氧、氮、硫、磷、硅、钾、钙、钠、镁等。以热解炭化制备生物质炭为例，碳是生物质炭中含量最多的元素，制备温度在 400℃ 以上获得的秸秆类生物质炭的碳含量一般高于 50%。生物质炭中的氧、氢和氮的含量随制备温度的升高而降低，而硅、钾、钙等元素的含量随制备温度的升高而增加。不同热解温度制备的水稻秸秆中碳、氧、氮和硅元素含量的变化如图 6-3 所示。随着热解温度的增加，水稻秸秆炭表面的碳元素含量呈现先上升后趋于平缓略有下降的趋势。经分析主要是因为随着热解温度升高，样品中的水分和易挥发有机成分含量降低，部分有机物在高温下转化成无定型碳，碳元素得以保留在水稻秸秆炭中，因此水稻秸秆炭中的碳元素含量随着热解温度的升高而增加。然而，随着热解温度的升高，水稻秸秆中的碳元素也会以 CH_4、CO 和 CO_2 等含碳小分子离开水稻秸秆炭，造成碳元素流失。当流失比例超过增加比例时，水稻秸秆炭中的碳元素含量达到最大值，随着热解温度的继续升高，水稻秸秆炭中的碳含量流失量进一步增大，导致水稻秸秆中碳含量缓慢下降。水稻秸秆在无氧条件下受热分解，生成 H_2O、CO 和 CO_2 等，造成氧元素从水稻秸秆中大量流失。因此，随着热解温度的升高，水稻秸秆炭中的氧元素含量呈现先下降后趋于平缓的趋势。热解过程中氮素流失速度最快的热解温度为 300～400℃，氮素的流失主要是水稻秸秆热解过程中生成了 NH_3 等含氮小分子；当热解温度高于 500℃ 后，水稻秸秆炭中的氮元素的变化量较小，氮元素含量相对稳定。硅元素是水稻秸秆炭中的一种主要元素，硅元素在热解过程中不易损失。因此，随着水稻秸秆炭中氧、氮等其他组分含量的减少，硅元素含量逐渐增大。

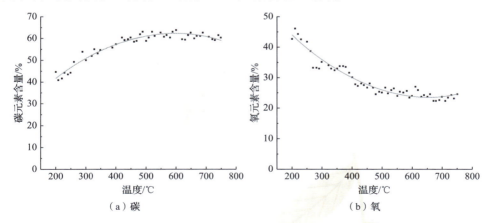

（a）碳　　　　　　　　　　（b）氧

图 6-3　不同热解温度制备的水稻秸秆中碳、氧、氮和硅元素含量的变化

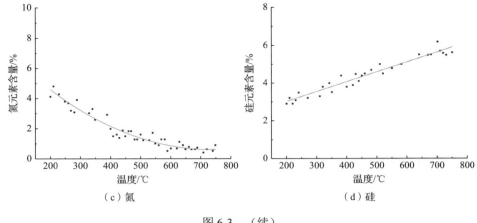

（c）氮　　　　　　　　　　　（d）硅

图 6-3　（续）

4. 生物质炭的灰分和挥发分

生物质炭的灰分含量随热解温度的升高而逐渐增大，而挥发分含量随热解温度的升高而逐渐降低。不同原料制备的生物质炭中灰分含量的总体趋势为污泥炭>畜禽粪便炭>农作物秸秆炭>木本炭。随着煅烧温度从 300 ℃升高到 700 ℃，猪粪炭中灰分的含量由 38%升高到 56%（图 6-4）。

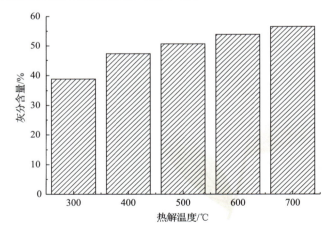

图 6-4　不同热解温度制备的猪粪炭中灰分含量的变化

5. 生物质炭的阳离子交换量

阳离子交换量是生物质炭持有的交换性阳离子的数量，例如 K^+、Ca^{2+}、Na^+ 等的数量，是生物质炭的重要性质之一。通常低热解温度制备的生物质炭的阳离子交换量相对较高。生物质炭施用到土壤中，能够提高土壤的阳离子交换量，增加土壤的肥力。

6. 生物质炭的 pH

生物质炭中含有的矿物质元素钾、钙、钠、镁等多以碳酸盐的形式存在，生物质炭中的主要碱性物质就是这类碳酸盐，碱性生物质炭是改良酸性土壤的可用材料之一。图 6-5 为热解温度对不同生物质炭 pH 的影响。结果发现，秸秆炭的 pH 总体上随着热解温度的增加，呈现先增加后趋于稳定的趋势。秸秆炭的 pH 最大约为 10。当热解温度为 200℃时，所有秸秆炭 pH 均接近中性；热解温度为 250℃时，油菜秸秆炭 pH 显著上升至 9，其余秸秆炭 pH 变化不显著；热解温度为 300℃和 350℃时，水稻秸秆炭 pH 也显著升高，小麦秸秆炭和玉米秸秆炭 pH 变化仍不显著；当热解温度达到 400℃及以上时，所有秸秆炭 pH 均为碱性。

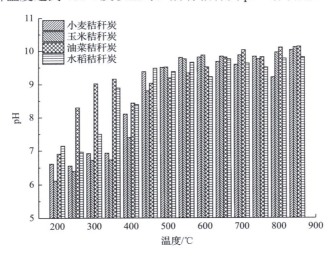

图 6-5　热解温度对不同生物质炭 pH 的影响

7. 生物质炭的表面官能团

生物质炭表面含有丰富的官能团，官能团种类和数量与原料种类、制备条件密切相关。傅里叶变换红外光谱是检测生物质炭表面官能团种类的有效手段之一，以水稻秸秆炭为例，图 6-6 为不同热解温度制备的水稻秸秆炭的傅里叶变换红外光谱图。在 200℃热解制备的水稻秸秆炭（ST-200）表面检测出了多个官能团的出峰，出峰位置分别是 788、1 062、1 108、1 168、1 319、1 384、1 434、1 522、1 632、1 704、2 915 和 3 411（cm^{-1}）。其中 1 384cm^{-1} 处的出峰为酚羟基 C—O 的弯曲振动峰，1 434 cm^{-1} 处的出峰为酮基 C=O 的吸收峰，1 704 cm^{-1} 处的出峰为强的 C=O 振动峰。随着热解温度的上升，总体上水稻秸秆炭表面的官能团的峰强度和官能团的峰类型都逐渐减少。1 580～1 620 cm^{-1} 的峰属于 C=C 的吸收峰，该波数间的吸收峰强度呈现先增大后减小的趋势。350℃时该波数段的吸收峰峰强度最强，说明 350℃制备得到的水稻秸秆炭的C═C 含量最高。随着热解温度的继续升高，C═C 的吸收峰强度逐渐减弱，说明高温炭化后，水稻秸秆炭中的C═C 含量降低。788 cm^{-1}、1 062 cm^{-1} 和 1 108 cm^{-1} 附近的吸收峰可归为 Si—O—Si 的对称振动吸收峰、非对称振动吸收峰和伸缩振动吸收峰，1 168 cm^{-1} 处的吸收峰可归为 C—O 伸缩振动的吸收峰。3 411 cm^{-1} 处的吸收峰可归为水稻秸秆炭中羟基（—OH）振动的吸收峰，该吸收峰的峰强度随着热解温度的升高而减弱。热解温度在 450℃以上时，已基本检测不到羟基峰的存在，这说明在高温热解条件下，水稻秸秆中的羟基不稳定，易分解消失。这一结果与水稻秸秆炭中氧元素含量的变化相吻合，即随着热解温度的升高氧元素含量降低，也表现为羟基峰强度降低。

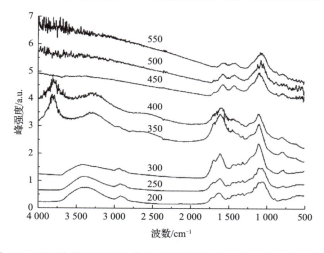

图 6-6　不同热解温度制备的水稻秸秆炭的傅里叶变换红外光谱图

6.3　生物质炭基肥制备

随着我国农林业规模不断扩大、农林产品加工产业迅速发展及新农村建设不断推进，各种农林废弃物的总量和种类呈逐步上升趋势，但高值利用率仍然严重偏低。为此，2013～2019 年，中央 1 号文件连续指出，要加强农业生态治理，积极开展秸秆、畜禽粪便等生物质废弃物的资源化利用，促进农业的可持续发展。2018 年 1 月发布的《中共中央　国务院关于实施乡村振兴战略的意见》特别指出，加强农业面源污染防治，开展农业绿色发展行动，实现废弃物资源化。目前，生物质炭基肥生产工艺主要是沿用传统有机肥的生产工艺。生物质炭属于脆性材料、黏接性不高，采用现有的有机肥生产工艺所生产的炭基肥强度不高，返料率较高。因此，现阶段对生物质炭基肥生产工艺的研发需求极为迫切。

6.3.1 生物质炭基肥生产工艺类型及其应用

1. 生物质炭基肥生产工艺类型

生物质炭基肥生产工艺主要包括掺混法、吸附法、包膜法和混合造粒法等。

掺混法是制备生物质炭基肥最简单的方法，它是把强度和粒度接近的基础颗粒肥料（彼此间基本无化学反应）按一定比例进行掺拌混合（付兴国 等，2018）。采用掺混法或利用黏合剂掺混黏合制备成炭基肥料，能延长炭基肥对氮素等养分的持续供应时间。

吸附法主要是利用生物质炭多孔性与吸附性的特点，将肥料溶液中的一种或数种组分吸附于表面（周岩梅 等，2019）。木炭和竹炭在一定浓度的硝酸铵水溶液中通过吸附法制备硝酸铵炭基肥料，可延缓相应炭基肥料在静置水和土壤溶液中的淋洗释放（高海英 等，2012）。

包膜法主要是用生物质炭细粉状颗粒包裹速效性化肥颗粒而成的肥料，施用后逐渐释放养分供农作物利用，可以有效减少因肥料的分解、挥发、冲蚀等造成的养分损失，从而提高肥料利用率（李建芬 等，2017），提高作物的养分利用率。

混合造粒法是将生物质炭与一种或者多种肥料粉碎后，形成粒度接近的粉状颗粒进行混合造粒。该方法具有生产效率高、操作简便等特点，是目前肥料生产的主要方式。混合造粒法主要有团粒法造粒与挤压法造粒。团粒法造粒的基本原理是将一定颗粒细度的基础肥料黏聚成粒，再通过转动使黏聚的颗粒在重力作用下产生运动，相互挤压、滚动使其紧密成型；挤压法造粒主要是利用机械外力的作用使粉体基础肥料成粒（陈隆隆 等，2008）。研究表明，利用挤压法制备柱状生物质炭基尿素肥料，其缓释性能要优于团粒法制得的肥料颗粒（张伟，2014）。

2. 生物质炭基肥生产工艺的应用

上述 4 种炭基肥的生产工艺中，掺混法、包膜法、吸附法生产的炭基肥主要为细粉状颗粒，灰分含量较高，不方便运输与施用，直接施用时易造成粉尘污染，而混合造粒法可有效解决上述问题。基于方便运输和施用的考虑，生物质炭基肥成型加工工艺的研究尤为重要。目前，生物质炭基肥小试和中试阶段主要采用的工艺类型是包膜造粒工艺和柱状成型工艺。包膜造粒工艺具有能耗低、操作简便和产量高等优点，更适于产业化生产生物质炭基肥（蒋恩臣 等，2015；原鲁明 等，2015；刘峰，2016）。

在包膜造粒和柱状成型工艺中，黏接剂的筛选及优化尤为重要。在生物质炭和普通肥料作为基料的基础上添加黏接剂能大幅增加成型率，进而提升肥料缓释性能及农用效果，但增效程度也因黏接剂类型不同而存在较大差异（王秋静，2015）。目前，黏接剂类型主要有木质素、羧甲基纤维素钠、淀粉、植物油及其改性产物。木质素是在自然界中储量仅次于纤维素的第二大天然高分子材料，具有无毒、可降解、可再生、化学活性好的优点，在生物质炭基肥制备中的黏接效果较好（秦丽元 等，2016）。羧甲基纤维素钠由天然纤维素或淀粉经化学改性得到，存在黏度和取代度不高的问题，需通过添加酸、碱、醇的方式增强黏接性（颜东 等，2015）。淀粉黏接剂由小麦淀粉、玉米淀粉和薯类淀粉等通过煮浆和冲浆方式制得，具有原料易得、价格低廉、无污染等优点，但存在易凝胶、初黏力不强及干燥后变脆的缺点（罗发兴 等，2003）。应用时通过添加无机填料、酸或采用加热方式来增强其黏接性（李彦明 等，2007）。

植物油黏接剂单独应用存在成型性差的问题，实际应用时也须添加一定量的溶剂、酸或碱进行改性处理以提升其黏接性（徐廷旺，2012）。不同类型的黏接剂在粒状及无定型生物质炭基肥中的对比结果尚不可知。还可通过两种或多种黏接剂的复配混合来增强黏接性能。颗粒包膜炭基肥黏接剂性能的测试结果显示，在低浓度混合黏接剂中，木质素磺酸钠与淀粉以 1∶2 比例混合的黏接效果最佳，在此基础上继续添加原黏接剂用量 1/9 的海藻酸钠能进一步增强黏接性（刘峰，2016）。此外，对木质素进行延展优化处理可提升肥料的黏接和缓释效果（秦丽元等，2016）。

研究人员针对生物质炭基肥制肥工艺开展了大量研究。将尿素、生物质炭和碱木质素按不同质量比均匀混合，加入总质量 10% 的水分，在 60℃ 环境中密封加热 5～10 min 后装入模具挤压成型，制得的生物质炭基肥具有较长的肥效（秦丽元 等，2014）。木质素添加比例 15%、成型压力 51 MPa、成型温度 70℃ 制备的柱状生物质炭基肥的缓释性能较好（蒋恩臣 等，2015）。尿素与生物质炭质量比 1∶1、水和羧甲基纤维素钠添加量分别为 5%～10% 和 7%、成型压力 6 MPa 制备的柱状生物质炭基肥的缓释性能较好（张伟，2014）。基础肥料（尿素、过磷酸钙和磷酸二氢铵、氯化钾）占比 70%、秸秆炭占比 16.6%、添加水 13.4%，常温下无须添加胶黏接剂即可挤压制成符合国家相应标准的条状生物质炭基肥（马欢欢等，2014）。生物质炭基肥粒状成型工艺中，黏接剂是必不可少的辅助材料，同时应控制好各投入物料的添加比例。生物质炭添加比例一般为 20%～60%，黏接剂和水分添加比例分别为 10% 和 15%～20%（原鲁明 等，2015）。挤压法造粒中，干燥温度为 60～100℃、炭肥比大于 1，各组肥料干燥 90 min 左右时可获得良好的抗压强度和成粒率（>95%）（马谦 等，2015）。淀粉掺加 NaOH 溶液并加热糊化处理制得黏性和流动性较佳的胶黏剂，进而与尿素、磷酸二氢钾和炭粉以 1∶1∶1∶4 的质量比混合制得的生物质炭基复混肥颗粒的成粒率（95.6%）和压缩强度（0.026 MPa）均较高（杜衍红 等，2016）。

学者们对生物质炭基肥的制作工艺进行了改性探索，利用含有微孔矿物结构的膨润土和高岭土制备的生物质炭基肥改性制剂有助于增加养分吸持的特性。通过沙柱淋溶试验发现,尿素与生物质炭质量比 1∶5、粒径 5～6 mm、水添加量 15%、高岭土添加量 10%制备的粒状生物质炭基肥的成型效果及缓释性能最佳(蒋恩臣等,2014);生物质炭与膨润土比例 1∶2、黏接剂浓度 8%、黏接剂用量占粉料物料 30%、挤出转速 8 r/min 制得的粒状生物质炭基肥在含水率、颗粒抗压强度、圆度、粒度分布和养分释放性能等指标上的整体性能较好(刘峰,2016)。磷酸活化可增加半改性和改性生物质炭表面官能团数量及比表面积,从而增强生物质炭的养分吸附和缓释能力。相应的改性生物质炭基复合肥与等养分量普通秸秆炭基肥相比,表现出增产、增加果实可溶蛋白和降低果实硝酸盐累积的作用(姚春雪,2015)。以氮、磷、钾颗粒肥料作为肥芯,在肥芯外包覆水稻秸秆生物质炭、膨润土和腐殖酸的复合黏接剂,制得的炭基缓释肥用于水稻生产,明显提升了作物产量和肥料利用率。其肥料增效的原因是腐殖酸通过在肥料外围形成紧致膜层,进而提升了炭基肥的缓释性(吴伟祥 等,2011)。一种包含生物质炭粉、酸性膨润土、腐殖酸、脲酶抑制剂、硝化抑制剂和微肥成分的肥料增效剂被证实能有效提升肥料利用率、降低肥料损失、减轻肥料施用对水体和大气的污染(陈温福 等,2012)。总之,调整生物质炭物料来源和添加量、肥料种类与配方、生物质炭粉与肥料比例、水添加比例、黏接剂种类、浓度和用量、复配制肥工艺(掺混、吸附、包膜、成型等)、外源功能物质及改性工艺等均会影响生物质炭基肥的增效性能及农学与环境效应。制备生物质炭基肥时应综合考虑上述因素,以提高生物质炭基肥制作工艺及农业应用的科学性和针对性。

6.3.2　生物质炭基肥造粒配方及工艺

根据原料组成,炭基肥可以分为炭基有机肥、炭基无机肥、炭基肥有机无机复混肥。从炭基肥产品类型上看,目前的研究主要以提高土壤有机质含量、提高作物养分含量为目的,根据不同施肥或生物质原料利用的需要,研发不同功效的炭基复混肥、炭基有机肥、炭基无机肥等产品。从原料配比上来看,生物质炭还具备改善土壤结构、钝化土壤重金属、吸附养分等功能,所以生物质炭在目前炭基肥产品中的添加量要依据各自不同的功能进行合理配比。

1.　生物质炭基有机肥配方及工艺

林振恒等(2011)将生物黑炭、沼液、沼渣、有机质、有益菌剂、成型助剂按照配比混合,通过挤压法或团粒法制成颗粒或粉状的生物质炭基有机肥(表 6-1)。该生物质炭基有机肥中生物质炭含量为 20%～45%,沼液、沼渣、有机质、有益菌剂等有机肥含量为 10%～15%,而成型助剂(黏接剂)的含量为 1%～5%。该肥料生产工艺简单、经济环保、一次施用、长期有效、肥料利用率高。不仅节省施肥成本及能耗,有利于在农业生产中大规模推广应用,而且减少了农村庭院沼气池因沼液运送不出而造成的新污染源，以及城镇化粪池液体的外溢流失，净化了环境。李忠保等（2013）利用处理污水后的秸秆炭、干鸡粪、有益菌剂、成型助剂按比例混合，混合时均匀加入雾化的稀释木酸液，经过除臭工艺，采用挤压法或团粒法制成颗粒或粉状的生物质秸秆炭基有机肥。此工艺中生物质炭占比 50%～55%，干鸡粪、有益菌剂等有机肥占比 40%～45%，成型助剂（黏接剂）占比 1%～4%。秸秆炭与鸡粪混合后，由于秸秆炭本身具有吸附性，通过吸附、缓释的特点提高化肥利用率，并实现土壤改良与肥料增效。这种炭基有机肥的生产工艺综合利用了秸秆炭和污水中氮、磷元素的回收，生产中无废水、废液、废渣的排放。王宏燕等（2013）将鸡粪和豆粕分别加发酵菌剂发酵并干燥后，将秸秆炭、处理后的鸡粪和豆粕粉碎后与磷矿粉混合，再将木醋液加入上述混合料搅拌，通过挤压法并造粒，降温干燥后制得生物质炭基有机肥料。此工艺生产的炭基有机肥中生物质炭占比 15%～25%，鸡粪和豆粕等有机肥占比 45%～70%，此肥料具有成本低廉、环保、肥效好、适用范围广、肥效利用率高及防虫害、效果优的特点。

表 6-1　生物质炭基有机肥配方及工艺

专利号码	配方比例/%				成型工艺	参考文献
	生物质炭	有机肥	无机肥	黏接剂		
201110268127.8	20～45	10～15	—	1～5	挤压法或团粒法	林振恒等（2011）
201310092455.6	50～55	40～45	—	1～4	挤压法或团粒法	李忠保等（2013）
201310693069.2	15～25	45～70	—	—	挤压法	王宏燕等（2013）

2. 生物质炭基无机肥配方及工艺

孟军等（2014）利用改性玉米芯颗粒炭微粒、过磷酸钙、硫酸钾、硫酸锌、硫酸镁、硫酸铜、硫酸亚铁、硼砂，并且包含尿素、硫酸铵、磷酸一铵中的一种或几种，采用挤压法工艺生产生物质炭基无机肥。该工艺利用改性玉米芯颗粒炭微孔丰富、吸附性较强的特性，与大樱桃生长发育所需的氮、磷、钾及其他营养元素复合，并用膨润土或黏土做黏接剂，制成颗粒状改性生物质炭大樱桃专用肥。该肥料生物质炭占比 16%，无机肥占比 74%，黏接剂占比 5%（表 6-2），制备工艺简单、经济环保，可满足大樱桃各重要生育时期的养分需求，且肥料利用率高，节省施肥成本及能耗，有利于提高大樱桃果实产量和品质。刘福礼（2011）采用有机无机复合团粒工艺，将经过热解炭化的秸秆生物质炭与无机化学肥料混合加热，形成有机无机复合物。此工艺生物质炭占比 30%～40%，既吸收了无机复合肥和传统有机肥的长处，又克服了两者各自的弊端。通过配比生物质炭和生物焦油比例，调节复合作用强度，达到炭基复合肥料肥效缓速可控、土壤增碳、农业减排的效果。何绪生等（2011b）将玉米秸秆、苹果树废枝干木屑经热解炭化得到的生物质炭，和硝酸铵溶液、尿素-硝酸铵溶液混合，充分搅拌后烘干，加入总量1%～3%的黏接剂，进入造粒系统造粒，然后烘干即得到生物质炭基缓释氮肥产品。该肥料制备工艺简便易行、成本低。生物质炭基缓释氮肥含氮10%～12%，其生物质炭载体材料在土壤中十分稳定，是良好的土壤改良剂和固碳剂，施入土壤可以起到培肥改良作用。生物质炭所负载氮肥的氮素具有缓释作用，可降低氮素损失，提高氮肥利用率。生物质炭可长期滞留于土壤，起到固碳、减排作用。

表6-2　生物质炭基无机肥配方及工艺

专利号码	配方比例/%				成型工艺	参考文献
	生物质炭	有机肥	无机肥	黏接剂		
201410016207.8	16	—	74	5	挤压法	孟军等（2014）
201110050883.3	30～40	—	依测土配方要求确定		团粒法	刘福礼（2011）
201110286248.5	55～60	—	40～45	1～3	吸附法	何绪生等（2011b）

3. 生物质炭基肥有机无机复混肥配方及工艺

陈温福等（2012）利用50%～70%的炭粉（生物质炭），5%～15%的腐殖酸（有机肥），2%～5%的尿酶抑制剂和硝化抑制剂混合的抑制剂及10%～20%的微肥（无机肥），采用5%～10%的酸性膨润土或黏土为黏接剂制备炭基有机无机复混肥（表6-3）。其生产工艺简单、原料易得、成本低廉。生物质炭具有极强的吸附性、保水性和吸光增温性，其除了作为载体使用，还是很好的铵稳定剂和土壤改良剂。施入土壤后可以持肥缓释，在一定程度上缓解干旱缺水、低温对作物生长发育的影响，不但能提高肥料利用率，而且对环境友好、安全环保。张宝惠等（1996）以木炭、焦木酸液、鸡粪、骨粉和一定比例的氮、磷、钾肥为原料经过高压杀菌、配料、破碎、混拌、造粒、干燥、筛分等工艺制造一种生物质炭基缓释氮肥。该炭基肥适用于各类土壤，可改善土壤理化特性，培肥土壤，减轻种植物病害，促进植物根系发育和外生菌根形成。张瑞清等（2013）以30%～35%的稻壳炭（生物质碳），36%～45%的有机肥，18%的无机肥为原料，采用1%的黏接剂制备稻壳炭基有机无机复混肥。该工艺生产的炭基有机无机复混肥具有高度的稳定性和较强的吸附性能，能增加土壤的碳库容量，保持土壤养分，改善土壤肥力，提高土壤pH。

表6-3　生物质炭基有机无机复混肥配方及工艺

专利号码	配方比例/%				成型工艺	参考文献
	生物质炭	有机肥	无机肥	黏接剂		
201210154724.2	50～70	5～15	10～20	5～10	团粒法	陈温福等（2012）
96115182.X	5～10	44～66	40～42	—	挤压法	张宝惠等（1996）
201310162133.4	30～35	36～45	18	1	团粒法	张瑞清等（2013）

目前的炭基肥产品中生物质炭的添加比例一般为 20%～60%。从炭基肥产品的成型工艺来看，物料中添加生物质炭颗粒可导致肥料成型困难。因此，在生物质炭含量较高时须添加少量的黏接剂。在团粒法造粒时由于受外力较小，颗粒团聚主要是依靠黏接剂。目前，针对较难成粒的生物质炭基肥主要采用挤压法造粒。通过挤压产生热量可以将物料中的热融性原料融化起到黏接剂的作用，并且可以使塑性材料发生塑性变形，有助于颗粒成型，在挤压过程中产生的热量也可以蒸发物料中的一部分水分来降低后续烘干所产生的能耗。在混合物料中水分与黏接剂的添加量方面，张伟（2014）研究发现在生物质炭与尿素混合造粒试验中，当生物质炭的添加比例为 50%时，团粒法和挤压法在其他原料的添加比例方面有所差异。①水分含量：团粒法造粒所需水的添加量一般为 15%～25%，挤压法造粒所需水的添加量一般为 5%～10%，水分的添加比例太小会影响肥料的成型特性，添加比例太大会在后期烘干过程中由水分蒸发带走部分养分。②黏接剂的添加量：团粒法造粒所需黏接剂的添加量一般在 10%左右，挤压法造粒一般在 7%左右，黏接剂的添加比例增加，黏接力也随着增大，炭基肥抗压强度逐渐增大。但是，当黏接剂添加量超过一定数值后，黏接力增大的效果逐渐变小，而且过多的黏接剂添加量会使尿素和生物质炭含量相对减少而使肥料的肥效降低。

6.3.3　生物质炭基肥造粒设备

按照颗粒肥料的成型原理，生物质炭基肥造粒分为团粒法造粒和挤压法造粒，其采用的工艺设备有所不同。

1. 团粒法造粒工艺与设备

采用团粒法造粒的炭基肥造粒机主要是圆盘造粒机。这种形式的造粒机一般直接选用有机肥造粒机或稍加改进，产生的肥料颗粒强度不高，比较松散。圆盘固定在支架上通过变速器与电机连接，圆盘倾斜角度可调，盘内设有刮刀便于清理粘在盘底的物料，其结构图如图 6-7（a）所示。电机通过变速器减速将动力经齿轮传动给转盘，转盘内添加混合物料并喷水或蒸汽，圆盘转动开始造粒，达到一定的颗粒直径后，颗粒就会从下端溢出，如图 6-7（b）所示。

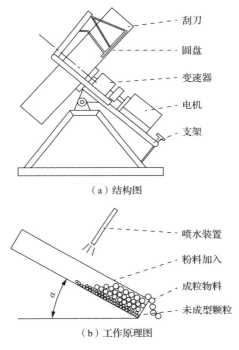

（a）结构图

刮刀
圆盘
变速器
电机
支架

喷水装置
粉料加入
成粒物料
未成型颗粒

（b）工作原理图

图 6-7　圆盘造粒机结构图与工作原理图

圆盘转速、圆盘倾斜角度、加水量和粒径大小是影响造粒的主要因素。黄激文等（2003）研究发现，提高圆盘转速和增加圆盘倾角度可以使肥料的成粒率提高；随着加水量的提高，肥料的成粒率呈现先增加后减小的趋势；原料的粒径越小，成粒率越高。圆盘造粒机原料的适应性广，原料配方的弹性大、易控制，颗粒均匀性、密度都相对较好，但是有机物分散性强，若原料的水分含量高、纤维多时，就会对物料的粉碎、搅拌、造粒及干燥等工序增加新的要求（贾良肖 等，2014）。另外，圆盘造粒设备的机械传动结构比较复杂，占地面积较大，在生产规模与设备投资方面不占优势。

2. 挤压法造粒工艺与设备

挤压法造粒工艺主要包括对辊式、平模式和环模式造粒，且挤压造粒属于干法造粒。物料通过模具挤压成型，而且在造粒过程中几乎不需要加水或者加少量的水，造粒后也几乎不需要进行烘干处理。挤压式造粒挤出的颗粒大小形状相近，不易产生颗粒分级，比较适用于有机无机复混肥的生产，特别适用于生产含有机成分较多的颗粒肥（袁玉龙 等，2015）。

1）对辊式挤压造粒机

对辊式挤压造粒机上端是螺旋进料斗，进料斗的下方为两个转向相反的压辊，压辊通过减速器与电机实现动力传输，其结构图如图 6-8（a）所示。电机通过皮带传动经减速器将动力传输到主动轴上，在动力的带动下两个压辊做相向的转动，物料经过喂料结构输送到压辊之间，经过对辊式挤压成粒（吴威武，2013）。压成的颗粒在离心力的作用下脱模［图 6-8（b）］。王月等（2017）采用该种造粒设备进行了炭基肥造粒，制备的炭基肥颗粒能促进植物根系发育和外生菌根形成，可显著提高花生产量。转速和物料特性是影响对辊造粒的主要因素。转辊的转速为 0.6～1.2 m/s，转速过快会使挤压过程中的脱气效果不好，制成的颗粒容易碎裂，强度不高。通常物料的含水量为 0.5%～2%，挤压成型过程的压缩比不得大于 2.5，即被排除的空气体积不得超过原料堆积体积的 60%，颗粒度通常小于 1 mm。对辊式挤压造粒机成粒率基本在 90%以上，颗粒平均抗压强度大于或等于 8 N，其生产能力为 1～10 t/h，功率消耗为 4～80 kW，从单位能耗看属低能耗高产出机型（贾良肖 等，2014）。

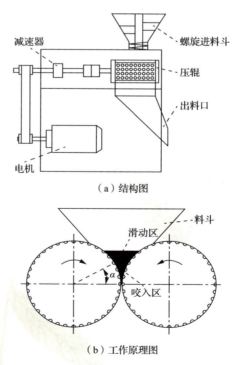

（a）结构图

（b）工作原理图

图 6-8　对辊式挤压造粒机结构图与工作原理图

2）平模式挤压造粒机

平模式挤压造粒机主要由进料斗、压辊、模孔板、出料口、变速箱、电机与机架组成，结构图如图 6-9（a）所示。电机将动力输送到变速箱经一组锥齿轮传动，改变转向，带动平模或者压辊转动，实现压辊与平模的相对运动，将粉末物料挤入平模的模孔中，在平模模孔下方有切刀低速转动（侯森 等，2012），将挤出的柱状肥料按所需长度进行切割。平模挤压设备结构简单、适应性较强，颗粒成分均匀，形状整齐，适用于含纤维多的炭基肥造粒［图 6-9（b）］。

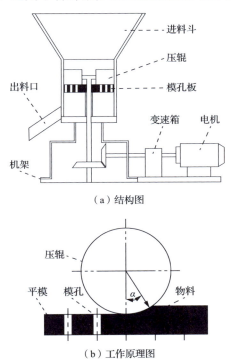

（a）结构图

（b）工作原理图

图 6-9　平模式挤压造粒机结构图与工作原理图

物料中水分含量对平模式挤压效果影响较大。谢少兰（2010）研究发现混合物料中的水分含量应控制在 8%～10% 较适宜，水分含量过低导致物料之间不能很好地黏合，颗粒表面粗糙，强度不高，产量低，主机负荷较大；水分含量过高则颗粒容易变形，挤压成团，严重时会粘满整个造粒室。平模式挤压造粒机的生产能力一般为 0.5～7.0 t/h，功率消耗为 18.5～110.0 kW，单机单位能耗比对辊式挤压造粒机高（贾良肖 等，2014）。

3）环模式挤压造粒机

如图 6-10（a）所示，环模式挤压造粒机的结构主要由环形模孔板、压辊、减速器、电机与机架组成。电机将动力传送到减速器，经一级齿轮传动带动压辊或环形模孔板转动，喂料机构在电机的驱动下将粉状物料输送到压辊和环模之间，对其产生一定的压实作用，压辊和环形模孔板高速旋转，使粉料在环形模孔板的模孔中产生强烈挤压，被压出的物料呈圆柱状（范文海 等，2011）。在环形模孔板外沿做圆周运动的切刀按所需尺寸将圆柱长条切断，工作原理图如图 6-10（b）所示。其中压辊的数量可以使用单辊、双辊或者多辊。

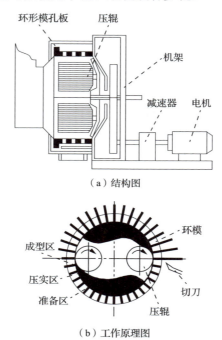

（a）结构图

（b）工作原理图

图 6-10　环模式挤压造粒机结构图与工作原理图（贾良肖 等，2014）

　　蒲加军等（2014）采用环形模孔板造粒方式进行炭基肥的造粒，从实际效果来看，该方式成型率高、能耗低、结构紧凑、工作稳定。环模的直径、转速是影响设备产能的主要因素。丛宏斌等（2013）研究发现，环模造粒机辊模直径比越大，单位设备产能能耗越低，设备生产率与环形模孔板直径、环形模孔板线速度等参数及物料的堆积密度与辊模的摩擦因数有关。环形模孔板直径越大，转速越高，对设备产能和能耗影响越明显。物料与辊模之间的摩擦因数对设备产能影响较大。因此，改进辊模表面形式或表面材料是提高设备生产率的有效途径。环模造粒机生产的炭基肥产品成粒率高、颗粒强度高，但是环模造粒机传动复杂，环模加工成本高。

6.4　生物质炭基肥应用

生物质炭基肥是以生物质炭为肥料载体，与其他肥料采取不同混合工艺或复合造粒制备而成的一种新型肥料。生物质炭基肥弥补了生物质炭养分不足的缺陷，也赋予肥料缓释功能，提高肥效，在供给作物养分的同时，实现了生物质炭对土壤的改良功能和固碳作用。生物质炭与肥料掺混是制备生物质炭基肥料最简单的方法。利用生物质炭作为肥料增效载体，开发炭基有机肥、炭基无机肥等。

6.4.1　炭基有机肥应用

炭基有机肥是指生物质炭粉与有机肥合理配比从而形成的生态型肥料或由畜禽粪便、厨余垃圾、蔬菜尾菜和生活污泥等物料和生物质炭混合后经好氧发酵制成。炭基有机肥产品技术要求应符合《有机肥料》（NY 525—2012）标准和《生物有机肥》（NY 884—2012）标准。

1. 炭基有机肥的特点与作用

炭基有机肥的主要特点是养分全面，其有机质含量丰富，既含有大量元素，又含有许多微量元素，还含有一些植物生长所需要的激素和多种有益微生物。其中的生物质炭具有高度热稳定性和较强的吸附特性，对养分具有很强的持留功能，能促进土壤中碳素的固定。因此，炭基有机肥肥效稳定且持久，具有改善土壤理化性能等作用。

1）改良土壤，培肥地力

炭基有机肥不但能提高土壤有机碳含量，而且能够改善土壤的保水性，减少养分损失。炭基有机肥中生物质炭组分可促使土壤形成稳定的团粒结构，有利于增加土壤总孔隙度、毛管孔隙度和通气孔隙度，提高保水保肥性能。炭基肥中的生物质炭能够调节土壤的 pH（Gao et al.，2020），改善微生物群落，提高土壤酶活性，有利于提高土壤吸收性能、缓冲性能和抗逆性能，改良土壤、提升地力（图 6-11），为植物生长创造良好的环境（李艳梅 等，2017）。

2）减少营养物质流失，提高肥料利用率

炭基有机肥和化肥合理配合施用，可以相互补充、相互促进。炭基肥中生物质炭通常具有较为发达的孔隙结构和丰富的表面官能团（郝蓉 等，2010），能够有效提高土壤阳离子交换量和持水性（Novak et al.，2009），减少矿物质元素流失（Mukherjee et al.，2013），提高土壤和化肥中矿物质元素的利用效率，减少农田氮、磷等养分流失（王欣 等，2015）。

图 6-11　炭基肥应用于土壤培肥（浙江科技学院试验基地）

3）钝化有害物质，减少作物对土壤重金属离子的吸收

炭基有机肥在土壤中分解转化形成各种腐殖酸类物质，其络合吸附性能较强，对土壤中重金属离子有很好的络合吸附作用，能有效地减轻重金属离子对作物的毒害，减少作物对重金属离子的吸收。同时，生物质炭中的盐基阳离子、碳酸根阴离子与磷酸根、金属（氢）氧化物等可以降低可交换性 Al^{3+} 和 H^+ 含量，从而提高土壤 pH，促使重金属转化成磷酸盐、碳酸盐、氢氧化物及铁锰氧化物结合态（Wang et al.，2015），进而降低耕作土壤的重金属生物有效性（张敏 等，2020；Meng et al.，2018），限制重金属在作物可食用部位的积累（候月卿 等，2014）。

4）增加作物产量，提高作物品质

以生物质炭为载体的炭基有机肥，兼具有机肥的优点，除了含有丰富的有机质和氮、磷、钾养分外，还含有硫、钙、锌、铁等元素。这些植物需要的营养元素能较为持久地被植物吸收，且肥料后劲强，可增产增收。同时炭基有机肥可使蔬菜中的硝酸盐、亚硝酸盐含量降低，增加瓜果含糖量，使作物中的重金属含量降低，提高作物品质。

2. 炭基有机肥施用技术

炭基有机肥也是有机肥的一种，其含有丰富的有机质、有机碳组分，且含有一定量的氮、磷、钾等无机矿物组分。炭基有机肥能改善土壤的物理化学性质，因此定期施用炭基有机肥对于提高土壤质量十分重要。每年向土壤中施用炭基有机肥的数量与气候、土壤自身特性有关。南方和北方地区、水田和旱地、黏土和沙土等，因不同的水分条件、有机质矿化和腐殖化程度，施用量和施用方式也存在较大差异。

1）作基肥施用

炭基有机肥因其养分释放慢、肥效持续时间长，最适宜作为基肥施用。作基肥施用主要有底肥撒施法和沟穴施两种施用方法。

底肥撒施法是在翻地时，将炭基有机肥撒到地表，随着翻地深耕将肥料全部均匀地施入土壤。这种施肥方法主要适用于种植密度大的作物，优点是均匀施入，且简单又省力。但也存在很多缺点：①肥料利用率低，肥料施用量大，但根系能吸收利用的只是根系周围的肥料，而施在根系不能到达部位的肥料则无法被利用；②容易造成土壤养分不平衡，土壤磷和钾养分不易流失，而炭基有机肥中磷、钾养分丰富，大量施入容易造成磷、钾养分富集，养分失衡，产生土壤障碍；③大量施用可能会造成土壤盐浓度的增高（徐卫红 等，2016）。

　　养分含量高的炭基有机肥一般采取挖沟施用和定植穴内施用的方法，将肥料施在根系伸展区域，即沟穴施。沟穴施属于集中施肥方法，并不是离根系或定植穴越近越好，而是应该根据肥料质量情况和作物根系生长情况，采取离根系一定距离施肥，肥料将随着作物根系的生长而逐渐发挥作用。在施用炭基有机肥的位置，土壤通气性等理化性质变好，利于根系伸展吸收养分。养分施用于作物根系能够伸展的范围内是沟施和穴施方法的技术关键。施肥位置应根据作物吸收肥料养分的变化情况加以改变。最佳的施用方法是施肥位置不接触种子和作物的根，以免伤及种子和根。施用点与根系有一定距离，作物生长到一定程度后才能吸收利用肥料。不同作物采取的沟穴施方式存在差异。对条播作物或猕猴桃、葡萄等果树采取条状沟施法：开沟后施肥播种或距离果树 5 cm 处开沟施肥。对苹果、柑橘、桃等幼苗果树采用环状沟施法：距离树干 20～30 cm 开一环状沟，施肥后盖土。对苹果、柑橘、桃等成年果树采取放射状沟施：距离树干 25 cm 处向四周开 4 个、5 个 50 cm 长的沟，施肥后盖土。对玉米、棉花、番茄等点播或移栽作物采取穴施法：将肥料施入播穴，然后播种或移栽。沟施和穴施方法的优点在于可减少肥料施用量，但人工投入较多。

　　炭基有机肥作为基肥施用时，施用方法存在差异，用量也因作物不同而不同。一般情况下，每年或每季施用 1 次。果树类（采果后）每株施肥 3～5 kg，可采用沟穴施或撒施法；花草类施肥量为 750～900 kg/hm^2；花生、大豆、油菜等油料作物施肥量为 900～1 200 kg/hm^2；小麦、水稻、玉米等粮食作物施肥量为 750～900 kg/hm^2；西瓜、草莓、辣椒、番茄等设施瓜果、蔬菜施肥量为 1 200～1 500 kg/hm^2；土豆、葱蒜类等陆地瓜菜施肥量为 900～1 200 kg/hm^2；青菜等叶菜类施肥量为 750～900 kg/hm^2。

　　2）作追肥施用

　　炭基有机肥不仅可作为基肥，也可作为追肥。追肥是指在作物生长发育期间利用炭基有机肥补充作物生长发育过程中对养分的阶段性需求而采用的施肥方法。

　　追肥是作物生长期间一种养分补给方式，一般采用沟施和穴施，其施用方法同上。炭基有机肥含速效养分的数量有限，大量缓释养分释放还需要一定的时间。因此，炭基有机肥作为追肥时，应比化肥提早几天施用。同时，为保证作物产量，针对作物的特殊需肥要求，可施用适量化肥加以补充。对高温栽培作物，最好减少基肥施用量，增加追肥施用量，以减少因地温高，炭基有机肥被微生物过度分解而造成的作物徒长和后续肥效不足。

作为追肥施用时，用量因作物不同而不同。可参照肥料高效施肥技术（姚素梅 等，2018）的方法。果树类（采果后）年追施 2～3 次，每株 5 kg，可采用沟施或撒施法；花草类年追施 1～2 次，施肥量为 750 kg/hm^2；花生、大豆、油菜等油料作物追施 1～2 次，施肥量为 900 kg/hm^2；小麦、水稻、玉米等粮食作物追施1～2 次，施肥量为 750 kg/hm^2；西瓜、草莓、辣椒、番茄等设施瓜果、蔬菜每季追施 1～2 次，施肥量为 120 kg/hm^2；土豆、葱蒜类等露地瓜菜每季追施 1～2 次，施肥量为 900 kg/hm^2；青菜等叶菜类每季追施 1～2 次，施肥量为 750 kg/hm^2。

3）作育苗肥或营养土

将炭基有机肥加入育苗基质（土壤、一定量的蛭石或珍珠岩等）中混合均匀，以利于作物移栽定植前的生长。炭基有机肥养分全面且释放均匀，是育苗的理想肥料。在温室、塑料大棚等保护地栽培中，无土栽培基质配上适量炭基有机肥料，作为作物生长所需的营养物质，隔一定时期加 1 次固态炭基有机肥，以减少基质栽培浇灌营养液的次数，降低生产成本。

施用方法是与育苗基质或无土栽培营养基质充分混匀，或撒于营养基质表面，一般按照 10% 左右炭基有机肥混入育苗基质。作为营养土时，按照不同作物的生长特点和需肥规律，调整炭基有机肥比例，通常用量为 10%～30%。

6.4.2　炭基无机肥应用

炭基无机肥是指生物质炭粉与无机肥合理配比从而形成的生态型肥料。炭基无机肥产品技术要求应符合《配方肥料》（NY/T 1112—2006）、《掺混肥料（BB肥）》（GB 21633—2008）和《缓释肥料》（GB/T 23348—2009）标准。

1. 炭基无机肥的特点与作用

炭基无机肥主要是由生物质炭与化肥配合或复合掺混造粒制备而成。比纯化肥相比，生物质炭能将化肥中的养分吸附固定在其特殊的空隙结构中。同时，炭基肥料本身的养分固定吸附在土壤中，解决了分别施用而增加投入的问题，也减少化肥流失，缓释肥效。生物质炭还可改善植物对氮和磷化肥的吸收（Asai et al.，2009）。

生物质炭通过吸附固定肥料中的有效养分，一方面减少了肥料养分的损失，从而提高了养分利用率；另一方面由于生物质炭自身的特点，使养分释放速率减慢，可以为作物生长后期继续提供养分。不同类型炭基无机肥比化学无机肥表现出较好的缓释效果。生物质炭基无机肥应用于玉米、水稻、青椒等作物，具有增产、减排、提高作物品质的作用（张登晓 等，2014；李晓 等，2014；陈琳 等，2013）。

2. 炭基无机肥施用技术

生物质炭与无机肥料复合是生物质炭农用效应提高的途径，也是新型肥料的发展方向。生物质炭无机肥料复合可有效延缓化肥在土壤中的养分释放，延长肥效，降低养分淋失，提高了养分利用率，减少了肥料使用量。生物质炭具有较强的交换吸附性能（Jin et al.，2016），使生物质炭具有作为肥料缓释载体的基础。炭基无机肥作为一种缓释性肥料，每年在土壤中的施用量与肥料养分含量、土壤条件、作物营养特性息息相关。对炭基氮肥而言，碱性土壤应选用酸性和生理酸性肥料，有利于通过施肥改善土壤状况；盐碱土应避免施用能大量增加土壤盐分的肥料；在低洼、淹水等土壤上不应施用硫酸铵等含硫肥料。对炭基磷肥而言，酸性土壤应选择弱酸性磷肥和难溶性磷肥，中性及碱性土壤应选择水溶性磷肥。

1）作基肥施用

对保肥性较强的土壤，炭基无机肥在播种前翻耕时作为基肥施用。作基肥施用主要有底肥撒施法和沟穴施两种方法。

底肥撒施法是在翻地时，将炭基无机肥撒到地表，随着翻地深耕将肥料全部均匀地施入土壤。沟穴施是采取挖沟施用和定植穴内施用的方法，将肥料施在根系伸展区域，可以充分发挥肥效。不同作物采取的沟穴施方式存在差异，开沟方式同炭基有机肥。

炭基无机肥作为基肥施用时，不仅施用方法存在差异，用量和所占比例也因作物不同而不同。一般情况下，基肥用量占施肥全量的 50%～70%，是最主要的施肥方式。生育期长的作物（如水稻、小麦），基肥用量占全生育期肥料用量的50%。生育期短的作物（如双季稻、晚稻），基肥用量占全生育期肥料用量的 70%左右，作为壮苗肥是增产的关键。基肥用量的确定应根据作物不同生育期的营养需求特点和土壤营养元素状况，遵循"瘦地或黏性土多施，肥土或沙性土少施"的原则，可参照缓释肥施用方法（姚素梅 等，2018）。

水稻可选择高氮中磷中钾的炭基肥料，施肥量为 600～900 kg/hm²；小麦选择高氮高磷的炭基肥料，施肥量为 600～750 kg/hm²；玉米选择高氮炭基肥料，施肥量为450～600 kg/hm²；棉花选择高氮中磷中钾的炭基肥料，施肥量为450～600 kg/hm²；大豆选择高磷高钾的炭基肥料，施肥量为225～375 kg/hm²；花生选择高磷高钾的炭基肥料，施肥量为 450～600 kg/hm²；油菜选择高氮高磷的炭基肥料，施足基肥，施肥量为 450～600 kg/hm²；土豆选择高钾炭基肥料，施肥量为 1 200～1 500kg/hm²（姚素梅 等，2018；徐卫红 等，2016）。

苹果、梨、柑橘、桃选择高钾炭基肥。北方果树可以在春季萌芽前后一次性条沟施肥，南方果树的基肥在秋季采果后施用。采用放射沟法施用，即距离树干

30 cm 外挖长 100～150 cm、宽 20～30 cm、深 20～30 cm 的放射沟，根据树的大小挖 3～6 条，放射沟位置每年交替进行。果树施肥量主要依据产量水平，苹果低产量水平施肥量为 450 kg/hm²，中产量水平施肥量为 450～750 kg/hm²，高产量水平施肥量为 750～1 200 kg/hm²；梨树低产量水平施肥量为 375 kg/hm²，中产量水平施肥量为 375～600 kg/hm²，高产量水平施肥量为 600～1 200 kg/hm²；桃树低产量水平施肥量为 600 kg/hm²，中产量水平施肥量为 600～900 kg/hm²，高产量水平施肥量为 900～1 350 kg/hm²；樱桃和冬枣低产量水平施肥量为 525 kg/hm²，中产量水平施肥量为 525～750 kg/hm²，高产量水平施肥量为 750～1 200 kg/hm²（姚素梅 等，2018）。

葡萄和香蕉选择高钾炭基肥，葡萄下架后采用条沟施，施用量为 225～375 kg/hm²；香蕉秋冬季施用量为 450～600 kg/hm²。

叶菜类选择高氮炭基肥，施用量为 600～750 kg/hm²。果菜类选择高钾炭基肥料，施用量为 600～750 kg/hm²。

甘蔗和烟草选择高钾炭基肥料，施用量为 600～750 kg/hm²。甜菜选择高氮炭基肥，施用量为 600～750 kg/hm²。

2）作追肥施用

根据作物不同时期需肥特点制定不同的肥料配方，加工制成用于追肥的炭基无机肥料。

施用方法一般采用沟施和穴施，其施用方法同上。

炭基无机肥中养分缓释需要一定的时间，因此作为追肥时，应比纯化肥提早几天施用。同时，为保证作物产量，针对作物的特殊需肥要求，可适当施用化肥加以补充。对于高温栽培作物及保水保肥性差的土壤，最好减少基肥施用量，增加追肥施用量。

炭基无机肥作为追肥施用时，除用量因作物不同、生育期需肥规律不同而不同外，还应根据炭基肥养分释放时间，决定追肥的间隔时期。

水稻选择高氮中磷中钾的炭基肥料，按照推荐量作为基肥施肥后不再施用肥料，也可以满足水稻整个生育期对养分的需求。但在天气变化较大时（早春持续低温阴雨天气、施肥后短期内遇大暴雨），应当适当补施追肥，追肥量为 45～75 kg/hm²，对砂质田及保肥保水能力差的稻田，建议 40%作追肥施用，通常在移栽后 20～30 天追施。小麦在返青期追施高氮炭基肥料，施肥量为 105～225 kg/hm²；玉米是否需要追肥主要根据玉米田土壤的保肥保水能力，砂性土壤要视苗情追肥，追施高氮肥量为 150～225 kg/hm²；棉花选择高氮中磷中钾的炭基肥料，花铃期每公顷追肥量为 150～225 kg/hm²；甘蔗在伸长期追施高钾炭肥量为 450～600 kg/hm²（姚素梅 等，2018）。

北方果树可不用追施炭基无机肥，南方果树根据果树生育期分次施用，每次施用量为 0.25～0.5kg/株。茶园定植初期采用穴施，即每丛茶树旁 10 cm 处开沟穴 20 cm 左右，根据施肥总量计算追肥量，开沟后将肥料均匀施入，然后覆土。

葡萄和香蕉选择高钾炭基肥，葡萄萌芽以后长到 15～20 cm，追施炭基肥，施用量为 600 kg/hm²，在葡萄长到黄豆粒大小和葡萄开始膨大时再分别追施炭基肥 600～900 kg/hm²；香蕉除冬季施用外追施 8～10 次，每次施用量为 450～600 kg/hm²。

　3）作育苗肥

将炭基无机肥加入育苗基质（土壤、一定量的蛭石或珍珠岩等）中混合均匀，利于作物移栽定植前的生长。将炭基无机肥与育苗基质或无土栽培营养基质充分混匀，或撒于营养基质表面。根据作物类型，炭基无机肥按不同比例混入育苗基质。

6.5　生物质炭基肥的生态效应与风险

生物质炭作为肥料载体，具有改良土壤、改善土壤环境的优点。生物质炭可使肥料中养分缓慢释放，提高肥料利用率，对作物生长和产量有促进作用。生物质炭能通过吸附肥料中氮、磷、钾养分，减少矿质养分的径流、淋溶及挥发损失，同时具有吸附固定土壤中重金属等环境效应。

尽管生物质炭具有较多优势，但也有研究表明，生物质炭进入土壤，对土壤结构稳定性、微生物与动物多样性及植物生长可能产生不利影响。生物质炭制备的过程中可使多环芳烃、砷、镉、铅等发生富集，从而对土壤生态环境和作物安全生产造成潜在风险。

6.5.1　生物质炭基肥的农学效应

通过物理、化学、生物等技术将生物质炭作为肥料增效载体，其对农作物生产的增效效应主要是通过影响土壤水肥气热和作物水肥吸收的途径来实现。通过控制水和肥这两个作物关键生长因子，实现生物质炭基肥调控效应，其关键在于炭基载体缓释性能及生物质炭调控特性。生物质炭载体的缓释增效机制体现在 3 个方面。①吸持缓释机制。生物质炭具有吸附特性，能吸附肥料养分，从而延缓肥料养分在土壤中的释放，降低养分的损失，提高肥料利用率。②改善机制。生物质炭能增加土壤有机碳含量，改善土壤团聚体结构，能调控土壤酸碱度，增强土壤水分调节功能、土壤透气性、土壤养分置换能力等。同时，生物质炭能改善土壤微生物特性，为微生物提供栖息环境、生存空间及水分养分。③提供养分机制。生物质炭不仅含有丰富的有机碳组分，而且含有氮、磷、钾、钙、镁、铁、锰、铜、锌等无机矿物组分，这些养分元素可直接输入土壤供作物利用。同时，生物质炭表面有一些化合物在植物代谢过程中起重要作用，如在植物防御机制中起重要作用的丁子香酚、对羟基苯甲酸丁酯及水杨醇；在防御昆虫入侵中发挥重要功能的羟基苯甲酸丁酯及水杨醇等。生物质炭基肥应用于玉米、水稻、马铃薯和设施蔬菜等，可以保肥增效，使作物增产增收，提高产品品质。

1. 保肥增效

减少化肥用量和提升化肥利用率是农业农村部实施化肥使用量零增长行动方案的两大关键目标，减肥增效方式、方法及新型肥料研发越来越成为农业研究和产业研发的重点。生物质炭吸附和负载肥料的养分，从而延缓肥料在土壤中的释放速度和降低矿质养分淋溶的风险。以生物质炭作为载体制备的新型炭基缓释肥具有保肥增效的作用。生物质炭基肥增加了收获期土壤有机质含量和氮磷钾全量及速效态含量，促进作物对矿质养分的吸收，提高了作物对肥料的利用率。炭基肥料的应用，可以在总养分减少 15%～35%的基础上，使作物（如水稻、白菜）产量提高 20%～35%，且生物质炭基肥减肥增效作用表现出年际持续效应（钱力，2014；Jin et al.，2021）。

2. 增产增收

产量与品质都是作物生产极为重要的指标，稳定提高农产品产量和品质是农业发展的主导方向。生物质炭基肥料能够解决生物质炭养分含量低而与作物争夺养分的问题，同时还大幅提高了肥料的利用率；在矿质养分释放殆尽后，生物质炭还具有改良土壤的作用。在农业生产中，生物质炭基肥对作物产量和品质的调控是其增效技术在经济效益上的充分体现，也是大面积推广应用的前提。大量室内盆栽及大田试验研究表明，生物质炭基肥能够促进作物的生长发育，增加其干物质累积，提高产量，同时也可以保障作物的可持续生产能力（Jin et al.，2019a）。生物质炭基肥增产增收作用不仅体现在小麦、玉米和水稻等粮食作物上，也表现在花生、棉花和油菜等经济作物上（Jin et al., 2019b；Hu et al., 2021）。炭基肥还提升了蔬菜的产量与品质，如增加青椒、芹菜、小白菜和番茄等蔬菜产量，同时也增加了青椒和芹菜的维生素 C 含量、小白菜和番茄的可溶糖含量及番茄红素含量。炭基肥料能使小白菜、芹菜等蔬菜中的硝酸盐、亚硝酸盐含量降低，使作物中的重金属含量降低，提高作物品质（李艳梅 等，2017）。

6.5.2 生物质炭基肥的环境生态效应

1. 固碳减排

土壤是陆地生态系统循环中最大的碳库与碳汇。植物腐烂会增加土壤中的碳素含量，但这部分碳相对而言是不稳定的，受气候等因素的影响较大，易被土壤微生物分解而释放出 CO_2，单纯靠植物还田并不是易于见效的固碳策略。生物质炭中的碳元素很难被分解释放，生物质炭可以稳定地将碳固定封存数百年至数千年。因此，生物质炭是更稳定、更持久的固碳材料。以生物质炭为载体制备的炭基肥料的应用，既可提高土壤肥力，又利于环境可持续发展。

生物质炭具有防控面源污染及固碳减排的作用。生物质炭基氮肥比普通氮肥明显减少了土壤中硝态氮淋溶，生物质炭基复合肥比普通复合肥明显削减了稻田径流总氮损失。生物质炭基肥中生物质炭影响土壤中碳、氮转化，降低土壤温室气体排放，有利于减缓气候变暖。

2. 环境污染控制效应

生物质炭通过对土壤和肥料中养分的吸附交换，延缓肥料养分的释放，降低养分淋失损失（Laird et al.，2010；Chen et al.，2018），减轻农业面源污染。生物质炭对土壤中重金属、农药及其他有机污染物具有较强的吸附钝化作用（Zhang et al.，2018；Zhang et al.，2019），降低重金属的生物有效性（Meng et al.，2018），从而降低作物对有毒有害物的吸收，尤其降低有害物在作物可食用部位的积累。对有机有害物而言，生物质炭还能有效提高微生物活性，促进微生物对有机有害物的降解。

3. 土壤微生态效应

生物质炭结构独特，其微孔结构为微生物的繁殖提供了场所和生存空间，微孔结构使微生物免遭干燥等不利条件的影响。生物质炭的孔隙使其吸附大量养分物质和水分，为微生物提供充足的营养物质。生物质炭能够为微生物提供不同的碳源和其他营养物质，对微生物群落利用糖类、胺类和酚类碳源能力具有促进作用（李航，2016）。同时，生物质炭可以调控土壤的理化性质，从而影响微生物的新陈代谢和土壤微生物数量的变化。

生物质炭能使土壤微生物组成发生变化，对微生物群落种类分布具有一定的管控作用。生物质炭具有极强的吸附特性，可以吸附酶促反应的反应底物，减小反应底物的浓度，抑制酶促反应进行，从而降低土壤酶活性；同时生物质炭还可以吸附保护土壤中酶促反应的结合点位（张玉兰 等，2014），促进反应进行，提高土壤酶活性（Jiang et al.,2021），生物质炭对土壤酶的作用多变且复杂。

6.5.3　生物质炭基肥应用的潜在风险

1. 引入潜在污染物

生物质炭热解制备过程会产生多环芳烃等有毒有害物质，同时会使砷、镉、铅等有害物质发生富集（江娟，2018），其作为炭基肥料的载体进入土壤，会对土壤环境和农作物生产造成不利影响。秸秆生物质炭、杨木生物质炭、云杉木生物质炭中都含有多环芳烃，较高含量的多环芳烃对作物幼苗生长产生毒害作用

（Kloss et al.，2012）。牛粪生物质炭、污泥基生物质炭等镉、锌含量较高，进入农田土壤，可能会使土壤重金属累积（Shinogi et al.，2003）。因此，必须要认真考量生物质炭的潜在风险，对生物质炭进行严格检测和筛选，以确保其作为肥料载体的安全性，从而有效降低炭基肥施用对土壤污染的风险。

2. 对土壤的潜在危害

生物质炭有利于促进质地较粗土壤对硝态氮的保持，却会加剧质地较为黏细土壤中硝态氮的淋失（李文娟 等，2013），对土壤团聚结构产生负面作用，使土壤 pH 和 NH_3 含量出现较大增加，可能对土壤生物产生不利影响。生物质炭也会影响土壤动物多样性。如禽类粪便基生物质炭加入土壤，使蚯蚓平均成活率下降，且随着生物质炭加入量增加，成活率不断下降。当增加至 67.5 t/hm^2 时，蚯蚓成活率降至 0（Liesch et al.，2010）。因此，炭基肥料的利用要以优化农田土壤性质为主要前提。

3. 对作物的潜在危害

炭基肥中生物质炭对幼苗生长、作物生物量和对氮素的吸收产生影响（廖承菌 等，2013）。由于生物质炭中易分解态有机碳产生激发效应使土壤微生物大量固氮，从而减少氮素的作物可利用性，表现为生物质炭对作物幼苗的生长具有阻滞效应（Deenik et al.，2010）。Rondon 等（2007）研究表明，菜豆的氮素吸收量和生物量随着土壤中生物质炭含量升高而显著降低，可能是因为生物质炭具有较高的碳氮比，尤其易降解的脂肪碳含量较高时，土壤微生物对氮素有强烈的固定作用，降低氮素的可利用性，进而影响农作物产量。因此，在生物质炭作为载体制备炭基肥料时，要系统研究生物质炭类型和用量对作物生长的影响。

6.6 展　望

随着农业经济的快速发展，包括农作物秸秆、木屑、畜禽粪便等各种生物质废弃物产量快速增长，生物质废弃物高值、高效、资源化利用已经成为制约农业可持续发展的一大难题。近年来，生物质炭化、肥料化技术成为生物质废弃物资源化利用的新兴技术。生物质炭基肥不仅有利于固碳减排，还能改良土壤，在土壤改良及修复领域具有广阔的应用前景。有关生物质炭制备工艺参数、生物质炭性质、生物质炭基肥制备技术、生物质炭基肥效果评价的研究已成为热点。目前，生物质炭和生物质炭基肥还未形成产业化的规模，还需要深入研究生物质炭在土壤改良和修复领域的应用，以满足未来污染修复、土壤改良和农业化肥减量等领域的需求。

根据国内外研究现状，结合我国建设发展现代农业、保障农产品有效供给的迫切需求，在当前及今后一段时间内，我国生物质炭基肥的研究与推广应用需要重点关注以下 3 个方面。

1. 生物质炭基肥相关标准的制定

　　应用生物质炭和炭基肥可修复农业环境污染、改良农业土壤、促进资源与环境可持续发展，是低碳、环保、生态可行的技术途径之一。生物质炭基肥应用时，需坚持适时、适地、适用的原则，严格掌控环境风险，注意与农业生产方式的结合（陈温福　等，2014）。目前，已经开展了大量生物质炭修复环境重金属和有机污染物污染及改良土壤环境的研究，但仍需要系统认识其环境应用理论与调控机理及机制等问题。不同条件下生物质炭作用机制有较大差异，生物质炭"质-效""量-效"关系及其机理等还有待深入探讨。生物质炭基肥性质和特征对全国不同生态区土壤的改良培育效果尚需开展系统的、长期的研究。研究制定生物质炭基肥制备、应用、测定及分析的相关国家标准、行业标准或地方标准，是未来炭基肥相关研究与推广应用的必然要求。

2. 生物质炭基肥应用的综合评价指标体系的建立

　　目前，对生物质炭基肥的关注度日益增加，但有关生物质炭基肥的应用研究和产业化总体上还处于起步阶段，还有诸多问题需要解决。例如，生物质炭基肥中生物质炭和肥料的配比，生物质炭与肥料复合及肥料效益关系；生物质炭基肥实际施用量对土壤和农作物生长的影响；炭基肥水肥吸持特性与根系生长的互作机制及其对作物水肥利用的调控机制问题；不同环境下生物质炭基肥的肥效随时间的动态变化；生物质炭基肥的产业化进程，及其如何实现生物质炭基肥的高效高质制备等。因此，开展生物质炭基肥在不同地区、不同作物、不同条件下的长期、大规模田间试验，探究生物质炭基肥中生物质炭和肥料的内在作用机制，建立生物质炭基肥规模应用下的农业水土、经济、环境等效应及综合评价指标体系，将有助于推进生物质炭基肥产业化发展。

3. 生物质炭基肥利用的安全性评价

　　尽管生物质炭基肥具有较多优势，但生物质炭进入土壤，可能会带来一系列潜在的生态风险与健康风险。例如，对土壤结构稳定性、微生物与动物多样性及植物生长产生不利影响；制备中产生的多环芳烃、砷、镉、铅等有害物质可能会发生富集，从而对生态环境和作物安全生产造成潜在风险。因此，评估生物质炭基肥施用对生态环境的影响，建立生态安全或风险评估机制，考察生物质炭基肥的生态效应，有助于实现农业可持续发展。此外，必须评估生物质炭基肥中的多环芳烃、重金属等有害物质水平，长期、系统、全面地评估其是否会威胁生物多样性和生态系统平衡的生态风险等。提升生物质炭基肥的制备工艺和成型设备，探索制备安全、高效生物质炭基肥的新方法也是炭基肥产业化发展的必备基础。

第 7 章

生物质醇类燃料

7.1　概　　述

7.1.1　生物质醇类燃料开发的意义

我国石油资源短缺，但石油消费量居世界第二位，每年须从国外进口大量石油，2019 年进口原油 5 亿多 t，石油对外依存度超过 70%。我国石油供应结构已经对国家能源安全构成严重威胁。同时，大量化石燃料的开采、加工和使用引发的全球气候变暖趋势及环境污染问题已成为制约人类社会生存和发展的瓶颈。开发清洁、可再生能源已成为我国可持续发展战略的优先选项（吕建中 等，2017）。生物质能源是提供可再生能源的重要途径。其中，最有应用前景的生物质能源之一是醇类燃料。生物质醇类（甲醇、乙醇、丙醇及丁醇等）作为燃料有许多益处，可减少我国对国外石油的依赖、减少贸易逆差、减少温室气体排放、减少汽车尾气中有毒物质排放等。

生物质醇类燃料的生产原料主要包括淀粉质、糖质和木质纤维原料 3 类。以淀粉质、糖质为原料生产乙醇的技术体系已经十分成熟，但我国发展以粮食、甘蔗等为原料生产醇类燃料受到土地资源的约束。我国有丰富的农林生物质资源，包括农作物秸秆、林业生产和加工剩余物、城市纤维垃圾、工业加工纤维素废弃物、能源林草等。发展以农林生物质资源为原料生产醇类燃料，可以实现资源的永续利用，符合可持续发展和循环经济的要求。

7.1.2　生物质醇类燃料的研究现状

1.　生物乙醇的研究现状

生物乙醇是最早被研究的可再生能源之一，也被认为是最具商业化应用前景的醇类燃料。乙醇的生产方法分为化学法和生物法。化学法包括乙烯催化合成法和合成气催化合成法。生物法主要是生物质发酵法。微生物发酵是目前生物乙醇最主要的生产方法。统计表明，2021 年，世界上 93%的乙醇是利用微生物发酵淀粉类或糖类作物而得到，7%的乙醇通过化学合成法得到。

第一代生物乙醇主要是以淀粉、甘蔗汁或糖蜜为原料进行生产。美国和巴西已实现第一代生物乙醇大规模生产，根据各自国情分别建立了以玉米和甘蔗为原料的生物乙醇产业。第一代生物乙醇生产技术已经成熟，但需要消耗大量粮食或糖类作物资源，在全球粮食供应形势依旧紧张和土地供给不足的背景下，第一代生物乙醇难以满足对乙醇燃料的大量需求，亟须拓展生物乙醇生产的原料资源。资源量大、廉价、可再生的木质纤维生物质资源有望成为生物乙醇大规模生产的潜在原料。近30年来，以木质纤维素为原料制备第二代生物乙醇（纤维素乙醇）的技术得到世界各国科学家的关注，并开展了广泛研究。在美国、加拿大、日本等国建立了多套纤维素乙醇中试工厂，我国在黑龙江、河南、山东、安徽等地建立了规模不等的纤维素乙醇中试工厂。与第一代生物乙醇相比，第二代生物乙醇制备技术尽管取得了重要进展，但生产成本过高仍然是制约其大规模商业化生产的瓶颈（袁振宏 等，2017）。

　　淀粉质原料生产燃料乙醇的工艺流程（图7-1）主要包括糖化、发酵和乙醇提取（蒸馏）过程。糖化过程是利用淀粉酶将淀粉水解成葡萄糖。发酵过程是微生物转化葡萄糖得到乙醇。提取过程是通过蒸馏、脱水等方法，得到可用于汽车燃料的无水乙醇（靳胜英 等，2011）。

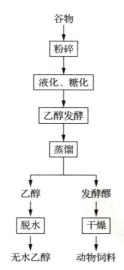

图7-1　淀粉质原料生产燃料乙醇的工艺流程

　　木质纤维素生产燃料乙醇的工艺流程（图7-2）主要包括预处理、水解、发酵和乙醇提取（蒸馏）4个过程。预处理的目的是破坏生物质的内在结构，消除原料中阻碍纤维素酶水解的物理和化学屏障，提高纤维素对纤维素酶的可及度。多年来，研究人员围绕提高木质纤维素酶水解效率开展了大量的预处理研究，一是在生物质微观结构层面解析制约纤维素酶水解的顽抗特性，二是针对不同类型木质纤维原料的组成结构特性，开发了多种预处理方法，主要包括物理法、化学法、物理化学法和生物法等（Lin et al.，2020）。近年来，具有绿色、高效特性的离子液体、γ-戊内酯/水、低共熔溶剂体系等新型预处理溶剂逐渐受到人们的关注。纤维素、半纤维素水解主要包括酸法水解和酶法水解两类。酸法水解是指纤维素、半纤维素在稀酸催化下水解成葡萄糖或木糖的过程。酸法水解的优点是反应速度快、便于连续操作，但存在能源消耗大、副产物多、水解得率低、对设备要求高和废水处理成本高等缺点。酶法水解因其反应条件温和、副产物少、污染负荷低等优点而被公认为是一种绿色高效的生物质水解方法，具有良好的商业应用前景。木质纤维素类生物质水解液中的糖组分除葡萄糖外，还包括木糖、阿拉伯糖、甘露糖、半乳糖等可发酵性糖，同时还含有对微生物生理生化特性有害的发酵抑制物（Huang et al.，2015）。传统的乙醇发酵菌株酿酒酵母耐乙醇和发酵抑制物能力强，但只能发酵葡萄糖、甘露糖和半乳糖等己糖，不能利用属于戊糖的木糖和阿拉伯糖。因此，选育或通过基因工程构建能够同时转化己糖和戊糖的乙醇发酵菌株可以实现水解糖液中的戊糖和己糖共转化为乙醇，可进一步降低木质纤维生物质生产乙醇的成本。

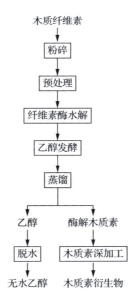

图 7-2　木质纤维素生产燃料乙醇的工艺流程

2. 生物丁醇的研究现状

生物丁醇是有潜在应用前景的醇类燃料。与乙醇相比，丁醇的能量密度高30%，和汽油相当。丁醇蒸汽压低，操作更安全，产生的挥发性有机化合物更少；

丁醇吸湿性低，与汽油混合对杂质水的宽容度较大；丁醇的辛烷值和热值更接近于汽油，可以与汽油以任何比例混合（王洪 等，2017）。

生物丁醇生产主要包括化学合成法和发酵法，目前主要以化学合成法为主。1861 年法国科学家路易斯·巴斯德首次报道发酵法制备生物丁醇，即利用丙酮丁醇梭菌在严格厌氧条件下发酵，主要产物是丙酮、丁醇和乙醇，比例为 6∶3∶1，简称 ABE 发酵。第一次世界大战期间，随着丙酮在炸药制造和航空机翼涂料等方面使用量激增，英国开始以玉米为原料采用大规模发酵法生产丙酮-丁醇。第一次世界大战后，由于丁醇的可利用价值降低，丙酮-丁醇发酵工业曾陷入衰退局面。第二次世界大战期间，作为溶剂和高辛烷值航空燃料的丁醇对日本禁运，日本建立了年产 2.5 万 t 以糖蜜为原料的丙酮-丁醇发酵工厂。20 世纪 50 年代，随着石油工业的快速发展，以石油为原料用化学合成法生产丁醇工艺以低成本的优势逐渐替代了丙酮-丁醇发酵工业，中国由于当时特殊的经济和政治环境，是少数几个仍然进行丙酮-丁醇发酵生产的国家之一（高明哲，2020）。21 世纪以来，随着石油资源日趋枯竭和大量使用石油产品引发的环境污染问题日益严重，以及以粮食为原料采用发酵法生产生物丁醇受到成本和原料短缺的制约，以木质纤维生物质为原料制备生物丁醇受到各国政府和科学家的重视并开展了广泛的研究。总体来说，纤维素丁醇研究的深度和广度及产业化进程落后于纤维素乙醇。目前，纤维素丁醇制备技术研究主要围绕以下几个方面开展：有效的原料预处理技术和高效的纤维素糖化技术、丁醇和发酵抑制物耐受力高的高效丁醇发酵菌株的选育或构建、高浓度丁醇发酵技术、丁醇发酵原位回收技术、低能耗丁醇提取技术及装备等。

7.2　原料预处理方法

在木质纤维原料中，纤维素、半纤维素和木质素紧密交联，形成类似"钢筋混凝土"复杂结构的超分子复合物，使木质纤维素难以被微生物或酶直接降解。木质纤维素生物转化过程中，必须将其中的多糖组分降解转化为葡萄糖、木糖等可发酵性单糖，才能被微生物发酵转化为生物能源和化学品。因此，在纤维素酶水解前，必须采用适当的处理技术破坏木质纤维素的这种拮抗作用，使其易于降解，这种对木质纤维原料进行处理的过程称为预处理过程。预处理过程通过溶解半纤维素或脱除木质素的方法，实现纤维素、半纤维素和木质素的有效分离，破坏木质纤维素对酶的拮抗结构，提高原料中纤维素分子对纤维素酶的可及度，有利于提高后续纤维素酶水解过程得率和效率（姜岷 等，2018）。木质纤维素预处理方法主要包括物理法、化学法、物理化学法和生物法。预处理过程主要通过水解、氧化、热解和酶解作用破坏木质纤维素的内在结构，消除或部分消除木质纤维素超分子结构对纤维素酶水解的物理或化学屏障（Huang et al.，2019）。高效的原料预处理方法一般需要满足以下条件：一是预处理过程中纤维素、半纤维素回收率高；二是预处理物料有良好的酶水解性能；三是预处理过程中产生的发酵抑制物质少；四是满足低能耗、低成本、易操作和过程清洁等条件。

7.2.1　物理法预处理

1. 机械粉碎法

无论何种木质纤维原料用于生物炼制，第一步都是通过机械法（如粉碎和削片）来减小其物理尺寸，进而提高后续预处理过程的效率和降低预处理的成本。粉碎和削片是两种最常用的机械预处理方法，其可以将原料的尺寸减小到几厘米，甚至几毫米，从而提高了其比表面积，减小了纤维素的结晶区。在现有的粉碎技术中，以球磨尤其是振动球磨的效率较高，其可以减小原料尺寸至微米级，还可降低木质纤维原料中纤维素的结晶度。采用球磨预处理可显著改善麦草的酶水解性能，而振动球磨可有效破坏云杉和白杨木屑中纤维素的结晶结构，效率远高于一般球磨。

2. 超声波、微波预处理法

超声波预处理是利用介质水在超声环境中产生的机械作用及空化作用，从而对物料表面产生冲击和剪切作用的一种预处理方法。此外，在超声波处理过程中产生的热量也可使纤维素具有较大的孔隙度和比表面积，从而增加了纤维素酶对纤维素的可及度。有研究（Aliyu and Hepher，2000）发现，超声波所产生的冲击波力能使纤维素分子链断裂，形成大分子自由基，从而导致纤维素降解；此外，经过超声波处理的物料，其纤维保水值和可及表面积明显增大，反应性能显著提高。单独的超声波预处理方法并不能有效提高纤维素的酶水解得率；然而，当以稀酸辅助超声波预处理时，其结构明显破坏，酶水解得率得到大幅提高。

微波预处理是另一种常用的预处理技术，其主要利用表面微波改变植物纤维原料的超分子结构，使纤维素结晶区尺寸发生变化。微波预处理能够部分降解木质素和半纤维素，从而增加其可及度，提高纤维素的酶水解效率。与传统预处理方法脱除半纤维素或木质素的原理不同，微波预处理是利用水分子在原料表面"钻孔"从而增大原料和纤维素的比表面积，也使纤维素酶容易进入生物质内部进行水解从而达到提高酶水解效率的目的。

7.2.2　化学法预处理

1. 酸法预处理

酸法预处理包括浓酸和稀酸两种预处理方法。浓酸预处理方法虽然糖化率高、原料降解产物少，但是其需要消耗大量酸，并且对设备腐蚀严重、成本高，因而被淘汰。目前主流的酸法预处理是稀酸预处理，尤其是稀硫酸法预处理。

稀酸预处理是指原料在 120～200℃和酸浓度为 0.1%～1.5%条件下进行预处理的一种方法。木质纤维原料中的半纤维素在酸性条件下易发生降解和溶解，从而使纤维素更多地暴露出来，比表面积增大，酶水解效率提高。

2. 碱法预处理

碱法预处理是指在碱性环境中，木质素与木质素及木质素与碳水化合物之间的酯键和醚键等化学键发生断裂，脱除木质素，而达到预处理目的的一种预处理方法。由于在预处理过程中，填充在纤维素束之间的木质素发生溶解，从而使纤维素暴露出来，并且随着木质素的脱除，纤维素结晶度和聚合度都降低，反应活性增强。在碱法预处理过程中木质素被脱除，导致原料中木质素-碳水化合物之间的化学键被破坏，所以在碱法预处理过程中，除了木质素的降解外，往往伴随部分半纤维素的降解。与酸法预处理相比，碱法预处理条件温和，并且预处理过程中产生的抑制物极少，处理后固形物中绝大部分纤维素和半纤维素被保留下来，有利于后期碳水化合物的生物转化。碱法预处理又包括常规碱法预处理、绿液预处理和氧化法预处理等技术。

1）常规碱法预处理

常规碱法预处理中碱性试剂包括 NaOH、$Ca(OH)_2$ 和氨水等，其中以 NaOH 预处理最多。NaOH 预处理除了使木质素发生脱除外，还能引起纤维素的润张，从而增加了纤维素的比表面积，提高了其酶水解性能。对棉花秸秆进行 NaOH 预处理的研究发现，在 121℃和 2% NaOH 条件下，原料中木质素脱除率高达 65%，并且预处理固形物纤维素酶水解得率达到 60.8%，明显高于相同条件下 H_2SO_4 和 H_2O_2 预处理的效果。但是 NaOH 价格较高，与其他几类碱性试剂相比，其优势并不明显。

与 NaOH 相比，$Ca(OH)_2$ 是一种价格更加低廉的碱性试剂，因而受到更多的重视。对玉米秸秆进行 $Ca(OH)_2$ 预处理发现，在 121℃、1.5% $Ca(OH)_2$、固液比 1∶5 条件下处理 4 h，其纤维素和木聚糖酶水解得率可以高达 88.0%和 87.7%。在低温条件下采用 $Ca(OH)_2$ 对玉米秸秆进行预处理 4 周，发现在预处理过程中 87.5%的木质素被脱除，并且 $Ca(OH)_2$ 消耗量仅为 0.073 g/g 玉米秸秆。酶水解结果表明，预处理固形物中纤维素和木聚糖酶解得率可以高达 91.3%和 51.8%。

氨水是除了上述两种固体碱试剂外的另一种常用的碱。由于 NH_3 极易挥发，使其回收再利用变得简单，并且氨水价格低廉，对蒸煮设备没有任何腐蚀性。在 60℃和 15%氨水条件下处理玉米芯 12 h，绝大部分碳水化合物都被保留在预处理固形物中，并且木质素脱除率可以达到 50%左右。酶水解结果表明，纤维素和木聚糖水解得率分别达到 83.0%和 81.6%。在各类氨水预处理中，氨循环渗透法是新兴的一种预处理方法。通过渗透反应器，该反应过程中的氨水可循环对底物进行作用，并且氨水可以改变纤维素和半纤维素的结构，具有很强的氨水移除能力。利用氨循环渗透法对玉米秸秆进行预处理，发现高达 70%～85% 的木质素被脱除。此外，半纤维素也发生一部分溶解，溶解的半纤维素主要以低聚糖形式存在于水解液中，经过预处理的固形物酶水解得率高达 88%。

2）绿液预处理

在绿液系硫酸盐法制浆过程中，对黑液进行化学品回收所得到的一部分碱性物质，其主要成分为 Na_2CO_3 和 Na_2S。在硫酸盐法制浆过程中，制浆黑液浓缩后进行燃烧，从回收锅炉中流出的熔融物质进行再溶解即得到绿液。一方面，与硫酸盐法相比，绿液预处理不需要苛化的过程，因而减少了整个预处理过程的成本；另一方面，绿液是一种弱碱性溶液，它能脱除原料中的木质素，将绝大部分碳水化合物保留在原料中，因而提高了底物酶水解和发酵的价值。对玉米秸秆进行绿液预处理发现，在预处理条件为 140℃、4%总碱量和 20% Na_2S 的条件下，39.4%的木质素被脱除，纤维素和木聚糖回收率高达 92.5% 和 82.4%，酶水解结果表明，纤维素、木聚糖的水解得率和总糖回收率分别为 83.9%、69.6 和 78.0%。与 NaOH 预处理相比，绿液预处理低的 pH 使预处理固形物中纤维素回收率几乎高达 100%。与常规预处理方法相比，绿液预处理的工艺比较成熟，包括碱液和热能的回收，并且整个流程所需的设备都可以与造纸厂共享，可减少固定资产投入，且绿液预处理对原料的适应性很强，从禾本科植物到阔叶材都能达到很好的预处理效果。

3）氧化法预处理

氧化法预处理是利用木质素在氧化剂的作用下发生分解而进行预处理的一种预处理方法。由于氧化剂的存在，预处理的条件较为温和，甚至在常温下即可进行，而在实验中氧化法预处理往往与其他预处理方法相结合使用。将 H_2O_2 与 NaOH 预处理相结合，在 1% H_2O_2、pH 11.5、温度 25℃条件下处理麦草 18～24 h，原料中超过 50%的木质素被脱除和几乎全部的半纤维素发生降解，效果远高于 NaOH 预处理。用 O_2 代替 H_2O_2 进行碱法预处理，发现预处理后底物中 65%的木质素和 50%的半纤维素被脱除，预处理固形物纤维素酶水解得率达到 85%，并且预处理体系中几乎检测不到抑制物糠醛和 5-羟甲基糠醛（HMF）。臭氧也是一种常用的氧化剂，臭氧法预处理的优点在于其在常温下即可进行预处理，并且处理过程中不产生任何有毒物质。

7.2.3　生物法预处理

生物法预处理是指利用微生物，尤其是真菌类微生物对木质纤维原料进行预处理的一种预处理方法，常用的真菌主要包括白腐菌、褐腐菌和软腐菌等。与化学法、物理法和物理化学法不同，生物法预处理不需要任何化学试剂，因而在预处理过程中，不产生对环境有害的物质。由于只使用微生物，与化学法预处理相比，其成本极其低廉。在生物法预处理过程中，微生物自身分泌大量过氧化物酶和漆酶，从而能够选择性降解木质纤维原料中的木质素，而保留其中的碳水化合物。目前报道的生物法预处理效率最高的真菌是白腐菌，其生长繁殖能力强并且能够高效分解木质素。

在生物法预处理过程中，底物尺寸大小、水分含量、预处理温度和时间等因素都会影响木质素的脱除效率。以白腐菌处理玉米秸秆原料 18 天后，木质素的脱除率达到 31.59%，仅 6% 的纤维素被降解；采用颗粒尺寸 5 mm 的玉米秸秆在 28℃和 75% 水分含量条件下处理 35 天后，其纤维素酶水解得率可以达到 66.61%，乙醇发酵的最终得率为 57.80%（Wan et al.，2010）。采用 5 种不同种类真菌对小麦秸秆、水稻秸秆、谷壳和甘蔗渣进行预处理的对比实验发现，两种黑曲霉菌株和泡盛曲霉对小麦秸秆和水稻秸秆的预处理效果较好，而凤尾菇菌则更适用于谷壳和甘蔗渣（Hartmann et al.，2021）。生物法预处理技术受限于效率低、耗时长等缺点，目前尚难以满足工业化大规模生产的需求。

7.2.4　新型预处理方法

近年来，随着科技的进步，一些新型预处理方法不断出现，其中以离子液体预处理和电化学预处理研究最广泛。

1.　离子液体预处理

离子液体具有选择性溶解纤维素或木质素的功能，进而达到破坏原料结构的目的，常用的离子液体有 N-甲基氧化吗啉（NMO）、[Amim]Cl、[Emim][CH$_3$COO]和[Bmin]Cl 等。其中，NMO 是一种纤维素溶剂，用其进行预处理，可直接使木质纤维原料当中的纤维素分离出来，并且发生溶解的纤维素链之间的氢键和范德华力被完全打破，从而使纤维素酶水解得率大幅提高。NMO 预处理条件温和、安全无毒、可回收，使其成为一种很有潜力的预处理方法。此外，[Emim][CH$_3$COO]是一种选择性溶解木质素的离子液体，在预处理过程中木质素发生溶解，而纤维素则被保留在原料中，并且随着木质素的脱除，纤维素的结构发生明显变化，结晶度下降。目前，离子液体虽然已经实现回收再利用，然而与常规预处理相比，离子液体价格昂贵，并且大部分离子液体对人体具有一定毒性，因而尚未实现工业化大规模利用。

2.　电化学预处理

电化学预处理是基于制浆漂白工艺而兴起的一种预处理方法。在漂白工艺中，电化学作用可以去除纸浆中的剩余木质素，而保留大部分纤维素和半纤维素，从而维持纸张的机械强度。在预处理过程中，通过电解作用，使 NaCl 溶液中的 NaCl 发生分解得到含有 HClO 的活化水，从而能有效降解木质素。该法条件温和，易产业化，并且过程中无须酸碱试剂，是一种环境友好的预处理方法。

3. 超临界 CO_2 预处理

超临界 CO_2 预处理是近年来兴起的一种新型绿色的预处理方法。超临界 CO_2 是指处于临界温度 31.7℃、临界压力 7.38 MPa 之上的 CO_2 流体，其具有黏度低、扩散系数大、溶解能力强和流动性好等特性。因其具有化学性质稳定、无毒不污染环境、无腐蚀性、来源充足并易得到纯度较高的原料等优点而将其作为首选的超临界溶剂，在超临界流体技术领域有着广泛的应用前景。超临界 CO_2 似气体的黏度和似液体的密度，使它比其他溶剂更容易渗透到木质纤维素生物质的气孔中。超临界 CO_2 预处理在原理上类似于蒸汽爆破法。超临界 CO_2 预处理是利用超临界 CO_2 零表面张力、低黏度和高扩散系数的性质使大量 CO_2 分子渗透到木质纤维素的多孔结构中，并对生物质产生溶胀作用，通过快速泄压时产生的物理爆破作用破坏其致密结构而不造成化学水解作用。使用超临界 CO_2 对木质纤维素进行预处理，既增加了水解时与纤维素酶的可接触表面积，又由于其相对于蒸汽爆破来说可在较低的温度下进行，降低了高温对一些小分子糖类的降解作用，还原糖产率有一定的提高。在超临界 CO_2 预处理木质纤维素中，温度、含水率、压力和作用时间是影响预处理效果的主要因素。以玉米秸秆为原料，在考察范围内得出超临界 CO_2 预处理的最佳条件是在温度 170℃、水和干基重量比为 3，压力为 20 MPa，作用 2.5 h，酶水解得率为 50.2%，比未经预处理的样品提高了 34.0%。以水稻秸秆为原料，使用超临界 CO_2 预处理，在压力 30 MPa、温度 110℃的条件下预处理 0.5 h，糖得率为 32.4%，比未经预处理时提高了 4.70%。

7.3 纤维素糖化

7.3.1 纤维素酶与半纤维素酶

1. 纤维素酶

纤维素酶是一类可将棉花、木材和纸浆等纤维素原料水解转化为葡萄糖的一组复杂糖苷水解酶系的总称。按照作用底物不同，纤维素酶包括 β - 葡聚糖酶和 β - 葡萄糖苷酶两大类。前者主要作用于不溶性的纤维素，根据其在水解纤维素过程中的作用方式不同分为内切葡聚糖酶（EC 3.2.1.4，1,4-β-D-glucan hydrolase 或 endo-1,4-β-D-glucanases）和外切葡聚糖酶（EC 3.2.1.91，1,4-β-D-glucan cellobiohydrolase 或 Exo-1,4-β-D-glucanase）两类。内切葡聚糖酶负责从纤维素内部随机攻击碳水化合物链，随机水解β-1,4-糖苷键，产生游离的链末端。内切葡聚糖酶的活力常通过测定其对底物羧甲基纤维素的水解能力确定；外切葡聚糖酶又称纤维二糖水解酶，这类酶能够从纤维素链的非还原末端或还原末端剪切纤维二糖单位，主要作用于可溶性的纤维二糖和某些短的纤维寡糖，可将其彻底水解为葡萄糖（汪维云 等，1998）。

纤维素酶分子多为糖蛋白，在结构上大多含有多个彼此独立的结构域。常见的高级结构为包含了催化结构域（catalytic domain，CD）的头部，纤维素结合域（cellulose binding domain，CBD）的楔形尾部，和与这两部分相连的铰链（linker）3 部分组成（图 7-3）。

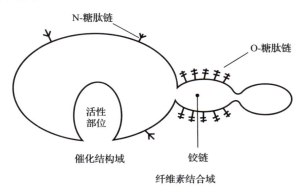

图 7-3　纤维素酶的分子结构

2. 半纤维素酶

由于半纤维素是存在于植物细胞壁中的一类非均一聚糖，结构组成和结构比纤维素更为复杂，其完全水解需要主链降解酶和侧链降解酶的共同作用。半纤维素酶种类繁多，主要涉及负责木聚糖主链降解的木聚糖酶（EC 3.2.1.8）和β-木糖苷酶（EC 3.2.1.37），甘露聚糖主链降解的β-甘露聚糖酶（EC 3.2.1.78）和β-甘露糖苷酶（EC 3.2.1.25）及各种侧链降解酶［如乙酰木聚糖酯酶（EC 3.1.1.72）、α-L-阿拉伯呋喃糖苷酶（EC 3.2.1.55）、阿魏酸酯酶（EC 3.1.1.73）和α-葡萄糖醛酸酶（EC 3.2.1.139）等］。

内切 β-1,4-木聚糖酶是主要的木聚糖降解酶，该酶以内切的方式水解木聚糖主链的糖苷键，产生短链木聚糖和低聚木糖。根据氨基酸序列同源性和疏水性分析，内切 β-1,4-木聚糖酶分布在 21 个糖苷水解酶家族，其中 GH10 家族木聚糖酶和 GH11 家族木聚糖酶是研究较为深入的两种木聚糖酶（Vardakou et al.，2008）。GH10 家族木聚糖酶具有较低的底物特异性，能够水解木聚糖上靠近侧链基团的糖苷键，该家族蛋白部分有纤维素结合域，与木质纤维原料中木聚糖结合的同时，也可以和纤维素相互作用，有助于破坏植物细胞壁结构，促进酶水解；GH11 家族木聚糖酶多为单结构域，底物特异性高，活性容易受木聚糖侧链乙酰基、葡萄糖醛酰基、阿拉伯糖酰基等取代基影响，酶分子量较小，能有效渗透到木质纤维素类底物中。

β-木糖苷酶主要分布在糖苷水解酶的 GH3、GH30、GH39、GH43、GH52 和 GH54 家族，可作用于低聚合度低聚木糖的非还原性末端生成木糖（Biely et al.，2016）。真菌来源的 β-木糖苷酶主要属于 GH3、GH43 及 GH54 家族。里氏木霉 GH3 家族的 β-木糖苷酶不仅具有 β-木糖苷酶活性，还具有 α-L-阿拉伯糖苷酶活性（Andlar et al.，2018）。

内切 β-1,4-甘露聚糖酶是甘露聚糖的主要降解酶，进攻甘露聚糖分子主链内的糖苷键，释放短链甘露聚糖和甘露低聚糖（Srivastava et al.，2017）。目前发现的内切 β-1,4-甘露聚糖酶属于 GH5、GH26 和 GH113 家族（Sharma et al.，2017）。除了催化结构域外，大多数内切 β-1,4-甘露聚糖酶还含有非催化区域 [如碳水化合物结合域（carbohydrate-binding domain, CBD）和甘露聚糖结合域（mannan-binding domain, MBD）]，这些非催化区域多存在于内切 β-1,4-甘露聚糖酶催化区域的一侧或两侧，可以使内切 β-1,4-甘露聚糖酶更好地与甘露聚糖结合，增强其对甘露聚糖的水解能力。

在半纤维素支链降解的半纤维素酶中，α-L-阿拉伯糖苷酶作用于木聚糖或低聚木糖主链上的 L-阿拉伯糖取代基，降低阿拉伯糖取代基对内切 β-1,4-木聚糖酶的空间位阻作用。根据底物专一性差异，α-L-阿拉伯糖苷酶分为两类：α-L-阿拉伯糖苷酶 A，该类酶一般降解末端的阿拉伯糖基；α-L-阿拉伯糖苷酶 B，既能降解末端的阿拉伯糖基，也能降解阿拉伯糖基侧链。α-葡萄糖醛酸酶主要作用于 4-O-甲基葡萄糖醛酸与木糖之间的 α-1,2-糖苷键（Biely et al.，2016），目前发现的两种 α-葡萄糖醛酸酶分别属于 GH67 和 GH115 家族。乙酰木聚糖酯酶主要作用于低聚木糖或者木聚糖上木糖残基的 C2 或 C3 位上的 O-乙酰基，降低乙酰基对木聚糖酶的空间位阻（Malgas et al.，2019）。α-半乳糖苷酶作为脱支酶能催化水解半乳甘露聚糖、半乳葡甘露聚糖及相应的甘露低聚糖主链的 α-1,6-D-吡喃半乳糖取代基。

7.3.2　纤维素酶水解作用机理

Reese 等（1950）提出了关于纤维素降解机制的第一个假说 C1-Cx 假说，他们认为，纤维素降解过程中有一种 C1 因子首先作用于结晶纤维素使其变成无定型纤维素，然后在另一种 Cx 酶和葡萄糖苷酶的作用下彻底水解。之后 Wood 在此基础上于 1972 年提出了目前被广泛接受的协同作用模型。普遍认为完全降解纤维素至少需要有 3 种功能不同但又互补的纤维素酶的 3 类组分：内切葡聚糖酶（EG）、外切葡聚糖酶（CBH）和葡萄糖苷酶（CB），在它们的协同作用下才能将纤维素水解至葡萄糖。纤维素的降解过程，首先是纤维素酶分子吸附到纤维素表面，然后，EG 在葡聚糖链的随机位点水解底物，产生寡聚糖；CBH 从葡聚糖链的非还原端进行水解，主要产物为纤维二糖；而 CB 可水解纤维素二糖为葡萄糖。其中对结晶区的作用必须有 EG 和 CBH，对无定型区则仅有 EG 组分即可（Eriksson et al.，1969；Gilkes et al.，1991；Linder et al.，1997）。

随着人们对纤维素降解系统了解的深入，协同作用模型得到不断的修正和改善。通常，天然降解酶系包括不止一种葡聚糖内切酶或纤维二糖水解酶。不仅在内切酶与外切酶及葡萄糖苷酶和葡聚糖之间存在协同效应，底物中还原性和非还原性末端的葡聚糖外切酶和葡聚糖内切酶之间亦存在协同效应。（欧阳嘉 等，2008）。结晶纤维素的降解需要两类内切葡聚糖酶和纤维二糖水解酶的作用。首先由对纤维素吸附能力较弱的一类内切葡聚糖酶（如 EGIII）水解纤维表面的无定型区域，然后暴露在外的结晶区与吸附能力较强的具有碳水化合物结合结构域（carbohydrate-binding module，CBM）的纤维素酶（包括 EG I，EG II，CBH I 和 CBH II）发生吸附，引起纤维素膨胀，形成变性纤维素，再由内切葡聚糖酶、纤维二糖水解酶和 β-葡萄糖苷酶分别作用产生寡糖、纤维二糖和葡萄糖。更新的理论认为，天然纤维素首先在一种非水解性质的解链因子或解氢键酶作用下，使纤维素链间和链内氢键打开，形成无序的非结晶纤维素，然后在 3 种酶的协同作用下水解为纤维糊精和葡萄糖（Rabinovich et al.，2002）。

对纤维素酶水解机理的研究目前主要集中在内切与外切纤维素酶剪切下纤维素物理结构瓦解的酶作用机理，关于纤维素结构被破坏这一现象的解释仍不十分明确，纤维素酶与其他绝大多数酶的不同点在于它所作用的底物是不溶性的，不同纤维素酶组分的竞争性吸附会引起酶的吸附与脱附交替进行，从而提高酶解程度。酶解过程中存在一个酶与固态纤维素底物之间发生物理接触即吸附作用的过程。纤维素酶水解速度与纤维素吸附作用密切相关。从纤维素酶水解机理的研究中了解到纤维素酶对底物的吸附过程是非常必要的，是系统深入认识纤维素酶水解过程基本理论的前提条件。

7.3.3　影响纤维素糖化的因素

1. 相关原料的影响因素

纤维素酶在进行酶水解之前，需要首先吸附到不可溶的纤维素表面才能顺利地进行催化反应。研究表明，纤维素酶水解的初始速率与预处理强度、原料对纤维素酶吸附量及表面积均呈良好的正向相关性。不同预处理条件下物料的表面特性，包括红外吸收、纤维素酶吸附容量、总表面积、纤维素表面积及纤维素的孔径大小，纤维素结晶度和聚合度、原料可及性等是决定酶解糖化效率的常见底物影响因素（Taherzadeh et al.，2008）。

从结构上看，木质纤维原料比表面积与纤维素酶糖化有着直接的关系。比表面积的大小决定了纤维素酶在物料表面吸附量的大小，同时也决定了酶与纤维素接触几率的大小。一般而言，纤维的尺寸越小、孔隙率越高、孔容越大，则纤维的比表面积越大，纤维素酶解效率越高。木质纤维原料外比表面积与纤维的尺寸和表面粗糙度有关，内比表面积取决于纤维内部毛细管的结构。

　　除纤维素自身特性对酶水解的影响外，木质纤维原料中半纤维素与木质素的存在是由于不同原料物理结构和化学组成的不同对纤维素酶水解具有不同程度的阻碍作用。许多研究指出，半纤维素尤其是木聚糖、甘露聚糖显示出对纤维素有极强的亲和吸附作用，从而对纤维素酶水解有强烈的抑制作用（Mansfield et al.，1999）。研究（Biely et al., 2016）证实，纤维素对木聚糖的不可逆吸附会抑制纤维素的酶水解效果，同时木聚糖的存在是预处理原料酶水解的一种主要抑制物。甘露聚糖已经被证实会影响纤维素酶水解纤维素，从而导致纤维素水解得率降低。甘露聚糖吸附在纤维素表面主要是因为它与纤维素的羟基间形成了氢键，而这是它们之间结构相似的缘故。Huang 等（2015）研究表明，木聚糖的存在会抑制微晶纤维素和纳米纤维的酶水解，其原因可能是木聚糖吸附并覆盖在纤维素表面，或者是木聚糖吸附在纤维素酶的活性部位。然而，木聚糖对纤维素酶水解的抑制可以通过加入木聚糖酶来克服，因为这样能增加纤维素酶对纤维素的可及度。实验表明，去除木聚糖可以增加底物的空隙度，进而增加酶对底物表面的可及性。

　　半纤维素中还存在着乙酰基团。这些乙酰基团能够增加纤维素链的直径，改变纤维素的疏水性，从而抑制纤维素酶与纤维素的有效结合，显著降低纤维素的酶可及性，在植物细胞壁抗降解效应中发挥着非常重要的作用。脱除乙酰基团能够有效提高纤维素的降解效率。乙酰基团的抑制性强，但是含量相对较小，能够经过预处理方式进行去除，所以在后续的酶水解中，乙酰基团的影响通常都可以忽略。

　　木质素是影响木质纤维素中纤维素酶水解最主要的底物因素（Sewalt et al.，1997）。在木质纤维原料中木质素填充在细胞壁的微纤丝、基质多糖及蛋白的外层，与纤维丝、基质多糖等共价交联，使纤维素和非纤维素物质间的氢键增强。此外，木质素和细胞壁中的非纤维物质形成化学键，使纤维素部分和非纤维素部分进一步结合，起到加固木质化植物组织的作用。细胞壁的木质化使纤维素酶对底物的可及性降低，阻止了降解酶和底物的接触，可采用选择性脱除木质素的方法以改善和促进纤维素酶水解（Yang et al.，2016）。

2. 酶相关的影响因素

诺维信（Novozymes）及杰能科（Genencor）两大酶制剂公司虽在纤维素酶制备方面取得很大的进展，但目前的纤维素酶成本仍然过高。除纤维素酶昂贵的成本外，纤维素酶各组分之间协同作用的缺失也是影响酶水解的关键因素之一，添加辅助酶或辅助蛋白对纤维素酶酶系结构进行优化，可以使纤维素酶各组分达到最佳的协同酶水解效果，以降低昂贵纤维素酶的用量。通过优化商品化酶制剂中的纤维素酶、木聚糖酶、果胶酶及β-葡萄糖苷酶的比例，在酶蛋白用量减少 2 倍的情况下葡聚糖水解得率及木聚糖水解得率分别达到 99% 及 88%。丝状真菌来源的纤维二糖脱氢酶及聚糖单氧酶可无序氧化纤维素链，使纤维素链断裂，从而增加纤维素链的反应末端，有效地进行纤维素酶水解。除辅助酶外，非水解催化型蛋白可通过破坏纤维素的结晶区域从而增加纤维素的可及性。从细菌和真菌中分离得到的纤维素酶的碳水化合物结合域蛋白可破坏纤维素的结晶网状结构，并释放出纤维小短链（Jeffries，1977）。另外一种来源于植物蛋白的膨胀因子可以在植物细胞壁生长的过程中松弛纤维素网状结构。

纤维素酶的抑制也是影响纤维素酶水解的原因之一。在实际的酶解过程中，葡萄糖对酶水解的抑制作用主要是间接性抑制。随着酶水解的进行，葡萄糖的累积抑制β-葡萄糖苷酶活性，最终导致纤维二糖的积累，进而抑制其他纤维素酶组分，通常认为纤维二糖对酶解的抑制作用高于葡萄糖。游离的木聚糖及其水解产物均对纤维素酶水解纤维素有抑制作用，并且强烈抑制外切葡聚糖酶的活性和水解效率，而其最终产物木糖对纤维素酶的水解效率抑制较弱。研究表明，将低聚木糖添加到纤维素酶水解微晶纤维素的体系中，微晶纤维素的水解得率显著下降。相同浓度的木糖对纤维素酶水解的抑制作用远低于低聚木糖的抑制作用，说明在水解阔叶材和针叶材等含有木聚糖的原料时，需要添加木糖苷酶将低聚木糖转化为木糖，从而缓解低聚木糖对纤维素酶水解的抑制作用。

7.3.4　提高纤维素酶水解的主要策略

1. 低非生产性吸附

表面活性剂是一类即使在很低浓度时也能显著降低表（界）面张力的物质。表面活性剂分子结构均由两部分构成。分子的一端为非极亲油的疏水基，有时也称为亲油基；分子的另一端为极性亲水的亲水基，有时也称为疏油基或亲水头。两类结构与性能截然相反的分子碎片或基团分处于同一分子的两端并以化学键相连接，形成了一种不对称的、极性的结构，因而赋予了该类特殊分子既亲水又亲油，但又不是整体亲水或亲油的特性。表面活性剂的这种特有结构通常称为"双亲结构"，表面活性剂分子因而也常被称作"双亲分子"。表面活性剂溶于水后，亲水基受水分子的吸引，而亲油基受水分子的排斥。为了克服这种不稳定状态，就只有占据溶液的表面，将亲油基伸向气相，亲水基伸入水中。

近年来，通过加入表面活性剂来改善纤维素酶水解的研究得到越来越多的重视（Lou et al.，2013；Lin et al.，2019）。植物纤维素原料经预处理后，随着半纤维素的溶解分离，木质素部分裸露。木质素主要是形成物理屏障，阻碍纤维素酶对纤维素的接触和木质素无效地吸附纤维素酶（Sun et al.，2016）。同时，在酶与底物结合形成络合物的过程中，一部分酶由于不可逆吸附而失活，这对纤维素酶的水解非常不利。所以，抑制酶的无效吸附是至关重要的。添加表面活性剂被认为是提高酶水解效率、降低酶解成本的有效方法之一。

表面活性剂的种类较多，水溶性表面活性剂占总量的 70% 以上，其中非离子型表面活性剂占 25% 左右，被认为是更合适的可提高纤维素水解率的物质。非离子表面活性剂在水中不电离，故稳定性高，不易受强电解质无机盐存在的影响，也不易受酸碱的影响；在水及有机溶剂中皆有较好的溶解性能；在溶液中不电离，故在一般固体表面上不易发生强烈吸附。非离子型表面活性剂是多种酶的激活剂，对酶活性的保护和增效具有特殊的作用。在酶水解过程中添加非离子型表面活性剂能够阻止木质素对纤维素酶的无效吸附，增加酶的稳定性，提高酶水解速度和糖得率，减少昂贵的纤维素酶用量。

2. 分批补料策略

补料工艺是在反应过程中通过添加新的木质纤维素原料或者纤维素酶的方式，保证反应过程中的黏度一直维持在相对较低的水平，最终累积的固含量达到所需的要求。补料是一种重要的操作方式，能够在不改变原有反应器的情况下，通过操作方式的改善来解决高固含量下黏度过高引起的搅拌难题。采用补料工艺，可以维持酶解过程中游离水的含量，保证纤维素酶和木质纤维素原料的充分接触。补料还能够促进纤维素酶的循环利用，降低反馈抑制的程度。

补料方式广泛地应用于高固含量的木质纤维素酶解中，并且对比一次性投料，酶解效率能获得一定程度的提高。但是补料的方式和时间对补料的效果影响很大。补入原料的方式会改变纤维素酶与木质纤维素在降解过程中的比例，从而影响酶水解的速率和最终的得率。纤维素酶补加的时间也十分重要。如果酶水解的时间不超过 40 h，在反应开始阶段一次性加入纤维素酶的效率高于在反应进行过程中补加纤维素酶。但是，补料方式在实际的工业生产过程中增加了过程的复杂性和操作成本。而且，补料方式还可能会对纤维素的转化有一定的抑制作用。对于其是否适合工业化生产目前尚无定论。

7.4　生物乙醇发酵技术

目前，世界燃料乙醇生产技术按原料可分为 3 类：①以玉米、小麦等为原料的淀粉类技术；②以甘蔗、甜菜等为原料的糖蜜类技术；③以农林废弃物等为原料的纤维素类技术。但是，粮食是人类赖以生存的重要战略资源，面对世界和我国人口的增长和总体上的粮食短缺，用粮食生产乙醇的发展规模受到限制。此外，我国耕地面积有限，不能大面积种植甘蔗作为燃料乙醇原料，不能像巴西一样单凭甘蔗一种原料就可解决本国燃料乙醇问题。甜高粱是适合在北方种植的耐旱作物，利用旱地、盐碱地等边际土地种植甜高粱生产燃料乙醇是极具发展潜力的新途径，但存在原料生产周期长和原料保存不当等问题，导致难以满足工业化连续生产线的稳定供应，同时也需要解决大量秸秆的去向问题。因此，综合来看，以丰富的木质纤维素原料来生产燃料乙醇是未来燃料乙醇发展的重要途径。木质纤维素原料，包括秸秆、干草、木材等农林废弃物及能源作物等，在我国分布广泛且价格低廉，具有非常大的应用潜力。

7.4.1　乙醇生产菌株

生物质转化成液体燃料的过程，从本质上讲是具有一定特性的原料在一定条件（温度、压力、催化剂）下，在具有一定传递特性的体系（热量、动量、质量传递）中发生特定化学反应的过程。所有生物质均含有丰富的纤维素、半纤维素和木质素，其中纤维素和半纤维素可作为乙醇的发酵原料。燃料乙醇的生产方法主要可分为化学合成法和生物法两大类（图 7-4），每一类又有不同的具体方法。从图 7-4 中可以看出，化学合成法主要包括乙稀水合法和合成气合成法，生物法主要包括热化学法和发酵法。发酵法是玉米和糖蜜原料经液化、糖化生成葡萄糖，再利用酵母菌、细菌进行发酵生成乙醇。在过去几十年，最常用的产乙醇发酵菌为酵母和细菌类。常见的乙醇的发酵菌株有酿酒酵母、运动发酵单胞菌、树干毕赤酵母、克雷伯菌、布朗克假丝酵母、粗糙脉孢菌、纳氏布雷坦酵母菌、纤维假丝酵母、嗜单宁管囊酵母等（Doan et al.，2012；Azhar et al.，2017；Ohta et al.，1991）。

酿酒酵母不能转化木质纤维水解糖液中的戊糖生成乙醇，采用转基因技术进行遗传改造后可以代谢戊糖，目前研究较多的主要有两条途径：①转入外源的木糖还原酶基因和木糖醇脱氢酶基因；②转入外源的木糖异构酶基因（Akinori et al.，2008）。目前获得的能同时利用戊糖和己糖的工程菌株中，其发酵能力与葡萄糖或蔗糖发酵相比，在发酵产率和速率上仍然存在差距（Kim et al.，2016）。

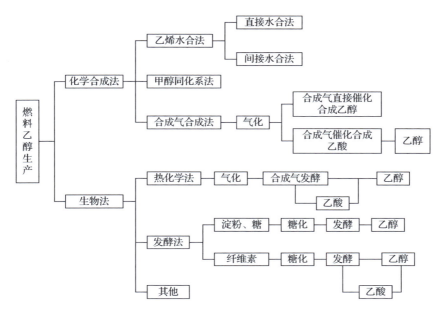

图 7-4 燃料乙醇的生产方法

运动发酵单胞菌是一种革兰氏阴性和兼性厌氧菌。该菌株有较强的运动能力，其名称也因此而得。1911 年，巴克（Barker）和希勒（Hiller）从变质的苹果酒中发现并分离得到该菌（Zhang et al.，1995；Rogers et al.，2007）。不同于酿酒酵母通过糖酵解途径（embden-meyerhof-parnas pathway，EMP 途径）发酵葡萄糖和蔗糖等生成乙醇，运动发酵单胞菌通过 ED 途径（2-酮-3-脱氧-6-磷酸葡糖酸途径）将葡萄糖和果糖分解为丙酮酸。丙酮酸由丙酮酸脱羧酶脱羧生成乙醛，乙醛在乙醇脱氢酶的作用下由 NADH 还原生成乙醇（Zhang et al.，1995）。由于运动发酵单胞菌胞内的丙酮酸脱羧酶和乙醇脱氢酶基因的高效表达，其乙醇发酵能力较强，同时该菌株对营养的需求较为简单，使其在工业生产中的应用更为方便。但与酿酒酵母相比，运动发酵单胞菌对乙醇的耐受度仅为前者的 30%～60%，并且容易感染杂菌和不耐酸性环境，限制了其在乙醇工业中的广泛应用（Roberts et al.，2010）。天然的运动发酵单胞菌也不能代谢戊糖。Zhang 等（1995）报道同时将木糖异构酶、木酮糖激酶、转酮酶和转醛酶的 4 个基因同时转入运动发酵单胞菌中，得到了在厌氧条件下能够良好发酵木糖产乙醇的工程菌株运动发酵单胞菌 ZM4（pZB5），但未见后续相关研究及应用的报道。

7.4.2 己糖发酵

通过预处理可以获得以纤维素为主要成分的固体物料，再利用产纤维素酶的微生物或纤维素酶先将纤维素水解成可发酵性糖，最后利用微生物将其发酵成乙醇。葡萄糖是很容易利用的碳源，许多微生物都能够利用葡萄糖发酵生产乙醇。葡萄糖首先经过糖酵解途径或 ED 途径生成丙酮酸，然后丙酮酸在丙酮酸脱羧酶和乙醇脱氢酶作用下生成乙醇（Roberts et al., 2010; Kuyper et al., 2010; Liu et al., 2008）。

己糖发酵过程通常涉及 4 步生物催化的反应：纤维素酶生产、纤维素水解、己糖发酵和戊糖发酵。根据这些生物反应组合的程度，工艺过程变化很大。常见纤维素乙醇发酵工艺如下。

1. 水解发酵二段法

将纤维素先用纤维素酶糖化，再经酵母发酵成乙醇的方法，即所谓水解发酵二段法（separate hydrolysis and fermentation, SHF）。这种方法可以分别使用水解和发酵各自的最适条件（分别为 50℃和 30℃），但是酶水解产生的产物（纤维二糖和葡萄糖）会反馈抑制水解反应。随着水解过程中葡萄糖浓度的不断升高，酶解反应很快就因为产物抑制作用而使反应速度降低，反应进行不完全。补加 β-葡萄糖苷酶能防止纤维二糖的积累而抑制外切纤维素酶的作用。将纤维素酶浓缩 5～8 倍，加入 30%研磨的木质纤维素悬浮液，在反应器内连续糖化，将生成的葡萄糖通过超过滤膜分离出去，从而消除产物抑制，提高了反应速度，流出液的葡萄糖浓度达 10%以上。但膜技术产业化有一定困难。

2. 同步糖化发酵

在加入纤维素酶的同时接种乙醇发酵的酵母，可使生成的葡萄糖立即被酵母发酵成乙醇；去除了产物抑制，就可以不妨碍纤维素糖化的继续进行，乙醇得率可明显提高。这就是所谓的同步糖化发酵技术（simultaneous saccharification and fermentation, SSF）（Olofsson et al., 2008）。同步糖化发酵技术的关键是选择最适的酵母。酶解的最适温度约为 50℃，而普通酿酒的最适发酵温度通常约为 30℃。选择耐高温酵母有利于同步糖化发酵技术的应用。NREL 使用酿酒酵母发酵的最佳结果是在 38℃条件下获得的。在最佳的酶、酵母和最适反应条件下，可转化 80%以上的纤维素为乙醇。

3. 统合生物加工过程

统合生物加工过程（consolidated bioprocessing, CBP），先前被称为直接微生物转化（direct microbial conversion, DMC），可将纤维素酶生产、水解和发酵组合在一步里完成。这就要求纤维素酶生成和乙醇发酵都由一种微生物或一个微生物群体来施行。自然界中的某些微生物（如梭菌属、念珠菌属、镰孢霉菌属、脉孢菌属）都具有直接把生物质转化为乙醇的能力。在同一个生物反应器中，利用同一种微生物完成生物质转化为乙醇所需的酶制备、酶水解及多种糖类的乙醇发酵等全过程，从而为简化工艺和降低成本提供了可能。统合生物加工过程需要的菌株也可以通过代谢途径工程方法构建。像木糖发酵菌株构建一样，统合生物加工过程代谢工程也可以通过两条途径进行：使用能降解纤维素的微生物，如热纤梭菌作为出发株，进行末端产物（乙醇）代谢途径的代谢工程；使用发酵产物的得率和耐性都经过考验的菌株，如酵母通过外源纤维素酶的表达使其降解转化纤维素。

7.4.3　戊糖发酵

纤维素水解的主要产物是葡萄糖等己糖，而半纤维素水解产物主要是木糖等戊糖。传统用于乙醇发酵的微生物，例如，酿酒酵母能很容易地利用葡萄糖进行乙醇发酵，但不能利用木糖。充分利用纤维质原料中的木糖，可使乙醇的产量在原有基础上增加 25%。因此有效利用戊糖生产乙醇，对于实现纤维质原料乙醇工业化生产具有重要的意义（João et al.，2015）。

戊糖的代谢主要是指木糖的代谢，木糖代谢途径比葡萄糖代谢途径复杂得多（Kuhad et al.，2011）。过去人们一直认为木糖不能用于乙醇发酵。直到 1980 年科学家发现，一些细菌、酵母菌等可通过发酵木糖生产乙醇，目前已经发现有一百多种微生物能够代谢木糖。传统的酿酒酵母体内因缺乏木糖转化为木酮糖的酶，因而不能利用木糖，但可以利用木酮糖。自然界中木糖可以通过两种途径转化为木酮糖。在真菌中，木糖在木糖还原酶和木糖醇脱氢酶的共同作用下使木糖转化为木酮糖；而在细菌中，则通过木糖异构酶一步转化为木酮糖。木糖能够转化为木酮糖是实现木糖乙醇发酵的关键。利用木糖进行乙醇发酵，木糖转化为木酮糖后，经过木酮糖激酶磷酸化形成 5-磷酸木酮糖，在转醛醇酶和转酮醇酶的作用下，5-磷酸木酮糖进一步转化成葡萄糖-6-磷酸和甘油醛-3-磷酸，由此进入戊糖磷酸途径（pentose phosphate pathway，PPP），最终丙酮酸脱羧还原为乙醇（Delgenes et al.，1996；Kumari et al.，2012；Almeida et al.，2009）。

酿酒酵母是传统乙醇工业生产经常使用的优良菌株，由于其体内缺乏木糖转化为木酮糖的酶，因此不能利用木糖，只能利用木酮糖（Almeida et al.，2009）。为解决此问题，人们在酿酒酵母体内引入能够转化木糖为木酮糖的代谢途径，使其能够利用木糖。为此，研究者已经开展了相关研究。杨�等（2009）利用休哈塔假丝酵母的木糖还原酶基因 *XYL*1 和热带假丝酵母的木糖醇脱氢酶基因 *XYL*2，分别构建出重组表达质粒 pACT2-xyl1 和 pDR195-xyl2，并利用这两个质粒构建出重组酵母染色体整合质粒 YIp5-KanR-x12，希望通过同源重组技术将其整合到酿酒酵母中，得到稳定代谢葡萄糖和木糖产乙醇的重组酵母菌株。将 *XYL*1 基因和 *XYL*2 基因串联在一起，导入含组成型 GAP 的 PYES2 载体中，构建了 PYES2-GAP-xyl1-xyl2 质粒，然后导入酿酒酵母中，该重组酿酒酵母能高效利用秸秆中纤维素和半纤维素降解的戊糖和己糖。

7.4.4 生物乙醇发酵方式

木质纤维素经预处理、纤维素酶水解后得到含有可发酵糖的水解液，主要包含己糖和戊糖两类糖组分，经微生物发酵制得乙醇。根据两类糖组分的发酵模式差异，可分为分步发酵和同步发酵。

分步发酵是将己糖和戊糖两类糖组分分开进行发酵的方法，其中己糖发酵主要采用酿酒酵母和运动发酵单胞菌，而戊糖发酵主要采用树干毕赤酵母、休哈塔假丝酵母及基因重组菌株等。分步发酵的操作方式一般先进行己糖发酵生成乙醇，经乙醇蒸馏后再对釜底醪液中的戊糖组分进行二次乙醇发酵。为了简化分步发酵的工艺过程，20 世纪 80 年代后期戊糖、己糖同步乙醇发酵技术应运而生，主要采用树干毕赤酵母或者休哈塔假丝酵母同时发酵葡萄糖和木糖等糖组分生成乙醇，其发酵过程需要限制性的供氧控制，发酵速率和乙醇产品浓度均明显低于葡萄糖乙醇发酵工业生产水平。为了提高同步乙醇发酵的生产效率，以酿酒酵母、运动发酵单胞菌和大肠杆菌等为宿主菌，通过基因重组技术构建了众多的工程菌株，但它们的发酵性能仍然尚未达到当前粮食乙醇的生产水平。

7.5 生物丁醇发酵技术

丁醇是一种用途广泛的大众化工原料，在常温下呈液态，其相对分子质量为 74，密度为 0.810 9 kg/L，熔点为-88.9℃，沸点为 117.7℃，溶解度为 7.7%（20℃）。与乙醇相比，丁醇有天然的性能优势。①丁醇相对于传统生物燃料和低级醇，具有良好的理化性质及燃烧性能，如表 7-1 所示。此外，丁醇烷基链较长且能量密度高，可与柴油或汽油等传统化石燃料较好地混溶。②丁醇和商用柴油具有较为接近的黏度值及表面张力值，可在发动机内部快速雾化，且无须改造现有发动机构造而直接加入使用。③丁醇含氧量为 22%，这使丁醇的燃烧更加清洁，丁醇的添加也有助于减少重型柴油机的污染物排放。④丁醇还具有吸湿性小和腐蚀性小的优点，不会腐蚀现有的汽油存储和运输的基础设施。

表 7-1 丁醇的理化性质及燃烧性能

燃料	密度（25℃）/（g/L）	十六烷值	辛烷值	能量密度/（MJ/L）	空燃比	饱和压力（38℃）/kPa
汽油	0.72～0.78	0～10	80～99	32	14.6	31.01
柴油	0.82～0.86	40～45	20～30	31～33	12.5	1.86
甲醇	0.796	3	111	16	6.5	31.69
乙醇	0.790	8	108	19.6	9.0	13.80
丁醇	0.808	25	96	29.2	11.2	2.27

1852 年，法国人武尔茨（Wurtz）在杂醇油中发现丁醇。1862 年，巴斯德（Pasteur）通过实验验证，在厌氧条件下，乳酸和乳酸钙可以转化成丁醇。丁醇最早的工业化生产始于 20 世纪初，魏茨曼（Weizmann）在第一次世界大战期间以谷物淀粉为原料开创了 ABE 生物发酵法。然而，传统的 ABE 发酵法生产的丁醇产量较低，且成本较高。随着石油化工行业的发展成熟，20 世纪 60 年代以来，化学法生产丁醇成为主流生产方式。中国的 ABE 发酵产业最早建立于 20 世纪 50 年代，同样在石化产业的冲击下，20 世纪末所有的 ABE 生产工厂被关闭。近年来，由于石油资源的短缺和环境问题的凸显，丁醇作为极具前景的第二代生物燃料再次成为研究热点（Dai et al.，2013；García et al.，2011）。

传统生物丁醇制取工艺生产的丁醇，其产量、产率及原料转化率较低，加重了后期分离成本，而传统糖质及淀粉质原料成本过高，占总成本的 60%～70%，削弱了生物丁醇发酵的经济性能与市场竞争力（Dürre，2010；Pfromm et al.，2010）。开发新型可再生原料预处理技术以提高发酵糖转化能力，拓展并提高产丁醇梭菌底物利用范围与代谢能力，偶联先进丁醇分离技术以进一步获得溶剂高效转化能力，最终构建可再生原料高效生物转化平台以提高原料利用率，是开发更为经济的生物丁醇发酵工艺，解决当前生物丁醇产业发展道路中的瓶颈问题，有效提高生物丁醇发酵效率的关键技术手段（Kumar et al.，2011；Ranjan et al.，2012）。

工业上生产丁醇主要采用化学合成法和生物发酵法两种方法。化学合成法主要包括羰基合成法和醇醛缩合法，但是这些方法反应条件复杂，对技术和设备要求较高。生物发酵法是以淀粉质和糖质等为原料，利用丁醇梭菌生产丁醇，与化学合成法相比具有众多优势，包括投资少、技术设备要求低、发酵条件温和等。生物丁醇可通过厌氧发酵各类可再生生物质资源中的碳源得到，发酵微生物主要是一些产溶剂梭菌，如丙酮丁醇梭菌和拜氏梭菌等，它们是革兰氏阳性和专性厌氧微生物，能够利用多种碳源代谢，包括多糖、二糖、己糖及戊糖等。以可再生生物质资源为发酵原料的丁醇生产不仅有助于农业废弃物的资源化利用，而且可以降低生产成本。但是，有些生物质资源具有刚性结构，直接纤维素酶水解获得可发酵糖的效率较低，必须经过预处理后，再进行酶解发酵。

7.5.1　丁醇发酵菌种

生物发酵法主要以丙酮丁醇梭菌为主要的发酵菌类，可较好地对作物秸秆、淀粉质及纸浆等进行充分的发酵处理，而原料较低的售价也使其成本得到了良好的控制。发酵法使用原料的来源相对较广，生产设备较为简单，加工条件也相对较低，并不使用重金属等为催化剂。在其加工过程中，安全性较强，对附近环境没有任何影响，形成的副产品数量相对较低，分离纯化较为简单，是较为良好的绿色方法（王洪 等，2017）。化工合成方法主要是以石油为基础性原料，技术与投资需求都相对较大。

1. 工业上主要的发酵菌株

微生物利用碳源进行厌氧发酵，获得丁醇等末端产物，这种发酵方法被称为ABE发酵法。能够利用碳源进行 ABE 发酵的主要微生物是梭菌属细菌（Sang et al.，2010；Gecrge et al.，1983），包括拜氏梭菌、丁酸梭菌、丙酮丁醇梭菌、巴氏芽孢梭菌、生孢梭菌、糖丁基梭菌和解纤维梭菌等，可利用葡萄糖培养基进行发酵并生产 1 mmol/L 以上溶剂。工业上应用最广泛的是以下 4 种细菌：丙酮丁醇梭菌、拜氏梭菌、糖酵解梭菌和糖丁基梭菌。糖酵解梭菌既可以利用淀粉培养基，又可以利用还原糖类培养基（Dai et al.，2013）。拜氏梭菌不是丁醇产量最高的梭菌，却是目前报道中对酚类、糠醛等物质耐受性最好的菌株（Ranjan et al.，2012；George et al.，1983）。目前，拜氏梭菌和丙酮丁醇梭菌已经完成了全基因组测序工作，这两株菌是现今生物制丁醇方向的重点研究对象（Nölling et al.，2001）。Shaheen 等（2000）利用这 4 种产丁醇工业细菌在不同的培养基中进行 ABE 发酵，发现培养基质的成分对这 4 株细菌的丁醇生产能力有很大影响。

2. 高产丁醇菌株的选育和构建

对于低生产率、丁醇产物抑制等 ABE 发酵产物障碍仍须通过微生物育种的方式解决。微生物育种的技术有很多，包括定向育种、诱变育种、杂交育种、细胞融合和基因工程等，其目的就是要把生物合成代谢途径朝着目的方向引导，或者促使细胞内基因发生重新组合，从而优化遗传性状，定向地使某些代谢产物过量积累，获得所需要的高产、优质和低耗的菌种。基于传统梭状芽孢杆菌低产丁醇的弊端，可通过野外筛选、驯化、诱变、构建产丁醇工程菌的方法得到高产和高耐受丁醇的菌株。Lu 等（2012）通过突变和驯化得到一株丁醇高耐受性和高产的菌株丙酮丁醇梭菌 JB200，将其用于丁醇发酵后也取得不错的结果。ABE 发酵代谢过程已十分清楚，溶剂的代谢过程都要先经过糖酵解途径，然后沿着不同的代谢方向得到不同的产物，所以可以通过阻断乙醇或丙酮的代谢途径来增强丁醇的代谢。Jiang 等（2009）通过将实验菌株 EA2018 的丙酮合成途径的关键酶（乙酰乙酸脱羧酶）基因敲除，阻断了丙酮的合成，使丁醇的比率提升到 85%以上。Tummala 等（2003）使用 asRNA 技术对丙酮丁醇梭菌进行代谢工程修饰，将丁酸激酶活性降低 85%，从而使丁醇产量提高 35%。

7.5.2 丁醇发酵技术

综合目前的研究进展来看，利用秸秆作为发酵基质进行丁醇生产是一个复杂的过程，主要涉及 3 个步骤，分别为纤维素酶的生产、秸秆的酶解糖化液制备和利用秸秆糖化液进行产丁醇发酵。随着对秸秆资源化和生物能源的深入研究，利用木质纤维素生物质进行丁醇生产的研究也越来越多。根据这些实际发酵策略总结出纤维素底物向生物丁醇转化的不同发酵模式，主要包括分步水解发酵、同步糖化发酵、统合生物加工过程、细胞固定化发酵和多菌种共发酵。

1. 分步水解发酵

分步水解发酵首先将纤维素底物经纤维素酶作用水解糖化，再利用获得的糖化液进行产丁醇生物发酵，整个流程在两个反应器内分别进行。因此，水解或发酵产丁醇的反应条件相互独立，互不干扰，每个过程都可以控制在各自最适合的条件下，在这种条件下产丁醇效率也相对较高，是目前应用最为广泛的利用纤维素底物进行丁醇转化的方法。Qureshi 等（2007）利用小麦秸秆作为发酵基质，用酸水解法对小麦秸秆进行预处理得到糖化液，再利用拜氏梭菌 P260 作为 ABE 发酵菌株进行丁醇生产。发酵结束后 ABE 总溶剂产量达到 25 g/L，产率达到 0.6 g/(L/h)，与利用葡萄糖发酵的对照组相比，产率提高了 214%。

2. 同步糖化发酵

同步糖化发酵主要解决了分步水解发酵过程中容易发生的还原糖积累导致反馈抑制的问题，将纤维素的酶解糖化与微生物产丁醇发酵在同一个体系中同时运行。这能够及时利用纤维素糖化产物，保证纤维素酶活性，有利于提高纤维素底物的降解率。同时，缩短了由纤维素水解糖化到丁醇发酵生产的整体发酵周期，简化了发酵工艺流程，降低经济成本。Qureshi 等（2008）利用小麦秸秆作为发酵基质，对比了 5 种不同发酵模式下的产丁醇效率，发现应用同步糖化发酵法，秸秆水解与产丁醇发酵同时进行伴随持续搅拌会有最高的末端溶剂产率，达到 0.31g/（L/h），说明同步糖化发酵法在降低生产成本的同时，依然能够达到很高的生产效率。

3. 统合生物加工过程

统合生物加工过程是将纤维素酶制备、纤维素糖化液制备及糖化液发酵 3 个过程在同一个反应器内，经由一种微生物或者微生物群协作完成。与上述两种纤维素底物发酵产丁醇的工艺相比，这种发酵方式可行性高、成本低、设备设计简单，是目前纤维素为底物的生物能源转化研究中最受关注的发酵策略。但是，找到同时具备纤维素降解和丁醇生产能力的菌株困难很大。大多研究都依托基因工程手段，构建同时具备两种能力的工程菌株。一种是改造产纤维素酶的菌株，使其具有发酵生产丁醇的能力，如热纤梭菌；另一种是改造溶剂生产菌株，使其具有降解纤维素的能力，如酿酒酵母和运动发酵单胞菌。但是这些基因工程的改造成本过高，不宜进行大规模产业化培养。

4. 细胞固定化发酵

细胞固定化发酵技术被应用于新能源开发、食品加工、医药行业、污水处理等领域，主要有吸附、交联、包埋、共价法等，载体材料包括海藻酸钙、琼脂、聚乙烯醇凝胶、聚丙烯酰胺凝胶、硅藻土、氧化铝等。细胞固定化发酵技术不仅可以提高生产效率，还可以将细胞与产物分开，从而达到解除产物抑制的目的。除了常规的细胞固定化模式发酵产丁醇外，孔祥平（2014）对化学改性甘蔗渣对固定化细胞发酵产丁醇的影响进行了研究。该试验将载体甘蔗渣用聚乙烯亚胺和戊二醛进行表面化学改性，对丙酮丁醇梭菌 XY16 进行固定化丁醇发酵试验，发酵 36 h 后总溶剂和丁醇质量浓度分别达到 21.67 g/L 和 12.24 g/L，生产速率比游离细胞和未处理的甘蔗渣固定化细胞发酵分别提高 130.8%和 66.7%。

5. 多菌种共发酵

多菌种共发酵技术主要用于以纤维质为原料的丁醇发酵，在不添加外源纤维素酶的条件下，利用纤维素分解菌株和丁醇产生菌株共同作用获得丁醇。文献报道通过纤维小体产生菌 ATCC27405 与 ABE 发酵菌 NCIMB 8052 的偶联培养，直接利用玉米棒芯产丁醇，且该产溶剂菌株能同时利用己糖和戊糖。在一定的发酵条件下还原糖积累量为 37.4 g/L，最终得到总溶剂的质量浓度为 16 g/L，其中丁醇为 8.75 g/L（林逸君，2012）。多菌种共发酵工艺免去了复杂的原料预处理过程，降低了预处理成本，通过同步发酵戊糖组分提高了原料的利用率和发酵产物的产量，但是目前的多菌种共发酵的丁醇产量仍然较低，后期可以通过基因工程技术对纤维素分解菌株和产溶剂菌株进行修饰和改造以期得到高丁醇产量的菌株；也可以通过与适合的丁醇分离方法相耦合，及时将丁醇分离出来使丁醇产量增加。

7.5.3　丁醇发酵的影响因素

1. 戊糖和己糖共代谢

木质纤维原料中的己糖主要是葡萄糖 （纤维素的主要组分），戊糖主要是木糖及阿拉伯糖（半纤维素的主要组分）。葡萄糖是最主要成分，其次为木糖，阿拉伯糖的含量较少。产溶剂梭菌具备天然的木糖利用能力，但与葡萄糖相比，木糖代谢能力不足，具体表现为在以木糖为唯一碳源发酵时，溶剂得率和生成速率低。此外，微生物在利用复杂碳源过程中普遍存在葡萄糖阻遏效应，即速效碳源的快速利用对非速效碳源的代谢产生抑制作用。这一现象在产溶剂梭菌发酵木质纤维素水解液过程中同样存在。换言之，水解液中同时存在的葡萄糖抑制了细胞对其他糖源（木糖、阿拉伯糖等戊糖）的有效利用，降低了物料转化效率和发酵的经济性。因此，解除产溶剂梭菌中的葡萄糖阻遏效应、实现其对戊糖和己糖的同等利用是木质纤维素制备生物丁醇中的一个关键科学问题。所以，筛选或构建高产和高耐受丁醇的菌株及能兼用戊糖和己糖作为碳源的菌株迫在眉睫。

2. 发酵过程中菌体耐受性不佳

传统 ABE 发酵中生成的是三联产物（丙酮、丁醇和乙醇），提高溶剂成分中主产物丁醇的浓度是降低发酵法制造丁醇成本的手段之一。据分析，如果丁醇发酵的产物浓度由 12 g/L 提高到 19 g/L，产物分离的后续蒸馏成本将可降低 1/2。然而，传统的丙酮丁醇梭菌发酵生产中的丁醇终浓度维持在 13～14 g/L。难以超过这一阈值的原因在于所生成的溶剂特别是丁醇对产溶剂梭菌细胞的毒害作用。研究表明丁醇的亲脂性使其比其他产物在破坏细胞膜的磷酯组分并增加膜流动性方面具有更强的作用。高浓度的丁醇严重破坏细胞质膜的结构，干扰细胞膜的正常生理功能。当丙酮丁醇梭菌的生长环境中添加 1% 的丁醇时，细胞膜流动性相应提高 20%～30%，由此破坏了细胞内外的 pH 梯度，降低了胞内 ATP 水平和影响葡萄糖的吸收，继而抑制梭菌细胞的生长繁殖乃至杀死梭菌细胞。虽然，国外报道的拜氏梭菌 BA101 在 MP2 培养基及发酵调控条件下的丁醇产物浓度可达到 20.9 g/L（总溶剂为 32.6 g/L），是目前报道的产溶剂浓度最高的菌株，但这是在特殊培养基和培养条件下得到的结果，还不具备工业应用的可能（Papoutsakis，2008）。为了提高产溶剂梭菌本身的丁醇耐受性，Tomas 等（2003）在丙酮丁醇梭菌中过表达编码热激蛋白的 *groESL* 基因，使丁醇对菌体细胞的抑制作用降低了 85%，并最终使产物浓度提高了 33%。Borden 等（2007）在丙酮丁醇梭菌中过表达来源于基因组 DNA 文库筛选过程中确定的 2 个与丁醇耐受性相关的基因，即可使重组菌体细胞的丁醇耐受水平分别提高了 13% 和 81%。

7.6　纤维素乙醇的工程应用

7.6.1　工程应用背景

我国具有丰富的农林废弃物等木质纤维原料，原料中纤维素和半纤维素可降解为单糖，继而转化成乙醇。从长远来看，利用可再生的木质纤维资源生产燃料乙醇不仅可以解决人类社会面临的能源问题，而且对调整我国农业产业结构，发展农业和提高农民收入具有重要意义。

7.6.2　工艺流程

以玉米秸秆为原料，主要通过绿液预处理、洗涤、疏解、纤维素糖化、己糖发酵、乙醇提取、戊糖发酵、乙醇提取等过程生产燃料乙醇。玉米秸秆生产乙醇工艺流程如图 7-5 所示。

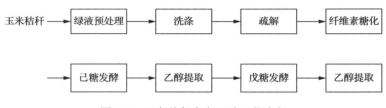

图 7-5　玉米秸秆生产乙醇工艺流程

7.6.3　工艺说明

玉米秸秆以绿液（用碱量 8%、硫化度 40%）为药剂于固液比 1：6、140℃条件下蒸煮 60 min，固液分离，纤维素和木聚糖回收率分别为 91.95%和 63.42%。预处理玉米秸秆在底物浓度 10%，纤维素酶、木聚糖酶和 β-葡萄糖苷酶用量分别为 25 FPU/g 葡聚糖、120 U/g 葡聚糖和 20 U/g 葡聚糖，50℃和 pH 4.8 条件下糖化 48 h，纤维素和木聚糖水解得率分别为 84.59%和 77.19%。水解物固液分离、浓缩得到含 144.2 g/L 葡萄糖和 57.07 g/L 木糖的水解糖液。水解糖液经酿酒酵母发酵 20 h，乙醇浓度为 67.65 g/L，葡萄糖利用率和乙醇得率分别为 98.74%和 93.16%。己糖发酵醪液蒸馏出乙醇后经树干毕赤酵母发酵 48 h，乙醇浓度为 18.37 g/L，木糖利用率和乙醇得率分别为 91.14%和 76.77%。由物料衡算可知，1 000 g 玉米秸秆经绿液预处理、糖化和己糖戊糖顺序发酵工艺可得到 195.33 g 乙醇，即生产 1 t 乙醇须消耗 5.12 t 绝干玉米秸秆原料。

7.7　展　　望

酿酒是古代文明之一，已有几千年的历史，乙醇规模化生产也有百余年的历史。古代酿酒的目的是为人们提供酒饮品。人类社会进入工业化时代以来，随着对乙醇理化性质认识的深入，乙醇作为重要的原料广泛应用于能源、化工、医疗、食品和农业生产等领域。20 世纪中期以来，随着工业化进程加快，大量石油资源被开采利用，引发的如石油资源日趋枯竭、能源短缺、全球气候变暖、环境污染等一系列问题，成为制约社会可持续发展的重要瓶颈，开发石油替代资源成为各国政府、科学界和产业界关注的重点。生物质醇类燃料具有可再生性、辛烷值高、排放低等特点，是汽车燃料的良好替代品。其中，燃料乙醇是最有发展前景的醇类燃料，在世界范围内已有较大规模的应用。

　　世界各国发展燃料乙醇的初衷都是基于保障本国能源安全。近年来，除了保障能源安全外，发展燃料乙醇的另一个目的是保护环境。自 20 世纪 70 年代起，巴西的甘蔗燃料乙醇产业发展迅速，使之成为最早实现车用乙醇汽油全覆盖的国家。2021 年，巴西燃料乙醇产量 428 亿 L，约占全球燃料乙醇产量的 25%；美国是当前世界上最大的燃料乙醇生产和消费国。19 世纪 70 年代末，美国开始以玉米为原料生产燃料乙醇作为汽油替代品。2021 年美国燃料乙醇产量达 1 020 亿 L，约占全球燃料乙醇产量的 60%。我国是一个石油资源严重短缺的国家，改革开放以来社会经济高速发展与能源供应不足的矛盾日趋突出，开发包括醇类燃料、太阳能、风能、其他生物质能等新能源已成为我国保障国家能源安全和实现社会经济可持续发展的重大战略任务。2001 年中国在部分省市试点乙醇汽油并相继建立燃料乙醇工厂，截至 2021 年，中国燃料乙醇产能约 300 万 t，占全球燃料乙醇产量的 3%左右，主要以陈化糖和木薯等为原料进行生产。我国年消费汽油 1.2 亿～1.3 亿 t，按照我国乙醇汽油 E10 标准，需要燃料乙醇 1 200 万 t 左右，市场缺口和发展压力很大，但同时也为我国发展燃料乙醇产业提供了巨大的市场空间。

　　按照我国发展燃料乙醇"不与民争粮、不与粮争地"的原则，我国的燃料乙醇产业发展必须立足于丰富的木质纤维素资源，其中每年总量超过 10 亿 t 的农林废弃物自然成为各界关注的焦点。与淀粉质或糖质原料相比，由于木质纤维资源主要组分的多样性、天然结构的复杂性和抗降解特性，当前基于木质纤维资源的第二代生物乙醇生产技术远比第一代生物乙醇生产技术复杂且成本高，还不能与汽油竞争。今后该领域努力的方向：一是继续发展优化各关键过程技术，进一步提高关键过程的生产效率和降低生产成本；二是发展以生物乙醇为核心的木质纤维素多联产技术，实现纤维素、半纤维素和木质素的高值高效利用，以提高木质纤维资源生产生物乙醇的综合效益。

第8章

生物质制氢

8.1 概　　述

8.1.1　生物质制氢的意义

生物质资源包括多种多样的自然产物及其衍生物，如农林业废弃物、工业废弃物、废弃纸张、城市固体垃圾、食品加工业副产物、能源作物、藻类等，占据了可再生能源供应量的 53%（Yaman，2004）。生物制氢反应条件温和，但供氢体仍局限在碳水化合物（如葡萄糖、淀粉及其含糖和淀粉的废水），制氢成本高居不下。利用现代科学技术手段开发蕴藏丰富的生物质能，是氢能源开发的一个重要方向。木质纤维素是储量极为丰富的全球性有机物资源。其中，作物秸秆又占其总量的 50% 以上，我国农作物的年产量达 8.5 亿 t 左右，是巨大的可再生资源库。

秸秆类生物质作为 3 种高聚物（纤维素、半纤维素和木质素）的有机混合体，含 70%～80% 的碳水化合物，可通过微生物直接或间接发酵转化为可再生糖类资源，并被微生物利用生产洁净能源，是理想的发酵产氢原料。利用秸秆类生物质进行能源的制备，能有效减少国家对国外进口化石能源的依赖，并能创造新的就业岗位，推动广大农村地区的经济发展，减少温室气体的排放。

我国自"十一五"以来，在生物质能利用领域取得了明显进步，如厌氧发酵过程的微生物调控、沼气的工业化产业化应用、秸秆类资源的高效降解及高值转化等领域。秸秆类生物质可通过厌氧发酵制备 CH_4，工艺已经成熟，目前正在对如何减少二次污染、增加原料利用率等瓶颈问题进行研究。CH_4 是温室气体，其在燃烧时会产生 CO_2，对于缓解温室效应的潜力是有限的。因此利用秸秆类生物质制备燃料乙醇、生物油及 H_2 成为研究的热点（Kootstra et al.，2009）。

随着农业技术的发展和生物技术的进步，利用纤维素类原料进行生物能源的生产，成本进一步下降。而且，所用原料为农业废弃物生物质，避免了生物能源生产的"与人争粮"现象。因此，研究开发秸秆类生物质的纤维素能源转化技术，并以其为原料制取 H_2 的技术具有较大优势，是最具有发展潜力的生物质能转换技术途径之一。其对开发替代能源、保护生态环境具有非常重要的现实意义，也是人们寻求可持续发展新能源的必然途径。

8.1.2　生物质制氢现状

国内外对生物质制氢开展了大量的研究，主要集中在不同生物质类型和工艺条件对制氢性能的影响等方面。

1. 不同类型生物质制氢

不同类型生物质的结构和成分有很大差异，它们的纤维素、半纤维素和木质素含量不尽相同。因此，不同的生物质酶解后的产物是不同的，不同的产物导致产氢性能不同。荆艳艳（2011）研究了超微粉碎对玉米秸秆光合产氢的影响，结果发现经过优化实验参数得到最大产氢量为 29.88 mL/g；路朝阳（2015）研究了瓜果类生物质对光合产氢的影响，结果发现苹果、西瓜皮等均具有很好的产氢性能，最大 H_2 产量为 16.59 mL/g；张全国等（2014）研究了能源草类生物质光合产氢效果，结果发现紫花苜蓿具有良好的产氢效果，最佳条件下 H_2 产量可达 32.64 mL/g；张志萍（2015）研究了秸秆和粪便联合制氢预混工艺条件对产氢的影响，结果发现秸秆和粪便混合具有良好的产氢效果，最高 H_2 产量为 49.9 mL/g；张全国等（2015）研究了三球悬铃木产氢效果，结果表明稀酸预处理后的落叶试样的产氢性能优于氢氧化钙预处理后的落叶试样，其中 H_2SO_4 质量分数为 4%时处理效果最佳，发酵产气中的 H_2 最大体积分数达 66.34%，累积产氢量为 369 mL，最高产氢量为 72.6 mL/g。稀酸处理液可以实现 3 次有效回收利用。

2. 不同制氢工艺条件

1）温度

温度可以显著影响光合细菌的生长和产氢，适宜的温度可以使细胞和酶活达到最佳，从而显著提高制氢性能。路朝阳利用响应面法研究了温度、初始 pH、光照度和底物浓度对光发酵产氢的影响，结果发现随着温度从 25℃增加到 40℃，产氢量呈现抛物线形状的变化趋势，在温度为 30.46℃时得到最佳产氢条件，方差分析结果同样表明温度对光发酵产氢具有显著的影响（Lu et al.，2016）。

2）pH

pH 对生物的生长及产氢的效果均有显著的影响，路朝阳等（2016）研究了 pH 对玉米秸秆酶解液光合生物产氢动力学的影响。以生物量干重为指标研究 pH 对光合产氢细菌生长的影响，以产氢速率和产氢量为指标研究 pH 对光合细菌产氢量的影响。结果表明：pH 对光合细菌生长及产氢过程都有显著影响，随碱性增强，光合细菌生物量逐渐增大；当 pH 为 8 时，光合细菌生物量达到最大；光合细菌产氢量随 pH 增加呈现先递增再递减的趋势；当 pH 为 6 时，产氢速率和产氢量达到最大。

3）光照度

为了提高光合细菌的产氢能力和光能转化效率，岳建芝等（2011）以高粱秸秆超微粉体酶解 48 h 料液为光合产氢碳源，在反应温度 30℃，光合混合菌群接种量为体积分数 20%的条件下，研究了光照度对光合产氢过程中累积产氢量、产氢速率和光能利用效率的影响。结果表明：当光照度低于 5 000 lx 时，光合细菌的累积产氢量和光合产氢速率随着光照度的增大而增大；超过 5 000 lx 时，累积产氢量和光合产氢速率反而减小。这说明光合细菌的光合产氢存在一个类似于植物光合作用的光饱和点，当光照度超过光饱和点时出现光抑制现象。反映光能利用效率的光能增量影响系数的最大值出现在 1 000～3 000 lx，说明该试验条件下从能量转换角度采用此区间的光照度比较合适。

4）振动速度

Zhu 等（2018）研究了底物浓度和不同振动速度对玉米秸秆 HAU-M1 光合产氢的影响，结果表明，振动有助于加速气体释放，缩短发酵时间，提高产氢速率。当底物浓度较高时，振动可以显著地提高产氢速率；在底物浓度和振动速率分别为 10 g/L 和 160 r/min 时，得到最大产氢量 62.28 mL/g。

5）水力滞留时间

在温度、光照度和初始 pH 分别为（30±1）℃、4 000 lx 和 7 的条件下，张志萍等对比分析了折流板式光发酵反应器（体积为 2 L）、上流式折流板光发酵反应器（2 L）和上流式圆管光发酵反应器（126 mL）的产氢性能。该实验采用玉米芯酶解液作为产氢底物，通过对比分析得知折流板式光发酵反应器性能优于其他两种反应器。在水力滞留时间为 36 h 时，产氢速率达到 7.78 mmol/（L·h）（Zhang et al.，2015）。Thanwised 等（2012）利用一个体积为 24 L（有效体积为 14.25 L）的厌氧折流板式反应器，以木薯废水为产氢底物，在温度为（32.3±1.5）℃、初始 pH 为 9 的条件下，研究了水力滞留时间对产氢性能和化学需氧量去除的影响，产氢速率随有机负荷率的增大呈现抛物线状，在水力滞留时间为 6 h 时得到（883.19±7.89）mL/（L·h）的最大产氢速率。

8.1.3　生物质制氢技术概述

生物质制氢是以生物质为产氢底物，经过粉碎、酸/碱处理、酶解等预处理方法，将生物质降解为产氢微生物可以利用的糖类物质，产氢微生物利用糖类物质进行代谢产氢的过程。生物质制氢会受到菌种、温度、pH、底物浓度、有机负荷率、接种量等工艺条件的影响（Lu et al.，2019；Lu et al.，2018）。

8.2　生物质气化制氢

8.2.1　生物质气化制氢的原理

生物质气化制氢是指通过热化学方式将生物质气化转化为高品质的富氢可燃气，然后通过分离气体得到纯氢。该方法可由生物质直接制氢，也可由生物质解聚的中间产物（如甲醇、乙醇）进行制氢。

生物质气化制氢流程如图 8-1 所示。生物质进入气化炉受热干燥，蒸发出水分（100～200℃）。随着温度升高，物料开始分解并产生烃类气体。焦炭和热解产物与通入的气化剂发生氧化反应。随着温度进一步升高（800～1 000℃），体系中 O_2 耗尽，产物开始被还原，主要包括鲍多尔德反应、水煤气变换反应、甲烷化反应等（Puig-arnavat et al.，2010）。生物质的气化剂主要有空气、水蒸气、O_2 等。以 O_2 为气化剂时产氢量高，但制备纯氢能耗大；空气作为气化剂时虽然成本低，但存在大量难分离的 N_2。表 8-1 展示了不同气化剂下生物质制氢结果（Gil et al.，1999）。

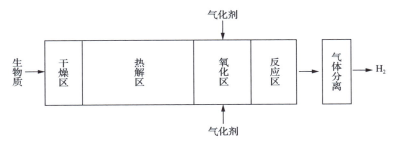

图 8-1　生物质气化制氢流程

表 8-1　不同气化剂下生物质制氢结果

气化剂	产气热值/（MJ/m³）	总气体得率/（kg/m³）	H_2 含量/%	成本等级
水蒸气	12.2～13.8	1.30～1.60	38.0～56.0	中
空气与水蒸气混合气体	10.3～13.5	0.86～1.14	13.8～31.7	高
空气	3.7～8.4	1.25～2.45	5.0～16.3	低

8.2.2　生物质气化制氢的现状

生物质气化制氢主要可分为生物质催化气化制氢、超临界水中生物质催化气化制氢、等离子体热解气化制氢。

1.　生物质催化气化制氢现状

生物质催化气化制氢是指将预处理过的生物质在气化介质（如空气、纯氧、水蒸气或这三者的混合物）中加热至 700℃以上，将生物质分解转化为富含 H_2 的合成气，然后将合成气进行催化变换得到含有更多 H_2 的新的合成气，最后从新的合成气中分离出 H_2（Larson et al., 1994）。Hamad 等（2016）以 O_2 为气化剂，探讨了 O_2 用量、气化停留时间、催化剂类型对 H_2 产量的影响。结果表明，在 800℃、O_2 与原料质量比为 0.25、气化停留时间为 90 min、并以焙烧水泥窑灰为催化剂时，生物质达到良好的气化效果。在以棉花秸秆为研究对象，采用熟石灰为催化剂时，气化产物中 H_2 的含量达到了 45%。孙宁等（2017）以水蒸气为气化剂，使用镍基复合催化剂，在固定床气化炉中进行气化反应。当催化剂与原料质量比由 0 增加到 1.5 时，H_2 体积分数由 45.58% 增加至 60.23%，H_2 得率由 38.80 g/kg 增加至 93.75 g/kg。

经常使用的气化介质一般为空气、水蒸气或 O_2 和水蒸气的混合气。因气化介质的不同，所得燃料气体的组成及焦油处理的难易程度也不同。实验表明，水蒸气更有利于焦油的裂解和可燃气体的产生。在同样的条件下，气化介质为空气时，产生低热值燃气，热值为 4～7 MJ/m³，H_2 的含量为 8%～14%；气化介质为水蒸气时，产生中热值燃气，热值为 10～16 MJ/m³，H_2 的含量为 30%～60%（吕鹏梅等，2002）。在合成气催化过程中，催化剂也起着非常重要的作用。在生物质催化气化制氢研究中使用的催化剂按构成主要分为镍基、天然矿石和碱金属 3 类催化剂。

1）镍基催化剂

镍基催化剂在石化工业中广泛用于石油和 CH_4 的重整，具有很大的商业利用价值。许多研究已证明镍基催化剂对焦油裂解具有很高的活性，而且能够重整合成气中的 CH_4，还可以促进其他轻质烃的水蒸气重整和水煤气反应。但它们的局限性是在生物质气化的高温环境下迅速地失活，影响了催化剂的寿命。许多研究人员通过添加其他助剂使镍基催化剂改性以提高其寿命，相关研究仍在探索中。

2）天然矿石催化剂

人们最早研究的天然矿石催化剂是石灰石。研究最多、应用最广泛的是白云石。白云石是一种钙镁矿，其活性很高，可以消除气化气中 90%～95% 的焦油（张艳丽 等，2012），但是其机械强度过低，限制了它的进一步应用。另一种常用的是橄榄石，它是一种镁硅酸盐，其机械强度很高，适合应用于流化体系。

3）碱金属催化剂

碱金属可以显著加快气化反应并有效减少焦油和 CH_4 含量，但难以回收且价格昂贵。同时，在热化学过程中，碱金属由于具有较低的碳转化率会提高焦渣的生成量，并且碱金属催化剂很难再生，这些缺点影响了碱金属的工业推广和应用。

2.　超临界水中生物质催化气化制氢现状

超临界水的介电常数较低，有机物在水中的溶解度较大，在其中进行生物质的催化气化，生物质可以比较完全地转化为气体和水可溶性产物，气体主要为 H_2 和 CO_2，反应不生成焦油、木炭等副产品（郭烈锦 等，2002）。对于含水量高的湿生物质可直接气化，不需要高能耗的干燥过程。

超临界水中生物质催化气化制氢技术是近年来发展起来的一种新型制氢方法。尽管该方法还处于实验室阶段，但对于未来解决石油、煤炭等化石能源枯竭后的替代能源问题有着重要而深远的意义。国内外都对该方法开展了大量的研究。1977 年美国麻省理工学院的莫德尔（Modell）最先报道了木材在超临界水中催化气化的研究，随后美国夏威夷天然能源研究所（Hawaii Natural Energy Institute，HNEI）的 Antal 等（2000）开展了更为系统深入的研究，并提出生物质的超临界水中催化气化制氢的新构想。随后，HNEI 的研究人员在超临界水中催化气化制氢方面进行了大量的研究，并取得一系列有价值的研究成果（Yu et al.，1993）。另外，国家农村工程研究所（日本）（National Institute for Rural Engineering，NIRE）等科研机构也进行了大量的研究。我国对生物质的超临界水中催化气化制氢的研究起步较晚。1997 年以来，西安交通大学动力工程多相流国家重点实验室对超临界水中催化气化制氢进行了持续的理论和实验研究，已建成连续管流式超临界水中气化制氢的实验装置（郝小红 等，2002a），并已基本实现生物质模拟化合物原始生物质锯屑的完全气化实验，获得了最佳反应条件和操作参数及对气化结果的影响规律（郝小红 等，2002b）。中国科学院山西煤炭化学研究所煤转化国家重点实验室用 CaO 作为 CO_2 吸收剂和生物质热解反应的催化剂，使生物质在超临界水中催化制氢的碳的气体转化率和氢的产率得到很大的提高（任辉 等，2003）。

3. 等离子体热解气化制氢现状

等离子体热解是利用等离子体提供的高温、高焓和高升温速率的反应环境使生物质发生裂解反应（满卫东 等，2009）。等离子体是不同于固、液、气状态的物质存在的第 4 种状态。等离子气化技术可加热至 3 000～5 000℃的高温，最高甚至能够达到 10 000℃以上。研究（赵增立 等，2005）表明，等离子体热解产物为固体残渣和气体，焦油的产量大幅降低。目前，常用的等离子体有热电弧等离子体、射频等离子体、微波等离子体和非热电弧等离子体，可以处理农林生物质垃圾、生物油液混合物、城市垃圾、医疗垃圾和废油等（杜长明 等，2016）。Shie 等（2011）利用一个 60 kW 的小规模等离子体测试葵花籽渣的热解，实验得到的产物成分中 H_2 的含量达到 47.35%～56.13%。实验发现该处理方法具有高加热速率、短停留时间、无黏性焦油和低残留炭（7.45%～13.78%）等优势。Rutberg 等（2013）研究了使用交流电弧气化高热量废物，在电压 1.0～1.8 kV、电流 28.5 A、功率 52～86 kW 的电弧参数下，等离子体的热效率达到了 94%～95%，实验结果表明，增加蒸汽-空气等离子体的水蒸气含量会导致电弧温度和电导率降低。

8.2.3　生物质气化制氢技术与存在的问题

1. 生物质气化制氢技术

生物质气化是在缺氧环境或亚化学计量条件下燃烧有机碳或生物质以产生有用的化学物质和气体。由于气化过程主要产生气体，生产过程中产生的气体经过蒸汽重整以提高制氢率，这一过程可以通过水煤气转移反应得到进一步的改善。在满足温度、压力等反应条件下，生物质原料中的碳水化合物基在一系列热化学反应中转化为含有 CO、H_2、CH_4、C_mH_n 等的可燃气，将生物燃料中的化学能转移到可燃气中，转换效率可达 70%～90%，是一种高效率的转换方式，气化过程发生的主要反应有（Hallenbeck et al.，2016）：

$$C_xH_yO_z \longrightarrow (1-x)CO + \frac{y}{2}H_2 + C \tag{8-1}$$

$$C_xH_yO_z \longrightarrow (1-x)CO + \frac{y-4}{2}H_2 + CH_4 \tag{8-2}$$

$$C_xH_yO_z + \frac{1}{2}O_2 \longrightarrow xCO + \frac{y}{2}H_2 \tag{8-3}$$

$$C_xH_yO_z + O_2 \longrightarrow (1-x)CO + CO_2 + \frac{y}{2}H_2 \tag{8-4}$$

$$C_xH_yO_z + 2O_2 \longrightarrow \frac{x}{2}CO + \frac{x}{2}CO_2 + \frac{y}{2}H_2 \tag{8-5}$$

$$C_xY_yO_z + H_2O \longrightarrow xCO + yH_2 \tag{8-6}$$

$$C_xH_yO_z + nH_2O \longrightarrow mCO + (x-m)CO_2 + yH_2 \tag{8-7}$$

$$C_xH_yO_z + (2x-z)H_2O \longrightarrow xCO_2 + \left(2n + \frac{y}{2} - z\right)H_2 \tag{8-8}$$

气化过程中产物的分布和气体的组成受很多因素的影响，如气化温度和反应器类型。气化过程中最常用的反应器为流化床和固定床。流化床气化器广泛应用于固体原料气化过程。然而，由于一定程度的颗粒夹带和混合问题，鼓泡流化床气化器难以实现高的固体气化率。循环流化床气化器可以通过旋风分离器来实现床层材料颗粒的循环利用，增加了颗粒的停留时间，从而使原料的气化率提高。生物质制氢气化反应器如图 8-2 所示。

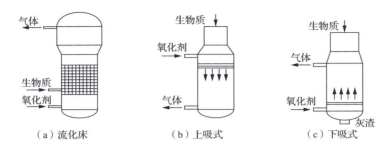

图 8-2 生物质制氢气化反应器

固定床气化炉为生物质气化炉的一种重要床型，在国内使用颇广，炉型可以分为下吸式、上吸式、横吸式和开心式。下吸式气化炉的热转化效率和碳转化效率高，但 CO 和 H_2 的生产能力相对较低。气化过程中 99%的焦油已经被消耗，因此气体中的颗粒和焦油含量很低。上吸式气化炉允许对低含水率的原料进行气化。此外，上吸式气化炉还可加工较高含水率和无机含量的原料。横吸式固定床气化炉的特点是空气由侧方向供给，产出气体由侧向流出。气体流横向通过燃烧气化区。它主要用于木炭气化。目前国内尚无规模化的商业运行案例。开心式固定床气化炉同下吸式相似，气流同物料一起向下流动。但是由转动炉栅代替了喉管区。主要反应在炉栅上部的燃烧区进行。结构简单而且运行可靠。目前国内规模化的商业运行案例很少。

1）气化剂气化制氢技术

生物质在反应器内被气化介质直接气化后，富氢气体可经过变压吸附分离获得满足需要的高纯度 H_2。一般采用的气化剂有水蒸气、空气、O_2，其中水蒸气作为气化剂的气化制氢技术是应用最广泛的。采用空气作为气化剂的气体产物热值较低，为 4～6 MJ/（N·m³），而且空气中 N_2 含量较高，这为后续的 H_2 提纯增加了难度。O_2 气化过程中气体产物的热值较高，一般为 10～15 MJ/（N·m³）反应器的温度为 1 000～1 400℃，并且反应过程中需要提供 O_2，不仅增加了运行成本而且存在一定的安全隐患（刘凌沁，2016）。生物质水蒸气气化的产物为合成气，产生较多的生物炭和生物油，不仅腐蚀设备，还会使催化剂"中毒"，降低气化效率。

2）热解气化制氢技术

生物质在反应器内被直接快速热解后获得富氢气体，反应原理与气化剂气化法相似，但热解过程的温度稍低些，在隔绝 O_2 条件下进行，产物分布也不同。热解机理的确定是从产物之间的关系着手的。温度低于 250℃时主要产物是 CO_2、CO、H_2O 及焦炭；温度升高至 400℃以上时，发生解聚、缩聚、重聚、裂化、侧链、支链反应，生成 CO_2、CO、H_2O、H_2、CH_4、焦炭及焦油等；温度继续升高至 700℃以上并有足够的停留时间时，出现二次反应，即焦油裂解为氢、轻烃及炭等产物。一般情况下，产品气中 H_2 含量适中，约为 30%（邓文义 等，2013）。

3）催化气化制氢技术

催化气化是指为了降低产物气中的焦油含量、调节燃气品质而在生物质气化的过程中或在下游催化反应器内使用催化剂，进而提高生物质利用效率的气化技术（李九如 等，2017）。相比常规气化工艺，使用催化剂后生物质转换效率可提高 10%左右（陈宣龙，2018）。催化剂对气体的组成有着非常大的影响，在有催化剂催化的条件下 H_2、CO_2 的浓度升高，CO 和其他组分浓度降低。

4）超临界水气化制氢技术

超临界水气化与其他的生物质热化学转化技术相比，所需温度较低，气化效率高，原料不须干燥。对于含水量较高的生物质来说，是一种非常理想的制氢技术（Zhang et al.，2019）。超临界水气化的另一个优点就是产生的 H_2 压力较高，可以直接储存，这样可以节省后续压缩 O_2 需要的能量。但是，生物质超临界水气化制氢的成本高，压力不易控制，必须大规模化运行才能有效益。

2. 生物质气化制氢过程的影响因素

1）温度

气化温度不仅影响产物的收率，还影响整个过程的能量效率。温度升高，气体产率增加，焦油及炭的产率降低，气体中氢及碳氢化合物含量增加，CO_2 含量减少。在一定范围内提高反应温度，有利于以热化学制氢为主要目的的过程。在 800～850℃，合成气中含有大量的 H_2、CO 和少量的 CH_4 等短链烷烃（关海滨 等，2017）。在低温条件下，合成气中含有一定的固体炭，这些固体炭会沉积在催化剂的表面从而导致催化剂失活。对于第一级快速热解过程，温度控制在 550℃ 比较合适，第二级催化蒸汽重整过程的温度控制在 800℃。同时，升温速率对热解过程也有重要的影响，随着升温速率升高，可使物料在较短时间内达到设定温度，使挥发分在高温环境下的停留时间增加（孙立 等，2013）。

2）压力

对于流化过程，合适的压力可以改善流化质量，克服常压反应器的许多缺陷。压力升高，H_2 含量有所减少，但 CH_4 含量略有增加，过大的压力超出了设备的承受能力且会引起产气率、产气热值、气化效率及碳转化率降低。对于超临界设备来讲，压力可达 35～40 MPa，可以得到 40%～60%体积分数的含氢可燃气体（陈宣龙，2018）。

3）含水量

物料的含水量影响气化产出的气体中的 H_2 含量，含水量达到 25%～30%及以上的燃料很难进行燃烧，且松散的燃料结构严重影响连续进料。过高的原料含水量会引起焦油凝结，造成堵塞管路、不利于产气和流通等后果。

4）催化剂

催化剂通常通过干法混合或湿法浸渍直接添加到生物质中。利用这两种方法添加催化剂时，催化剂很难回收，而且这并不总是对气化过程的成分有效。它还增加了焦炭气化后剩余的灰分。预计在未来几年，如何处理这些灰分将成为该技术面临的一个问题。对于不同的物料、气化炉及气化剂，所使用的催化剂多种多样，但所使用的催化剂必须能有效去除焦油，要具有失活耐性、耐结焦性，且具有坚固、不易破碎、可再生和价格低的优点。

3. 生物质气化制氢中存在的问题

生物质通过高温气化技术不仅能产生 H_2，在此过程中还产生了其他几种化合物，其中焦油和焦炭是生产过程中主要的副产品。焦油是一种由酮类、呋喃类、醇类、酸类等组成的可冷凝碳氢化合物的复杂混合物，在低温下呈液态，易堵塞管路，腐蚀设备，污染仪器。不同的气化炉产生的焦油产量和相对组分浓度不同。按平均焦油产量计算，不同反应器的平均焦油产量为：夹带流气化炉［0.4 g/（N·m³）］＜下吸式气化炉［<1 g/（N·m³）］＜流化床气化炉［10 g/（N·m³）］＜上升流气化炉［50 g/（N·m³）］（Basu，2010）。气化时产生的炭黑等颗粒，既为后续除尘带来麻烦，又损害燃气轮机等燃气利用设备，严重影响了气化系统的稳定运行。因此，有必要用可持续的方法来处理它们或将它们转化为额外的资源，再利用它们。这些产品在性质上是不稳定的，容易开裂或演变为更稳定的芳香结构，通常在生产过程中提高温度和催化重整来降低焦油的产生（赖艳华，2002）。气化或热解过程中产生的炭可吸附重金属或有机污染物，同时也是一种低成本的催化剂，具有良好的脱焦油性能，也是一种优良的吸附剂。炭载催化剂失活后可以通过催化燃烧等技术回收炭中的能量。利用活化焦碳对重金属进行吸附或改性焦碳，然后利用饱和碳负载的金属催化剂对焦油进行转化。此外，Shen（2015）研究发现，生物质可以直接吸附重金属离子，与热解后原位生成并嵌入生物炭基体的金属纳米颗粒一起，实现初生焦油的原位转化。具有重要意义的是，纳米复合炭渣可催化气化为有用的合成气，并可回收和再利用粉煤灰中的催化剂金属。生物质气化过程中灰的生成会引起沉积、烧结和凝聚等问题。

对于新兴的等离子体热解气化制氢技术和超临界水中生物质催化气化制氢技术，虽然具有 H_2 产率高、CO_2 产率低、焦油含量低等优点，但此类工艺主要的限制是建造和维护成本高。超临界水中生物质催化气化制氢技术的主要限制包括对高压、高温和防锈材料的要求，从而增加投资成本，以及对能源的高要求。等离子体热解气化制氢技术仅适用于湿生物质，否则很难气化。同时，电力消耗高，导致整体效率低，建造成本是其他处理设施（如催化）成本的 3 倍。这些新兴技术为湿生物质的气化制氢提供了可行性思路，但大规模或商业气化需要进一步研究。

8.3 生物质光解水制氢

8.3.1 生物质光解水制氢的原理

微藻和蓝细菌能直接利用水和太阳光进行产氢，被认为是最有前途的制氢途径之一。生物质光解水制氢主要是绿藻和蓝细菌，在厌氧光照条件下，利用自身特有的产氢酶系，将水裂解为 H_2 和 O_2 的过程。微藻光解水制氢的原理与绿色植物光合作用的机制极其相似，这类微生物体内拥有 PS I、PS II 两个光系统，PS I 产生还原剂用来固定 CO_2，PS II 接收太阳光能分解水产生 H^+、电子和 O_2；PS II 产生的电子，由铁氧化还原蛋白（Fd）携带，经由 PS II 和 PS I 到达氢酶，H^+ 在氢酶的催化作用下形成 H_2。其中，利用藻类光解水产氢的系统称为直接生物光解制氢系统；利用蓝细菌进行产氢的系统称为间接光解水产氢系统。藻类的产氢反应受氢酶催化，可以利用水作为电子和质子的原始供体，这是藻类产氢的主要优势。蓝细菌同时具有固氮酶和氢酶，其产氢过程主要受固氮酶作用，氢酶主要在吸氢方向上起作用。蓝细菌也能利用水作为最终电子供体，其产氢所需的电子和质子也来自水的裂解（Asada et al.，2000）。在光照条件下水直接解离成氢和氧，即 $2H_2O+ 光照 \longrightarrow 2H_2+O_2$，主要微生物为绿藻；间接解离水有两个步骤：$12H_2O+6CO_2+光能 \longrightarrow 6O_2+C_6H_{12}O_6$，$C_6H_{12}O_6+12H_2O+光能 \longrightarrow 12H_2+6CO_2$，主要微生物为蓝细菌，且对固氮酶的 ATP 要求很高（Sharma et al.，2017）。蓝细菌和微藻均能解离水产生 H_2，但制氢速率明显低于光合细菌产氢速率。

8.3.2 生物质光解水制氢的现状

H_2 是高效和可持续的清洁能源之一。生物质光解水制氢技术作为有效制氢途径，被广泛深入地研究。美国、日本、欧盟国家、中国等在藻类分子生物学、耐氧藻类开发、促进剂等技术领域取得了突破性进展，并开发了各式生物反应器，完成了藻类制氢从实验室逐步走向实用的转化（Maniatis, 2003; Melis et al.，2001）。

Gafforn（1939）发现了一种已在地球上存在 30 亿年之久的蓝绿色栅藻，它既能在厌氧条件下吸收 H_2 固定 CO_2，也能在一定条件下通过光合作用产生 H_2，并对微藻产氢进行了深入的研究。此后利用微藻光解水制氢研究在世界上许多国家迅速展开（Polle et al.，2000；Benemann et al.，1974）。光解水制氢是微藻及蓝细菌以太阳能为能源，以水为原料，通过微藻及蓝细菌的光合作用及其特有的产氢酶系将水分解为 H_2 和 O_2，并且在制氢过程中不产生 CO_2。

高效的藻类被应用于光水解制氢。通常光合速率约是呼吸速率的 5 倍，Polle 等（2001）通过诱变方法，对捕光叶绿素进行调节，提高了微藻产氢量和光合效率。莱茵衣藻突变株（cy6Nac2.49）通过诱导 PS II 的表达促进其光合产氢（Batyrova et al.，2017）。通过 PGR5 及 PGR5 类似蛋白的缺失可以增加 PS II 活性，使其在缺硫条件下促进莱茵衣藻的光合生物制氢（Steinbeck et al.，2015）。莱茵衣藻中的捕光复合蛋白 LHCBM9 对莱茵衣藻中的 PSⅡ活性具有重要作用，从而影响了光合产氢（Grewe et al.，2014）。

固定微藻可提高产氢量。微藻在反应器内生长产氢的过程中会发生细胞聚集，产生沉淀和团块。这样导致发酵液内的藻细胞分布不均匀，光线只能辐射表层藻细胞，而内部藻细胞会因为光照不足产氢量下降。为解决细胞分布不均的问题，Das 等（2015）利用聚对苯二甲酸乙二酯做载体，将藻细胞固定，把微藻的产氢量提高 20 倍。Xiong 等（2015）通过添加高分子聚合物，利用硅胶将藻细胞包埋成团块。并利用 100 μm 的微藻硅胶复合体，进行光照产氢。每升藻液的产氢量提高到 17 mL。包埋微藻细胞经常使用琼脂、藻酸盐天然材料和聚丙烯酰胺、聚乙烯醇人工合成聚合物，然而藻细胞固定化产氢方法操作复杂，同时固定化抑制了藻细胞的生长，细胞经过一段时间就会死亡，达到持续产氢的效果（Hameed，2007）。

光照是影响藻类产氢的重要因素，很多研究者对光照强度、光照周期、光色等进行了研究。对多变鱼腥藻的研究发现反应器内的光照分布能明显影响藻类的产氢率（Berberoglu et al.，2007）。研究光谱对纤细角毛藻和亚心形扁藻生长的影响发现，能显著提高纤细角毛藻产量的光谱是红绿蓝集成光谱，而亚心形扁藻生长速率最高时的光谱为红蓝集成光谱，且微藻的生长速率均大于使用荧光灯（苗洪利 等，2010）。微藻对不同光源的适应性不同：一方面，可能与微藻的吸收谱及色素组成有关；另一方面也可能光源会对温度产生影响从而影响微藻的生长，而人工光源（如白炽灯、发光二极管、荧光灯）会产生热辐射。因此，在产氢过程中应选择合适的光照强度，同时保证温度处于藻类可接受的范围内。

光合生物制氢反应器大致分类为开放式与封闭式两种。开放式光合生物制氢反应器具有成本低、技术简单等优点，主要有循环池、跑道池、普通池塘等类型，但其存在易受污染、温度难以控制、制氢效率低于 1%等缺点，被逐渐淘汰。封闭式光合生物制氢反应器具有耐污染、方便控制、光能利用率高、产氢速率快等优点，因而受到重视（Polle et al.，2000；Pulz，2001）。一般封闭式光合生物制氢反应器按形状分为管式、柱式、平板式等，按搅拌方式分为气搅拌、液搅拌、机械搅拌等。高效的光反应器要求照射表面与体积比较高、pH 为 7、温度 30℃、具有 CO_2 控制功能、可长期稳定运行、具有混合功能和控制污染能力等（Eroglu et al.，2016）。对比平板式光反应器、柱式光反应器和管式光反应器得出结论，平板式光反应器更适合微藻产氢（Khetkorn et al.，2017）。随着科学技术的发展，对各种新材料、高效光源和基础理论研究的深入，光反应器将向着规模化、高效化、精密化发展。

综上所述，生物质光解水是制氢的一种有效途径。目前研究最多的微藻是光解水制氢的主要微生物，其优点为操作条件温和、清洁、能耗低，但因存在制氢效率低和反应器设计复杂等主要缺点，以后的研究仍是集中在如何设计高效简单的反应器和提高产氢速率方面，以便达到市场应用的目的。

8.3.3 生物质光解水制氢技术

根据酶系不同，产氢过程中的光能利用率和 H_2 生成速率有较大差别，按不同酶系可分为氢化酶和固氮酶。①蓝藻和光合细菌都含有固氮酶，酶的活性中心含钼、矾、铁，在把 N_2 转化为氨的同时生成 H_2。如果环境中没有 N_2，固氮酶利用 ATP 和还原剂产氢，但产氢的光子利用率不高，还原 H^+ 需要过量的 ATP 和电子参与。②蓝藻和许多绿藻含有氢化酶，能催化 H^+ 和电子生成 H_2。但是氢化酶还原 H^+ 不需要 ATP，光子理论转化效率和转化速率高于固氮酶（高平，2011）。

1. 蓝藻固氮酶产氢技术

1974 年，发现蓝藻在氩气中保存几小时后，同时产生 H_2 和 O_2。进一步研究发现，蓝藻具有光合系统 I 和 II，水是最终电子供体。因此，产氢所需的质子和电子来源于水的裂解，氢氧的产生密不可分（管英富 等，2003）。固氮过程既需要能量，也需要质子，所以作为固氮反应的副反应，产氢速度是固氮速度的 1/3～1/4。在有 O_2 的环境中，固氮酶活性受到抑制，产氢停止。一些蓝藻含有异形细胞，异形细胞具有很发达的保护机制，使固氮酶在 O_2 环境中不失活，继续进行固氮产氢。在此过程中，正常细胞进行放氧光合作用，把合成的有机物转移到异形细胞，异形细胞分解有机物并为固氮酶提供电子和 ATP，实现固氮和产氢。近年来，Hall 等（1982）也报道了利用吸氢酶失效的念珠藻变异株在 O_2 环境中产氢。Miyamoto（1997）用丝状异形蓝细菌进行了室外产氢实验，一个月的平均太阳能转化效率接近 0.2%。Kumazawa 等（1994）广泛地筛选了产氢效率高的蓝藻，获得单细胞固氮蓝藻 BG043511，利用同步培养技术保护和提高固氮酶活性。在低光照条件下，使用波长为 400～700 nm 的人造光源，可以得到 3.5% 的光能转换效率（梅洪 等，2008）。

无论以上哪一种固氮产氢过程，能量利用率最高的仅达到 3.5%，远低于生物制氢实用化最低 10% 的要求。从理论上讲，由于大部分能量消耗于固氮反应，固氮产氢的能量利用率难以有较大提高。

2. 绿藻可逆产氢酶光解水产氢技术

正在研究的绿藻可逆产氢酶光解水产氢主要有直接光解水产氢、一步法间接光解水产氢及两步法间接光解水产氢。绿藻可逆产氢酶光解水产氢是在厌氧等胁迫条件下，利用绿藻体内的可逆产氢酶电子传递路径产生 H_2。绿藻体内没有固氮酶活性表达，其理论产氢速度和光能利用效率都比蓝藻高。可逆产氢酶对 O_2 极为敏感，当气相环境中 O_2 浓度接近 1.5% 时，可逆产氢酶迅速失活，产氢的反应立即停止。所以，直接光解水产氢的过程难以持续进行，难以发展为大规模的制氢技术。间接光水解产氢可以实现 O_2 和 H_2 的产生在时间上或空间上分离。绿藻在不含硫的培养基中，光合作用放氧能力逐渐降低到小于呼吸作用的耗氧能力，使藻液保持厌氧状态，产氢酶表达水平高，放氢时间延长，产氢量显著提高。

　　一步法间接光解水产氢工艺，将藻细胞悬浮在无硫的培养液中，在厌氧条件下 3 h 以诱导可逆产氢酶的表达，然后光照下绿藻细胞为了维持自身的生命活动，消耗体内营养物质，产生的电子通过电子传递链传到可逆产氢酶还原质子产氢，得到的气体含有 H_2、O_2 和 CO_2，证明此过程与细胞体代谢有关，不能使 H_2、O_2 的产生完全分离。

　　Gaffron 等（1942）将绿藻先经过一段时间厌氧黑暗诱导处理，在这种厌氧诱导的条件下绿藻大量表达高活性的氢酶蛋白，再经光驱动发现有较高速率的 H_2 释放，但持续时间只有几秒到几分钟。Melis 等（2000）在培养基硫缺失条件下培养莱茵衣藻，发现光合作用放氧速率发生可逆下降现象，但线粒体的呼吸作用却不受影响。在密封缺硫的培养基中，光合作用释放 O_2 的量低于呼吸作用消耗 O_2 的量，使培养基环境处于厌氧状态，从而间接绕过了 O_2 对放氢反应的抑制作用。在此研究基础上，成功摸索出两步法制氢工艺。该工艺产氢速率可达到每小时每升莱茵衣藻［密度（$3\sim6$）$\times10^6$ 个/mL］产氢 $2.5\sim3$ mL，持续时间长达 70 h。70 h 之后放氢速率开始下降，需要在培养基中及时补充一定量的硫使其恢复正常的光合活性，才能进行下一个循环。

　　两步法间接光解水产氢本质上是以损害绿藻正常的生长代谢为代价来创造一个特殊环境，获得长时间的放氢反应。其产氢的光子转化效率只有绿藻正常生长条件下光合作用的 $15\%\sim20\%$，而正常情况下植物光合作用放氧对光能的利用率一般是 5%，这样换算，光合产氢对光能的利用率只接近 1%。这同时也表明绿藻光合产氢的潜力很大，筛选耐氧性产氢藻株，实现 $2H_2O \longrightarrow 2H_2+O_2$ 的直接法持续产氢是绿藻产氢的理想出路。

8.3.4　生物质光解水制氢装置

　　光解水制氢是指光合生物体在厌氧条件下，通过光合作用分解水生成有机物同时释放出 H_2。目前，常用的制氢装置有光合生物制氢反应器、连续搅拌反应器、床反应器、膜生物反应器和多级生物反应器。

1. 光合生物制氢反应器

　　管英富等（2003）研究了绿藻间接光解水制氢。该研究采用的技术路线流程如图 8-3 所示。首先，微藻在实验室中培养到一定的生物量，取对数生长后期的细胞，经过一定时间的暗诱导后，再进行光照放氢。将完成光合放氢的藻细胞回收利用，经过再培养后进入下一轮的光合放氢实验。重点研究光合放氢阶段的基本规律。

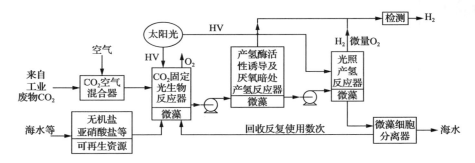

图 8-3　绿藻间接光解水制氢的技术路线流程

郭祯等（2008）研究了鼓泡式光合生物制氢反应器，主要考察了通入不同含量的 CO_2 对亚心形扁藻生长和直接光照产氢的影响，为进一步降低培养及产氢的工艺成本及提高工艺效率奠定基础。鼓泡式光生物反应器装置示意图如图 8-4 所示。

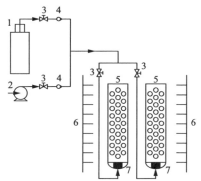

1. CO_2 气瓶；2. 空气压缩泵；3. 控制阀；4. 气体流量计；5. 鼓泡式生物反应器；6. 白炽灯；7. 多孔布气器。

图 8-4　鼓泡式光生物反应器装置示意图

结果表明，利用鼓泡式光生物反应器，通入体积分数为 3% 的 CO_2，藻细胞 10 天可达约 $4×10^6$ 个/mL，连续光照 24 h 的产氢量比通空气培养提高 1.5 倍。亚心形扁藻利用 CO_2 培养提高产氢量的工艺可缩短生产周期，降低生产成本，还可净化 CO_2 气体污染及减轻大气温室效应。

在提高蓝藻光合产氢效率的基础上，通过与燃料电池耦合，将产生的氢能转化为电能并加以利用，加入二氯苯基二甲脲（DCMU），以简单而经济的方式大幅提高柱胞鱼腥藻产氢的能力，使藻细胞利用太阳能的效率大幅提高。该方法通过抑制柱胞鱼腥藻光合放氧活性来提高其产氢效率，获得了 3.6 倍的光合产氢能力。该过程获得的太阳能转化效率为 2.05%。

2. 连续搅拌反应器

连续搅拌反应器系统，或称全混合厌氧反应器（CSTR），是一种使发酵原料和微生物处于完全混合状态的厌氧处理技术。连续搅拌槽式反应器是指带有搅拌桨的槽式反应器，又称为全混流反应器。搅拌的目的在于使物料体系达到均匀状态，以有利于反应的均匀和传热。反应过程包括体系中物料的物理和化学的变化，表征其体系特性的参数包括温度、压力、液位及体系组分等。CSTR 工艺可以处理高悬浮固体含量的原料。消化器内物料均匀分布，避免了分层状态，增加了物料和微生物接触的机会。该工艺占地少、成本低，是目前世界上最先进的厌氧反应器之一。

Younesi 等（2008）以乙酸盐为碳源，在连续搅拌槽式生物反应器（continuous stirred tank bioreactor，CSTBR）（图 8-5）中进行了合成气向 H_2 的生物转化实验。深红红螺菌是一种厌氧光合细菌，催化水气转换反应，用于合成气向 H_2 的生物转化。生物反应器中合成气的连续发酵以不同的气体流量和搅拌速度连续运行两个月。将生物反应器的 pH 和温度分别设置为 6.5 和 30℃，60 天内液体流速保持在 0.65 mL/min 不变。进口乙酸盐浓度为 4 g/L，注入生物反应器。

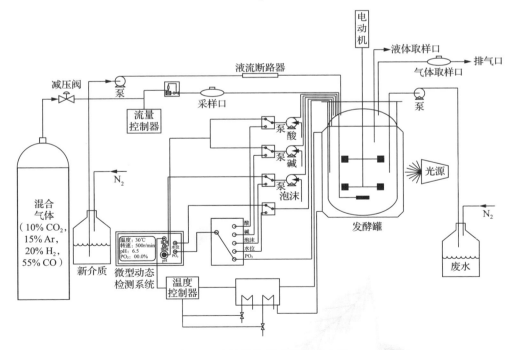

图 8-5　连续搅拌槽式生物反应器

3. 床反应器

常见的床反应器有固定床反应器和流化床反应器。在固定床反应器中，pH 沿反应器柱的梯度分布会引起微生物活性的非均匀分布，因此不能长期培养出高产氢。

4. 膜生物反应器

膜生物反应器（membrane bioreactor，MBR）主要用于控制生物质的浓度。MBR 没有表现出其他高速率制氢系统的优越性。膜污染和高运行成本限制了膜生物反应器工艺在生物氢发酵中的应用。

5. 多级生物反应器

由 3 个、4 个阶段组成的多阶段生物反应器有望最大限度地提高底物的产量。阳光通过第一阶段称为直接光解反应器的渗透，其中可见光将被蓝藻利用，而未经过滤的红外光则被光合成微生物利用，在第二阶段称为光发酵反应器。第二阶段的废水连同原料一起被填入第三阶段称为暗发酵反应器，在那里细菌将底物转化为氢和有机酸。第四阶段是使用微生物电解池（microbial electrolysis cell，MEC），它使用的有机酸是在黑暗发酵过程中产生的与光无关的过程。因此，可以在夜间或低光照条件下调节。图 8-6 为多级生物反应器系统（Sharma et al.，2017）。

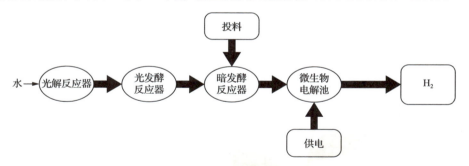

图 8-6　多级生物反应器系统

8.4　生物质光发酵制氢

8.4.1　生物质光发酵制氢的原理

光发酵制氢是不同类型的光合细菌以光为能量来源，通过发酵作用将有机基质转化为 H_2 和 CO_2 的反应。光合细菌有多种不同种类，如类球红细菌、沼泽红假单胞菌、荚膜红细菌和深红红螺菌。光合细菌是在光照条件下利用有机物作供氢体兼碳源进行光合作用的细菌，而且具有随环境条件变化而改变代谢类型的特性。光合细菌还可以在厌氧条件下，以光为能源，利用小分子有机酸（如乙酸、丁酸、乳酸）作为碳源，进行转化制氢（Koku et al.，2002）。

利用光合细菌进行光发酵制氢有如下优点：①可以利用多种基质进行细菌生长和 H_2 生产；②基质利用效率高；③在不同环境条件下仍具有较强的代谢能力；④能够吸收利用较大波谱范围的光，能承受较强的光强；⑤副产物中没有 O_2 产生，因此不存在 O_2 的抑制问题。总的来说，光发酵制氢能使有机组分彻底转化为 H_2，H_2 生产由需 ATP 的固氮酶驱动，ATP 通过光合作用捕捉光能获得。光合细菌光发酵制氢过程如图 8-7 所示（Vignais et al.，2006）。

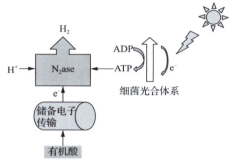

N_2ase. 固氮酶；e^-. 电子；H^+. 质子；ATP. 三磷酸腺苷；ADP. 二磷酸腺苷。

图 8-7　光合细菌光发酵制氢过程

光合细菌光发酵制氢过程同藻类制氢过程一样，是太阳能驱动下的光合作用的结果，但是光合细菌只有一个光合作用中心（相当于绿藻的光合作用中心 I），其缺少起光解水作用的光合作用中心 II，光合细菌利用捕获的太阳能生产 ATP，高能电子通过能量流还原 Fd，还原后的 Fd 及 ATP 在固氮酶作用下驱动质子氢（Dasgupta et al.，2010；Hillmer et al.，1977）。有机物不能直接从水中接收电子，因此有机酸等常被用来作为基质。

多个独立环节构成了整个光合细菌光发酵制氢系统，他们被分为酶系统、碳流（特指三羧酸循环）、光合作用膜元件。光合生物制氢过程中，这些组分遥过电子、质子和 ATP 的交换联系在一起。光合细菌产氢过程如图 8-8 所示（Kars et al.，2006）。

在光合细菌光发酵制氢过程中，H_2 生产和消耗由固氮酶和氢化酶协调。固氮酶将分子氮固定，生成能被用作有机物氮源的氨。固氮酶能还原氮中的质子，副产物便是 H_2。氢化酶是光合细菌光发酵制氢代谢过程中的另一个起关键作用的酶，在不同条件下，氢化酶作用不同，有 H_2 存在时，氢化酶是电子受体，是吸氢酶，但有低电位电子供体存在，利用水中的质子作为电子受体时，氢化酶就转变为放氢酶（Vignais et al.，2006）。

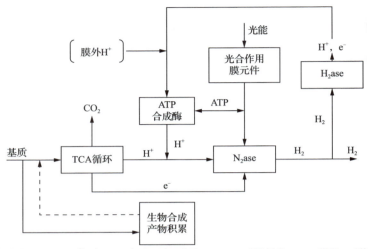

H$_2$ase. 氢化酶；N$_2$ase. 固氮酶；e$^-$. 电子；H$^+$. 质子；ATP. 三磷酸腺苷；TCA 循环. 三羧酸循环。

图 8-8　光合细菌产氢过程

　　光合细菌能够利用多种基质作为生长和代谢产氢的碳源和氮源，产氢速率和基质转化率经常被用来作为衡量产氢特性的指标（Hallenbeck et al.，2002；Hallenbeck，2009；Nath et al.，2008）。当利用特殊基质进行产氢时，其理论产氢量可以通过如下假设反应式中特定基质的化学计量数进行转换估算。

$$C_xH_yO_z + 2(x - z)H_2O \longrightarrow \left(\frac{y}{2} + 2x - 2z\right)H_2 + xCO_2 \qquad (8\text{-}9)$$

　　当产氢速率和基质转化率共同被考虑时，有机酸的基质转化率要高于糖类物质。pH、温度、培养基成分和光照强度也会影响光合细菌的生长和代谢产氢。因此，为了得到稳定运行的、较高的产氢量和产氢速率，需要对最适宜的工艺参数进行优化（Gest et al.，1949）。

8.4.2　光合产氢细菌的研究现状

　　光合细菌在光照条件下，可分解有机质产生 H$_2$，终产物中 H$_2$ 组成可达 60%以上，且产氢过程中也不产生对产氢酶有抑制作用的 O$_2$，是具有发展潜力的生物制氢方法。国内外一些学者已对光合细菌产氢机理开展了一些探索性研究。

　　Hillmer 等（1977）在研究中发现，在光照条件下，用谷氨酸作为氮源培养光合细菌时，有 H$_2$ 产生；以铵盐、N$_2$ 为氮源时，产 H$_2$ 受到抑制。研究表明，产氢与氮代谢的酶有关，光合细菌产氢是由固氮酶催化进行的（Madigan and Gest，1978）。

　　查德威克（Chadwick）和伊尔根斯（Irgens）对小空泡外硫红螺菌菌株的研究

也表明，产氢受到 N_2 的抑制，在缺 N_2 的条件下，固氮酶能还原 H^+ 生成 H_2 （朱章玉 等，1991）。Madigan（1990）观察到荚膜红假单胞菌在 H_2 相中，黑暗条件下能自养生长，研究表明，光合细菌可以通过氢为电子供体还原 CO_2 而生长。H_2 的吸收由氢酶完成。可在厌氧光照条件、好氧黑暗条件下生长的深红红螺菌、球形红假单胞菌、沼泽红假单胞菌、紫细菌、桃红荚硫菌，在厌氧黑暗条件下、有乙醇及乙酸存在时也能产 H_2，同时产生 CO_2。研究表明，黑暗条件下产氢与乙酸脱氢酶有关（Arlt et al.，1996）。

Arlt 等（1996）和 Lin 等（1994）对原初电子供体 P870 定点突变理论的研究显示，P870 的氧化还原电位降低，电荷分离速率加快，光能的转化效率将会提高。

大量的生理生化研究揭示出光合细菌属于原核生物，只含有 PS I。所以，只能进行以有机物作为电子供体的不产氧光合作用。光合细菌产氢过程的电子传递如图 8-9 所示。

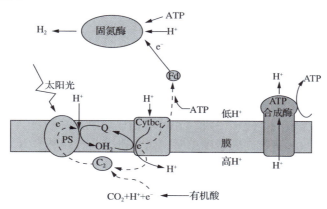

图 8-9　光合细菌产氢过程的电子传递

光合细菌产氢是分解有机酸所致，是与光合磷酸化偶联的固氮酶的放氢作用，电子供体或氢供体是有机物或还原态硫化物，主要依靠分解低分子有机物产氢（周汝雁 等，2006）。在光合细菌内，参与氢代谢的酶主要是固氮酶和氢酶。光合细菌固氮产氢所必需的 ATP 来自光合磷酸化，由光捕获复合体上的细菌叶绿素（BChl）和类胡萝卜素吸收光子后，其能量被传送到光合作用中心，而产生一个高能电子（加滕荣，1998）。

光合细菌只有 PS I，而不含 PS II，该高能电子经环式磷酸化产生 ATP，故产氢所需的能量来源不受限制，其产氢效率高于厌养细菌。固氮产氢所需的细胞还原力由细胞内还原性 Fd 水平决定，在光照、有 N_2 等条件下，固氮酶由 ATP 提供能量，接受 Fd 传递的电子 e^-，将 H^+ 还原为 H_2，把空气中的 N_2 转化合成 NH_4^+ 或氨基酸，完成固氮产氢（杨素萍 等，2003）。光合细菌产氢途径示意图如图 8-10 所示。

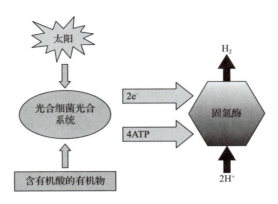

图 8-10　光合细菌产氢途径示意图

在黑暗条件下，光合细菌通过氢酶的催化作用，也能以葡萄糖、有机酸、醇类物质产生 H_2，产氢机制与厌氧细菌相似。光合细菌在利用光能产氢的同时也伴随有吸氢现象，一旦有机供体被消耗完，细菌利用 H_2 为电子还原 CO_2 而继续生长，H_2 的吸收由可逆氢酶催化（Uffen，1976；Gorrell et al.，1977；Gorrell et al.，1978）。

光合细菌（如胶状红环菌），在黑暗条件下能够利用 CO 作为唯一碳源，产生 ATP 的同时释放出 H_2（Uffen，1983）。反应方程式如下：

$$CO(g) + H_2O(L) \longrightarrow CO_2(g) + H_2(g) \tag{8-10}$$

这类光合细菌不仅可以在暗条件下进行 CO-水-气转换反应，而且能利用光能固定 CO_2，将 CO 同化为细胞质，即使在有其他有机底物的情况下，其也能够很好地利用 CO，100%转换气态的 CO 成 H_2。这类光合细菌的氢酶具有很强的耐氧性，在空气中充分搅拌时氢酶的半衰期为 21 h，有很好的产氢前景（Maness et al.，2022；Wakim et al.，1983；周汝雁，2006）。

由光合细菌产氢机理可看出，光合细菌不能分解水，所以用于光合作用的电子由有机物质或还原性硫化物提供，反应中的质子由有机物的碳代谢提供（Mitsui and Ohta，1981）。与其他可以产氢的光合微生物（如绿藻和蓝细菌）相比，光合细菌光合产氢过程不产氧，无须氢氧分离。故其工艺简单，而且产氢纯度和产氢效率高，原料转化率和能量利用率高，并且光合产氢过程使 H_2 的生成、有机物的转化和光能的利用结合到一起，显示了光合细菌利用有机物进行光能转化的优越性（Karrasch et al.，1995）。但由于光合产氢过程的复杂性和精密性，在产氢机制研究中仍有很多问题需要解决和研究。目前，对其碳代谢途径、固氮酶的调控机理还不是很清楚，对光合细菌适应外界环境变化进行代谢模式转化的调控机制也有待研究和探索。

近年来，为了进一步了解光合细菌产氢的内在机制，国内外学者对光合细菌的光合作用中心及光合基因进行了研究，取得了令人欣喜的成果，大大推动了光合细菌产氢的研究进程。

超快时间分辨光谱技术的应用，加快了人们对光合细菌内部结构的认识，使光合细菌产氢机制研究取得了新的进展。Karrash 等（1995）发表了深红红螺菌的捕光色素蛋白复合体Ⅰ（LH1）和光化学反应中的 85 nm 处的电子密度图谱。MacDermott 等（1995）获得了红假单胞菌的捕光色素蛋白复合体Ⅱ（LH2）的 25 nm 处的 X 射线晶体衍射结构。Papiz 等（2003）得到了红假单胞菌 LH2 的 20 nm 处的 X 射线晶体衍射结构，对光合作用的原初反应有了更深的认识（Uffen，1983）。

Deisenhofer 等（1985）用 X 射线晶体衍射法测定并解析了紫色非硫细菌光合作用中心的晶体结构，并因此获得 1988 年诺贝尔化学奖。光合细菌光合作用中心的晶体结构被确定，光合作用中心的研究有了很大的突破（MacDermott et al.，1995）。

对于光合细菌光系统研究最多的是紫细菌。紫色非硫细菌的光合单位由捕光色素蛋白复合体及光合作用中心蛋白两部分组成，紫色非硫细菌含有两种捕光色素蛋白复合体：围绕光合作用中心的 LH1 和外围 LH2（Uffen，1976）。

西莫内·卡拉施（Simone Karrasch）等 1995 年发表了深红红螺菌 LH1-RC 85 nm 电子密度图谱，在此基础上罗宾·高希（Robin Ghosh）得到了 LH1-RC 的二维晶体，证实 RC 位于 LH1 的环状结构内部，但高分辨率的 LH1 晶体 X 射线衍射结构还未得到（杨素萍 等，2003）。LH1 由 12～16 个相同的蛋白质亚基加上类胡萝卜素和长波长菌绿素构成。

红假单胞菌属的 LH2 有 9 个α 亚基和 9 个β亚基，27 个细菌叶绿素分子及 18 个类胡萝卜素。在靠近膜外侧的一组由 18 个细菌叶绿素组成一个紧密的环状结构导致了相对于 850 nm 的激发能的吸收跃迁，被称为 B850。在靠近膜内侧的由 9 个细菌叶绿素组成另一个环状结构导致 800 nm 的激发能的吸收跃迁，被称为 B800。类胡萝卜素排列存在两种方式，一种是排列于 B800 环中，一种与 B850 连接。光合细菌光合作用中心结构模式如图 8-11 所示。

光合细菌的光合基因簇结构及其调控机制是近年研究最多、最深的领域之一。研究最多的是红细菌属，对荚膜红细菌和浑球红细菌光合作用过程的了解最为透彻，对其他种属光合细菌的研究则刚刚起步。分子生物学、生物化学和生物物理学的不断进步及其在光合作用研究上的应用，促进了光合细菌光合基因的研究，研究内容包括光合作用中心和捕光天线结构基因的克隆，光合基因操纵子的分析及光合基因的遗传和物理图谱等方面。

图 8-11　光合细菌光合作用中心结构模式

　　绝大多数光合细菌是典型的兼性菌，在好氧环境中，它们可以进行化能自养生长；而当氧分压降低时，细胞迅速合成光合器官，通过光合磷酸化反应获取能量。厌氧光照条件下，光合细菌的细胞膜迅速内陷形成内质膜系统（intracytoplasmic membrane system，ICM）（Kiley et al.，1988）。ICM 是细胞进行光合作用的基础，含有光合作用所需的全部膜成分。光合细菌的光合基因大部分都集中于染色体上大约 46 kb 片断的光合基因簇上，包括 *RC* 多肽基因，*puf* 操纵子、*bch* 基因及 *crt* 基因等（Papiz et al.，2003）。

　　研究发现细菌叶绿素和类胡萝卜素基因在浑球红细菌染色体上位于固氮基因和腺嘌呤基因之间。此外，光合细菌的光合基因中还存在一种超操纵子（superoperon）结构。在这种结构中，下游操纵子启动子区处于上游操纵子内部，而且属于同一操纵子的若干操纵子功能密切相关（Allen et al.，1987）。

　　基于光合作用及光合基因的复杂性和多样性，目前对光合基因表达的调控方式还知之甚少，光合基因表达的调控是光合作用研究的难点和热点。光合细菌光合基因的调控主要是光和氧两方面的调控。

　　研究发现通过基因操作手段对光合细菌的光系统进行改进，提高光的捕获效率是有可能的。Kondo 等（2002）分离得到了一株类球红细菌 Rv 的突变株，在波长 350～1 000 nm 吸收的光比野生菌株少，其色素含量也比野生菌株的少，其产氢量比野生菌株提高了 50%。减少绿藻中叶绿素的含量，其光合效率也会有较大提高。通过遗传或诱变手段获得光合作用中心改进的突变株，对于实现规模化光合产氢具有重要意义（Deisenhofer et al.，1985）。

对光合基因的调控机制还知之甚少。调控因子的性质及其作用方式、不同启动子的结构及其调控方式、不同基因之间的相互协调控制、相关基因的协调表达、细胞整体水平对基因表达的调控、外界环境（光、氧）变换对功能基因的开闭效应等问题都需要进一步研究。

光合细菌产氢现象已经受到人们的广泛关注。随着对光合细菌产氢机理研究的深入，国内外一些研究机构，已将目光投向利用光合细菌获取 H_2 的技术研究。光合细菌产氢的影响因素成为研究重点。大量关于光合细菌制氢的研究主要集中在产氢菌种选育、生产工艺、光生物反应器等方面，旨在提高产氢效率、简化生产工艺、降低生产成本，为规模化、商业化制氢提供技术支撑。

8.4.3　生物质多原料光发酵制氢

光合产氢细菌可以利用不同的有机碳源产氢，对于乙酸、丁酸等挥发性小分子酸醇和葡萄糖、果糖等简单糖类利用效果较好，对于纤维素、淀粉等结构复杂的碳源利用效率较差。菌体的种类不同，可利用的碳源不同。即使是同一菌种，对不同浓度的碳源往往产氢效果也有很大差别。混合菌种由于多菌种之间的协调效应，其利用率往往较纯菌株高。

1. 以超微粉碎高粱秸秆为产氢基质的光发酵制氢过程研究

为制得不同还原糖浓度的酶解料液，在酶解阶段须采用不同的秸秆底物浓度。将球磨 2 h 的高粱秸秆放入 3 个 250 mL 三角瓶中，按秸秆底物浓度 25 g/L、67 g/L、108 g/L 加入柠檬酸-柠檬酸钠缓冲液，将秸秆和缓冲液混合物放入 50℃恒温水浴中保温 20 min，按照 0.042 g 纤维素酶/g 秸秆的酶负荷加入纤维素酶，摇晃混匀放入温度 50℃、转速 150 r/min 摇床中反应 48 h，取上清液按二硝基水杨酸（DNS）法测定还原糖浓度。不同秸秆浓度对还原糖浓度及累积产氢量的影响见图 8-12。

由图 8-12 可以看出，在光发酵制氢进行到 264 h 时，浓度为 25 g/L 的秸秆累积产氢量达到了 492 mL；浓度为 67 g/L 的秸秆累积产氢量为 507 mL，浓度为 108 g/L 的秸秆累积产氢量为 538 mL，即光发酵制氢累积产氢量随着秸秆浓度的增大而增大。秸秆浓度为 25 g/L 酶解料液的还原糖在反应进行的 24 h 和 48 h 之间还原糖浓度有小幅增加；秸秆浓度为 67 g/L 酶解料液的还原糖在反应进行的 24 h 和 96 h 之间有小幅增加；当秸秆浓度增大到 108 g/L 时，酶解料液光合产氢过程在 48 h 和 72 h 之间也有小幅增加。这说明在光合产氢的初期，存在着酶水解糖化产还原糖和光合产氢消耗还原糖两种过程，测定的料液还原糖浓度是这两个过程的叠加体现。当秸秆浓度达到 108 g/L 时，初期 72 h 内的日产氢量是最小的，究其原因可能是过高的秸秆浓度尽管提供了较高的还原糖浓度，但是秸秆浓度的增大阻碍了光在料液中的传播。因此，光合细菌在反应初期获取的光能减小，导致初期产气量较小（Allen et al, 1987）。

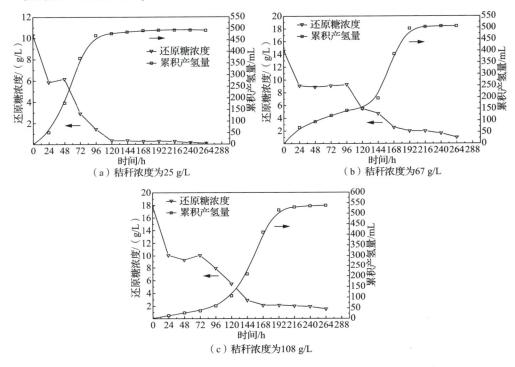

图 8-12　不同秸秆浓度对还原糖浓度及累积产氢量的影响

2. 以瓜果为产氢基质的光发酵制氢过程研究

以 250 mL 三角瓶为反应器，在 9 个三角瓶上分别标记 1、2、3、4、5、6、7、8、9，洗净烘干灭菌，1 号三角瓶直接添加 200 mL 苹果泥，其他三角瓶按照苹果泥与蒸馏水质量比 1∶1、1∶2、1∶3、1∶4、1∶5、1∶10、1∶15、1∶20 添加至 200 mL，添加产氢培养基，50 mL 光合产氢细菌，加橡胶塞后用 704 硅橡胶封口，放置在恒温培养箱中，调节温度为 30℃，光照度为 3 000 lx，12 h 进行一次试验检测并记录数据。

料液比的大小直接影响着光合细菌产氢量的多少（张全国 等，2015；Lu et al.，2016）。不同料液比对苹果泥光合细菌产氢还原糖浓度的影响如图 8-13 所示。

还原糖作为光合产氢细菌产氢利用的直接物质，还原糖浓度与料液比有关，料液比越大，还原糖浓度越大。

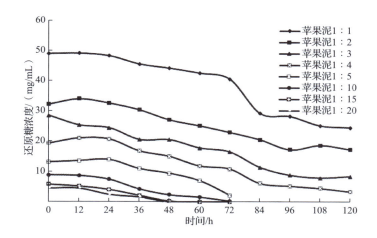

图 8-13 不同料液比对苹果泥光合细菌产氢还原糖浓度的影响

8.5 生物质暗发酵制氢

8.5.1 生物质暗发酵制氢的原理

暗发酵（dark fermentation）生物制氢是由一些微生物在无氧无光条件下分解有机物进行产氢的过程。暗发酵制氢的过程不需要光照、感应器简单、H_2 生成快且兼具了废弃物能源转化和处理的功能（肖燕，2003）。碳氢化合物（葡萄糖、异构体己糖、淀粉和纤维素）是厌氧菌发酵的优良基质，产氢量的多少要根据发酵途径和终产物决定。在暗发酵制氢体系中，底物葡萄糖转化为丙酮酸后，再经过不同酶催化后发生不同的代谢途径，最终生成乙酸、乙醇、丁酸、乳酸等产物（图 8-14）（孙茹茹，2020）。

在暗发酵制氢过程中，H_2 产量的多少依据发酵途径和最终产物。例如当乙酸是最终产物时，其产氢反应方程为

$$C_6H_{12}O_6 + H_2O \longrightarrow 4H_2 + CH_3COOH + 2CO_2 \tag{8-11}$$

由公式（8-11）可知，每摩尔的葡萄糖的理论产氢量是 4 mol。当丁酸是最终产物时，根据公式

$$C_6H_{12}O_6 \longrightarrow CH_3CH_2CH_2OOH + 2CO_2 + 2H_2 \tag{8-12}$$

由公式（8-12）可知，每摩尔葡萄糖的理论产氢量是 2 mol。因此，理论上如果最终的酸产物是乙酸，那么可以获得高的产氢量。但是实际上高的产氢量与产乙酸和丁酸两者都有关，而低的产氢量与生成的乙醇和乳酸相关。其中产氢能力

较强的微生物有巴氏芽孢梭菌、丁酸梭菌和拜氏梭菌，而丙酸梭菌的产氢能力非常差。从外界环境看，产氢发酵过程与 pH、水力停留时间和气体分压有很大关系。因为这些因素影响微生物的代谢，从而决定最终产物。因此，在暗发酵生物制氢中，控制这些发酵条件是非常重要的（Maness et al.，2002）。暗发酵生物产氢的优势在于其产氢速率高，可以利用纤维素、食品废弃物、造纸废弃物和市政废弃物。此外，厌氧暗发酵制氢系统还具有设备结构相对简单，操作能耗比较低的特点。与其他生物制氢技术相比，暗发酵生物制氢最大的问题在于，H_2 的产率低，例如当以葡萄糖为反应基质，其转化为 H_2 的最大产率是 12 mol/mol 葡萄糖。但是依据前面的理论分析，即使按最大产氢量也仅达到 4 mol/mol 葡萄糖，也就是说即使按最终产物为乙酸的最大产氢途径，也仅能转化基质的 25%，而实际上最终产物还包含有丁酸、乙醇和乳酸，这将使实际产氢率更低。

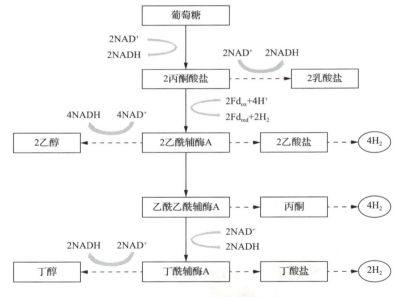

图 8-14　暗发酵细菌制氢原理

8.5.2　暗发酵产氢细菌的分类

根据暗发酵产氢细菌对环境中 O_2 的需求，可以分为严格厌氧暗发酵产氢细菌、好氧暗发酵产氢细菌和兼性厌氧暗发酵产氢细菌。严格厌氧细菌属主要包括梭菌、甲基营养菌及一些古细菌，这类细菌产氢代谢途径主要为丙酮酸的代谢途径产生 H_2，大部分严格厌氧细菌缺乏细胞色素体，而脱硫菌是唯一一个具有细胞色素体的严格厌氧细菌。在严格厌氧细菌属中，梭菌的研究报道比较多。因为梭菌具有较高的产氢能力，同时具有顽强的生命力，在高温的环境下会形成内生孢子，便于从环境中筛选。梭菌可利用的底物范围比较广，葡萄糖、木糖、餐厨垃圾、有机废水及农业废弃物等有机物均可被梭菌利用进行产氢。An 等（2014）分离出一株拜氏梭菌，最大产氢量达到 2.31 mol/mol 木糖，产氢速率可以达到 311.1 mL/（L·h）。Mei 等（2014）在高温的环境中筛选出一株嗜温梭状芽孢杆菌 SPROH2 梭菌，当以葡萄糖为底物时，最高产氢量可以达到 2.71 mol/mol 葡萄糖。Chang 等（2005）从活性污泥中分离出一株丁酸梭菌 CGS5，当以蔗糖为产氢底物时，最高产氢量为 2.78 mol/mol 蔗糖。

好氧性细菌需要有 O_2 存在的情况下才有较好的生长能力和产氢能力，整个产氢过程需要 O_2 的参与，好氧暗发酵产氢细菌主要有产碱杆菌、芽孢杆菌和脱硫弧菌等。Song 等（2013）筛选分离出一株产氢芽孢杆菌属 FS2011，该菌种能够较好地利用底物，当以葡萄糖为产氢底物时，最高产氢量可以达到 2.26 mol/mol 葡萄糖；Liu 等（2015）从海洋污泥中筛选出一株芽孢杆菌 XF-56，研究发现该菌种有产氢和产絮凝剂的能力，最高的产氢量为（1.47±0.05）mol/mol 葡萄糖。Kotay 等（2007）从污泥中筛选出一株凝结芽孢杆菌 IIT-BTS1 菌属进行产氢，最大产氢量为 2.28 mol/mol 葡萄糖。汤迎等（2009）从园林污泥中富集出一株耐高温好氧芽孢杆菌 AT07-1，最大产氢速率可以达到 16.3 mL/g TS（总固体含量）。

常见的兼性厌氧暗发酵产氢细菌有肠杆菌、柠檬酸杆菌、埃希氏肠杆菌、克雷伯氏菌等。和严格厌氧细菌相比，兼性厌氧细菌对 O_2 不是很敏感，发酵条件要求简单，发酵周期短。肖燕（2013）分离出一株兼性厌氧性肺炎克雷伯氏菌 ECU-15，该菌株在 37℃，生长比较好，可以达到 5.48 g/L，最大产氢量达到 5 363.8 mL/L。Kumar 等（2000）从腐败的树叶中筛选出一株兼性厌氧菌阴沟肠杆菌 IIT-BT08，该菌株在以葡萄糖为底物时，产氢量可以达到 2.2 mol/mol 葡萄糖。龙敏南等筛选出一株兼性厌氧产酸克雷伯氏菌，并对其产氢途径进行了分析，产氢率可以达到 1.79 mol/mol 葡萄糖（Minnan et al.，2005）。

8.5.3 暗发酵产氢细菌催化制氢的途径

根据厌氧发酵代谢产物不同可以将产氢催化途径分为丁酸型发酵、乙醇型发酵和丙酸型发酵。丁酸型发酵是发酵底物经糖酵解途径由丙酮酸经乙酰辅酶 A 转变为丁酸并产生 H_2 的过程，产物主要是丁酸、乙酸、H_2、CO_2 及少量的丙酸。乙醇型发酵是发酵底物经 ED 途径由丙酮酸转变为乙醇的同时产生 H_2 的过程，产物主要是乙醇、乙酸、H_2、CO_2 和少量的丁酸。丙酸型发酵是发酵底物经由单磷酸己糖途径转变而来，产物主要是丙酸、乙酸、H_2、CO_2 及少量的丁酸。Gray（1965）综述了暗发酵产氢途径，将暗发酵产氢的途径分为丙酮酸脱羧产氢途径、甲酸途径（甲酸裂解产氢途径）和 NADH/NAD+ 的氧化还原平衡调节途径（NADH 产氢途径）。菌体内缺乏完整的呼吸链电子传递体系，在发酵过程中通过脱氢作用产生的过剩电子必须经过适当的途径释放，使物质的氧化还原过程保持平衡，保证代谢过程的顺利进行。在好氧环境下 O_2 被还原为水，在厌氧或缺氧环境下，某些物质需要充当电子受体，例如质子，能够被还原生成 H_2。

丙酮酸脱羧产氢途径的主要路径是氢化酶途径。丙酮酸首先在丙酮酸脱氢酶作用下脱羧，然后通过丙酮酸铁氧化还原酶将丙酮酸氧化生成乙酰辅酶 A、CO_2 和还原性 Fd，最后生成的还原性 Fd 在氢化酶的催化下将来自水中的质子还原产生 H_2。这种途径产氢主要是专性厌氧的细菌类群，不包括细胞色素型的电子供体，通过丙酮酸或丙酮式二碳单位产氢，如丁酸梭菌等。丙酮酸脱羧产氢途径如图 8-15 所示。

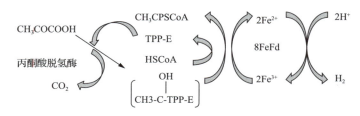

图 8-15　丙酮酸脱羧产氢途径

甲酸裂解产氢途径是通过甲酸裂解的途径产氢。首先通过 EMP 途径生成丙酮酸，丙酮酸经过丙酮酸–甲酸裂解酶（pyruvate-formate lyase，PFL）催化，裂解成乙酰辅酶和甲酸，甲酸在细胞色素类电子载体和 Fd 的辅助下，经甲酸–氢裂解酶（formate hydrogen lyase，FHL）催化裂解为 H_2 和 CO_2。该类群的典型微生物有肠杆菌属、志贺氏菌属和埃希氏菌属等。例如大肠杆菌可在厌氧条件下分解甲酸产生 H_2 和 CO_2，该过程由 FHL 系统催化进行。甲酸裂解产氢途径如图 8-16 所示。

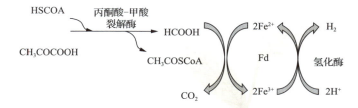

图 8-16　甲酸裂解产氢途径

NADH 产氢途径是通过 NADH 再氧化过程实现的。细胞内的 NADH 和 NAD^+ 的数量和比例是一定的，当 NADH 的氧化过程比 NADH 的形成过程慢时，会造成 NADH 的剩余。为了保证细胞代谢过程的连续性，在氢离子不能通过其他途径得以消化时，发酵细菌可以通过释放分子形式的 H_2 将过量的 NADH 氧化，这也造就了目的产物 H_2 的产生：$NADH+H^+ \Longrightarrow NAD^++H_2$。碳水化合物经过 EMP 途径产生的 NADH 和 H^+ 一般情况下可以通过调节与一定比例的乙醇或乳酸、丙酸、丁酸等发酵相偶联而得以再生，从而保证了 NADH/NAD$^+$二者之间的平衡，这也是会产生各种发酵类型的重要原因之一。可将辅酶 I 的平衡调节途径产氢分为丁酸型产氢发酵方式和乙醇型产氢发酵方式。

8.5.4　生物质多原料暗发酵制氢

不同类型的底物有不同的组成成分，结构的紧密程度有很大的差别，这就造成不同的底物有着不同的产氢量。同时，每种微生物对产氢底物有一定的选择性，并对某些底物种类具有优先的选择，底物的种类和浓度对产氢量有显著的影响作用。碳水化合物是比较适合产氢细菌利用的底物，而蛋白质和脂肪由于结构复杂，延长了产氢发酵周期，同时产氢量也比较低。葡萄糖、蔗糖、果糖、纤维素和纤维二糖均可作为暗发酵产氢的基质。目前用于暗发酵产氢的底物可以分为简单糖类、淀粉废弃物、纤维素废弃物、食品厂废弃物、废水和生物污泥。

8.6　生物质暗-光发酵联合制氢

8.6.1　生物质暗-光发酵联合制氢的原理

生物质可通过微生物发酵转化为可再生糖类资源，并能被产氢细菌转化，生产氢能源。因此，以生物质为原料的生物制氢技术是最具有发展潜力的生物质能转换技术途径之一。生物质制氢技术因其具有废物利用和能源产出的双重功效而受到越来越多的重视。

暗-光发酵联合制氢是根据光发酵细菌可以彻底分解暗发酵产氢的副产物有机酸的特性，通过厌氧暗发酵产氢细菌和光发酵产氢细菌的优势和互补协同作用，将生物质等有机物先进行暗发酵产氢产酸后，再利用其发酵液通过光发酵产氢细菌进行光发酵产氢的一项生物制氢新技术。

8.6.2　生物质暗-光发酵联合制氢的优势

暗发酵产氢过程常有乙酸、丁酸等有机酸副产物形成，暗发酵过程不能将底物彻底转化，导致底物向 H_2 的转化效率较低。如图 8-17 所示，葡萄糖进行厌氧暗发酵产氢，产物为丁酸和乙酸时，理论转化值分别为 2 mol H_2/mol 葡萄糖和4 mol H_2/mol 葡萄糖（刘颖，2007；Gomez et al.，2011），而实际产氢量低于理论值，最佳厌氧暗发酵制氢实际转化率为 2.8 mol H_2/mol 葡萄糖（Ozmihci et al.，2010）。与厌氧暗发酵制氢相比，光发酵制氢存在产氢速率较低、需要光照等缺点，但光发酵制氢底物转化效率高，且光发酵制氢的碳源代谢具有多样性。光发酵产氢细菌利用暗发酵的液相末端产物乙酸、乙醇、丁酸等小分子有机酸和醇类物质为碳源进行暗-光发酵联合制氢，光发酵阶段丁酸和乙酸的理论转化值分别为10 mol H_2/mol 葡萄糖和 8 mol H_2/mol 葡萄糖，暗-光发酵联合制氢的产氢量为光发酵和暗发酵产氢量之和，为 12 mol H_2/mol 葡萄糖，暗-光发酵联合制氢避免了单独暗发酵制氢或光发酵制氢存在的问题，而且能够极大地提高底物转化利用率，增大产氢量，实现有机物的高效降解。同时，混合培养产氢法可提高光能转换效率，降低挥发酸对菌种的毒性，有可能实现有机物的完全降解和持续高效产氢（张甜，2018）。

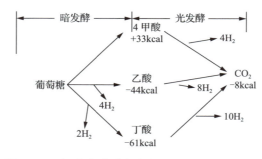

图 8-17　暗-光发酵联合生物制氢系统的产氢途径

综上所述，暗-光发酵联合生物制氢技术能提高产氢量，将难降解的大分子有机生物质发酵产氢，降低产氢原料成本，为实现产业化生物制氢奠定了基础（Chen et al.，2008；Lo et al.，2008；Mu et al.，2006）。同时，该技术也是目前国内外研究的热点和难点，是大规模和连续化生产的必要阶段，是推动生物制氢技术发展的关键内容。

8.6.3　生物质暗-光发酵联合产氢的分类

暗-光发酵联合产氢分为暗-光发酵两步法产氢和暗-光发酵混合法产氢。

1. 暗-光发酵两步法产氢

暗-光发酵两步法产氢过程分为两个不同的阶段：一个是大分子有机物的暗发酵过程，产生小分子有机酸同时释放 H_2；一个是光发酵细菌利用暗发酵过程产生的小分子有机酸作为电子供体，在固氮酶催化下的光发酵过程，同时产生 H_2。暗-光发酵两步法产氢的形式如图 8-18 所示。Ⅰ为暗发酵前添加了酸水解预处理的联合产氢，Ⅱ为暗发酵与水解同时进行的两步法产氢（刘坤 等，2012）。

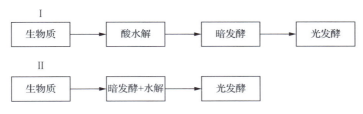

图 8-18　暗-光发酵两步法产氢的形式

暗-光发酵两步法生物制氢技术由于分为两个独立的阶段（暗发酵和光发酵），比较容易实现，而且能够达到较高的 H_2 产量，近几年备受关注，并取得了一定的成效。Nath 等（2008）使用球形红杆菌 O.U.001 光发酵阴沟肠杆菌 DM11 的代谢产物，证明了暗-光发酵两步法生物制氢的产氢能力明显优于单一发酵过程。暗-光发酵两步法生物制氢技术的产氢能力比较如表 8-2 所示。Chen 等（2008）利用沼泽红假单胞菌 WP3-5 对蔗糖暗发酵液进行光发酵产氢，产氢量为 10.02 mol H_2/mol 蔗糖，同时 COD 去除率达到 72%，而当使用光纤反应器进行光发酵试验时，暗-光联合产氢量进一步增加到 14.2 mol H_2/mol 蔗糖，COD 去除率几乎接近90%，显示了很好的 H_2 生产能力和 COD 处理效果。同时，暗-光发酵两步法生产H_2 的过程结合一定的预处理方法，可实现难降解大分子有机物的氢能转化。Lo等（2008）将淀粉酶解处理后进行暗-光发酵两步法生物制氢，COD 去除率达到54.3%，H_2 产量达 3.09 mol H_2/mol 葡萄糖，暗-光发酵两步法产氢即可以利用难降解大分子物质，降低产氢原料成本，又可以增加底物转化效率，为实现生物制氢的商业化生产奠定基础。

表 8-2　暗-光发酵两步法生物制氢技术的产氢能力比较

暗发酵细菌	光发酵细菌	碳源	H_2 产量/mol	参考文献
台湾热单胞菌 On1	沼泽红假单胞菌 WP3-5	淀粉	3.09	Lo 等（2008）
阴沟肠杆菌 DM11	球形红杆菌 O.U. 001	葡萄糖	6.61～6.75	Yokoi 等（1998）
丁酸梭菌	红杆菌 M-19	葡萄糖	6.6	Redwood 等（2006）
大肠杆菌 HD701	球形红杆菌 O.U. 001	葡萄糖	2.4	Yokoi 等（2001）
巴氏梭菌 CH4	沼泽红假单胞菌 WP3-5	蔗糖	14.2 mol H_2	Chen 等（2008）
微生物区系	球形红杆菌 SH2C	蔗糖	6.63 mol H_2	Tao 等（2007）
乙醇型产氢细菌 B49	粪红假单胞菌 RLD-53	葡萄糖	6.32	刘冰峰（2010）

2.　暗-光发酵混合法产氢

纯菌种生物制氢规模化面临许多困难，而且自然界的物质和能量循环过程，特别是有机废水、废弃物和生物质的降解过程，通常由两种或多种微生物协同作用。因此，众多研究者已将暗发酵细菌和光发酵细菌协同产氢技术作为更具发展潜力和应用前景的生物制氢技术。将不同营养类型和性能的微生物菌株共存在一个系统中构建高效混合培养产氢体系，利用这些细菌的互补功能特性，提高 H_2 生产能力、底物转化范围和转化效率，易于规模化利用。

　　暗-光发酵混合法产氢是暗-光发酵细菌在一个培养体系中进行培养产氢，多种微生物组建形成良好的微生物生态产氢体系。Kayano 等（1981）认为，在光照条件下光合细菌可以大量还原 NADP，而丁酸梭菌能迅速使 NADPH 传递到细胞色素上，协同促进产氢，使其在转化纤维素和有机废水等可再生生物质资源生产氢能方面具有潜在优势，被认为是最理想的生物产氢模式。

　　Odom 等（1983）使用纤维素单胞菌 ATCC 21399 和荚膜红假单胞菌 B100 利用纤维素进行混合培养产氢试验，H_2 产量为 4.6～6.2 mol H_2/mol 葡萄糖。Yokoi 等（1998）报道了丁酸梭状芽孢杆菌和球形红杆菌 M-19 混合培养利用淀粉，最大产氢量达到 6.6 mol H_2/mol 葡萄糖，比单一厌氧菌利用淀粉的产氢量高 4 倍。郑耀通等（1998）认为共固定光、暗两种发酵细菌的混合培养方式是处理高浓度有机废水持续产氢的最佳工艺模式。采用乳酸菌 NBRC13953 和球形红杆菌 RV 共固定在琼脂凝胶中产氢，最大 H_2 产量为 7.1 mol H_2/mol 葡萄糖（Asada et al.，2006）。当丁酸梭菌和球形红杆菌以 1：5.9 的比例混合培养，H_2 产量最大为 0.6 mL H_2/mL 培养基，同时，应用荧光原位杂交技术对混合培养产氢体系中两种菌进行了相对定量，认为该技术对细菌在混合系统中的定量是有效的（Fang et al.，2006）。

　　生物制氢技术最终目标是实现 H_2 的可再生及大规模商业化生产。目前，光发酵生物制氢技术的研究程度和规模还基本处于实验室水平，暗发酵生物制氢技术已完成中试研究，面临工业化生产仍须进一步提高转化效率、降低制氢成本。暗-光发酵两步法制氢是一项重要的资源化生产技术，能有效地将有机废弃物转化为 H_2，比传统的单一暗发酵产氢更高效，剩余发酵产物中有机物含量更低。暗-光发酵细菌混合培养产氢与暗-光发酵两步法产氢相比，具有操作简单、所需发酵容器体积小的优点。但是由于暗、光发酵细菌各自生长和产氢所需要的环境条件不同，而且暗发酵细菌的生长速率远大于光发酵细菌，产生挥发酸的速率远大于光发酵细菌对挥发酸的利用速率，使暗-光发酵混合法产氢体系的 pH 迅速降低到一个较低的水平，严重影响微生物尤其是光发酵细菌的生长和产氢。同时，暗发酵细菌和光发酵细菌在同一系统中相互作用，存在一定的竞争。因此，混合培养比两步法产氢更难实现，其产氢量和产氢能力低于暗-光发酵两步法产氢。

8.6.4　制氢原料

1. 秸秆类生物质

　　秸秆类生物质是制氢的主要原料之一。Fukushima 等（2011）对秸秆生物质进行酶解预处理的暗-光发酵两步法制氢，产氢量和 COD 去除率均有显著提高。Cheng 等（2011）对水稻秸秆进行微波和碱液预处理再用纤维素酶水解，暗发酵和光发酵总产氢量为 463 mL H_2/g TVS（总挥发性固体），达到理论产氢量的43.2%。张全国等开展了玉米、小麦高粱秸秆的生物制氢研究（任晓，2012；张甜，2018），证明了纤维素类生物质粉碎后粉体结晶度、晶体结构及物理化学性质都发生相应改变，为农业废弃物能源化清洁利用提供一条新途径。同时，他们还研制了管式多路循环联合生物制氢装置，利用厌氧发酵产氢和光发酵产氢的优势和互补协同作用，开展了以小麦秸秆和玉米秸秆为原料的暗-光发酵联合制氢工艺实验研究，获得了两步法联合制氢的最佳底物浓度和最佳暗发酵产物转移时间。

2. 淀粉类物质

在自然界中，淀粉是一种广泛分布在多种植物中的多糖类储能物质。在以植物为原料的加工过程中会产生大量含淀粉的废水和废弃物，其废水 COD 浓度达5 000～6 000 mg/L，而生产每吨淀粉的废水产量为8.2～8.5 t。淀粉废弃物需要杀菌处理后水解糖化方可利用。目前，应用在生物制氢的淀粉类物质主要是木薯淀粉、废小麦、糖蜜废水等。

中国科学院上海生命科学研究院植物生理生态研究所以蔗糖废水为碳源，得到两步法生物制氢的 H_2 产量比仅暗发酵制氢提高了 3 倍左右；Argun 等（2009）利用磨碎的废小麦进行暗和光间歇发酵，当暗-光生物量比（D：L）为 1：7 时，累积产氢量和产氢速率最高；Su 等（2009）以木薯淀粉为底物进行联合产氢，淀粉浓度为 10 g/L 时，最大转化率由暗发酵时的240.4 mL H_2/g 淀粉显著提高到402.3 mL H_2/g 淀粉，能量转化率由 17.5%～18.6%提高到 26.4%～27.1%。Ebru 等（2010）以甜菜糖蜜为原料，采用极端嗜热性钙孢菌进行暗发酵，罗氏杆菌野生型、荚膜红假单胞菌突变株和沼泽红假单胞菌混合菌进行联合光发酵生物制氢，发现高碳水化合物与高的理论氢生产潜力相关。

3. 多原料混合发酵联合产氢

微藻蛋白质含量丰富，碳氮比较低，不宜用于发酵制氢。Xia 等（2016a）采用微藻与富含碳水化合物的大型海藻（如海带）共发酵，提高了产氢性能，并在碳氮比为 26.2、藻类浓度为 20 g VS/L 时，获得85.0 mL/g 的最佳比产氢率，而当藻类浓度从 40 g/L 降低到 5 g/L 时，总能量转化效率从 31.3%提高到 54.5%。在暗-光发酵联合制氢过程中，黑暗发酵会受到生物有效碳源和氮源不足及基质细胞壁结构阻碍的影响。Xia 等（2016b）采用大米与微藻进行混合来优化生物 H_2 和挥发性脂肪酸的产生，当富含蛋白质的微藻和富含碳水化合物的米糟比例为 5：1时，系统取得了最大产氢量为 201.8 mL/g VS，比预处理后的单株发酵提高了 10.7

倍。混合比为 25∶1 时，碳与挥发性脂肪酸的转化率最高为 96.8%，最大能量转换效率为 90.8%，而木薯淀粉与小球藻共发酵产氢，碳氮摩尔比为 25.3 的混合生物质产氢效果较好（Xia et al.，2013）。

8.6.5　生物质暗-光发酵联合制氢的装置与示范

河南农业大学研制的暗-光发酵联合生物制氢试验装置如图 8-19 所示。该装置有效容积 10 m³，聚光面积 2.7 m²，光纤通道 118 个，可实现暗发酵产氢、光发酵产氢、暗-光发酵联合产氢 3 种运行模式。暗-光发酵联合生物制氢装置包含预处理单元、菌种培养单元、光合细菌光发酵单元、厌氧细菌暗发酵单元、太阳能供光单元、自动控制单元 6 个部分。其中，太阳能供光单元以太阳光为主光源、低能耗 LED 为辅助光源，通过太阳光的高效聚集、传输、节能 LED 辅助光源及内置光源多点分布的有机结合，有效提高了联合制氢反应器的光转化效率。联合制氢装置的自动控制单元，包括温度、pH、流量及供光控制系统等，并且每个子系统都采用单片机独立运行，用 RS485 串口通信，并将单片机与 PC 机连接起来，实现了产氢整体过程的无人值守动态记录及联合制氢装置连续高效运行。

图 8-19　暗-光发酵联合生物制氢试验装置

8.6.6　暗-光发酵联合制氢存在的问题及发展方向

目前，暗-光发酵联合制氢技术还存在以下问题。①产氢效率较低，暗-光发酵两步法产氢的最大产氢量为 7.2 mol H_2/mol 葡萄糖，较理论产氢量（12 mol H_2/mol 葡萄糖）还有很大的差距。②光合细菌要求的光照强度大，户外生产困难。③纯种微生物在实际生产中操作难度较大。④光强利用率低，经济效益低。⑤利用生物质废弃物做产氢底物时，生物质本身的性质及所含有的杂质等都会对联合产氢微生物产生不确定的影响。如何及时消除不利影响并保持反应系统稳定，使产氢微生物持续高效产氢都是主要的研究方向之一。

在实际应用中暗发酵液直接用于光发酵产氢，由于氨氮浓度高、挥发酸浓度高，使光发酵产氢效率降低，常用稀释、氨氮去除、离心和灭菌等暗发酵液预处理方法，控制总挥发性脂肪酸（TVFA）<2 500 mg/L、NH_4<40 mg/L 后进行光发酵产氢（刘冰峰，2010）。但是，光发酵细菌产氢速率较小，使两步法产氢速率要小于单独暗发酵产氢速率。在现有研究的基础上采取何种方式优化产氢条件，从而进一步提高产氢量和产氢速率是暗-光发酵两步法产氢进行实际应用前应该解决的重要问题。

暗发酵细菌和光发酵细菌混合培养较单一菌种培养可以获得很高的产氢效率，然而，由于两种细菌需要不同的生长和营养环境条件，而且暗发酵产酸速率快，会严重抑制光发酵细菌的生长，从而导致产氢效率降低，这成为暗-光发酵混合培养产氢的瓶颈问题。解决这一问题，需要不断地努力改进产氢条件，优化系统，使二者能够更好地发挥协同产氢作用。在进行暗发酵细菌-光发酵细菌混合培养产氢时，应使暗发酵细菌和光发酵细菌保持一定的比例，这样更利于光发酵细菌尽快利用暗发酵产生的挥发酸，从而使 pH 不会降低过快并降低产物抑制；也可在反应体系中加入 pH 缓冲溶液，从而有助于产氢量的提高。因此，仍须不断地对暗-光发酵联合制氢进行探索以改进优化产氢条件，提高产氢量。

8.7　展　　望

H_2 因其具有热值高、清洁、无污染等优点，一直以来备受人们的关注。H_2 的高效制取方法，一直是研究热点，如生物质气化制氢、光解水制氢、光发酵制氢、暗发酵制氢、暗-光发酵联合发酵制氢等。国内外研究者对生物质制氢过程中的菌种优化、产氢工艺条件和机理分析等进行了大量的研究，并且在此研究基础上研制了各种适于不同试验要求的发酵制氢装置。

在生物质气化制氢研究过程中，生物质通过高温气化技术不仅能产生 H_2，还会产生其他化合物，如焦油、焦炭等。这些产品在性质上是不稳定的，可以尝试通过改性、裂解等可持续方法将这些副产品转化为可利用资源，这样将会对生物质气化制氢技术起到积极的促进作用。

在生物质光发酵制氢研究过程中，微生物的代谢和光照息息相关，因而对反应器的布光要求较高，导致目前光发酵制氢装置的研究还处于实验室研究阶段，研究者还需要对规模化生物制氢反应器进行大量的研究。

在生物质暗发酵制氢研究过程中，发酵速度快，产生的小分子酸等物质快速积累将会抑制后续 H_2 的生产，因此，如何调控工艺条件，促使产氢过程平稳持续进行，以达到提高 H_2 产率将会是研究的主要方向。

在生物质暗-光发酵联合制氢研究过程中，主要存在产氢效率较低、光照强度大、纯种微生物操作难度大、光强利用率低、经济效益低、反应器复杂等缺点。如何及时消除不利影响并保持反应系统稳定，使产氢微生物持续高效产氢是主要的研究方向之一。

　　基于生物制氢过程模拟和经济效率计算的研究表明，整个生物制氢过程中最昂贵的部分是厌氧制氢装置的建造，它超过了整个工艺成本的 80%，从而限制了当前生物制氢的工业化发展。因此，制氢装置的设计和优化在降低生产工艺成本和提高制氢效率方面起着至关重要的作用。

第 9 章

生物基材料与化学品

9.1 概　　述

9.1.1 生物基产品的意义

以生物质为原料代替石油生产精细化学品和材料，利用生物质独特的含氧特性，发展具有特色的新型产品，不仅解决了农林剩余物资源有效利用的问题，同时也是实现节能减排的重要途径，符合可持续发展的理念。生物基产品具有绿色、环保、可持续等优点，产业发展迅速，已成为当代世界科技创新和经济发展的前沿产业。

生物基产品的原料来源十分广泛，包含谷物、豆科，棉花，竹子及农林废弃物等可再生资源。通过不同的处理技术，如生物合成、生物加工、生物炼制等可以得到生物乙醇、烷烃、生物油、糠醛及乙酰丙酸等基础化学产品，还可生产生物质塑料、生物基纤维、糖工程产品、生物基橡胶及生物质热塑性加工得到的塑料材料等（刁晓倩 等，2016）。

随着生物质产业的不断发展，生物质的转化利用技术越来越成熟，部分生物质产品已经实现从实验室走向工业化生产阶段，其带来的经济效益不容忽视。2020年全球生物基化学品产值在 120 亿美元以上，在原料的选取方面，从以可食用的淀粉、糖为主导转向以木质纤维等非粮原料为主（于建荣 等，2016）。美国计划到 2050 年实现基础化学品总量 50%来自生物质。欧盟计划到 2030 年精细化学品总量的 30%～60%来自生物基制造（于建荣 等，2016；陈强 等，2012）。

我国对生物基材料的研究起步较晚，但是生物基产品的研究一直是我国科技发展的重点研究领域。"十二五""十三五"规划中都明确提出了将生物基材料和化学品作为研究中心，在很大程度上推动了生物质相关产业的发展。特别是我国中西部经济落后地区及农村存在大量的农业废弃物，是生产生物基产品的重要原料来源。生物基产业的发展可以带动我国落后地区的经济发展，对于落实"两山理论"，推动脱贫攻坚，发展农村的现代化，具有重要的战略意义。

9.1.2 生物基产品现状

1. 国内生物基材料研究现状

为了推动生物基产业的发展，我国已将其确立为七大战略新兴产业之一。生物基材料和化学品的替代率逐渐提高，2020 年我国生物基材料的产能约为 1 300 万 t。例如，中国科学院以农业废弃物醇烷联产技术为核心，开发了以木质纤维素为原料制备生物航油联产化学品的技术，并进行了工业示范与技术推广，建立了国际首套百吨级秸秆原料水相催化制备生物航油示范系统，建立千吨级呋喃类产品/异山梨醇的中试与工业示范，30 万 t 秸秆乙醇及配套热电联产工业示范，年千万立方米生物质燃气综合利用与分布式供能工业化示范工程，奠定了我国生物基产业在国际上的领先地位（马隆龙 等，2019）。

2. 国外生物基材料研究现状

国外关于生物基材料与化学品的研究起步较早，发展相对成熟，众多产品已经实现产业化大规模生产，逐步走向工业化发展。美国的杜邦（DuPont）公司是全球首个采用生物法生产 1,3-丙二醇的公司；自然工坊公司是世界聚乳酸生物基行业的龙头企业，其产品销往世界各地；巴西生物燃料公司采用甘蔗秸秆和蔗渣为原料，通过生物技术生产正丁醇，并在当地建立了全球首个以生物质为原料生产正丁醇的生产装置，目前已经投入使用；蛋白质工程公司致力于转化木质纤维类原料生物质（如秸秆、甘蔗渣）制备生物乙醇；吉沃（Gevo）公司将废弃物和纤维原料，采用合成生物学和化学方法生产石油基化学品的替代品，通过酶工程技术制备出丁醇和异丁醇，是全球生产生物基丁醇和异丁醇的先进企业（于建荣 等，2016）。

9.2 纤维素基材料与化学品

9.2.1 纤维素的来源与分类

纤维素是植物、动物或细菌生物合成的产物。纤维素作为自然界最丰富的可再生聚合物资源，年产量达 750 亿 t（Habibi，2014）。纤维素广泛分布于高等植物中。其中，木材中纤维素含量高达 50%，是纤维素最重要的原料来源。此外，纤维素还分布在农作物及海洋动物（如被囊类动物）中，少量分布于藻类、真菌、细菌等生物中（Klemm et al.，2011）。早在几千年前，纤维素就以木材和植物纤维的形式用作能源、建筑材料、纺织品等。至今，天然纤维素基材料的使用仍在继续，如纤维素作为化学原料，用于纸张、林产品、膳食纤维的制备等。工业规模的纤维素化学改性的产生基于木质纤维素的广泛应用，如再生纤维素长丝的制备，使纤维素大规模地应用于黏胶工艺；通过大规模生产纤维素酯和醚，获得了用于涂料、薄膜、建筑材料、药物等的新材料（于建荣 等，2016）。

根据纳米纤维素形态和来源的不同，可以将其分为 3 种类型（表 9-1）：纤维素纳米晶体（cellulose nanocrystals, CNC），纤维素纳米纤维（cellulose nanofibrils，CNF/MFC）和细菌纤维素（bacterial cellulose，BC）。其中，纤维素纳米纤维，也称为纳米原纤化纤维素（nanofibrillated cellulose，NFC）（Habibi，2014）。不同方法制备的纳米纤维素，具有不同的结晶度、表面化学和机械性质，其中，从木材或植物形成的其他结构中分解纤维可产生纤维素纳米纤维或纤维素纳米晶体。原纤维经酸水解去除无定型区后产生高结晶度的纳米棒，即纤维素纳米晶体，而纤维尺寸较长且结晶度较低的则是由强机械剪切作用产生的纤维素纳米纤维。此外，一些细菌能够利用葡萄糖直接生物合成无植物细胞壁分级结构的纤维素微纤维，这种纳米纤维素称为细菌纤维素。工业上最常用的分离纳米纤维素的方法主要是酸水解和高压均质法。生产过程中，酸性环境中设备维护成本、化学品和生产的高成本、酸性废水的环境管理、机械处理的高能耗等问题仍待解决。

表 9-1　纳米纤维素类型（Klemm et al.，2011）

类型	主要来源	制备与尺寸
纤维素纳米晶体	木材、棉花、麻类植物、亚麻、桑树皮、芒麻、微晶纤维素、藻类植物、被囊类植物等	酸水解 直径：5～70 nm 长度：0.1～10 μm
纤维素纳米纤维	木材、甜菜、马铃薯块茎、麻类植物、亚麻等	化学或酶前处理后，机械高压均质 直径：5～60 nm 长度：1～10 μm
细菌纤维素	低分子量糖和醇类	细菌生物合成 直径：20～100 nm 不同类型纳米纤维网络

9.2.2　纤维素纳米晶体

1. 纤维素纳米晶体的制备

纤维素纳米晶体，也称作晶须、单晶、纳米晶体、微晶体纤维素、纤维素微晶等，是指纤维素经化学处理后，将纤维素中的无定型区及低结晶度的结晶区破除后，提取得到的一种刚性棒状纤维素结晶体。目前，纤维素纳米晶体的制备方法主要有酸水解法、2,2,6,6-四甲基哌啶氧化物（TEMPO）氧化法、酶解法（王铈汶 等，2013）。

1）酸水解法

酸水解法是指用无机酸来降解纤维素的无定型区，从而获得结晶度较高的结晶区，最后制备出纤维素纳米晶体。酸水解常用的无机酸有硫酸、盐酸和磷酸，其中以硫酸法和盐酸法制备纤维素纳米晶体最为常见。酸水解法得到的纤维素纳米晶体的悬浮液，需要经过多次处理，去除其中的强酸和其他杂质。目前，酸水解法工艺较为成熟，已经广泛用于工业生产，且提取的纤维素纳米晶体表面带有负电荷，可形成稳定的水悬浮液。但此方法对反应器要求较高，且反应残留物难以回收，对环境造成污染。

2）TEMPO 氧化法

TEMPO 选择性氧化过程是在 TEMPO/NaClO/NaBr 三元体系下进行的，其中 NaClO 起主体氧化剂的作用。TEMPO 氧化法具有选择性，反应速率较高，避免了非选择性氧化造成的纤维素降解，反应条件较为温和，能耗较低，但 TEMPO 本身具有毒性，会对环境造成污染。

3）酶解法

酶解法利用纤维素酶催化水解来去除纤维素中排列不整齐的无定型区，得到排列紧密的结晶区部分。与酸水解法和 TEMPO 氧化法相比，此法的专一性强，反应条件温和。另外，在酶解法制备过程中，由于纤维素酶的参与，对 pH、温度、底物等反应条件具有较高的要求。因此在生产过程中，需要严格控制反应条件，在得到较高纯度的纤维素结晶区产品的同时，必须保证酶的活性。

2. 纤维素纳米晶体的性质与应用

纤维素纳米晶体主要是通过酸水解从木纤维中提取的结晶域。纤维素纳米晶体的微观特性（物理和表面化学）对其宏观特性（流变学，胶体稳定性等）有重要影响。

1）增强复合材料

研究发现纤维素纳米晶体的拉伸强度能达到 7 500 MPa，杨氏模量最高也能达到 140 GPa，比表面积为 150～250 m^2/g，可以增强橡胶的力学性能，这些优越的性能使其成为目前可以利用的最佳天然材料（Favier et al.，1995）。针对纤维素纳米晶体非同寻常的增强效果，其增强机理主要有 3 个：①纤维素纳米晶体与基体之间有相互作用力，使应力得以传递；②纤维素纳米晶体分子之间有强烈的氢键作用，从而形成了刚性网络结构；③具有逾渗效应，纤维素纳米晶体通过乙酰化改性有助于聚酯基纳米复合材料的机械增强。泡沫、水凝胶和气凝胶是轻质材料，特别需要提高机械性能。纳米纤维素的亲水表面使其可以作为水凝胶中的结构单元，通过氢键、共价键或离子相互作用交联成三维网络，提高强度。

2）生物医学应用材料

纤维素纳米晶体具有很好的生物相容性、刚性和相对较低的各向异性等性能，已广泛应用在生物医学高分子材料、抗菌材料、药物载体、组织学支架、医学移植等领域。以纤维素纳米晶体为原料接枝可生物降解的聚合物用于药物输送，通过开环聚合合成丙炔基封端的聚合物（乙基乙烯磷酸酯），随后通过点击化学法接枝到叠氮化物修饰的 CNC 纳米颗粒上（Wang et al., 2015）。除了药物输送应用外，还报道了基于 CNC 的人体中性粒细胞弹性蛋白酶检测生物传感器。

9.2.3　纤维素纳米纤维

1. 纤维素纳米纤维的制备

纤维素纳米纤维大多数都被包裹在纤维细胞壁内，难以和聚合物直接接触、发生反应，为此需要将纤维素纳米纤维从生物质纤维中分离出来。

1）机械分离法

纤维素纳米纤维最初由研磨、均质等机械方法制得，超细研磨机、圆盘研磨机、高压均质机、微流化机是主要设备。机械产生的剪切力和压缩运动使纤维素原纤化，由此破碎成 $1 \sim 10 \ \mu m$ 的细粒或微纤维。

纤维素浆料进入研磨机后，在静态磨石和动态磨石之间流动，两磨石产生的剪切作用使细胞壁瓦解，纤维素原纤化，形成纳米级纤维。

高压均质化工艺是通过均质机内极小的喷嘴将高压下的纤维素浆料送入容器。高压高速的流体受到冲击力和剪切力，产生剪切速率，从而使纤维的尺寸减小到纳米级。高压均质化工艺简便高效、无须有机溶剂，是一种常用的纤维素纳米纤维制备方法。

2）化学结合机械分离法

植物细胞壁中的纤维素原纤维通过多个氢键彼此紧密连接，仅通过一些机械处理很难使纤维素原纤维完全分离。化学结合机械分离法是先通过化学预处理除去生物质材料内的木质素及大部分半纤维素、抽提物等物质，提取纯化的纤维素经过研磨机、均质机等机器的冲击作用，使纤维素原纤化，制得所需尺寸的纤维素纳米纤维。

3）酶水解结合机械分离法

在酶水解结合机械分离法中，先用内切葡聚糖酶等纤维素酶处理，水解纤维浆料内的半纤维素等物质，再利用高强度的机械剪切。用酶对纤维素预处理可以通过减少机械分离的次数来降低加工成本，并且从环境角度来看，与化学预处理方法相比具有优势（Henriksson et al., 2007）。

4）分离方法的比较

机械分离法和预处理结合机械分离法的区别主要在能量消耗和纤维素纳米纤维的直径上。机械分离法制备纤维素纳米纤维的过程能耗较高，这会导致纤维素纳米纤维产量急剧下降和原纤维长度显著缩减，如通过高压均质生产纤维素纳米纤维，一般需要重复处理 $5 \sim 10$ 次，才能得到理想的纤维素纳米纤维产品。经预处理后，制备过程能耗较低，但是成本远远高于仅用机械分离的过程。

2. 纤维素纳米纤维的性质与应用

纤维素纳米纤维具有更宽的尺寸范围和高长径比，是呈径向纳米级、轴向微米级的丝状纳米纤维材料，具有天然的网状结构，其直径为5～70 nm，长度为0.1～10 μm，其比表面积比纤维素纤维至少大10倍，具有极强的成氢键能力，经干燥后能形成透明的薄膜。纤维素纳米纤维不仅保留了天然纤维素可再生、可降解、强度高、弹性模量高等优点，而且具有与无机纳米颗粒相似的比表面积大、表面活性强等特殊纳米效应。纤维素纳米纤维优异的结构性能使其得到了广泛的应用，下面将介绍纤维素纳米纤维的应用。

1）生物模板

由于纤维素纳米纤维具有高长径比，将纤维素纳米纤维作为导电聚合物合成的生物模板，有望实现高长径比的导电颗粒。以纤维素纳米纤维作为模板研究聚吡咯（polypyrrole，PPy）的聚合反应，并获得专利（Flandin et al.，2000）。

TEMPO氧化制得的纤维素纳米纤维（氧化纳米纤维素，TOCNFs）具有高长径比（>100）、负Zeta电势、良好的机械性能和凝胶化能力，且其表面阴离子电荷的存在将促进金属正离子与TOCNFs相互作用，可以作为MOFs生长的良好生物模板。

2）电子及工程应用

纤维素纳米纤维纸具有优良的生物降解性和生物相容性。除环保外，纤维素纳米纤维纸基板透明度高、弯曲半径小、质量轻、机械强度高于玻璃。与塑料相比，纤维素纳米纤维纸基板热膨胀系数较小，更适合对辊工艺。所以，以纤维素纳米纤维为基底制备柔性电子器件具有良好的应用前景。

3）制备复合材料

纤维素纳米纤维具有优异的力学性能和天然、致密的网络结构，与其他材料复合时，能赋予材料更好的力学强度、阻隔特性和细致均匀的多孔特性。此外，纳米纤维直径小，比表面积大，反应活性强，也可使复合材料的透光性大大改善。

纤维素纳米纤维和石墨薄片具有显著的氢键作用。将石墨薄片和纤维素纳米纤维在室温下分散在水中得到了稳定、均匀的高固相浓度（20 wt%）溶液，这种溶液可以大规模印刷，制备具有高拉伸强度（高达1.0 GPa）和高韧性（高达30.0 MJ/m³）的石墨-纤维素纳米纤维复合材料（Zhou et al.，2019）。

4）生物医学应用

纤维素纳米纤维水凝胶以其低毒、生物相容、可降解、机械稳定性好等优点，近些年来在生物医学领域得到了广泛的应用。

利用$CaCl_2$溶液交联制备基于海藻酸钠和TOCNFs的pH反应性凝胶大球体

（Zhang et al.，2018），结果表明，合成的凝胶大球体在模拟胃液中表现出良好的稳定性，确保了微囊化益生菌在酸性环境中得到更好的保护，在药物缓释方面得到良好应用。

9.2.4　细菌纤维素

细菌纤维素是另一种通过微生物发酵过程产生的高纵横比的纳米纤维素。不同于纤维素纳米晶体和纤维素纳米纤维通过"从上至下"方法利用生物（酶）、化学或物理等手段处理植物原料分离制备得到，细菌纤维素相反，通过"从下至上"法利用细菌（醋酸杆菌、固氮菌等）和小分子碳源等进行生物合成得到。同时，细菌纤维素不含有木质素和半纤维素，因此纯度较高。细菌纤维素通常是高结晶度（>80%）、高聚合度（高达 8 000）的三维多孔网络结构，具有高含水量（高达99%）、良好的机械强度和生物相容性等特点。由于这些独特的特点，使细菌纤维素得到广泛的研究和应用。

1. 细菌纤维素的制备

细菌纤维素的培养方法主要有静态法和动态搅拌法。与静态法相比，动态搅拌法培养的细菌纤维素机械性能低、产率低，并且可能存在较高的微生物突变，从而对细菌纤维素的合成造成影响。使用静态法培养时需要更大的培养面积和更长的培养时间。因此，在实际生产中，培养方法的选择须取决于细菌纤维素的具体应用。

经过发酵得到的细菌纤维素由于混有培养基成分及细菌等杂质，需要进行纯化得到纯细菌纤维素。除去培养基成分的净化工艺中常使用 NaOH、KOH 等碱性物质及有机酸（如乙酸），或者使用反渗透水、热水对混合物冲洗多次。除去细菌的典型纯化工艺包括以下 3 个步骤：①用 NaOH、KOH、Na_2CO_3 等溶液，在 100℃下处理 15～20 min；②用吸液器除去溶解了细菌的溶液；③用蒸馏水反复多次冲洗滤液，直至溶液 pH 为中性（Moniri et al.，2017）。

目前发现能够合成细菌纤维素的菌种主要有革兰氏阴性菌中的醋酸菌属、固氮菌属、根瘤菌属、土壤杆菌属、假单胞菌属、沙门氏菌属、产碱杆菌属，以及革兰氏阳性菌中的八叠球菌等。不同菌种产生的细菌纤维素有着不同的形态、结构和性质，因此其用途也有所不同。

2. 细菌纤维素的性能和应用

细菌纤维素是一种新型的生物高分子可再生材料，具有良好的生物相容性、优异的机械性能和稳定性。其独特的三维网状结构和大量的纳米级孔隙为其他材料的复合提供了良好的平台。通常与各种纳米碳材料（石墨烯、碳纳米管等）、导电聚合物、生物高分子和金属及其氧化物复合成为具有特定功能的纳米复合材料。

这些独特的物理和化学性能使细菌纤维素及其复合物被广泛地应用于食品、生物医药、能源与环保等领域。

1）食品

细菌纤维素作为生物合成的生物大分子具有良好的生物相容性及无毒等优点，在食品领域的应用已有很长的历史。在很多亚洲国家，以"nata de coco"为食品添加剂在市场上销售具有很长的历史。同时细菌纤维素也是一种膳食纤维，可促进消化，降低肥胖症、糖尿病和心血管疾病等的风险。

2）生物医药

细菌纤维素透水性、透气性好，有利于细胞生长，其纳米结构可以很好地模仿细胞外基质，机械强度高，可以满足组织工程材料的要求，被广泛地用作心血管、软骨等支架材料。同时，研究表明，细菌纤维素是良好的药物缓释材料，搭载药物后的药物释放机制由纤维素骨架的溶胀及与药物的氢键、电荷吸引共同决定。

3）能源与环保

细菌纤维素三维多孔的网络结构赋予其较高的比表面积，这为纳米材料的负载及其分散提供了优异的基底。细菌纤维素通常作为负载纳米碳材料（石墨烯、碳纳米管、活性炭等）、导电聚合物（聚吡咯、聚苯胺等）、金属及其氧化物等的基底来制备电极材料。这种多孔的电极材料有利于离子的传输和电化学活性材料的利用，在超级电容器、锂离子电池、燃料电池等能量存储领域都有广泛的应用。细菌纤维素除了作为电极材料外，在隔膜及固态电解质方面也受到越来越多的关注。同时细菌纤维素多孔、高比表面积和纤维表面丰富的羟基等特点赋予其优良的吸附能力及含水能力，使细菌纤维素在吸附、分离、水处理、污染物催化等环保领域具有广阔的应用前景。

作为一种可再生的生物高分子，细菌纤维素具有其独特的结构和性能，在许多领域具有广阔的应用。虽然，目前的研究致力于不同的细菌纤维素培养方法，但是其高昂的成本仍是限制其应用的关键所在。因此，降低生产成本，优化生产方式，扩大生产规模和增加生产量对于细菌纤维素的应用尤为重要。

9.2.5 乙酰丙酸

1. 乙酰丙酸的性质和用途

1）乙酰丙酸的性质

乙酰丙酸（levulinic acid，LA），又名4-氧化戊酸、果糖酸、左旋糖酸，或称戊隔酮酸，是一种短链非挥发性脂肪酸。纯乙酰丙酸为白色片状或叶状体结晶，无毒，有吸湿性，其相对分子量为116.12，熔点为33～35℃，沸点为137～139℃（1.33 kPa）。乙酰丙酸是含有一个羧基的低级脂肪酸，因此它能完全或部分溶于水、乙醇、酮、乙醛、有机酸、酯、乙醚、乙二醇、乙二醇酯、乙缩醛、苯酚等；不溶于己二酸、癸二酸、邻苯二甲酸酐、高级脂肪酸、蒽、硫脲、纤维素衍生物等；微溶于矿物油、烷基氯、二硫化碳、油酸等。

乙酰丙酸分子式为 $C_5H_8O_3$，乙酰丙酸的分子结构中含有一个羰基，一个羧基。其 4 位羰基上氧原子的吸电子效应使乙酰丙酸的解离常数比一般的饱和酸大，酸性更强。乙酰丙酸的 4 位羰基上的碳氧双键为强极性键，碳原子为正电荷中心，当羰基发生反应时，碳原子的亲电中心起着决定性作用。乙酰丙酸的羰基结构，使其能异构化得到烯醇式异构体。此外，乙酰丙酸还是一个具有生物活性的分子。在绿色植物或光合细菌中，乙酰丙酸是 5-氨基乙酰丙酸（5-ALA）的合成前体及 5-氨基-4-酮基戊酸脱氢酶的抑制剂，在血色素生物合成及光合作用调节中起着非常重要的作用。

2）乙酰丙酸的用途

乙酰丙酸因其特殊的结构和活泼的化学性质，可作为一种用途广泛的新型平台化合物。以乙酰丙酸为中间体可以制得多种有用的化合物。目前，乙酰丙酸主要用于医药、农药、有机合成中间体、香料原料、塑料改性剂、聚合物、润滑油、树脂、涂料的添加剂、印刷油墨、橡胶助剂等方面。

2. 纤维素水解制乙酰丙酸的过程及动力学

纤维素转化为清洁燃料及化学品的关键一步是通过水解的方式将大分子纤维素分解为葡萄糖等可溶性还原糖。其中，酸水解法主要分为稀酸水解和浓酸水解，酸的种类可分为无机酸和有机酸。该过程的最终产物为乙酰丙酸，在水解过程中纤维素链中的β-1,4-糖苷键在 H^+ 的作用下断键生成葡萄糖，葡萄糖在酸的作用下脱水经中间产物 5-羟甲基糠醛最终生产乙酰丙酸（Sun et al.，2010）。

（1）液体酸水解（稀酸、浓酸、超低酸）。高浓度的酸能提供高浓度的 H^+，对纤维素的结晶结构有较好的解聚作用，打开纤维素的结晶区，有利于纤维素的进一步水解。常见的无机酸主要为硫酸、盐酸和磷酸，纤维素能溶解于 72% 的硫酸、42% 的盐酸和 77%～83% 的磷酸中，且能在较低的反应温度下发生水解，反应速率快，糖得率较高，有时甚至超过 90%。在浓酸条件下可实现纤维素的均相水解，水解效率高，糖得率高，但其缺陷在于高浓度酸对设备腐蚀严重，酸回收困难，特别是高浓度盐酸。

稀酸水解一般是指用 10% 以下的硫酸或盐酸等无机酸为催化剂将纤维素、半纤维素水解成单糖的方法，温度为 100～240℃，压力大于液体饱和蒸汽压，一般高于 10 个大气压（Karimi et al.，2006）。浓酸水解的特点是酸浓度高，反应温度则可适当降低，反之亦然。稀酸水解的提出主要是针对浓酸水解酸浓度过高、回收成本大而提出来的，其主要优点在于反应进程快、适合连续生产、酸液不用回收；缺点是所需温度和压力较高、副产物较多、反应器腐蚀也很严重。目前，稀酸的生物质水解主要有两个用途：一是作为生物质水解糖化或制备化学品的方法；二是作为一种解聚生物质结晶结构的预处理方法，有利于进一步的生物质炼制需求。就稀酸水解而言，在反应时间、生产成本等方面较其他纤维素水解方式具有较明显的优势。

超低酸水解是稀酸水解工艺的一种，是指以质量分数为 0.1% 以下的酸为催化剂，在较高温度下对生物质进行水解的一种工艺技术。超低浓度酸对设备的腐蚀性低，减少了水解后酸中和试剂的用量和废弃物排放，从而在减少环境污染、降低处理成本方面有很大的优势。缺点是需要高温、高压的反应条件，造成生物质水解糖在高温下进一步水解，影响后续工艺。

纤维素是植物初生细胞壁的重要结构组成，在自然界中非常丰富，且不可食用。因此，不会与人类的食物链产生竞争。由于纤维素的这些特性，很多研究者致力于通过催化水解等途径将纤维素转化为乙酰丙酸及其他高附加值化学品。以木质纤维素为代表的原始生物质包括芦竹、柳枝稷、芒草及白杨木等生长周期短的草类和树木。此外，可用的廉价生物质资源还包括木屑、小麦秸秆、玉米秸秆、甘蔗渣、城市废弃物、果皮及造纸污泥等农林和城市废弃物。表 9-2 中总结了近年来各种均相酸催化剂在水相中催化纤维素和各种生物质原料制备乙酰丙酸的实验结果。

表 9-2　各种均相酸催化剂在水相中催化纤维素和各种生物质原料制备乙酰丙酸

原料和浓度/wt%	催化剂	反应条件	乙酰丙酸得率/wt%
纤维素，1.6	HCl	180℃，20 min	44.0
纤维素，5	HCl	微波加热，170℃，50 min	31.0
纤维素，5	H_2SO_4	微波加热，170℃，50 min	23.0
纤维素，8.7	H_2SO_4	150℃，6 h	40.8
纤维素，2	$CrCl_3$	200℃，3 h	47.3
纤维素，20	$CuSO_4$	240℃，0.5 h	17.5
芦竹，7	HCl	190℃，1 h	24.0
芦竹，7	HCl	微波加热，190℃，20 min	22.0
水葫芦，1	H_2SO_4	175℃，0.5 h	9.2
玉米秸秆，10	$FeCl_3$	180℃，40 min	35.0
高粱籽，10	H_2SO_4	200℃，40 min	32.6
小麦秸秆，6.4	H_2SO_4	209.3℃，37.6 min	19.9
小麦秸秆，7	HCl	微波加热，200℃，15 min	20.6
稻谷壳，10	HCl	170℃，1 h	59.4
甘蔗渣，11	H_2SO_4	150℃，6 h	19.4
甘蔗渣，10.5	HCl	220℃，45 min	22.8
稻秆，10.5	HCl	220℃，45 min	23.7

原料和浓度/wt%	催化剂	反应条件	乙酰丙酸得率/wt%
橄榄树枝，7	HCl	微波加热，200℃，15 min	20.1
杨树木屑，7	HCl	微波加热，200℃，15 min	26.4
烟草片，7	HCl	200℃，1 h	5.2
造纸污泥，7	HCl	200℃，1 h	31.4

由表 9-2 可见，在微波加热（170℃，50 min）的条件下，无机酸 HCl 或 H_2SO_4 催化纤维素降解制备乙酰丙酸的得率分别达到 31%和 23%。固体原料的装载量对反应也有较大影响。一般来说，在同样的反应条件下，相对低的固体原料用量会得到更高的乙酰丙酸得率。尽管相对高的固体原料用量会导致乙酰丙酸得率下降，但最后液体产物中乙酰丙酸的浓度能够维持在一个相对高的水平。这有利于后续乙酰丙酸的分离提纯，因为相对高的乙酰丙酸浓度能够降低分离提纯的能耗，并减少废水的排放。然而，无限增加固体原料投入量是不可行的，这会导致纤维素水解反应不充分，并在高温下碳化结焦。事实上，太高或太低的投料固液比都不利于纤维素的水解过程，因此选择合适的固体原料投入量对于乙酰丙酸的生产非常重要。

相对于纯的单糖，利用原始的木质生物质作为制备乙酰丙酸的原料具有以下明显的优势：一是可以以一种低成本的方式解决处置这些农林废弃物所可能导致的环境问题；二是对这些农林废弃物的利用有助于偏远地区的农业经济发展和就业。然而，利用这些原始生物质作为原料还存在一些目前无法避免的缺点或需要解决的问题。例如，生物质原料收获的季节性和区域性、不同生物质原料组成的多样性及生物质原料的运输成本，这些都是制约以原始生物质作为原料制备乙酰丙酸工艺经济性的瓶颈。其中，原料的运输成本不仅受运输距离的影响，而且与生物质的种类及运输形式密切相关。就此而论，整合生物质原料的预处理和合理的物流及原料供应链也许可以克服上述生物质原料利用的困境。此外，以廉价可再生的原料制备乙酰丙酸的得率通常较低，因此需要通过合理优化生产工艺以提高乙酰丙酸的得率。由于木质生物质组成的复杂性和多样性，为了提高反应速率和产物得率，原料的预处理是生产制备乙酰丙酸必不可少的步骤。

木质生物质成分复杂，主要包括纤维素、半纤维素和木质素等。因此，酸催化降解这些原始或废弃木质生物质原料的产物中包含乙酰丙酸、糠醛及甲酸等主要产物，并伴随产生很多其他的有机质（如乙酸、氨基酸、可溶性木质素及聚合的杂质）和无机盐类。这些矿物盐和黏稠有机质的沉积可能会在催化转化反应和后续分离提纯过程中堵塞设备管路。此外，中和酸催化剂同样会产生大量的无机盐沉淀。最近，糠醛被用作萃取剂从生物质的酸水解液中萃取分离乙酰丙酸和甲酸。

除此以外，藻类代表了另一种尚未被充分开发的可用于制备乙酰丙酸的生物质原料。研究表明，通过一步法或两步法水解藻类生物质转化乙酰丙酸的得率可达 22%。考虑微藻能在富营养化的水体中生长并净化水质，因此以微藻作为原料制备乙酰丙酸对环境保护具有非常重要的意义。此外，微藻生物质的生长速率远高于很多陆生植物，微藻生物质生长不需要土地且容易经过酸催化水解制备单糖类，所以微藻是非常具有应用前景的乙酰丙酸生产原料。

值得注意的是，壳聚糖和甲壳素也可以高得率地降解转化制乙酰丙酸。壳聚糖和甲壳素是地球上仅次于纤维素的第二丰富的多糖原料，通常是海鲜和渔业的废弃物。尽管目前已经研究了很多生物质原料转化制乙酰丙酸，但是仍然有很多其他的原料还未被充分开发利用。这其中包括城市固体垃圾、国内的有机废料、棉花秸秆、芦苇及海藻等。因此，未来的研究还须进一步考察以这些原料生产制备乙酰丙酸。

（2）固体酸水解。固体酸是一类酸性催化剂，其表面上存在具有催化活性的酸性中心。从绿色化学和工业化的角度来看，固体酸因具有易分离、可回收再利用的优势而被广泛关注。将固体酸催化剂应用到纤维素水解糖化过程，在解决均相酸水解过程中酸回收、设备腐蚀和废水处理等问题方面有明显优势。近年来，纤维素的固体酸水解技术发展迅速，显示出良好的工业化应用前景。典型的固体酸催化剂有酸性树脂、金属氧化物、H 型分子筛、杂多酸、改性、负载型金属等。

尽管固体酸具有可回收利用和环境污染小等优点，然而固体酸在水相中催化不溶于水的聚糖和生物质原料转化制备乙酰丙酸是乙酰丙酸工业化生产所面临的最主要的挑战之一。迄今为止，只有少数研究报道了以固体酸催化生物质原料转化制备乙酰丙酸，且乙酰丙酸得率较低（表 9-3）。未来努力的方向应该是进一步改进生产制备工艺，包括提高反应速率和简化催化剂回收再利用的过程等。催化剂和原料都是不溶于水的固体，在这种催化体系中原料与催化剂之间相互作用力弱，传质阻力大，因此原料反应活性低或催化反应效率低。此外，催化反应过程中固体催化剂表面容易沉积腐殖质和木质素来源的残渣等固体副产物，进而导致固体酸催化剂失活。

表 9-3　各种固体酸在水相中催化生物质原料制备乙酰丙酸

原料和浓度/wt%	催化剂	反应条件	乙酰丙酸得率/wt%
纤维二糖，5	磺化氯甲基聚苯乙烯树脂	170℃，5 h	12.9
蔗糖，5	磺化氯甲基聚苯乙烯树脂	170℃，10 h	16.5
纤维素，5	磺化氯甲基聚苯乙烯树脂	170℃，10 h	24.0
纤维素，5	Al-NbOPO$_4$	180℃，24 h	38.0
纤维素，2.5	磺化碳	190℃，24 h	1.8
纤维素，2	ZrO$_2$	180℃，3 h	39.0
纤维素，4	磷酸锆	220℃，2 h	12.0
菊粉，6	磷酸铌	微波加热，200℃，15 min	28.1
小麦秸秆，6	磷酸铌	微波加热，200℃，15 min	10.1
水稻秸秆，6.6	S$_2$O$_8^{2-}$/ZrO$_2$-SiO$_2$-Sm$_2$O$_3$	200℃，10 min	14.2

综上所述，鉴于固体酸在使用过程中存在上述问题，在工业规模上利用固体酸催化制备乙酰丙酸还不具备现实可行的条件。可进一步深入研究固体酸催化剂表面特性、酸性位点密度、催化选择性、孔结构等理化性质与结构特征，以促进对于固体酸催化效能的理解并提高乙酰丙酸得率。此外，固体酸制备使用过程中可能涉及的重金属毒性，在一定程度上限制了固体酸催化剂的应用。但是相对于均相催化剂，固体酸催化剂能够实现催化剂回收再利用。因此，研究固体酸催化剂催化制备乙酰丙酸具有重要意义。

　　（3）亚临界和超临界水解。当水所处体系的温度和压力超过水的临界温度（374℃）和临界压力（22.1 MPa）时，称其为超临界水。超临界水的物理、化学性质较常态下的水发生了非常显著的变化。如水的离子积在高温高压下由 10^{-14} 增至 10^{-11}，使其本身就具有强酸和强碱的性质。超临界水的介电常数与一般有机物很接近，使纤维素在超临界水中的溶解度很大。通过控制压力可以控制反应环境，增强反应物和产物的溶解度，消除相间传质对反应速率的限制，超临界水中进行的纤维素化学反应的速度比液相反应要快得多。该方法的显著特点是不需要加入任何催化剂、反应时间短、选择性高、对环境无污染，极具现实意义和应用前景。

　　纤维素及其水解产物在亚临界和超临界水中反应，在没有催化剂的条件下，产物转化率高。对产物进行高效液相色谱分析得到相似的结论，主要产物是赤藓糖、二羟基丙酮、果糖、葡萄糖、甘油醛、丙酮醛及低聚糖等。纤维素亚临界和超临界水解的反应途径是纤维素首先被分解成低聚糖和葡萄糖，葡萄糖通过异构化变为果糖。葡萄糖和果糖均可被分解为赤藓糖和乙醇醛或是二羟基丙酮和甘油醛。甘油醛能进一步转化为二羟基丙酮，而这两种化合物均可脱水转化为丙酮醛。丙酮醛、赤藓糖和乙醇醛可进一步分解成更小的分子，主要是 1～3 个碳的酸、醛和醇。

3. 乙酰丙酸转化应用

1）乙酰丙酸酯（甲酯和乙酯）的制备

　　生物质经乙酰丙酸酯化合成乙酰丙酸酯是指生物质先通过水解生成乙酰丙酸，经分离后的乙酰丙酸再与醇发生酯化反应合成乙酰丙酸酯。目前，由生物质转化合成乙酰丙酸主要有两种途径：第一种是纤维原料中的多缩戊糖先水解成糠醛，然后加氢生成糠醇，最后在酸催化条件下通过水解、开环、重排得到乙酰丙酸；第二种是纤维素等己糖类生物质在酸催化作用下加热水解经中间产物葡萄糖和 5-羟甲基糠醛直接转化合成乙酰丙酸。在第一种生产途径中尽管糠醇催化水解可以达到较高的乙酰丙酸收率，但整个生产过程步骤多、工艺复杂，导致总收率低、经济性差。第二种生产途径工艺过程简单、反应条件容易控制、生产成本低，目前已能达到较满意的收率，是今后生物质转化合成乙酰丙酸的主要方法。

羧酸和醇生成酯和水的反应是有机化学中一类典型的酯化反应。乙酰丙酸酯化合成乙酰丙酸酯的催化调控技术总结如表 9-4 所示。工业上常以硫酸作为催化剂，它能同时吸收反应过程中生成的水，使酯化反应更彻底。以硫酸作为催化剂，考察反应物摩尔比、硫酸浓度和反应温度对乙酰丙酸与正丁醇酯化的反应速率和平衡转化的影响，基于下列反应机理，进行动力学拟合：在硫酸作用下乙酰丙酸的羧基首先质子化形成反应中间体，质子化的乙醇丙酸与正丁醇发生可逆反应，产生乙酰丙酸丁酯和水，结果发现整个反应过程遵循一阶速率反应方程（Bart et al.，1994）。近年来，由于全球对环境保护的日益重视，采用清洁的固体酸替代传统的无机液体酸作为催化剂引起了众多研究人员的关注。反应后催化剂容易过滤分离，并可多次重复使用，反应液不须碱洗、水洗等工序，后续处理工艺简单，除酯化反应过程中产生少量废水外，基本无三废（废水、废气和废渣）排放。

表 9-4　乙酰丙酸酯化合成乙酰丙酸酯的催化调控技术总结

反应介质	催化剂	温度/℃	时间/h	乙酰丙酸酯得率/wt%
乙醇	TiO_2/SO_4^{2-}	110	2	乙酯，97
正丁醇	强酸性阳离子交换树脂	100～105	3	丁酯，91
正丁醇	十二钨磷酸负载的酸化黏土	120	4	丁酯，97
乙醇	十二钨磷酸负载的 H-ZSM-5	78	4	乙酯，94
乙醇	脱硅 H-ZSM-5	120	5	乙酯，95
丁醇	介孔修饰 H-ZSM-5	120	5	丁酯，98
乙醇	南极假丝酵母脂肪酶（Novozym 435）	51	0.7	乙酯，96

除酸催化外，生物酶也被应用于乙酰丙酸酯化过程中，它具有反应条件更加温和、能耗低等优点。如南极假丝酵母脂肪酶（Novozym 435）在催化乙酰丙酸和正丁醇酯化合成乙酰丙酸丁酯反应中催化效果良好，甲基叔丁基醚是优良的反应溶剂，动力学数据拟合表明该反应服从正丁醇底物抑制伴随的乒乓机制模型（Yadav et al.，2008）。在此基础上，采用四因素五水平中心组合旋转设计及响应面分析法对乙酰丙酸和乙醇在无溶剂体系中酯化合成乙酰丙酸乙酯的反应条件进行了优化，发现温度、固定化酶用量和反应物摩尔比 3 个因素对乙酰丙酸乙酯的生成具有重要影响（Lee et al.，2010）。可见，脂肪酶也是一种非常可行有效的乙酰丙酸酯化催化剂。

总的看来，由乙酰丙酸与醇酯化转化合成乙酰丙酸酯相对容易，具有工艺简单、反应条件温和、副反应少、产物收率高等优点，是目前工业上常用的转化合成方法。然而，作为原料的乙酰丙酸现阶段制备成本仍然较高，从而限制了该途径合成乙酰丙酸酯的大规模工业化生产。

2）乙酰丙酸制备戊内酯

γ-戊内酯被认为是最有应用前景的平台化合物之一，可用作溶剂和燃油添加剂，同时也是多种高附加值化学品的前驱体，市场需求量巨大。γ-戊内酯可通过乙酰丙酸加氢制得，依据氢源的差异可以将这些催化反应体系分为 3 类：H_2 作为外部氢源、甲酸作为原位氢源及醇类作为原位氢源。

（1）H_2 作为外部氢源。分子 H_2 一般需要在催化剂的作用下才能展现出高效的还原能力，目前用于还原乙酰丙酸合成γ-戊内酯的催化剂主要以含过渡态活性金属的多相催化剂为主。这类加氢催化剂一般都以贵金属为活性组分，从经济性的角度考虑，高度分散的负载型催化剂是必然的选择。

在非均相系统中利用分子 H_2 作为氢源还原乙酰丙酸制备γ-戊内酯的报道最早可以追溯到 1930 年，在较低的 H_2 压力和较长反应时间条件下，以 PtO_2 定量催化乙酰丙酸还原合成γ-戊内酯（Schuette et al., 1930）。

多种负载型的贵金属催化剂已被应用于催化乙酰丙酸的选择性还原。这其中以 Ru 基催化剂效果最好，在反应条件相对温和的甲醇体系中也发现了类似的规律（Yan et al., 2009）。因此，大多数研究者都倾向于应用各种 Ru 基催化剂催化还原乙酰丙酸制备γ-戊内酯。

均相催化剂是加氢催化剂另一重要的研究方向。均相催化剂一般具有用量少、加氢效率高等特点，缺点则是结构复杂、回收困难。乙酰丙酸的均相催化加氢可以追溯到 1991 年，应用多种 Ru 配合物催化剂在水相中实现乙酰丙酸的还原，其中，以 $Ru(CO)_4I_2$ 的催化效果最为突出，但是必须要同时以 HI 或 NaI 作为促进剂时 Ru 配合物才能稳定存在（Braca et al., 1991）。

（2）甲酸作为原位氢源。甲酸作为一种极有前景的储氢化合物已被广泛研究，甲酸可以在各种均相和非均相的催化剂作用下分解为 H_2 和 CO_2。根据葡萄糖酸水解机理，葡萄糖在降解生成乙酰丙酸的同时伴随着等摩尔量的甲酸产生。实际上，由于副反应的存在，最终水解产物中甲酸的摩尔量总要稍多于乙酰丙酸，这就可以保证仅以上一步水解所生成的甲酸作为原位氢源就能将乙酰丙酸还原得到γ-戊内酯。从原子经济性和资源充分利用的角度考虑，如果能开发合适的催化剂将这部分甲酸充分利用起来，对于从生物质直接选择性合成γ-戊内酯具有重要的现实意义。

（3）醇类作为原位氢源。乙酰丙酸及其酯类加氢还原合成γ-戊内酯的反应本质上是一个羰基的选择性还原过程。除了分子 H_2 外，脂肪醇类也可以作为氢供体，并通过 Meerwein-Ponndorf-Verley（MPV）反应催化羰基化合物转移加氢合成相应的醇类。MPV 转移加氢反应对羰基具有专一的选择性，所以 MPV 反应在不饱和醛酮的选择性还原反应中具有广泛的应用。在众多的金属氧化物中，以 ZrO_2 的催化活性最佳。然而，当乙酰丙酸作为反应底物时，即使在 220℃下经过长达 16 h

的反应后γ-戊内酯得率也只有 71%。这主要是由于 ZrO_2 的催化活性与催化剂表面酸碱活性位点密切相关，而乙酰丙酸属于酸性较强的有机酸，因而可能与催化剂表面的碱性位点发生相互作用并导致催化剂部分失活。Zr-Beta 分子筛也能有效地催化乙酰丙酸经 MPV 转移加氢反应合成γ-戊内酯，但是 Zr-Beta 分子筛的制备工艺要比金属氧化物复杂。值得注意的是，Tang 等（2015）开发的原位催化剂体系能够高效地催化乙酰丙酸在醇体系中转移加氢合成γ-戊内酯。在这种催化剂体系中，催化剂前体 $ZrOCl_2 \cdot 8H_2O$ 在乙酰丙酸的醇溶液中受热自发分解为 HCl 和 $ZrO(OH)_2$，并分别有效地催化了乙酰丙酸的酯化和后续酯化产物的转移加氢。这种原位催化剂体系避免了烦琐的催化剂制备过程，特别是原位形成的催化剂具有比传统沉淀法制备的氢氧化物更高的比表面积，并且对腐殖质也具有较好的耐受性。

3）乙酰丙酸（酯）制备 5-ALA

乙酰丙酸（酯）作为新型的平台化合物，其特殊的化学结构使其具有良好的反应性能，可以衍生出如 5-羟基乙酰丙酸（5-HLA）、5-ALA 等众多有价值的下游化合物。同时，研究者们对乙酰丙酸（酯）的生产技术进行了优化和提高，使乙酰丙酸（酯）的生产成本降低，为其下游产品开发创造了经济优势。

由于 5-ALA 是合成四吡咯类化合物的前缀化合物，广泛存在于动植物、微生物细胞。在植物细胞中，5-ALA 具有促进植物光合作用、影响植物呼吸作用、促进植物组织分化等功能。5-ALA 作为一种新型杀虫剂，可在光激活下诱导产生单态氧，破坏害虫膜系统，使其体内代谢失衡、发生痉挛，乃至死亡，从而除掉害虫。同时，5-ALA 可作为植物生长调节剂，也能提高植物的耐盐性和抗寒性。5-ALA 是一种体内血红素合成的前缀化合物。在医疗领域，5-ALA 及其酯类衍生物可作为目前光动力疗法中最活跃的光敏剂前体物，可以选择性杀死癌细胞，被称为第二代光动力药物（photodynamic medicine）。在临床上其被用于诊断和治疗皮肤癌、咽喉癌、口腔癌、乳腺癌、胰腺癌等，具有副作用小、排泄快、光毒反应小、疗效确切、渗透性好、适用范围广泛等优点。同时，5-ALA 可以作为检验铅中毒的主要试剂，还可以用于诊断卟啉症、治疗霉菌病和风湿性关节炎等。

乙酰丙酸甲酯（ML）是由生物质直接醇解而形成的重要平台化合物。ML 中含有的γ-羰基会增加两端α-氢原子的酸性，使其更易进一步发生卤代反应。用 ML 与溴代试剂直接进行溴代反应可得到 5-溴乙酰丙酸甲酯（5-MBL），所以由 ML 制备 5-MBL 具有结构上的优势。但由于溴代反应副产物多，分离困难，故寻找合适的溴代试剂是提高目标产物 5-MBL 产率的关键。以 5-MBL 制备 5-ALA 的方法主要有乌洛托品［德尔宾（Delepine）反应］保护法、二甲酰氨基钠保护法、Gabriel 合成法。

9.3 半纤维素基化学品

9.3.1 半纤维素制备低聚糖

1. 半纤维素

半纤维素是指在植物细胞壁中非纤维素的一类聚糖组分，不包括果胶和淀粉质，也是自然界仅次于纤维素的第二大聚糖类物质（Ebringerová et al.，2005）。

与纤维素相比，半纤维素的聚合度明显降低，是由直链和支链结构组成的高分子化合物，排列松散，一般无晶体结构，能溶解于稀碱液，也容易被稀酸水解，所含糖单元数为 500～3 000。与属于同多糖的纤维素相比，半纤维素是由不同类型单糖组成的杂多糖，主要包括戊糖（木糖、阿拉伯糖、鼠李糖、岩藻糖）和己糖（半乳糖、甘露糖和葡萄糖），以及酸性多糖（半乳糖醛酸、葡糖醛酸）。天然的半纤维素主要是由两种以上单糖基以多种连接方式构成具有支链结构的杂多糖。此外，半纤维素的糖结构单元及这些糖的甲基化、乙酯化和醛酸衍生物都可能与木质素结构单元形成化学键。因此，在植物细胞壁中，半纤维素的结构最为复杂，它广泛存在于禾本科、阔叶木和针叶木植物中，其含量占植物的 15%～35%。半纤维素的结构和含量随植物种类、部位的不同而不同（Del et al.，2010）。

2. 半纤维素低聚糖

低聚糖，又称寡糖，一般是指由 2～10 个单糖通过糖苷键连接形成的直链或支链结构的低聚合度糖类。低聚糖分为普通低聚糖和功能性低聚糖两大类。蔗糖、乳糖、麦芽糖等属于普通低聚糖，可被机体消化吸收并提供能量。功能性低聚糖是指难以或者完全不被人体消化和吸收，具有特殊生物学功能的一类低聚糖。

功能性低聚糖，又被称为双歧因子，具有人体或动物促生功能。它们能够进入大肠优先被双歧杆菌等有益菌利用，对调整肠道菌群，维持肠道正常环境，调节肠道功能，提高机体健康水平具有重要作用。功能性低聚糖还具有低热量、防龋齿、防便秘、降低血清胆固醇、增强机体免疫力和抗肿瘤等特点。同时，随着对其在细胞识别、信息传递功能方面的研究，其在功能性食品添加剂、保健品、医药、动物饲料和养殖等领域的应用不断被拓展。

当前，被开发的功能性低聚糖产品主要有低聚果糖、低聚半乳糖、低聚异麦芽糖、低聚木糖、纤维低聚糖、低聚龙胆糖、大豆低聚糖等。半纤维素主要分为 3 类，即聚木糖类、聚葡萄甘露糖类和聚半乳糖葡萄甘露糖类。常见的半纤维素来源的低聚糖主要包括低聚木糖、半乳甘露低聚糖等。

1）低聚木糖

（1）低聚木糖简介。低聚木糖是由 2～10 个木糖通过β-1,4-糖苷键连接而成的直链或具有支链的功能性聚合糖，即木二糖、木三糖、木四糖、木五糖、木六糖及少量的木六糖以上的寡糖（图 9-1）（Carvalho et al.,2013）。在自然界中，竹笋等天然植物中含有少量的低聚木糖。另外，一部分植物半纤维素在人体大肠内也可以被分解转化为低聚木糖。

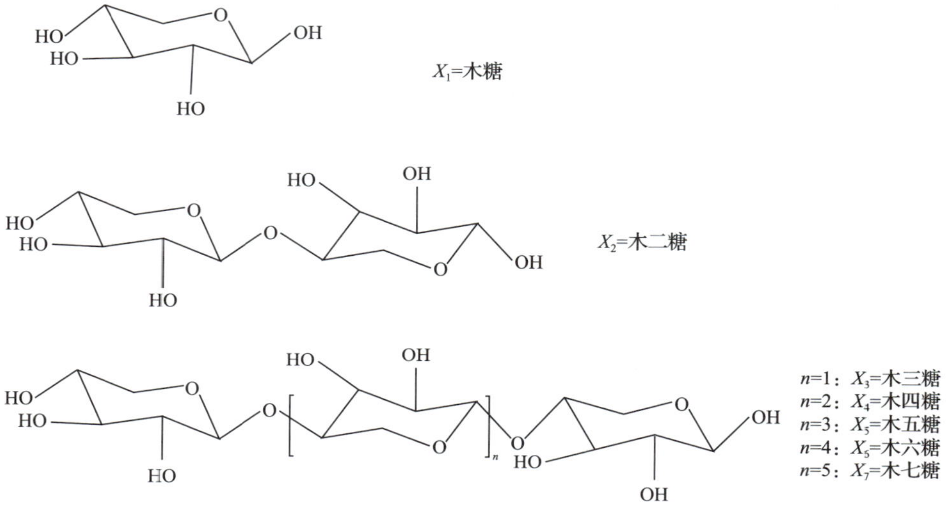

X_1＝木糖

X_2＝木二糖

$n=1$：X_3＝木三糖
$n=2$：X_4＝木四糖
$n=3$：X_5＝木五糖
$n=4$：X_6＝木六糖
$n=5$：X_7＝木七糖

图 9-1　木糖和低聚木糖的结构示意图

低聚木糖中，木二糖的甜度为蔗糖的 40%，含量为 50%的低聚木糖产品甜度约为蔗糖的 30%；木二糖黏度低，且随着温度上升而迅速下降，是所有寡糖中的最低值。低聚木糖具有较高的酸稳定性，并且展现出较高的耐热性。低聚木糖作为一种新兴的功能性低聚糖，与人们通常所用的大豆低聚糖、低聚果糖、低聚异麦芽糖等相比具有独特的优势。低聚木糖具有完全不被人体消化吸收的低（零）能量特性，对肠道内的双歧杆菌具有高选择性增殖作用，可激活多种免疫细胞的活性，因此被视为"最强双歧因子"和"超强益生元"。低聚木糖作为一种益生元，其增殖双歧杆菌的作用是其他聚合糖类的近 20 倍，因此低聚木糖具有保健功能。其主要功能有：①选择性增长肠道有益菌群，改善肠道菌群平衡；②提高机体免疫力，抗肿瘤；③抑制病原菌生长，防止腹泻和便秘；④降低血清胆固醇、血压、血脂、血糖等含量；⑤生成多种营养物质，促进钙、锌等元素的吸收；⑥其他保健功能，如预防龋齿、抗炎、抗氧化、改善蛋白质代谢、降低有毒发酵产物及有害细菌酶产生、保护肝脏。

目前，受人类大健康与微生态、食品安全与绿色动物养殖、生态农业等产业高速发展的牵引和驱动，再加上木质纤维资源利用的热潮，围绕低聚木糖的新产品、新技术研发及其应用也处于快速发展阶段，产品正在被不断拓展应用于保健食品、糖果、饮料、奶制品、饲料、医药，甚至植物保护和生物农药等行业，市场发展前景十分广阔。

（2）低聚木糖主要生产技术。低聚木糖的制备有从天然植物中直接提取、糖基转移法、聚合法、多糖分解法这4种方法。天然植物中的木聚糖聚合度较高，含有的低聚木糖浓度很低，几乎不可能由天然植物直接提取制备低聚木糖产品。利用糖基转移法合成低聚糖时微生物转移酶产量较低，稳定性较差。聚合法的缺陷在于得到的低聚木糖产品纯度较低，成分复杂，低聚木糖的分离比较困难。因此，目前多采用多糖分解法制备低聚木糖，常见的制备方法有自水解法、酶水解法、酸水解法和联合水解法等。

A．自水解法。自水解法包括高温自水解法和微波辅助热水解法。高温自水解法即原料在高温高压条件下发生自水解作用，降解生成低聚木糖，然后可用水将低聚木糖抽提出来，分离纯化后制得产品。高温自水解法因反应速率快、不添加化学试剂、对环境污染较小而成为研究的热点。但是此法要求设备耐热、耐压，并且低聚木糖产品中含有可溶性木质素和大量单糖及其脱水产物等不良成分，分离纯化工艺较为烦琐，原料利用率和转化率低。因此，此方法一般只用于饲料添加剂低聚木糖的生产。微波辅助热水解法的原理是采用微波设备辅助加热处理悬浮于水或有机溶剂中的木聚糖类原料使木聚糖的聚合度降低，从而制备低聚木糖。该方法的优点是生产操作简单、对环境污染较小，但对生产设备要求较高，且生产成本大，未应用于工业化生产。

B．酶水解法。该方法首先利用酸液、碱液或蒸汽爆破对木质纤维原料进行预处理，除去原料中的纤维素或木质素，得到富含木聚糖的半纤维素，然后利用木聚糖酶水解处理后的原料，从而得到不同聚合度的低聚木糖（Eriksson et al.，2002）。酶水解的关键是木聚糖酶。木聚糖酶主要来源于微生物，包括细菌、真菌及通过基因重组技术构建的工程菌株。天然木聚糖酶是一组复合酶系，主要包括β-木糖苷酶、内切木聚糖酶和支链取代基降解酶。其中，β-木糖苷酶作用于木聚糖时，主要生成木糖，而有效生理活性成分木二糖和木三糖的含量低。内切木聚糖酶作用于木聚糖时，可生成聚合度为2～N的低聚木糖，适合低聚木糖的生产。支链取代基降解酶能作用于木聚糖侧链上乙酰基、半乳糖阿拉伯糖或葡萄糖醛酸残基，降解这些残基有利于内切木聚糖酶和β-木糖苷酶作用于木聚糖主链，提高其降解效率。因此，在低聚木糖生产过程中，天然木聚糖酶系需要通过适当的分离或修饰技术以获得较为纯净的内切木聚糖酶组分，以达到定向水解木聚糖原料获得低聚木糖的目标。酶水解法的优点是反应条件较温和、副产物少，但需要专一性的内切木聚糖酶制剂和精密控制的酶水解过程，并且酶水解反应过程耗时较长。

C．酸水解法。酸水解法主要通过酸水解富含木聚糖原料中的木聚糖，酸水解与酶水解相比速度快、效率高。前期研究主要集中采用无机酸水解法，以硫酸、盐酸和硝酸水解为主。强无机酸水解随机切断木糖分子间的糖苷键，产生大量木糖及其降解产物糠醛。因此，采用强无机酸水解制备低聚木糖时，对生产设备要求较高（耐酸、耐压、耐热等），且反应速度不易控制，不适合工业化规模生产。

（3）低聚木糖的产业现状。低聚木糖是近年来发展迅速的一种功能性甜味剂，已被我国公众营养与发展中心批准为营养健康倡导产品。我国于 2007 年 12 月 1 日起施行了新的《新资源食品管理办法》，其中指出，新资源食品是指在我国无食用习惯的动物、植物和微生物；从动物、植物、微生物中分离的在我国无食用习惯的食品原料；在食品加工过程中使用的微生物新品种和因采用新工艺生产导致原有成分或者结构发生改变的食品原料。

21 世纪初，我国的低聚木糖生产与应用首先在饲料行业取得突破。由南京林业大学提供技术支撑，在江苏建成了我国首家低聚木糖饲料添加剂生产企业江苏康维生物有限公司，2003 年获首个"低聚木糖饲料添加剂新产品证书"（新饲证字〔2003〕03 号）。山东龙力生物科技股份有限公司报道其食品级低聚木糖产品进入市场，2015 年获国家药物临床试验批件，开始进入医药领域。2009 年，国家标准《饲料添加剂 低聚木糖》（GB/T 23747—2009）发布实施；2018 年 7 月，国家标准《低聚木糖》（GB/T 35545—2017）发布实施，为其进入食品和医药市场奠定了基础。在国际低聚糖发展中，低聚木糖作为一种绿色添加剂已经成为佼佼者。随着对低聚木糖作用机制、添加方式、添加剂量、适用动物等研究的深入，低聚木糖的发展空间将越来越广阔。

2）半乳甘露低聚糖

（1）半乳甘露低聚糖简介。甘露低聚糖是寡糖家族的新成员，是甘露聚糖的不完全降解产物，其由 D-甘露糖通过β-1,4-糖苷键连接形成主链，在主链或支链上连接其他单糖而形成聚合度为 2～10 的寡糖，故又称甘露寡聚糖、低聚甘露糖。自然界中的天然甘露低聚糖广泛存在于魔芋粉、瓜尔豆胶、田菁胶、银耳细胞壁及多种微生物（如酵母）细胞壁内，因而根据不同的来源又可将其分为纯甘露低聚糖、半乳甘露低聚糖、葡甘露低聚糖和半乳葡甘露低聚糖（王骥，2021；李泽宇和杨靖，2020）。

半乳甘露低聚糖是低聚糖大家族的新成员，是半乳甘露聚糖在β-甘露聚糖酶作用下的不完全降解产物。它对人体肠道内双歧杆菌等有益菌的增殖有促进作用，且具有抑制动物肠道内病原菌产生、增强免疫力及提高肠黏膜功能等特性。因此，被广泛应用于饲料行业，如在肉兔生产中应用，能使肉兔在肉质和肉味方面都有很大的提高。半乳甘露低聚糖具有丰富多样的生理功能，现已成为国际医药食品界关注的低聚糖新品种。它不仅有一般低聚糖所具备的促进有益菌增殖的功能，还有很好的免疫调节剂功能，在临床上有调节血糖的作用，作为功能食品有调节肠道的功能，具有调节动物非特异免疫、调节肠道功能的双重功效。

（2）半乳甘露低聚糖主要生产技术。目前，主要利用酶法生产半乳甘露低聚糖。能够用来降解半乳甘露聚糖类的酶是β-甘露聚糖酶类。根据底物特异性和作用特点，可将β-甘露聚糖酶分为内切-β-甘露聚糖酶、外切-β-甘露聚糖酶和β-甘露聚糖苷酶。β-D-甘露聚糖酶类是能够随机切割由 1,4-β-D-甘露聚糖构成的半乳甘露聚糖、葡甘聚糖、半乳葡甘聚糖及甘露聚糖主链的一类内切酶，是最重要的一类甘露聚糖酶。β-D-甘露聚糖酶对底物的水解受底物主链、α-D-半乳糖侧链修饰程度和排列分布模式影响，并受主链中 D-甘露糖残基的位置和分布影响。在葡甘聚糖中，甲氧基也可能影响多糖水解程度。溶解性差的或晶体结构严实的甘露聚糖相对较难水解。目前，已报道的大多数β-甘露聚糖酶都来自微生物，主要包括细菌、真菌及放线菌等。部分产β-甘露聚糖酶的微生物如表 9-5 所示。

表 9-5　部分产β-甘露聚糖酶的微生物

细菌	真菌	放线菌
环状芽孢杆菌	黑曲霉	放线菌
地衣芽孢杆菌	泡盛曲霉	鲜黄链霉菌
短小芽孢杆菌	烟曲霉	变铅青链霉菌
嗜热菌	南极真菌	链霉菌属
枯草芽孢杆菌	硫色曲霉	
卵形拟杆菌	费希新萨托菌	
解糖热纤维菌	嗜松青霉	
酪黄肠球菌	鹅源草酸青霉	
荧光假单胞菌	变色多孔菌	
海洋红嗜热盐菌	雪白根霉	
新阿波罗栖热袍菌	齐整小核菌	
弧菌	哈茨木霉	
	里氏木霉	

不同来源的β-甘露聚糖酶，其酶学性质差异较大。微生物来源的β-甘露聚糖酶主要来自细菌和真菌（霉菌占主要部分）。细菌产生的β-甘露聚糖酶一般最适反应 pH 为 5.5～7.0，等电点为 4.0～5.0，最适反应温度为 50～70℃；真菌来源的β-甘露聚糖酶等电点通常为 4.0～5.0，最适反应温度为 55～75℃，最适反应 pH 为 4.5～5.5，属于酸性β-甘露聚糖酶。

另外，根据β-甘露聚糖酶蛋白的氨基酸序列及催化中心的结构特点，可将其归类为不同的糖苷水解酶家族。目前，β-甘露聚糖酶主要包括 GH5、GH26、GH113

及 GH134 共 4 个类型，已研究开发的β-甘露聚糖酶绝大部分属于 GH5 及 GH26 家族。

3）发展半纤维素低聚糖产业的前景

我国是一个植物资源丰富的农林大国，每年产生大量的农林加工剩余物及土壤改良的植物，如林业三剩物、农作物秸秆（小麦秸秆、玉米秸秆等）、甘蔗渣等。传统的处理方法是田间地头直接焚烧或丢弃，造成严重的资源浪费和环境污染，这成为困扰政府和社会各界的热点和难点，亟待大规模地清洁化转化与利用。

这些农林废弃物中富含半纤维素，正是生产功能性低聚木糖、半乳甘露聚糖廉价和适宜的原料。因此，大力发展用农林废弃物生产功能性低聚糖，可以显著提高此类资源加工利用的经济效益和社会效益；不仅是真正解决农林废弃物"资源去哪儿"和"资源怎么办"切实有效的途径之一，而且可以构建农林废弃物资源化、高值化利用的新型产业链。这对于推动我国的农业和农民增收、生态农业发展、美丽乡村建设、新型功能性糖及衍生产品制造、绿色饲料及养殖业、生物基包装材料行业等领域的发展都具有重要的现实意义和深远的影响。

9.3.2　半纤维素制备糠醛

1. 糠醛的性质

糠醛，学名 2-呋喃甲醛，分子式为 $C_5H_4O_2$，是一种戊糖生物质平台产物，由于最初是从米糠和稀酸共热得到的，所以叫糠醛。糠醛纯品是无色透明的油状液体，具有类似杏仁油的刺激气味，而在存放或者使用过程中由于与空气接触，特别是当糠醛中有酸时，会自动氧化成淡黄色或黄色，逐渐变成深褐色，甚至变成黑褐色树脂状物质。

糠醛在光、热、空气和无机酸作用下，易氧化。在室温（15～21℃）下的空气中放置 20 天后，氧化速度迅速增加，表观颜色由淡黄色变为暗红色；糠醛在空气中氧化的产物是过氧化糠酸。过氧化糠酸是一种氧化剂，可使糠醛氧化为糠酸，最后缩合成高聚物。

糠醛的分子结构中有一个呋喃环和一个醛基，呋喃环有两个双烯键和环醚键，因此糠醛含有醛基、双烯、环醚 3 个官能团，具有醛、醚、烯和芳香烃化合物的所有性质，可以发生氢化、氧化、氯化、硝化和缩合等不同类型的化学反应，但在反应中主要表现出醛类的性质。糠醛可用于制备大量衍生产品（章思规，1986）。糠醛又是一种重要的有机化工原料，可以用来合成医药、农药、染料、涂料和树脂等大量精细化工产品。

糠醛在醛类方面的性质与苯甲醛类似，可以发生多种反应，如缩合、歧化、偶联等。其中的醛基容易被氧化成酸，糠醛易被氧化成糠酸。糠醛在一定条件下

与 H_2 反应能得到一系列产物，如糠醇、四氢糠醇、甲基呋喃和甲基四氢呋喃等，而碱性条件下会发生康尼查罗反应得到糠醇和糠酸钠。糠醛的不饱和杂环比一般的呋喃环更稳定，不容易发生反应。糠醛在与碱石灰作用时，350℃左右时才会失去醛基变成呋喃化合物，糠醛与水蒸气以一定比例接触也可脱碳形成呋喃化合物。

醛基的存在使糠醛的醚类性质比一般的烷基化呋喃弱，因此氢离子攻击糠醛呋喃环的能力降低。糠醛具有双烯性质，可以自动氧化形成缩合物。糠醛还具有芳香性，主要体现在环置换衍生反应上。例如经过乙酸酐处理的糠醛会生成二醋酸糠醛，再将二醋酸糠醛硝化，最终产物为 5-硝基糠醛。糠醛的热稳定性很高。经测试，在温度高达 230℃时持续加热 70 h，也依然只有微量糠醛被分解。

羰基是糠醛的活性中心，羰基碳原子是 sp2 杂化，这两个 sp2 杂化轨道分别和两个其他原子形成 σ 键，氧原子的 p 轨道和未杂化的 p 轨道平行交盖形成 π 键，这两者共同作用形成 C＝O 键。其中，与羰基碳原子相连的 3 个原子在同一平面上，这样的平面构型对其他试剂的阻碍较小，这就是糠醛中的羰基有比较高的反应活性的原因之一（隋光辉 等，2018；郑洪岩 等，2005）。

2. 糠醛的生产

通过对农林废弃物（如玉米芯、蔗渣和秸秆）的转化，可以得到木聚糖型半纤维素，进一步水解，就可以得到一种重要的生物质平台分子——糠醛。木聚糖主要由戊糖组成，是木质纤维素中存在的半纤维素类型之一，也是草本植物和木材中半纤维素的主要成分。通过戊糖的酸水解可以得到一种多用途的化学品糠醛，它被大量用于有机合成和制药领域。

木聚糖水解得到戊糖经历 4 个阶段：①醚氧键质子化形成三价氧；②质子化的醚氧键发生断裂，分别形成碳正离子和羟基；③碳正离子与水发生反应；④释放氢离子并形成羟基。被释放后的氢离子会继续进攻其余醚氧键，重复上述步骤直至木聚糖全部水解成为戊糖。之后，戊糖进一步通过 1,2-消除和 1,4-消除反应脱水形成糠醛。在脱水环化过程中，氢离子进攻羟基中氧的孤对电子，产生带正电的三价氧。氧的电负性比碳强，电荷传递到相邻的碳上，导致碳氧键断裂，并生成一分子水。在这种情况下，来自两个相邻碳原子之间的两个电子形成碳碳双键。在此期间，环被打开并且释放的氢离子使另一个羟基质子化，再次进行 1,2-消除反应，释放另一个水分子并形成另一个碳碳双键。最后，环化消除反应使三价碳原子成环而不是生成双键，形成糠醛分子并释放一个氢离子（Hu et al.，2012；Karinen et al.，2011）。半纤维素制备糠醛的简要步骤如图 9-2 所示。

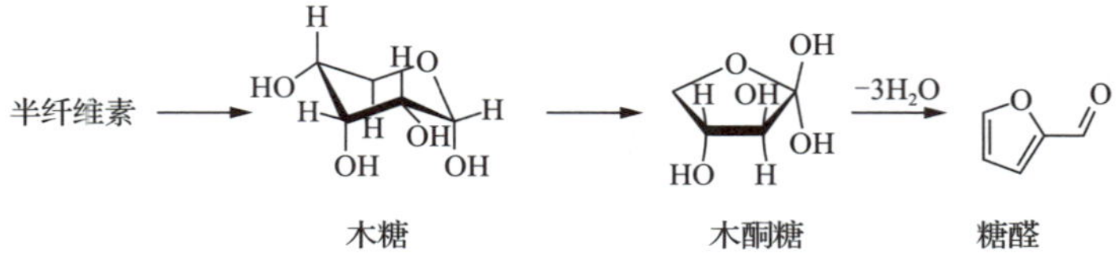

半纤维素 ⟶ 木糖 ⟶ 木酮糖 $\xrightarrow{-3H_2O}$ 糖醛

图 9-2　半纤维素制备糠醛的简要步骤

糠醛是由生物质基及其衍生物转化而来的重要平台分子,是从可再生农业资源(包括粮食作物残留物与木材废弃物、木屑等非粮食作物的残留物)中得到的。在理论上,凡是含有木聚糖的东西都能够用来生产糠醛,因为木聚糖是合成糠醛的基本原料。糠醛工业生产的主要原材料包括玉米芯、稻壳、米糠、藤条、甘蔗渣等,这些农作物废料中含有 25%~35%的木聚糖,而在针叶林木材中木聚糖的含量仅为 5%~10%。可以看出相对于针叶林木材,玉米芯、稻壳等具有较高的木聚糖含量,并且来源更为广泛。在实际的工业生产中需要考虑生产效率、原料成本及是否环保等因素,因此目前工业上合成糠醛的主要原料为廉价的玉米芯、稻壳和甘蔗渣等(Mazar et al., 2017)。

玉米芯是我国工业生产糠醛的主要原料。玉米芯廉价易得且具有季节性,其中聚戊糖的含量很高,但是在我国比较分散。因此,在建厂和生产中需要充分考虑玉米芯供应量和运输距离及季节的适宜性等关键问题。石油原料(如 1,3-二烯烃)也可被用来合成糠醛,但是石油是不可再生资源,昂贵不易得。同时,还存在反应负载及提纯困难等问题,与生物质直接合成糠醛这一方法相比在经济上并不具备竞争力和优势,因此这种方法已经被淘汰。

糠醛的工业发展可以追溯到 20 世纪 30 年代,糠醛是最重要的化工原料之一。然而,随着石泊工业的崛起,国外许多国家石油工业制备化学原料,所以糠醛的应用被逐步取代。进入 21 世纪后,随着石油资源的过度开发,目前石油储量急剧减少,随之而来的就是石油价格大幅上涨。糠醛等生物质资源的利用重新获得了重视,糠醛的市场又逐步回升。糠醛的主要生产地为中国、巴西、伊朗等发展中国家。

目前,糠醛在工业上的生产工艺与最初工业化生产的工艺基本相同。我国糠醛的主要生产工艺技术为"一步法"生产,这种方法生产的糠醛产率可达到 45%,但是生产过程中耗能极大且会产生很多废弃物,每生产 1 t 糠醛就要消耗 20 t 的蒸汽,并且会有约 24 t 废水产出。但是,由于原料玉米芯中的纤维素和木质素没有被有效利用,导致在糠醛的生产过程中会产生很多的废渣、废水、废气,一旦处理不当便会对环境造成极大的污染。目前,糠醛产业被列为国家严格控制和治理的行业之一。采用新的生产方式和技术,充分利用原料,提高转化率,减少环境污染等是目前提高糠醛生产工艺的迫切需求。

　　我国从 1948 年开始生产糠醛产品，目前糠醛的年生产量为 15 万 t/年，年出口量占世界贸易的 1/3，是世界上糠醛的主要生产和出口国。但国内糠醛产业下游产品的生产水平相对滞后，现有的糠醛原料不能完全消化，造成糠醛作为廉价的生物质资源出口。这种现象制约着我国糠醛产业的发展，对糠醛产业链的形成造成了不利影响。因此，提高糠醛产品的附加值，制定符合市场的生产工艺，是重要的研究课题。

3. 糠醛的用途

　　目前，糠醛已应用于生活中各个方面。糠醛可以作为调味剂应用在各种食品、饮料和酒类中，同时还可以经过加工得到除草剂、杀虫剂、消毒剂等重要产品。糠醛的应用也涉及制药业及化妆品、香料、树脂家用清洁剂产品的制备。糠醛还可以作为选择性萃取剂、除锈剂、硫化剂及杀菌剂等。

　　作为一种可再生且化学性质极其丰富的化合物，糠醛在生产生物质基化学产品方面也有着广泛的应用。例如糠醇是由糠醛加氢而来的重要产物，约占整个糠醛市场的 65%。除此之外，还有四氢糠醇、四氢呋喃、乙酰呋喃等，也是由糠醛制得的应用极为广泛的产物。

　　糠醛可以通过选择性氢化、氧化、氢解和脱羧等不同的催化方法转化为各种重要的化学品，在生产液体烃燃料和燃料添加剂、合成有价值的化学品等领域具有重要的应用前景和价值。由糠醛制备生物燃料也受到广泛关注。糠醛转化为燃料和燃料添加剂的典型方法是将糠醛选择性加氢，氢化成潜在的燃料成分，如 2-甲基呋喃和 2-甲基四氢呋喃等。除燃料和燃料添加剂外，糠醛可转化成各种有价值的 C4 和 C5 化学品，如环戊酮、环戊醇、γ-戊内酯、1,2-戊二醇、1,4-戊二醇等。其中，大多数 C5 化学品需要通过选择性加氢、重排步骤生产，而 C4 化学品主要以选择性氧化、氢解方式制备。

9.4　木质素基材料

9.4.1　木质素酚醛树脂

　　酚醛树脂是酚类化合物与醛类化合物在酸性或碱性条件下，经缩聚反应而制得的一类聚合物的统称。其中，以苯酚和甲醛为单体缩聚的酚醛树脂最为常用，是第一个工业化生产的树脂品种。当酚醛摩尔比小于 1，碱性条件下可以得到热固性树脂；当酚醛摩尔比大于 1，强酸性条件下得到通用性酚醛树脂，弱酸性条件下得到高邻位酚醛树脂。由石化原料制备的酚醛树脂成本高，工业木质素来源于造纸制浆废液和燃料乙醇副产物。工业木质素有 3 种基本结构单元，均含有酚羟基，是重要的天然酚类化合物。但木质素的反应活性低，分子结构中含有酚羟基、羧基、醛基和羧甲基等活性官能团，通过改性可产生一些低分子酚类化合物。因此，用木质素替代部分苯酚来制备木质素酚醛树脂在理论上是可行的。

1. 热塑性木质素酚醛树脂

（1）酚化改性。热塑性酚醛树脂可以利用酶解木质素和腰果壳油以草酸作为催化剂制备得到（朱臻 等，2011）。研究表明，加入酶解木质素改性的酚醛树脂在耐热性能上明显比单纯用腰果壳油改性的酚醛树脂有所提高，木质素替代率为15%的树脂制备的摩擦材料的摩擦系数最稳定，而且具有良好的耐磨损性能，更适合作为摩擦材料的树脂基体。将天然大分子木质素在超临界乙醇−甲酸介质中有效地降解为小分子酚类化合物。与木质素相比，其溶解性和反应活性大幅提高，可以作为苯酚替代物合成酚醛树脂，替代率可以达到60%以上（王明存，2011）。以富含木质素的核桃壳为原料，通过液化工艺制备富含苯酚结构的生物质液化物，以液化物代替苯酚合成高邻位酚醛树脂（卢宇晗 等，2018），在此基础上利用红外光谱发现，采用两步甲醛法能够制备生物基高邻位酚醛树脂，其邻对位比值通过核磁验证为1.10。

（2）直接共混。木质素与酚醛树脂共混改性时，虽然组分间没有发生化学反应，但是结构的相似性和极性基团间的相互作用导致组分间部分相容。生物质基热塑性酚醛树脂可利用木材进行苯酚液化，将产物与纯热塑性酚醛树脂共混制得（Alma et al.，1996）。研究表明，当所加入苯酚液化产物的比例改变时，流动温度会相应降低，热流动性也得到改善，同时游离酚、游离醛的含量降低。木质素硫酸胺盐及羟甲基化木质素硫酸胺盐分别与纯酚醛树脂共混，研究其共混前后酚醛树脂的化学流变性，用来表征其等温固化反应过程（Peng et al.，1994）。研究结果表明，木质素硫酸胺盐和羟甲基化木质素硫酸胺盐的化学反应活性显著低于苯酚，特别是木质素中愈创木基含量少或未羟甲基化的分子，不仅严重影响材料的力学性能，还降低了材料的固化速率。

木质素采用接枝共聚的方法对热塑性酚醛树脂进行改性时，由于催化剂种类、催化剂用量、反应时间及反应温度的不同，木质素的替代率各不相同。其中，氧化性酸催化剂比一般无机强酸和有机弱酸的催化作用更加明显，替代量也随着反应温度及反应时间的增加而提高。木质素与酚醛树脂共混改性时，木质素的添加量对材料力学性能的影响很大，随着木质素含量的增加其力学性能下降，因此木质素的利用率很低。

（3）应用。木质素基热塑性酚醛树脂的应用非常广泛，主要是做成模塑粉用于模压材料、层压材料和复合材料等，模塑粉的应用与研究早在20世纪80年代就成为人们极为关注和重视的课题。但是，将木质素引入模塑粉的研究尚不多。酚醛模塑粉是目前国内消耗酚醛树脂最大的领域，我国酚醛模塑粉产品主要应用于中低压电器绝缘类及家居产品。但由于制造酚醛模塑料所使用的主要原料苯酚毒性大、污染生产环境、危害工人健康，而且价格昂贵，使人们努力寻求苯酚的代用品。由于酚醛树脂在酚醛模塑料中主要起黏结剂的作用，因此要利用木质素酚醛树脂部分替代酚醛树脂制备酚醛模塑料，对树脂的基本要求是既能满足模压制品特定的性能要求，又要有良好的流动特性。在常温常压下处于不沾手的固体或半固体状态，还要在压制条件下具有良好的流动性，使模压料均匀地充满压模模腔，此外还需要有适宜的固化速度，且固化过程中副产物少，工艺性好。

酚醛模压材料可通过木质素酚醛树脂部分替代酚醛树脂得到（王迪珍 等，1996）。研究结果表明，硫酸盐法造纸制浆废液中所提取的木质素羟甲基化改性后，可部分替代热塑性酚醛树脂加入酚醛模塑料中，但随着木质素酚醛树脂用量的增大，材料的表面电阻系数增大，弯曲强度、拉伸强度和冲击强度等力学性能下降。当加入少量改性剂（如氯化橡胶），木质素树脂可以替代 25% 的线型酚醛树脂，其力学性能、热稳定性能与替代之前基本相同，而绝缘性则有所提高。

2. 热固性木质素酚醛树脂

（1）共混改性。辐射松木粉可用于增强酚醛泡沫的热稳定性。根据傅立叶变换红外光谱结果，木粉增强泡沫显示出与纯酚醛泡沫类似的结构（Domínguez et al.，2017）。木粉增强了酚醛泡沫在热降解第一阶段的热稳定性，但在第二阶段中的热稳定性则下降。通过 Kissinger-Akahira-Sunose（KAS）和 Flynn-Wall-Ozawa（FWO）法计算的酚醛泡沫第一降解阶段的活化能为 110～170 kJ/mol；而对于木粉，在其主要降解阶段的几乎所有转化范围内的活化能均为 162 kJ/mol。应用的模型与所有泡沫表现出良好拟合。虽然，以天然可再生的廉价木质素为外增韧剂增强的酚醛泡沫更环保，但木质素在与酚醛树脂共混时存在混合不均和黏度急剧增大等不足，增加了后续发泡固化的难度。

（2）化学改性。气爆解聚木质素制备酚醛泡沫材料，采用酸催化酚化解聚木质素大分子，提高木质素基酚醛泡沫的性能（王冠华，2015）。木质素的分子量达到最低，多分散性也从解聚前的 3.13 降低到 1.79，均一性提高。酚化解聚后木质素的酚羟基含量增加，反应活性提高。利用解聚木质素制备木质素基酚醛泡沫，当替代率达 40% 时，泡沫的密度为 34.91 kg/m^3，压缩强度为 0.289 MPa，泡沫的综合性能相对于未经解聚的木质素有所提高。继续提高木质素替代率时，由于树脂黏度急剧增加，导致发泡失败。

（3）工业化生产。热固性木质素酚醛树脂除了用作木材胶黏剂，还有一个重要的应用就是生产建筑保温材料。建筑节能问题已成为我国建筑行业面临的最重要问题之一。对建筑物采取保温隔热措施以提高热工性能，是最重要的节能手段之一。在国外，酚醛树脂占美国防火保温隔音材料市场的 40%；市场上占主导地位的有机泡沫保温材料（如聚苯乙烯泡沫、聚氯乙烯泡沫、聚氨酯泡沫），易燃且产生大量烟毒气，成为火灾中造成人员伤亡的主要因素之一。《"十四五"建筑节能与绿色建筑发展规划》中指出，到 2025 年完成既有建筑节能改造面积 3.5 亿 m^2 以上，建设超低能耗、近零能耗建筑 0.5 亿 m^2 以上，装配式建筑占当年城镇新建建筑的比例达到 30%。因此我国建筑保温市场带来了良好的发展机遇，酚醛泡沫塑料是近几年发展起来的一类新型自阻燃泡沫塑料，被称为"保温材料之王"。

2019 年 2 月，《江苏绿化》刊登了《"绿色"产品木质素改性建筑节能保温材料的制备与应用》，报道了中国林业科学研究院林产化学工业研究所对自主研发的木质素改性酚醛泡沫技术产业化推广情况。该所利用我国资源丰富的工业木质素，完成并优化了木质素降解为小分子酚类化合物形成技术、高选择性催化加成技术、发泡树脂的黏度和活性控制技术、固化剂制备技术和木质素基酚醛泡沫制备技术，创新集成出高性能木质素改性酚醛泡沫产业化技术，并已在山东北理华海复合材料有限公司、山东诚汇新材料有限公司、江苏乾翔新材料科技有限公司、营口润达新材料有限公司和营口象圆新材料工程技术有限公司进行推广和应用。木质素经绿色降解可替代苯酚 20%，在高选择性催化加成作用下生成低黏度高邻位发泡酚醛树脂，满足流水线固化要求。板材导热系数达到 0.022 W/（m·K），拉拔强度达到 0.1 MPa 以上，密度 43 kg/m^3。

9.4.2　木质素环氧树脂

环氧树脂是指分子中至少含有两个反应性环氧基团的树脂化合物。环氧树脂固化产物具有优异的机械力学性能、电绝缘性能、黏接性能，可用于涂料、复合材料、浇铸料、胶黏剂、模压材料和注射成型材料等方面，在国民经济的各个领域得到广泛的应用。目前，用量最大的通用型环氧树脂是以化石资源双酚 A 为原料合成的。研究表明，双酚 A 具有一定的胚胎毒性和致畸性，可明显增加动物卵巢癌、前列腺癌、白血病等的发生。欧盟各国已明令禁止双酚 A 型材料在食品容器等领域的应用。木质素是自然界中含量非常丰富的天然资源，木质素分子结构中含有醇羟基和酚羟基，还含有芳香环结构，其分子结构与双酚 A 相似，因而使木质素替代有毒双酚 A 合成环氧树脂成为可能。利用木质素替代双酚 A 合成环氧树脂，不仅可减少环境污染，又可降低环氧树脂的生产成本。因此，木质素在环氧树脂合成中的应用受到广泛关注。

1. 木质素直接合成木质素环氧树脂

用木质素合成环氧树脂的方法与用双酚 A 合成环氧树脂的方法类似。将木质素与环氧氯丙烷在 NaOH 等无机强碱催化下合成木质素环氧树脂（图 9-3）。

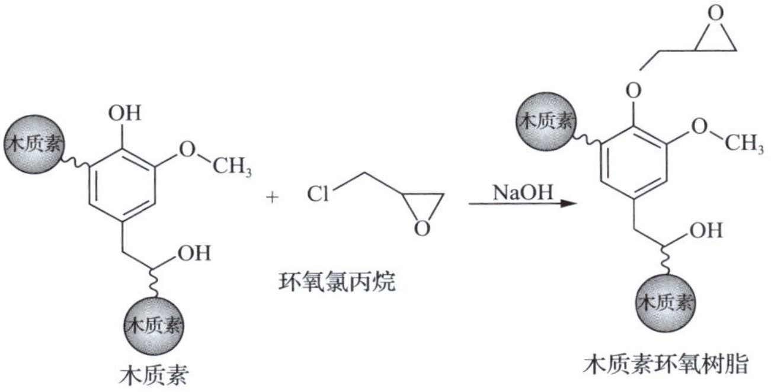

图 9-3　木质素与环氧氯丙烷反应合成木质素环氧树脂

采用 NaOH 催化水稻秸秆碱木质素与环氧氯丙烷反应，合成了水稻秸秆碱木质素环氧树脂（胡春平 等，2007）。所得环氧树脂为黄色固体粉末，环氧值最高为 0.362 3 mol/100 g，能溶于氯仿、丙酮、甲醇、四氢呋喃、二氧六环溶剂中，其溶解性较木质素有明显改善。

从木质纤维中提取出高纯度（98%左右）、低分子量的甲醇可溶木质素，在碱性条件下与环氧氯丙烷反应合成木质素环氧树脂，产率达 63.4%～68.2%，与用双酚 A 合成的环氧树脂产率（70%）相当（Asada et al.，2015）。木质素环氧树脂固化后表现出良好的热稳定性。因此，这类高生物含量（木质素含量超过 80%）的环氧树脂可作为石油基环氧树脂的替代物。

将高沸醇木质素加入环氧氯丙烷或环氧氯丙烷与醇类的混合溶液中，加热充分搅拌使之完全溶解，再加入 NaOH 催化剂，反应一定时间，再经减压蒸馏除去环氧氯丙烷和溶剂，合成了一种棕色的具有弹性的木质素环氧树脂，环氧值可达 0.113 9 mol/100 g（程贤甦 等，2005）。

将竹木质素加入 NaOH 水溶液、二甲基砜和环氧氯丙烷的混合溶液中，在 80℃下反应 4 h，然后，在 10℃下搅拌 10 h 之后，加入乙酸中和，再经过分离和干燥等步骤合成了木质素环氧树脂（Sasaki et al.，2013），合成的环氧树脂环氧当量值为 332.8 g/mol。

2. 木质素改性后合成环氧树脂

木质素是天然大分子，表面活性基团含量低且存在空间位阻效应，对木质素直接环氧化所得到的环氧树脂的环氧值较低。对木质素进行酚化、还原降解等化学改性可以增加木质素活性基团的含量，制备出性能更优异的环氧树脂。

将硫酸盐木质素与不饱和羧基化合物反应，在木质素分子上生成 α-或 β-不饱和端基。这些不饱和基团通过与过氧化氢或过氧乙酸反应进行环氧化反应制备木质素环氧树脂，大幅提高了树脂的环氧基团含量（Holsopple et al.，1981）。

对木质素进行酚化改性，可以提高木质素分子中的酚羟基含量。木质素和苯酚、硫酸在 95℃下反应 3 h，形成棕黄色水相和黑色有机相。将黑色有机相加入水，再煮沸 3 h 之后，过滤和干燥，得到酚化木质素。再将酚化木质素与环氧氯丙烷反应，得到木质素环氧树脂（Feng et al.，2012）。采用这种木质素环氧树脂和双酚 A 环氧树脂制备了一种胶黏剂，当木质素环氧树脂与双酚 A 环氧树脂的质量比为 1：4 时，胶黏剂的剪切强度最高为 7.7 MPa。

对木质素大分子进行氢化还原降解同样可以提高木质素分子中的酚羟基含量。以木质素降解得到的酚类低聚物与环氧氯丙烷反应制备木质素环氧树脂，固化产物具有优异的玻璃态模量、玻璃化转变温度和热稳定性。以木质素还原降解得到的低聚物为原料，制备木质素基环氧树脂，应用于双酚 A 环氧树脂改性。研究发现，木质素环氧树脂改性后的材料力学性能显著提高，弯曲强度、弯曲模量比纯双酚 A 环氢树脂分别提高了 38%、52%（Van De Pas et al.，2017）。以硫酸盐木质素和有机溶剂可溶木质素的还原降解产物为原料制备木质素环氧树脂，并将其与双酚 A 环氧树脂共混，固化后所得材料不仅具有良好的机械力学性能，而且极限氧指数高于双酚 A 环氧树脂，具有较好的阻燃性能。以酚醛固化剂固化后的木质素环氧树脂玻璃化转变温度为 134℃，与传统双酚 A 环氧树脂相当（Kaiho et al.，2016）。

3. 应用

木质素环氧树脂的应用领域与传统双酚 A 环氧树脂相似，可以应用于涂料、黏合剂、电子电器及复合材料等领域。将木质素环氧树脂与传统双酚 A 环氧树脂以不同百分比混合，可以作为制造纤维增强材料和涂料的基体树脂（Ferdosian et al.，2016a）。当木质素环氧树脂含量为 25% 时，环氧复合材料的固化速度比使用纯双酚 A 环氧树脂更快。当木质素环氧树脂含量大于 50% 时，木质素环氧树脂与双酚 A 环氧树脂混合会延缓固化过程。当木质素环氧树脂共混比为 50%～75% 时，使用木质素环氧树脂制备的复合材料的拉伸和弯曲强度优于或与使用纯双酚 A 环氧树脂的复合材料的拉伸和弯曲强度相当。

将木质素环氧树脂应用于阻燃材料发现，木质素环氧树脂的极限氧指数都高于纯双酚 A 环氧树脂（Ferdosian et al.，2016b），表明木质素环氧树脂类的复合材料比传统的纯双酚 A 环氧树脂具有更优异的阻燃性能。

9.5 展　　望

生物质资源是植物固定太阳能和大气中 CO_2 的结果，在节能减排方面起到重要作用。生物基材料产业的发展在市场上已经具有一定的规模，其份额也在不断增加。加强林业生物质资源的高效转化利用技术创新，为战略新兴产业培育、绿色经济模式创新、构建林业生物质产业高质量发展格局提供科技支撑，对落实乡村振兴、绿色发展、健康中国等国家战略具有重要意义。

1. 利用生物质废弃物代替粮食类作物作为供给原料

生物基材料产业的发展需要源源不断的原料供给，由于发展技术水平的局限，有些生物基材料的原料来自粮食类作物。以粮食为原料生产生物基材料和化学品会造成与人争粮的局面，给粮食的生产带来压力，在一定程度上限制了其产业的可持续性发展。木质纤维类生物质作为地球上最丰富的可再生资源，具有巨大的潜在价值。发展以木质纤维类原料为基础的材料和化学品，能够进一步降低生产成本，同时也实现了废弃生物质的高值化利用。

2. 生物质的绿色低碳转化

生物质高效转化制备化学品，具有绿色、环保、可持续性的优点，符合低碳经济的理念。利用生物质高效转化制备生物材料化学品虽然已经有部分实现了产业化，但是还有大部分的产业存在技术缺陷，生物质利用率低，方法还不够成熟。理想的绿色工业技术应具有高转化率、高转化性、易于分离的特点。因此，根据林木生物质资源的可持续供给条件及固碳、原料结构特异性，增加绿色生物质产品供给，大力发展资源高效综合与循环利用、绿色制造技术，是提升资源利用率、改善生态环境、实现林业产业制造大国向绿色制造强国转变、创新绿色经济发展模式的必然需要。

3. 引领发展生物基高附加值产品

目前，针对大宗化的生物基化学品，生物基产业技术相对成熟，竞争相对激烈，存在一定程度上的产能过剩。附加值相对较高的产品（如新型化学品，新型材料、专用化学品）相对短缺，其发展空间相对较大。传统化学品的产能过剩与高端化学品短缺的矛盾日益突出，因此高附加值化学品的生产技术是需要攻克的难题。通过科技创新支撑引领功能食品、医药、生物质能源、生物基材料与化学品等产业发展，进一步提升在国际产业链分工中的地位，有助于构建林业产业新业态，进一步服务和促进国内大循环，促进产业高质量发展格局构建。

参 考 文 献

毕建国，王志军，2005. 食用菌制菌技术[M]. 郑州：中原农民出版社.

毕于运，王亚静，高春雨，2010. 中国主要秸秆资源数量及其区域分布[J]. 农机化研究（3）：1-7.

别凡，2021. 农村节能降碳潜力巨大[N]. 中国能源报，2021-9-8.

别如山，2018. 生物质供热国内外现状、发展前景与建议[J]. 工业锅炉（1）：1-8.

曹小玲，蒋绍坚，翁一武，2004. 生物质高温空气气化分析、现状及前景[J]. 节能技术，22（1）：47-49.

常圣强，李望良，张晓宇，等，2018. 生物质气化发电技术研究进展[J]. 化工学报，69（8）：3318-3330.

陈冠益，马隆龙，颜蓓蓓，2017. 生物质能源技术与理论[M]. 北京：科学出版社.

陈海平，鲁光武，于鑫玮，2013. 燃煤锅炉掺烧生物质的经济性分析[J]. 热力发电，42（12）：40-44.

陈琳，乔志刚，李恋卿，等，2013. 施用生物质炭基肥对水稻产量及氮素利用的影响[J]. 生态与农村环境学报，29（5）：671-675.

陈隆隆，潘振玉，2008. 复混肥料和功能性肥料技术与装备[M]. 北京：化学工业出版社.

陈强，黄萍，罗彦卿，等，2012. 林木生物质化学品的开发利用研究进展[J]. 生物质化学工程，46（6）：40-46.

陈尚钘，勇强，徐勇，等，2009a. 玉米秸秆稀酸预处理的研究[J]. 林产化学与工业，29（2）：27-32.

陈尚钘，勇强，徐勇，等，2009b. 蒸汽爆破预处理对玉米秸秆化学组成及纤维结构特性的影响[J]. 林产化学与工业，29：33-38.

陈温福，孟军，刘金，等，2012. 一种炭基肥料增效剂及其应用[P]. CN102675001A.

陈温福，张伟明，孟军，2014. 生物炭与农业环境研究回顾与展望[J]. 农业环境科学学报，33（5）：821-828.

陈宣龙，2018. 改性钙基吸附剂在增强式生物质气化制氢应用中的实验研究[D]. 武汉：华中科技大学.

程贤甦，陈为健，方华书，2005. 高沸醇木质素环氧树脂的制备方法[P]. 200410061295X.

丛宏斌，赵立欣，姚宗路，等，2013. 生物质环模制粒机产能与能耗分析[J]. 农业机械学报，44（11）：144-149.

邓文义，于伟超，苏亚欣，等，2013. 生物质热解和气化制取富氢气体的研究现状[J]. 化工进展，32（7）：1534-1541.

邓卓昆，冯义军，邓凡升，2017. 煤种适应性广技术领先世界推广空间巨大：流化床技术将成为煤电发展新亮点[N]. 中国电力报，2017-12-11.

刁晓倩，翁云宣，黄志刚，等，2016. 国内生物基材料产业发展现状[J]. 生物工程学报，32（6）：715-725.

董衡，2021. 新农村沼气应用与发展策略分析[J]. 甘肃农业，5：75-77.

杜长明，吴焦，黄娅妮，等，2016. 离子体热解气化有机废弃物制氢的关键技术分析[J]. 中国环境科学，36（11）：3429-3440.

杜衍红，蒋恩臣，王明峰，等，2016. 生物质炭基复混肥造粒用淀粉胶粘剂的合成条件研究[J]. 中国胶粘剂，44（10）：8-11.

段博俊，段景田，2013. 农垦企业发展生态农业探析[J]. 黑龙江粮食，12：48-49.

樊瑛，龙惟定，2009. 生物质热电联产发展现状[J]. 建筑科学，25（12）：1-6，38.

范道津，闫晓敏，2010. 电价补贴制度下的生物质发电企业发展研究[J]. 价格理论与实践（4）：77-78.

范仁英，2020. 沼气生态农业技术的应用探析[J]. 现代农业科技，9：182-183.

范文海，范天铭，王祥，等，2011. 环模制粒机生产率理论计算及其影响因素分析[J]. 粮食与饲料工业，6：34.

冯凯辉，闫湖，张红宪，2020. "十四五"我国农村如何推进能源转型[N]. 国家电网报，2020-12-8.

冯义军，2018. 生物质发电向热电联产转型[N]. 中国电力报，2018-2-5.

付兴国，张少明，李泓，2018. 一种生物质炭基掺混肥及其制备方法[P]. CN108752111A.

高海英，何绪生，陈心想，等，2012. 生物炭及炭基硝酸铵肥料对土壤化学性质及作物产量的影响[J]. 农业环境科学学报，31（10）：1948-1955.

高金错，佟瑶，王树才，等，2019. 生物质燃煤耦合发电技术应用现状及未来趋势[J]. 可再生能源，37（4）：501-506.

高明哲，2020. 当前正丁醇的生产、消费及市场分析[J]. 科技经济导刊，28（6）：62-63.

高平，2011. 微生物光解水制氢技术的最新进展[J]. 知识经济（8）：115.

高文学，2006. 生物质流化床气化制氢大型试验系统设计与运行[D]. 天津：天津大学.

关海滨，张卫杰，范晓旭，等，2017．生物质气化技术研究进展[J]．山东科学，30（4）：58-66.

管英富，2003．绿藻间接光解水制氢过程的研究[D]．大连：中国科学院研究生院（大连化学物理研究所）.

管英富，邓麦村，金美芳，等，2003．微藻光生物水解制氢技术[J]．中国生物工程杂志，23（4）：8-13.

郭萃萍，2012．稻秆干发酵制沼气工艺参数的研究[D]．郑州：河南农业大学.

郭烈锦，赵亮，2002．可再生能源制氢与氢能动力系统研究[J]．中国科学基金（4）：20-22.

郭祯，陈兆安，陆洪斌，2008．CO_2对亚心形扁藻生长及光合放氢的影响[J]．西安交通大学学报，42（6）：779-783.

国际能源署，2017．世界能源展望中国特别报告[M]．北京：石油工业出版社.

国家林业局，2006．全国林业废弃物资源和能源林资源状况概要报告[C]．全国生物质能开发利用工作会议：生物质能开发利用背景资料：26-43.

国家林业局，2014．中国森林资源报告[M]．北京：中国林业出版社.

国家林业局，2021．3060零碳生物质能发展潜力蓝皮书[M]．北京：中国林业出版社.

国家能源局，生物质能发展"十三五"规划[EB/OL].（2016-12-05）[2022-08-31]. http://www.gov.cn/xinwen/2016-12/05/content_5143612.htm.

国务院，2017．"十三五"节能减排综合工作方案[EB/OL].（2017-01-05）[2022-09-01]. http://www.gov.cn/zhengce/content/2017-01/05/content_5156789.htm.

韩文彪，王毅琪，徐霞，等，2017．沼气提纯净化与高值利用技术研究进展[J]．中国沼气，5：57-61.

韩雨雪，陈彬剑，赵晶，2021．中国沼气提纯技术发展现状[J]．山东化工，50：67-68.

郝蓉，彭少麟，宋艳暾，等，2010．不同温度对黑碳表面官能团的影响[J]．生态环境学报，19（3）：528-531.

郝小红，郭烈锦，2002a．超临界水生物质催化气化制氢实验系统与方法研究[J]．工程热物理学报，23（2）：143-146.

郝小红，郭烈锦，2002b．超临界水中湿生物质催化气化制氢研究评述[J]．化工学报，53（3）：221-228.

何绪生，耿增超，高海英，等，2011b．一种生物炭基缓释氮肥的生产方法[P]．CN201110286248.5.

何绪生，耿增超，佘雕，等，2011a．生物炭生产与农用的意义及国内外动态[J]．农业工程学报，27（2）：1-7.

侯森，仲梁维，刘汉武，等，2012．平模颗粒机的压制和传动系统的设计[J]．制造业自动化，34（2）：125.

侯月卿，赵立欣，孟海波，等，2014．生物炭和腐植酸类对猪粪堆肥重金属的钝化效果[J]．农业工程学报，30（11）：205-215.

胡春平，方桂珍，王献玲，等，2007．麦草碱木质素基环氧树脂的合成[J]．东北林业大学学报，35（4）：53-55.

胡二峰，赵立欣，吴娟，等，2018．生物质热解影响因素及技术研究进展[J]．农业工程学报，34（14）：212-220.

黄激文，肖良荣，曾庆东，等，2003．颗粒生物有机复混肥的圆盘造粒工艺[J]．广东农机，1：11-12.

黄律先，吴新华，郭幼庭，1995．木材热解工艺学[M]．北京：中国林业出版社.

黄明华，2011．生物质气化与混燃过程研究[D]．郑州：华北水利水电学院.

黄英超，李文哲，张波，2007．生物质能发电技术现状与展望[J]．东北农业大学学报，38（2）：270-274.

加藤荣，1998．光合作用研究方法[M]．北京：科学出版社.

贾良肖，赵升吨，李省，等，2014．有机肥造粒方式及设备传动方式的合理性探讨[J]．现代农业科技，2：222-230.

贾爽，应浩，孙云娟，等，2018．生物质水蒸气气化制取富氢合成气及其应用的研究进展[J]．化工进展，37（2）：497-504.

江娟，2018．污泥基生物炭农用的多环芳烃环境行为与温室气体排放影响的研究[D]．福州：福建师范大学.

江俊飞，应浩，蒋剑春，等，2012．生物质催化气化研究进展[J]．生物质化学工程，46（4）：52-57.

姜岷，曲音波，等，2018．非粮生物炼制技术：木质纤维素生物炼制原理与技术[M]．北京：化学工业出版社.

蒋恩臣，王秋静，秦丽元，等，2015．柱状生物质炭基尿素的成型及性能研究[J]．东北农业大学学报，46（7）：83-89.

蒋恩臣，张伟，秦丽元，等，2014．粒状生物质炭基尿素肥料制备及其性能研究[J]．东北农业大学学报，45（11）：89-94.

蒋剑春，2003．生物质热化学转化行为特性和工程化研究[D]．北京：中国林业科学研究院.

蒋剑春，金淳，张进平，等，2001．生物质催化气化工业应用技术研究[J]．林产化学与工业，21（4）：21-26.

蒋剑春，应浩，2005．中国林业生物质能源转化技术产业化趋势[J]．林产化学与工业（S1）：5-9.

蒋剑春，应浩，戴伟娣，等，2006．锥形流化床生物质气化技术和工程[J]．农业工程学报，22（1）：211-216.

蒋剑春，张进平，金淳，等，2002. 内循环锥形流化床秸秆富氧气化技术研究[J]. 林产化学与工业，22（1）：25-29.

焦文玲，刘珊珊，唐胜楠，2015. 借鉴国外先进经验推动我国沼气应用[J]. 太阳能，5：15-19.

金淳，雷振天，张进平，等，1994. 150万千卡/时上吸式木材气化炉试验报告[J]. 林产化工通讯（3）：3-12.

金淳，应浩，张建平，等，1995. 民用木煤气的研究[J]. 林产化工通讯（3）：3-15.

靳胜英，孙守峰，宋爱萍，等，2011. 我国非粮燃料乙醇的原料资源量分析[J]. 中外能源，16（5）：40-45.

荆艳艳，2011. 超微秸秆光合生物产氢体系多相流数值模拟与流变特性实验研究[D]. 郑州：河南农业大学.

孔祥平，贺爱永，陈佳楠，等，2014. 化学改性甘蔗渣对固定化细胞发酵产丁醇的影响[J]. 生物工程学报，30（2）：305-309.

赖艳华，2002. 生物质热解过程的传热传质及低焦油气化技术研究[D]. 南京：东南大学.

雷廷宙，2006. 秸秆干燥过程的实验研究与理论分析[D]. 大连：大连理工大学.

李彬，王志春，孙志高，等，2005. 中国盐碱地资源与可持续利用研究[J]. 干旱地区农业研究，23（2）：153-157.

李航，2016. 香蕉假茎生物炭对香蕉苗生长及根际微生物的影响[D]. 厦门：华侨大学.

李季，孙佳伟，郭利，等，2016. 生物质气化新技术研究进展[J]. 热力发电，45（4）：1-6.

李建昌，2011. 水解酶预处理对城市有机生活垃圾厌氧消化的影响[D]. 昆明：昆明理工大学.

李建芬，程群鹏，李红霞，等，2017. 一种以石蜡为底涂层的磷酸镁铵包膜肥料及其制备方法[P]. CN107540464A.

李金平，曹忠耀，刘明静，等，2017. 兰州花庄沼气发电工程九年运行效果研究[J]. 中国沼气，35（3）：79-84.

李金旺，2013. 涡流式生物质干燥机[P]. CN202928329U.

李九如，李想，陈巨辉，等，2017. 生物质气化技术进展[J]. 哈尔滨理工大学学报，22（3）：137-140.

李佩聪，2018. 生物质发电的未来展望[J]. 能源（Z1）：159-161.

李文娟，颜永毫，郑纪勇，等，2013. 生物炭对黄土高原不同质地土壤中 NO₃-N 运移特征的影响[J]. 水土保持研究，20（5）：60-63, 68.

李文哲，2013. 生物质能源工程[M]. 北京：中国农业出版社.

李晓，张吉旺，李恋卿，等，2014. 施用生物质炭对黄淮海地区玉米生长和土壤性质的影响[J]. 土壤，46（2）：269-274.

李秀金，2016. 生物质天然气市场前景可期[J]. 化工管理，16：54.

李彦明，刘晓霞，李国学，等，2007. 淀粉粘结剂在有机复混肥造粒中的应用[J]. 中国生态农业学报，15（3）：29-31.

李艳梅，张兴昌，廖上强，等，2017. 生物炭基肥增效技术与制备工艺研究进展分析[J]. 农业机械学报，48（10）：1-14.

李忠保，金世富，2013. 一种生物质秸秆炭基肥及其生产方法[P]. CN201310092455.6.

梁念喜，2012. 一种生物质平模颗粒机[P]. CN202237962U.

廖承菌，唐世凯，褚素贞，等，2013. 生物质炭辅助沼肥对生菜生长特性的影响[J]. 云南师范大学学报（自然科学版），33（6）：45-47.

林逸君，2012. 以玉米棒芯为原料的 *Clostridium thermocellum* 与乙醇或丁醇产生菌偶联发酵的研究[D]. 杭州：浙江大学.

林振恒，康全德，孙小桂，2011. 炭基沼肥及其生产方法[P]. CN201110268127.8.

灵动核心产业研究中心，2021. 2021—2026年中国生物质发电行业市场研究报告[R].

刘冰峰，2010. 光发酵细菌的选育及其与暗发酵细菌耦合产氢研究[D]. 哈尔滨：哈尔滨工业大学.

刘春，刘晨阳，王济民，等，2021. 我国畜禽粪便资源化利用现状与对策建议[J]. 中国农业资源与区划，42：35-43.

刘峰，2016. 生物炭颗粒肥挤出滚圆成型装备与试验研究[D]. 武汉：华中农业大学.

刘福礼，2011. 一种炭基复合肥料的制备方法[P]. CN201110050883.3.

刘广青，董仁杰，李秀金，2009. 生物质能源转化技术[M]. 北京：化学工业出版社.

刘华财，吴创之，谢建军，等，2019. 生物质气化技术及产业发展分析[J]. 新能源进展，7（1）：1-12.

刘建辉，尹泉生，颜庭勇，等，2013. 生物沼气的应用与提纯[J]. 节能技术，31：180-183.

刘凌沁，2016. 生物质气化试验与 Aspen Plus 模拟研究[D]. 南京：东南大学.

刘荣厚，牛卫生，张大雷，2005. 生物质热化学转换技术[M]. 北京：化学工业出版社.

刘伟，王欣，徐晓秋，等，2013．沼气发电工程沼气净化技术研究[J]．黑龙江科学，10：26-28．

刘晓，李永玲，2015．生物质发电技术[M]．北京：中国电力出版社．

刘颖，2007．暗发酵细菌与光发酵细菌两步法联合产氢研究[D]．哈尔滨：哈尔滨工业大学．

刘媛，2014．生物质发电环境成本核算及效益评估[D]．北京：华北电力大学．

卢宇晗，黄元波，李欣，等，2018．生物质基高邻位热塑性酚醛树脂作为树脂纤维前驱体的研究[J]．西北林学院
学报，33（3）：192-197．

路朝阳，2015．瓜果类生物质光合细菌产氢试验研究[D]．郑州：河南农业大学．

路朝阳，王毅，曹明，等，2016．酸碱度对玉米秸秆酶解液光合生物产氢动力学的影响[J]．安全与环境学报，16：
262-266．

路朝阳，王毅，荆艳艳，等，2014．基于 BBD 模型的玉米秸秆光合生物制氢优化实验研究[J]．太阳能学报，35
（8）：1511-1516．

路延魁，2001．空气调节设计手册[M]．北京：中国建筑工业出版社．

罗尔呷，张宇，冯祎宇，等，2022．我国沼气产业发展的历程、现状和未来方向研究：基于河南漯河地区的典型
案例分析[J]．中国农业资源与区划，43（5）：132-142．

罗发兴，黄强，杨连生，2003．淀粉基胶粘剂研究进展[J]．化学与粘合（2）：78-80．

吕建中，毕研涛，余本善，等，2017．传统能源企业转型和清洁化发展路径选择：以国内外大型石油公司的转型
发展为例[J]．国际石油经济，25（9）：1-6．

吕鹏梅，常杰，熊祖鸿，等，2002．生物质废弃物催化气化制取富氢燃料气[J]．环境污染治理技术与制备，11（4）：
31-34．

马欢欢，周建斌，王刘江，等，2014．秸秆炭基肥料挤压造粒成型优化及主要性能[J]．农业工程学报，30（5）：
270-276．

马隆龙，唐志华，汪丛伟，等，2019．生物质能研究现状及未来发展策略[J]．中国科学院院刊，34（4）：434-442．

马隆龙，吴创之，孙立，2003．生物质气化技术及其应用[M]．北京：化学工业出版社．

马谦，蒋恩臣，王明峰，2015．生物质炭基缓释肥的成型特性研究[J]．农机化研究（4）：242-246．

满卫东，吴宇琼，谢鹏，2009．等离子体技术：一种处理废弃物的理想方法[J]．化学与生物工程，26（5）：1-5．

毛健雄，2017．燃煤耦合生物质发电[J]．分布式能源，2（5）：47-54．

梅洪，张成武，殷大聪，等，2008．利用微藻生产可再生能源研究概况[J]．武汉植物学研究，26（6）：650-660．

孟凡彬，孟军，2016．生物质炭化技术研究进展[J]．生物质化学工程，50：61-66．

孟军，兰宇，陈温福，等，2014．一种改性生物炭大樱桃专用肥及其制备方法[P]．CN201410016207.8．

苗洪利，周晓光，刘逢学，等，2010．LED 光谱对纤细角毛藻和亚心形扁藻生长的影响[J]．光学学报，30（4）：
1101-1105．

南京林产工业学院，1980．林产化学工业手册[M]．北京：中国林业出版社．

南京林产工业学院，1983．木材热解工艺学[M]．北京：中国林业出版社．

倪维斗，2019．发展生物质耦合及转换发电，促进中国煤电的低碳转型[Z]．第二届燃煤锅炉耦合生物质发电技术
应用研讨会，石家庄，2019-4-17．

欧阳嘉，王向明，严明，等，2008．纤维素结合域的研究进展[J]．生物加工过程，6（2）：10-16．

欧阳双平，侯书林，赵立欣，等，2011．生物质固体成型燃料环模成型技术研究进展[J]．可再生能源，29（1）：6．

潘松波，2021．沼气技术在新农村节能减排中的应用[J]．乡村科技，12：110-111．

潘永康，王喜忠，1998．现代干燥技术[M]．北京：化学工业出版社．

蒲加军，蒲加兴，刘青海，2014．一种生物炭基肥环模制粒机[P]．CN201420227662.8．

钱力，2014．生物质炭基肥料的试验与改性探索[D]．南京：南京农业大学．

秦丽元，蒋恩臣，王秋静，等，2014．木质素塑化粘结生物炭基尿素及制备方法[P]．CN201410151997.0．

秦丽元，王秋静，蒋恩臣，等，2016．改性木质素粘结生物质炭包膜尿素肥料性能试验[J]．农业机械学报，47（5）：
171-176．

任辉，张荣，王锦凤，等，2003．废气生物质在超临界水中转化制氢过程的研究[J]．燃料化学学报，12（6）：446-449．

任敏娜，2012．典型生物质颗粒燃料点火和燃烧特性的实验研究[D]．济南：山东建筑大学．

沈连锋，2014．沼肥施用对作物能量和养分利用效率的影响研究[D]．郑州：河南农业大学．

生物质能源考察组，2006．德国瑞典林业生物质能源利用技术考察报告[J]．生物质化学工程（S1）：15-22．

施赟，单胜道，庄海峰，等，2020．一种畜禽粪便分级炭化的系统及方法[P]．CN201811142541.2．

宋卫东，王明友，李尚昆，等，2013．一种带风引出料装置的组合式粉碎机[P]．CN203194174U．

隋光辉，程岩岩，刘欢，等，2018．固定床催化及气相中和法转化木糖制备糠醛[J]．高等学校化学学报，39（11）：2544-2549．

孙立，张晓东，2011．生物质发电产业化技术[M]．北京：化学工业出版社．

孙立，张晓东，2013．生物质热解气化原理与技术[M]．北京：化学工业出版社．

孙宁，2017．木屑水蒸气催化气化制取富氢燃气研究[D]．南京：中国林业科学研究院．

孙宁，应浩，徐卫，等，2017．松木屑催化气化制取富氢燃气[J]．化工进展，36（6）：2158-2163．

孙茹茹，姜霁珊，徐叶，等，2020．暗发酵制氢代谢途径研究进展[J]．上海师范大学学报（自然科学版），49（6）：614-621．

孙文平，2019．以沼气为纽带的生态家园富民工程模式建设实践与效益初探[J]．农业灾害研究，9：43-44．

孙迎，王永征，栗秀娅，等，2011．生物质燃烧积灰、结渣与腐蚀特性[J]．锅炉技术，42（4）：66-69．

汤迎，李小明，杨永林，等，2009．嗜热菌株AT07-1的分离鉴定及其在污泥溶解预处理厌氧发酵产氢中的应用[J]．环境科学学报，29（11）：2300-2305．

唐爱民，2000．超声波作用下纤维素纤维结构与性质的研究[D]．广州：华南理工大学．

唐黎，2010．广东粤电湛江生物质发电项目（2×50MW）工程热工自动化设计及优化方案介绍[J]．企业科技与发展（14）：137-140．

佟继良，2020．"碳中和"目标下，构建农村清洁能源体系正当时[N]．中国能源报，2020-11-18．

童燕，范阳，刘春红，等，2020．集约化现代生态农业园循环农业发展模式探析：基于河南麦多生态农业科技有限公司实例[J]．现代园艺，43：129-131．

涂军令，应浩，李琳娜，2011．生物质制备合成气技术研究现状与展望[J]．林产化学与工业，31（6）：112-118．

万峰，2017．农村沼气能源开发利用模式分析[J]．中国农业信息，16：56-57．

汪维云，朱金华，吴守一，1998．纤维素科学及纤维素酶的研究进展[J]．江苏理工大学学报，19（3）：20-29．

王迪珍，卜忠东，杨兆禧，1996．木质素树脂/线型酚醛树脂模压材料的研究[J]．高分子材料科学与工程，3：104-109．

王富丽，黄世勇，宋清滨，等，2008．生物质快速热解液化技术的研究进展[J]．广西科学院学报，24（3）：225-230．

王冠华，2015．汽爆秸秆木质素分离及其材料的制备[D]．北京：中国科学院大学．

王宏燕，范金霞，代琳，2013．一种生物炭基有机肥及其制备方法[P]．CN201310693069.2．

王洪，罗惠波，廖玉琴，等，2017．发酵法产丁醇的研究进展[J]．中国酿造，36（4）：10-14．

王立双，2013．一个新的多种燃料发电厂综述[J]．电站系统工程，19（4）：22．

王明存，2011．木质素超临界溶剂降解反应及其在酚醛树脂合成中的应用[J]．高分子学报，12：1433-1438．

王秋静，2015．木质素在生物质炭尿素肥料中的应用研究[D]．哈尔滨：东北农业大学．

王钶汶，陈雯雯，孙佳姝，等，2013．纳米纤维素晶体及复合材料的研究进展[J]．科学通报，58（24）：2385-2392．

王欣，尹带霞，张凤，等，2015．生物炭对土壤肥力与环境质量的影响机制与风险解析[J]．农业工程学报，31（4）：248-257．

王月，刘兴斌，蔡芳芳，等，2017．生物炭及炭基肥对花生生理特性和产量的影响[J]．花生学报，46（4）：36-41．

王泽龙，侯书林，赵立欣，等，2011．生物质户用供热技术发展现状及展望[J]．可再生能源，29（4）：72-76，83．

魏文，陈怡，吴官胜，等，2015．生物质成型燃料工业项目环境影响评价实例分析[J]．环境与可持续发展，40（1）：118-120．

魏云朋，2015．一种转筒式喂料方式的大型揉搓粉碎机[P]．CN104412798A．

吴创之，马隆龙，2003．生物质能现代化利用技术[M]．北京：化学工业出版社．

吴威武，2013．对辊挤压造粒机原理及应用[J]．材料与设备，49（6）：38-39．

吴伟祥，冯琪波，周旻旻，等，2011．一种水稻炭基缓释肥及其制备方法[P]．CN102219604A．

肖燕，2013．*K. pneumoniae* ECU-15菌株产氢培养基优化及其对产氢过程影响研究[D]．上海：上海华东理工大学．

谢光辉，韩东倩，王晓玉，等，2011．中国禾谷类大田作物收获指数和秸秆系数[J]．中国农业大学学报，16（1）：

1-8.

谢光辉，王晓玉，任兰天，2010. 中国作物秸秆资源评估研究现状[J]. 生物工程学报，26（7）：855-863.

谢少兰，2010. 挤压造粒生产有机无机复混肥的工艺技术[J]. 磷肥与复肥，4：52-54.

辛雨菡，2017. 食物链和食物网角度探究农业生态系统物质能量高效利用对策[J]. 农业科技与信息，15：48-49.

新思界咨询集团，2022. 2022—2026年意大利生物质发电市场投资环境及投资前景评估报告[R].

熊健，2017. 生物质能是清洁供热的重要选项[N]. 中国能源报，2017-12-28.

徐廷旺，2012. 甲酯化桐油改性水性聚氨酯乳液的制备及性能研究[D]. 吉首：吉首大学.

徐卫红，韩佳琪，王慧先，等，2016. 新型肥料使用技术手册[M]. 北京：化学工业出版社.

许玉，蒋剑春，应浩，等，2009. 3000kW生物质锥形流化床气化发电系统工程设计及应用[J]. 生物质化学工程，43（6）：1-6.

言世贤，俞吉安，朱章玉，1991. 光合细菌红色类胡萝卜素的制取和研究[J]. 上海交通大学学报（5）：73-79.

颜蓓蓓，李志宇，李健，等，2020. 生物质化学链气化氧载体的研究进展[J]. 化工进展，39（10）：3956-3965.

颜东，黄娟秀，董新理，等，2015. 用纸浆制备高粘度羧甲基纤维素钠的工艺研究[J]. 湖南工程学院学报（自然科学版），25（2）：69-72.

杨嘎玛，穆廷桢，杨茂华，等，2021. 生物燃气净化提纯制备生物天然气技术研究进展[J]. 过程工程学报，6：617-628.

杨世关，李继红，李刚，2013. 气体生物燃料技术与工程[M]. 上海：上海科学技术出版社.

杨素萍，曲音波，2003. 光合细菌生物制氢[J]. 现代化工，2003（9）：17-22.

杨忞，张金鑫，田沈，2009. 稳定代谢葡萄糖和木糖产乙醇的重组酿酒酵母工程菌初步构建[J]. 应用与环境生物学报，15（2）：258-261.

姚春雪，2015. 改性生物质炭基肥料的特性及在生产上的应用[D]. 南京：南京农业大学.

姚素梅，陈翠玲，王永，等，2018. 肥料高效实用技术[M]. 北京：化学工业出版社.

姚向君，田宜水，2004. 生物质能资源清洁转化利用技术[M]. 北京：中国农业出版社.

银建中，郝刘丹，喻文，等，2014. 超临界二氧化碳偶合超声预处理强化玉米秸秆酶水解[J]. 催化学报（5）：763-769.

于建荣，李祯祺，许丽，等，2016. 全球生物基化学品产业发展态势分析[J]. 生物产业技术（4）：13-21.

于蕾，江皓，钱名宇，等，2014. 沼气工程厌氧发酵过程的监测与控制[J]. 中国沼气，32：59-64.

袁玉龙，李洪婷，张媛媛，等，2015. ZLJ-3000型有机无机复混肥制粒机的研究[J]. 现代化农业（1）：62-63.

袁振宏，雷廷宙，庄新姝，等，2017. 我国生物质能研究现状及未来发展趋势分析[J]. 太阳能学报，274（2）：12-19.

袁振宏，罗文，吕鹏梅，等，2009. 生物质能产业现状及发展前景[J]. 化工进展，28（10）：1687-1692.

原国栋，2014. 生物质与煤混燃的数值模拟及实验研究[D]. 天津：天津大学.

原鲁明，赵立欣，沈玉君，等，2015. 我国生物炭基肥生产工艺与设备研究进展[J]. 中国农业科技导报，17（4）：107-113.

岳建芝，李刚，焦有宙，等，2011. 光照度对酶解秸秆料液光合产氢的影响[J]. 农业工程学报，27（8）：313-317.

岳金方，应浩，左春丽，2006. 生物质加压气化技术的研究与应用现状[J]. 可再生能源（6）：29-32.

曾积良，罗启，曾宪东，等，2011. 浅析沼气生态农业模式及特点[J]. 农业工程技术（新能源产业），9：21-24.

张宝惠，顾宇书，王平，等，1996. 炭基多元高效复合肥及其工艺[P]. CN1134927A.

张登晓，周惠民，潘根兴，等，2014. 城市园林废弃物生物质炭对小白菜生长，硝酸盐含量及氮利用率的影响[J]. 植物营养与肥料学报，20（6）：1569-1576.

张吉鸿，2002. 平模颗粒机模辊设计探讨[J]. 当代农机（S1）：90-92.

张敏，陈永根，单胜道，等，2020. 修复农田重金属污染的土壤调理剂及其制造方法[P]. ZL201611025915.3

张齐生，马中青，周建斌，2013. 生物质气化技术的再认识[J]. 南京林业大学学报（自然科学版），37（1）：1-10.

张全国，2017. 沼气技术及其应用[M]. 4版. 北京：化学工业出版社.

张全国，李亚猛，荆艳艳，等，2015. 酸碱预处理对三球悬铃木落叶同步糖化发酵产氢的影响[J]. 农业机械学报，46（5）：202-207.

张全国，孙堂磊，荆艳艳，等，2016. 玉米秸秆酶解上清液厌氧发酵产氢工艺优化[J]. 农业工程学报（5）：233-238.

张全国，张丙学，蒋丹萍，等，2014. 能源草酶解光合生物制氢实验研究[J]. 农业机械学报，45（12）：224-228.

张瑞清，姜中武，赵玲玲，等，2013. 苹果专用稻壳炭基肥及其制备方法[P]. CN201310162133.4.

张甜，2018．产气肠杆菌 AS1_489 与光合细菌 HAU-M1 共发酵生物制氢研究[D]．郑州：河南农业大学．

张伟，2014．水稻秸秆炭基缓释肥的制备及性能研究[D]．哈尔滨：东北农业大学．

张艳丽，肖波，胡智泉，等，2012．污泥热解残渣水蒸气气化制取富氢燃气[J]．可再生能源，30（1）：67-71．

张玉兰，陈利军，段争虎，等，2014．荧光光谱法测定生物炭/秸秆输入土壤后酶活性的变化[J]．光谱学与光谱分析，34（2）：155-159．

张再起，陈可金，熊桂云，2017．以沼气为纽带的生态家庭农场资源利用途径分析：以宜都市白龙山生态家庭农场为例[J]．湖北农业科学，56：1238-1241．

张振，韩宗娜，盛昌栋，2016．生物质电厂飞灰用作肥料的可行性评价[J]．农业工程学报，32（7）：200-205．

张志萍，2015．生物质多相流光合产氢过程调控及其热流场特性研究[D]．郑州：河南农业大学．

章思规，1986．实用精细化学品手册（有机卷下）[M]．北京：科学出版社．

赵坤，何方，黄振，等，2011．生物质化学链气化制取合成气模拟研究[J]．煤炭转化，34（4）：87-92．

赵增立，李海滨，吴创之，等，2005．生物质等离子体气化研究[J]．太阳能学报，26（4）：468-472．

郑洪岩，朱玉雷，龚亮，2005．糠醛脱羰制呋喃催化技术的研究进展[J]．精细与专用化学品（12）：7-9．

郑耀通，闵航，1998．共固定光合和发酵性细菌处理有机废水生物制氢技术[J]．污染防治技术，11（3）：187-189．

中国产业发展促进会生物质能产业分会，德国国际合作机构，生态环境部环境工程评估中心，等，2021．3060 零碳生物质能发展潜力蓝皮书[M]．https://www.sohu.com/a/332088908_100252878．

中国电力科学研究院生物质能研究室，2008．生物质能及其发电技术[M]．北京：中国电力出版社．

中国沼气行业双碳发展报告，2021．第二次全国污染源普查公报[J]．环境保护，689（18）：8-10．

周国忠，2017．生物质掺烧发电存在问题及探讨[J]．科技视界（9）：242-243．

周汝雁，尤希凤，张全国，2006．光合微生物制氢技术的研究进展[J]．中国沼气（2）：31-34．

周瑞辰，2018．太阳能—生物质能联合供暖技术在北方农村的应用研究[D]．太原：太原理工大学．

周文娟，2012．蔬菜秸秆的厌氧发酵特性及沼液的综合利用[D]．杨陵：西北农林科技大学．

周岩梅，杨舒然，孟晓东，等，2019．生物质炭对沉积物中有机污染物的吸附固定作用机理[J]．环境科学研究，1：35-42．

朱锡锋，陆强，2014．生物质热解原理与技术[M]．北京：科学出版社．

朱章玉，俞吉安，林志新，等，1991．光合细菌的研究及其应用[M]．上海：上海交通大学出版社．

朱臻，程贤甦，2011．木质素改性高耐磨酚醛树脂的制备及性能研究[J]．纤维素科学与技术，19（1）：13-18．

ACHARYA B, DUTTA A, BASU P, 2009. An investigation into steam gasification of biomass for hydrogen enriched gas production in presence of CaO[J]. International Journal of Hydrogen Energy, 35(4): 1582-1589.

AKINORI MATSUSHIKA, 2008. Efficient bioethanol production from xylose by recombinant saccharomyces cerevisiae requires high activity of xylose reductase and moderate xylulokinase activity[J]. Journal of Bioscience and Bioengineering, 103(3): 306-309.

ALIYU M, HEPHER M, 2000. Effects of ultrasound energy on degradation of cellulose material[J]. Ultrasonics Sonochemistry, 7(4): 265-268.

ALLEN J P, FEHER G, YEATES T O, et al., 1987. Structure of the reaction center from Rhodobacter sphaeroides R-26: The cofactors[J]. PNAS, 84: 6162-6166.

ALMA M H，YAO Y G，YOSHIOKA M，et al., 1996. The preparation and flow properties of HCL catalyzed phenolated wood and its blends with commercial novolak resin[J]. Holzforschung, 50 (1): 85-90.

ALMEIDA J, HAHNHAGERDAL B, 2009. Developing Saccharomyces cerevisiae strains for second generation bioethanol: Improving xylose fermentation and inhibitor tolerance[J]. International Sugar Journal, 111: 172-180.

AN D, LI Q, WANG X, et al., 2014. Characterization on hydrogen production performance of a newly isolated Clostridium beijerinckii YA001 using xylose[J]. International Journal of Hydrogen Energy, 39(35): 19928-19936.

ANDLAR M, REZIC T, MARDETKO N, 2018. Lignocellulose degradation: An overview of fungi and fungal enzymes involved in lignocellulose degradation[J]. Engineering in Life Sciences, 18: 768-778.

ANNE BELINDA BJERRE, ANNE BJERRING OLESEN, TOMAS FERNQVIST, et al., 1996. Pretreatment of wheat straw using combined wet oxidation and alkaline hydrolysis resulting in convertible cellulose and hemicellulose[J].

Biotechnology and Bioengineering, 49(5): 568-577.

ANTALJR M J, ALLEN S G, SCHULMAN D, et al., 2000. Biomass gasification in supercritical water[J]. Industrial and Engineering Chemistry Research, 39(11): 4040-4053.

ANTONETTI C, LICURSI D, FULIGNATI S, et al., 2016. New frontiers in the catalytic synthesis of levulinic acid: From sugars to raw and waste biomass as starting feedstock[J]. Catalysts, 6 (12): 196.

ARGUN H, KARGI F, KAPDAN I K, 2009. Hydrogen production by combined dark and light fermentation of ground wheat solution[J]. International Journal of Hydrogen Energy, 34(10): 4305-4311.

ARLT T, BIBIKOVA M, PENZKOFER H, et al., 1996. Strong Acceleration of primary photosynthetic electron transfer in a mutated reaction center of *Rhodopseudomonas viridis*[J]. Journal of Physical Chemistry, 100(29): 12060-12065.

ASADA C, BASNET S, OTSUKA M, et al., 2015. Epoxy resin synthesis using low molecular weight lignin separated from various lignocellulosic materials[J]. International Journal of Biological Macromolecules, 74: 413-419.

ASADA Y, KOIKE Y, SCHNACKENBERG J, et al., 2000. Heterologous expression of clostridial hydrogenase in the *cyanobacterium Synechococcus* PCC7942[J]. Biochimica Et Biophysica Acta, (3): 269-278.

ASADA Y, MIYAKE J, 1999. Photobiological hydrogen production[J]. Journal of Bioscience and Bioengineering, 88(1): 1-6.

ASADA Y, TOKUMOTO M, AIHARA Y, et al., 2006. Hydrogen production by co-cultures of Lactobacillus and a photosynthetic bacterium, *Rhodobacter sphaeroides* RV[J]. International Journal of Hydrogen Energy, 31: 1509-1513.

ASAI H, SAMSON B K, STEPHAN H M, et al., 2009. Biochar amendment techniques for upland rice production in Northern Laos: 1. Soil physical properties, leaf SPAD and grain yield[J]. Field Crops Research, 111(1): 81-84.

AZHAR S H M, ABDULLA R, JAMBO S A, et al., 2017. Yeasts in sustainable bioethanol production: A review[J]. Biochemistry and Biophysics Reports, 10(C): 52-61.

BALS B, WEDDING C, BALAN V, et al., 2011. Evaluating the impact of ammonia fiber expansion (AFEX) pretreatment conditions on the cost of ethanol production[J]. Bioresource Technology, 102: 1277-1283.

BART H J, REIDETSCHLAGER J, SCHATKA K, et al., 1994. Kinetics of esterification of levulinic acid with n-butanol by homogeneous catalysis[J]. Industrial and Engineering Chemistry Research, 33 (1): 21-25.

BASU P, 2010. Design of biomass gasifiers[M]. Boston: Academic Press.

BATYROVA K, HALLENBECK P C, 2017. Hydrogen production by a *Chlamydomonas reinhardtii* strain with inducible expression of photosystem II[J]. International Journal of Molecular Sciences, 18(3): 647.

BEG Q K, KAPOOR M, MAHAJAN L, et al., 2001. Microbial xylanases and their industrial applications: A review[J]. Applied Microbiology and Biotechnology, 56(3-4): 326-338.

BENEMANN J R, WEARE N M, 1974. Hydrogen evolution by nitrogen-fixing anabaena cylindrical cultures[J]. Science, 184: 1917-1919.

BERBEROGLU H, YIN J, PILON L, 2007. Light transfer in bubble sparged photobioreactors for H_2 production and CO_2 mitigation[J]. International journal of Hydrogen Energy, 32 (13): 2273-2285.

BIELY P, SINGH S, PUCHART V, 2016. Towards enzymatic breakdown of complex plant xylan structures: State of the art[J]. Biotechnology Advances, 34: 1260-1274.

BORDEN J R, ELEFTHERIOS TERRY P, 2007. Dynamics of genomic-library enrichment and identification of solvent tolerance genes for *Clostridium acetobutylicum*[J]. Applied and Environmental Microbiology, 73(9): 3061.

BRACA G, GALLETTI A M R, SBRANA G, 1991. Anionic ruthenium iodocarbonyl complexes as selective dehydroxylation catalysts in aqueous solution[J]. Journal of Organometallic Chemistry, 417 (1/2): 41-49.

CARNEIRO J S D, LUSTOSA J F, NARDIS B O, et al., 2018. Carbon stability of engineered biochar-based phosphate fertilizers[J]. Acs Sustainable Chemistry and Engineering, 6: 14203-14212.

CARVALHO A F A, NETO P D O, SILVA D F D, et al., 2013. Xylo-oligosaccharides from lignocellulosic materials: Chemical structure, health benefits and production by chemical and enzymatic hydrolysis[J]. Food Research International, 51 (1): 75-85.

CHANDRA R P, BURA R, MABEE W E, et al., 2007. Substrate pretreatment: The key to effective enzymatic hydrolysis of lignocellulosics?[M]. Berlin: Springer.

CHEN C Y, YANG M H, YEH K L, et al., 2008. Biohydrogen production using sequential two-stage dark and photo fermentation processes[J]. International Journal of Hydrogen Energy, 33(18): 4755-4762.

CHEN L, CHEN Q, RAO P, et al., 2018. Formulating and optimizing a novel biochar-based fertilizer for simultaneous slow-release of nitrogen and immobilization of cadmium[J]. Sustainability, 10: 2740.

CHENG J, SU H B, ZHOU J H, et al., 2011. Microwave-assisted alkali pretreatment of rice straw to promote enzymatic hydrolysis and hydrogen production in dark-photo fermentation[J]. International Journal of Hydrogen Energy, 36(3): 2093-2101.

CHU Q L, LI X, YANG D L, et al., 2014. Corn stover bioconversion by green liquor pretreatment and a selected liquid fermentation strategy[J]. Bioresources, 9(4): 7681-7695.

CINTAS O, BERNDES G, COWIE A L, et al., 2016. The climate effect of increased forest bioenergy use in Sweden: Evaluation at different spatial and temporal scales[J]. Wiley Interdisciplinary Reviews Energy and Environment, 5: 351-369.

DAI Z, DONG H, ZHU Y, et al., 2013. Metabolic engineering for biobutanol production: A review[J]. Chinese Journal of Bioprocess Engineering, 11(2): 58-64.

DAS A A K, ESFAHANI M M N, VELEV O D, et al., 2015. Artificial leaf device for hydrogen generation from immobilised *C. reinhardtii* microalgae[J]. Journal of Materials Chemistry A, 41(3): 20698-20707.

DASGUPTA C N, GILBERT J J, LINDBLAD P, et al., 2010. Recent trends on the development of photobiological processes and photobioreactors for the improvement of hydrogen production[J]. International Journal of Hydrogen Energy, 35(19): 10218-10238.

DEENIK J L, MCCLELLAN T, UEHARA G, et al., 2010. Charcoal volatile matter content influences plant growth and soil nitrogen transformations[J]. Soil Science Society of America Journal, 74(4): 1259-1270.

DEISENHOFER J, MICHEL H, HUBER R, 1985. The structural basis of photosynthetic light reactions in bacteria[J]. Trends in Biochemical Sciences, 10(6): 243-248.

DEL C S, CHL A B, RICHTER A, et al., 2010. Quantification and monosaccharide composition of hemicelluloses from different plant functional types[J]. Plant Physiology and Biochemistry, 48 (1): 1-8.

DELGENES J P, MOLETTA R, NAVARRO J M, 1996. Effects of lignocellulose degradation products on ethanol fermentations of glucose and xylose by *Saccharomyces cerevisiae*, *Zymomonas mobilis*, *Pichia stipitis*, and *Candida shehatae*[J]. Enzyme Microb Technol, 19(3): 220-225.

DOAN Q C, MOHEIMANI N R, MASTRANGELO A J, et al., 2012. Microalgal biomass for bioethanol fermentation: Implications for hypersaline systems with an industrial focus[J]. Biomass and Bioenergy, 46(46): 79-88.

DOMÍNGUEZ J C, DEL SAZ-OROZCO B, OLIET M, et al., 2017. Thermal properties and thermal degradation kinetics of phenolic and wood flour-reinforced phenolic foams[J]. Journal of Composite Materials, 51 (1): 125-138.

DÜRRE P, 2010. Biobutanol: An attractive biofuel[J]. Biotechnology Journal, 2(12): 1525-1534.

EBRINGEROVÁ A, HROMÁDKOVÁ Z, HEINZE T, 2005. Hemicellulose Polysaccharides I [M]. Berlin Heidelberg: Springer: 1-67.

EBRU ÖZGÜR, MARS A E, BEGÜM PEKSEL, et al., 2010. Biohydrogen production from beet molasses by sequential dark and photofermentation[J]. International Journal of Hydrogen Energy, 35(2): 511-517.

EL-NAGGAR A, LEE S S, AWAD Y M, et al., 2018. Influence of soil properties and feedstocks on biochar potential for carbon mineralization and improvement of infertile soils[J]. Geoderma, 332: 100-108.

ERIKSSON K E, HOLLMARK B H, 1969. Kinetic studies of the action of cellulase upon sodium carboxymethyl cellulose[J]. Archives of Biochemistry and Biophysics, 133: 233-237.

ERIKSSON T, BÖRJESSON J, TJERNELD F, 2002. Mechanism of surfactant effect in enzymatic hydrolysis of lignocellulose[J]. Enzyme and Microbial Technology, 31 (3): 353-364.

EROGLU E, MELIS A, 2016. Microalgal hydrogen production research[J]. International Journal of Hydrogen Energy, 41(30): 12772-12798.

FANG H H P, ZHU H G, ZHANG T, 2006. Phototrophic hydrogen production from glucose by pure and co-cultures of *Clostridium butyricumand* and *Rhodobacter sphaeroides*[J]. International Journal of J Hydrogen Energy, 31: 2223-2230.

FAVIER V, CHANZY H, CAVAILLE J Y, 1995. Polymer nanocomposites reinforced by cellulose whiskers[J]. Macromolecules, 28: 6365-6367.

FENG P, CHEN F G, 2012. Preparation and characterization of acetic acid lignin-based epoxy blends[J]. Bioresources, 7(3): 2860-2870.

FERDOSIAN F, YUAN Z S, ANDERSON M, et al., 2016b. Thermal performance and thermal decomposition kinetics of lignin-based epoxy resins[J]. Journal of Analytical and Applied Pyrolysis, 119: 124-132.

FERDOSIAN F, ZHANG Y S, YUAN Z Y, et al., 2016a. Curing kinetics and mechanical properties of bio-based epoxy composites comprising lignin-based epoxy resins[J]. European Polymer Journal, 82: 153-165.

FLANDIN L, CAVAILL J, BIDAN G, et al., 2000. New nanocomposite materials made of an insulating matrix and conducting fillers: Processing and properties[J]. Polymer Composites, 21 (2): 165-174.

FUKUSHIMA Y, HUANG Y J, CHEN J W, et al., 2011. Material and energy balances of an integrated biological hydrogen production and purification to reduce greenhouse gas emissions[J]. Bioresource Technology, 102(18): 8550-8556.

GAFFRON H, 1939. Reduction of CO_2 with H_2 in green plants[J]. Nature, 143: 204-205.

GAFFRON H, RUBIN J, 1942. Fermentative and photochemical production of hydrogen in algae[J]. The Journal of General Physiology, 26: 219-240.

GAO H B, SHAN S D, ZHENG R N, 2020. Special biochar-based fertilizer for improving foreshore saline-alkali soil, and preparation method and use thereof[P]. Australia: 2020102331.

GAO M, FENG X, LI S, 2010. Effect of $SC-CO_2$ pretreatment in increasing rice straw biomass conversion[J]. Biosystems Engineering, 106(4): 470-475.

GARCÍA V, PÄKKILÄ J, OJAMO H, et al., 2011. Challenges in biobutanol production: How to improve the efficiency?[J]. Renewable and Sustainable Energy Reviews, 15(2): 964-980.

GEORGE H A, JOHNSON J L, MOORE W E, et al., 1983. Acetone, isopropanol and butanol production by *Clostridium beijerinckii* (syn. *Clostridium butylicum*) and *Clostridium aurantibutyricum*[J]. Applied and Environmental Microbiology, 45(3): 1160-1163.

GEST H, KAMEN M D, 1949. Photoproduction of molecular hydrogen by *Rhodospirillum rubrum* [J]. Science, 109:558-559.

GHIRARDI M L, ZHANG L P, LEE J W, et al., 2000. Microalgae: A green source of renewable H_2[J]. Trends in Biotechnology, 18(12): 506-511.

GIL J, CORELLA J, AZNAR M P, et al., 1999. Biomass gasification in atmospheric and bubbling fluidized bed: Effect of the type of gasifying agent on the product distribution[J]. Biomass and Bioenergy, 17(5): 389.

GILKES N R, HENRISSAT B, KILBURN D G, 1991. Domains in microbial β-1,4-glycanases: Sequence conservation[J]. Microbiological Reviews, 55: 303-315.

GLASS N L, SCHMOLL M, CATE J H D, et al., 2013. Plant cell wall deconstruction by ascomycete fungi[J]. Annual Review of Microbiology, 67: 477-498.

GOMEZ X，FERNANDEZ C, FIERRO J, et al., 2011. Hydrogen production: Two stage processes for waste degradation[J]. Bioresource Technology, 102(18): 8621-8627.

GORRELL T E, UFFEN R L, 1977. Fermentative metabolism of pyruvate by Rhodospirillum rubrum after anaerobic growth in darkness[J]. Journal of Bacteriology, 131(2): 533-543.

GORRELL T E, UFFEN R L, 1978. Reduction of nicotinamide adenine dinucleotide by pyruvate: Lipoate oxidoreductase in anaerobic, dark-grown *Rhodospirillum rubrum* mutant C[J]. Journal of Bacteriology, 134(3): 830-836.

GOULD J M, 1985. Alkaline peroxide delignification of agricultural residues to enhance enzymatic saccharification[J]. Biotechnology Bioengineering, 27: 225-231.

GRAY C T, 1965. Biological formation of molecular hydrogen[J]. Science, 148(3667): 186-192.

GREWE S, BALLOTTARI M, ALCOCER M, et al., 2014. Light-harvesting complex protein LHCBM9 is critical for photosystem Ⅱ activity and hydrogen production in *Chlamydomonas reinhardtii*[J]. The Plant Cell, 26: 1598-1611.

GU F, WANG W, JING L, et al., 2013. Effects of green liquor pretreatment on the chemical composition and enzymatic digestibility of rice straw[J]. Bioresource Technology, 149: 375-382.

HABIBI Y, 2014. Key advances in the chemical modification of nanocelluloses[J]. Chem Soc Rev, 43 (5): 1519-1542.

HALL D O, GISBY P E, RAO K K, 1982. Biophotolysis of water for H_2 production using immobilised and synthetic catalysts[M]. Springer US: Trends in Photobiology.

HALLENBECK P C, 2009, Fermentative hydrogen production: Principles, progress, and prognosis[J]. International Journal of Hydrogen Energy, 34(17): 7379-7389.

HALLENBECK P C, BENEMANN J R, 2002. Biological hydrogen production; fundamentals and limiting processes[J]. International Journal of Hydrogen Energy, 27(11/12): 1185-1193.

HALLENBECK P C, YUAN L, 2016. Recent advances in hydrogen production by photosynthetic bacteria[J]. International Journal of Hydrogen Energy, 41(7): 4446-4454.

HAMAD M A, RADWAN A M, HEGGO D A, et al., 2016. Hydrogen rich gas production from catalytic gasification of biomass[J]. Renewable Energy, 85: 1290-1300.

HAMEED M S A, 2007. Effect of algal density in bead, bead size and bead concentrations on wastewater nutrient removal[J]. African Journal of Biotechnology, 6(10): 1185-1191.

HARTMANN C, FONTANA R C, SIQUEIRA F, 2021. Fungal pretreatment of sugarcane bagasse: A green pathway to improve saccharification and ethanol production[J]. Bioenergy Research, 7: 1-14.

HEIDENREICH S, FOSCOLO P U, 2015. New concepts in biomass gasification[J]. Progress in Energy and Combustion Science, 46: 72-95.

HENRIKSSON M, HENRIKSSON G, BERGLUND L, et al., 2007. An environmentally friendly method for enzyme-assisted preparation of microfibrillated cellulose (MFC) nanofibers[J]. European Polymer Journal, 43 (8): 3434-3441.

HENRISSAT B, DAVIES G J, 1997. Structural and sequence-based classification of glycoside hydrolases[J]. Current Opinion in Structural Biology, 7: 637-644.

HENRISSAT B, TEERI T T, WARREN R A J, 1998. A scheme for designating enzymes that hydrolyse the polysaccharides in the cell walls of plants[J]. FEBS Letters, 425: 352-354.

HILLMER P, GEST H, 1977. H_2 metabolism in the photosynthetic bacterium rhodopseudomonas capsulate: H_2 production by growing cultures[J]. J Bacterial, 129(2):724-731.

HOLSOPPLE D B, KURPLE W W, KURPLE W M, et al., 1981. Method of making epoxide-lignin resins[P]. US: 4265809.

HU L, ZHAO G, HAO W, et al., 2012. Catalytic conversion of biomass-derived carbohydrates into fuels and chemicals via furanic aldehydes[J]. RSC Advances, 2(30): 11184-11206.

HU Y J, SUN B H, WU S H, et al., 2021. After-effects of straw and straw-derived biochar application on crop growth, yield, and soil properties in wheat (*Triticum aestivum* L.) -maize (*Zea mays* L.) rotations: A four-year field experiment[J]. Science of the Total Environment, 780: 146560.

HUANG C, HE J, LI X, et al., 2015. Facilitating the enzymatic saccharification of pulped bamboo residues by degrading the remained xylan and lignin-carbohydrates complexes[J]. Bioresource Technology, 192: 471-477.

HUANG C, LIN W, LAI C, et al., 2019. Coupling the post-extraction process to remove residual lignin and alter the recalcitrant structures for improving the enzymatic digestibility of acid-pretreated bamboo residues[J]. Bioresource Technology, 285: 121355.

JACKOWIAK D, BASSARD D, PAUSS A, et al., 2011. Optimisation of a microwave pretreatment of wheat straw for methane production[J]. Bioresource Technology, 102: 6750-6756.

JEFFRIES T, 1977. Enzymatic hydrolysis of the walls of yeast cells and germinated fungal spores[J]. Biochimica Et Biophysica Acta, 499(1): 10-23.

JIANG Y, WANG X, ZHAO Y, et al., 2021. Effects of biochar application on enzyme activities in tea garden soil[J]. Frontiers in Bioengineering and Biotechnology, 9: 728530.

JIANG Y, XU C, DONG F, et al., 2009. Disruption of the acetoacetate decarboxylase gene in solvent-producing *Clostridium acetobutylicum* increases the butanol ratio[J]. Metabolic Engineering, 11(4): 284-291.

JIN Y, JAMEEL H, CHANG H M, et al., 2010. Green liquor pretreatment of mixed hardwood for ethanol production in a repurposed kraft pulp mill[J]. Journal of Wood Chemistry and Technology, 30(1): 86-104.

JIN Z W, CHEN C, CHEN X M, et al., 2016. Biochar impact on nitrate leaching in upland red soil, China[J]. Environmental Earth Sciences, 75(14): 1109.

JIN Z W, CHEN C, CHEN X M, et al., 2019a. Soil acidity, available phosphorus content and optimum fertilizer N and biochar application rate-A six-year field trial with biochar and fertilizer N addition in upland red soil, China[J]. Field Crops Research, 232: 77-87.

JIN Z W, CHEN C, CHEN X M, et al., 2019b. The crucial factors of soil fertility and rapeseed yield-A five-year field trial with biochar addition in upland red soil, China[J]. Science of the Total Environment, 649: 1467-1480.

JIN Z W, ZHANG X L, CHEN X M, et al., 2021. Dynamics of soil organic carbon mineralization and enzyme activities after two months and six years of biochar addition[J]. Biomass Conversion and Biorefinery. https://doi.org/10.1007/s13399-021-01301-7.

JOÃO R M, ALMEIDA, RUNQUIST D, NOGUE V S I, 2015. Stress-related challenges in pentose fermentation to ethanol by the yeast *Saccharomyces cerevisiae*[J]. Biotechnology Journal, 6(3): 286-299.

KAAR, WILLIAM E, HOLTZAPPLE, et al., 2000. Using lime pretreatment to facilitate the enzymatic hydrolysis of corn stover[J]. Biomass and Bioenergy, 18(3): 189-199.

KAIHO A, MAZZARELLA D, SATAKE M, et al., 2016. Construction of the di(trimethylolpropane) cross linkage and the phenylnaphthalene structure coupled with selective β-O-4 bond cleavage for synthesizing lignin-based epoxy resins with a controlled glass transition temperature[J]. Green Chemistry, 18(24): 6526-6535.

KAMEN M D, GEST H, 1982. Evidence for a nitrogenase system in the photosynthetic *bacterium Rhodospirillum rubrum*[J]. Science, 109(2840): 560.

KARIMI K, KHERADMANDINIA S, TAHERZADEH M J, 2006. Conversion of rice straw to sugars by dilute-acid hydrolysis[J]. Biomass and Bioenergy, 30 (3): 247-253.

KARINEN R, VILONEN K, NIEMELA M, 2011. Biorefining: Heterogeneously catalyzed reactions of carbohydrates for the production of furfural and hydroxymethylfurfural[J]. Chem Sus Chem, 4(8): 1002-1016.

KARRASCH S, BULLOUGH P A, GHOSH R, 1995. The 8.5Å project map of the light-harvesting complex I from *Rhodospirillum rubrum* reveals a ring composed of 16 subunits[J]. Embo Journal, 14:631-638.

KARS G, GUENDUEZ U, YUECEL M, et al., 2006. Hydrogen production and transcriptional analysis of *nifD*, *nifK* and *hups* genes in *Rhodobacter sphaeroides* O.U.001 grown in media with different concentrations of molybdenum and iron[J]. International Journal of Hydrogen Energy, 31(11): 1536-1544.

KAYANO H, MATSUNAGA T, KARUBE I, et al., 1981. Hydrogen evolution by co-immobilized *Chlorella vulgaris* and *Clostridium butyricum* cells[J]. Biochimica et Biophysica Acta (BBA)-Bioenergetics, 638(1): 80-85.

KEILUWEIT M, NICO P S, JOHNSON M G, et al., 2010. Dynamic molecular structure of plant biomass-derived black carbon (biochar)[J]. Environmental Science and Technology, 44: 1247-1253.

KHETKORN W, RASTOGI R P, INCHAROENSAKDI A, et al., 2017. Microalgal hydrogen production: A review[J]. Bioresource Technology, 243:1194.

KILEY P J, KAPLAN S, 1988. Molecular genetics of photosynthetic membrane biosynthesis in *Rhodobacter sphaeroides*[J]. Microbiological Reviews, 52(1): 50-56.

KIM J S, LEE Y Y, KIM T H, 2016. A review on alkaline pretreatment technology for bioconversion of lignocellulosic biomass[J]. Bioresource Technology, 199: 42-48.

KIM S R, PARK Y C, JIN Y S, 2013. Strain engineering of *Saccharomyces cerevisiae* for enhanced xylose metabolism[J]. Biotechnology Advances, 31(6): 851-861.

KIM T H, KIM J S, SUNWOO C, 2003. Pretreatment of corn stover by aqueous ammonia[J]. Bioresource Technology, 90 (1): 39-47.

KLEMM D, KRAMER F, MORITZ S, et al., 2011. Nanocelluloses: A new family of nature-based materials[J]. Angew Chem Int Ed, 50 (24): 5438-5466.

KLOSS S, ZEHETNER F, DELLANTONIO A, et al., 2012. Characterization of slow pyrolysis biochars: Effects of feedstocks and pyrolysis temperature on biochar properties[J]. Journal of Environmental Quality, 41(4): 990-1000.

KOKU H, EROGLU I, GUENDUEZ U, et al., 2002. Aspects of the metabolism of hydrogen production by *Rhodobacter sphaeroides*[J]. International Journal of Hydrogen Energy, 27(11/12):1315-1329.

KONDO T, ARAKAWA M, HIRAI T, et al., 2002. Enhancement of hydrogen production by a photosynthetic Bacterium mutant with reduced pigment[J]. Journal of Bioscience and Bioengineering, 93(2): 145-150.

KOOTSTRA A M J, MOSIER N S, SCOTT E L, et al., 2009. Differential effects of mineral and organic acids on the kinetics of arabinose degradation under lignocellulose pretreatment conditions[J]. Biochemical Engineering Journal, 43 (1): 92-97.

KOTAY S M , DAS D, 2007. Microbial hydrogen production with Bacillus coagulans IIT-BT S1 isolated from anaerobic sewage sludge[J]. Bioresource Technology, 98(6): 1183-1190.

KUHAD R C, GUPTA R, KHASA Y P, et al., 2011. Bioethanol production from pentose sugars: Current status and future prospects[J]. Renewable and Sustainable Energy Reviews, 15(9): 4950-4962.

KUMAR M, GAYEN K, 2011. Developments in biobutanol production: New insights[J]. Applied Energy, 88(6): 1999-2012.

KUMAR M, OYEDUN A O, KUMAR A, 2018. A review on the current status of various hydrothermal technologies on biomass feedstock[J]. Renewable and Sustainable Energy Reviews, 81 (2): 1742-1770.

KUMAR N , DAS D, 2000. Enhancement of hydrogen production by Enterobacter cloacae IIT-BT 08[J]. Process Biochemistry, 35(6):589-593.

KUMARI R, PRAMANIK K, 2012. Improved bioethanol production using fusants of *Saccharomyces cerevisiae* and xylose-fermenting yeasts[J]. Applied Biochemistry and Biotechnology, 167(4): 873-884.

KUMAZAWA S, MITSUI A, 1994. Efficient hydrogen photoproduction by synchronously grown cells of a marine *cyanobacterium*, *Synechococcus* sp. Miami BG 043511, under high cell density conditions[J]. Biotechnology and Bioengineering, 44(7): 854-858.

KUYPER M, HARTOG M M P, TOIRKENS M J, et al., 2010. Metabolic engineering of a xylose-isomerase-expressing *Saccharomyces cerevisiae* strain for rapid anaerobic xylose fermentation[J]. FEMS Yeast Research, 5(4-5): 399-409.

LAIRD D, FLEMING P, WANG B Q, et al., 2010. Biochar impact on nutrient leaching from a midwestern agricultural soil[J]. Geoderma, 158(3/4): 436-442.

LARSON E D, KATOFSKY R E, 1994. Advances in thermochemical biomass convers-ion[M]. London: Balckie Academic and Professional Press.

LEE A, CHAIBAKHSH N, RAHMAN M B A, et al., 2010. Optimized enzymatic synthesis of levulinate ester in solvent-free system[J]. Industrial Crops and Products, 32 (3): 246-251.

LEE C, ZHENG Y, VANDER GHEYNST J S, 2015. Effects of pretreatment conditions and post-pretreatment washing on ethanol production from dilute acid pretreated rice straw[J]. Biosystems Engineering, 137: 36-42.

LI R, MENG H, ZHAO L, et al., 2019. Study of the morphological changes of copper and zinc during pig manure composting with addition of biochar and a microbial agent[J]. Bioresource Technology, 291: 121752.

LIESCH A M, WEYERS S L, GASKIN J W, et al., 2010. Impact of two different biochars on earthworm growth and survival[J]. Annals of Environmental Science, 4: 1-9.

LIN W, CHEN D, YONG Q, et al., 2019. Improving enzymatic hydrolysis of acid-pretreated bamboo residues using amphiphilic surfactant derived from dehydroabietic acid[J]. Bioresource Technology, 293: 122055.

LIN W, XING S, JIN Y, et al., 2020. Insight into understanding the performance of deep eutectic solvent pretreatment on improving enzymatic digestibility of bamboo residues[J]. Bioresource Technology, 306: 123163.

LIN X, MURCHISON H A, NAGARAJAN V, et al., 1994. Specific alteration of the oxidation potential of the electron donor in reaction centers from *Rhodobacter sphaeroides*[J]. Proceedings of the National Academy of Sciences, 91(22): 10265-10269.

LINDER M, TEERI T T, 1997. The roles and function of cellulose-binding domains[J]. Journal of Biotechnology, 57: 15-28.

LIU F, YU R, GUO M, 2017. Hydrothermal carbonization of forestry residues: Influence of reaction temperature on holocellulose-derived hydrochar properties[J]. Journal of Materials Science, 52: 1-11.

LIU H, CHEN G, WANG G, 2015. Characteristics for production of hydrogen and bioflocculant by *Bacillus* sp. XF-56 from marine intertidal sludge[J]. International Journal of Hydrogen Energy, 40(3): 1414-1419.

LIU Z L, SAHA B C, SLININGER P J, 2008. Lignocellulosic biomass conversion to ethanol by *Saccharomyces*[J]. Bioenergy: 17-36.

LO Y C, CHEN S D, CHEN C Y, et al., 2008. Combining enzymatic hydrolysis and dark-photo fermentation processes for hydrogen production from starch feedstock: A feasibility study[J]. International Journal of Hydrogen Energy, 33(19): 5224-5233.

LOU H M, WANG M X, LAI H R, et al., 2013. Reducing non-productive adsorption of cellulase and enhancing enzymatic hydrolysis of lignocelluloses by noncovalent modification of lignin with lignosulfonate[J]. Bioresource Technology, 146: 478-484.

LU C Y, ZHANG Z P, GE X M, et al., 2016. Bio-hydrogen production from apple waste by photosynthetic bacteria HAU-M1[J]. International Journal of Hydrogen Energy, 41 (31): 13399-13407.

LU C Y, ZHANG Z P, ZHOU X H, et al., 2018. Effect of substrate concentration on hydrogen production by photo-fermentation in the pilot-scale baffled bioreactor[J]. Bioresource Technology, 247: 1173-1176.

LU C, WANG Y, LEE D J, et al., 2019. Biohydrogen production in pilot-scale fermenter: Effects of hydraulic retention time and substrate concentration[J]. Journal of Cleaner Production, 229: 751-760.

LU C, ZHAO J, YANG S T, et al., 2012. Fed-batch fermentation for n-butanol production from cassava bagasse hydrolysate in a fibrous bed bioreactor with continuous gas stripping[J]. Bioresource Technology, 104(1): 380-387.

LUO Y H, MITSUI A, 1996. Sulfide as electron source for H_2-photoproduction in the *cyanobacterium Synechococcus* sp. strain Miami BG 043511, under stress conditions[J]. Journal of Photochemistry and Photobiology B Biology, 35(3): 203-207.

MACDERMOTT G S M, PRINCE A, FREER A, et al., 1995. Crystal structure of an integral membrane light-harvesting complex from photosynthetic bacteria[J]. Nature, 374: 517-521.

MADIGAN M T, 1990. Photocatabolism of acetone by nonsulfur purple bacteria[J]. FEMS Microbiology Letters, 71(3): 281-285.

MADIGAN M T, GEST H, 1978. Growth of a photosynthetic bacterium anaerobically in darkness supported by "oxidant-dependent"sugar fermentation[J]. Arch Microbiol(117): 119-122.

MALGAS S, MAFA M S, MKABAYI L, et al., 2019. A mini review of xylanolytic enzymes with regards to their synergistic interactions during hetero-xylan degradation[J]. World Journal of Microbiology and Biotechnology, 35(12): 187.

MANESS F R, DINADALE R, HUSSY I, 2002. Sustainable fermentative biohydrogen: Challenges for process optimization[J]. International Journal of Hydrogen Energy, 27(11/12): 1339-1347.

MANIATIS K, 2003. Pathways for the production of bio-hydrogen: Opportunities and challenges[J]. Journal of the American College of Surgeons, 183(6): 553-558.

MANSFIELD S D, MOONEY C, SADDLER J N, 1999. Substrate and enzyme characteristics that limit cellulose hydrolysis[J]. Biotechnology Progress, 15(5): 804-816.

MARCUS GUSTAFSSON, JONAS AMMENBERG, 2019. IEA bioenergy task 37 country report summaries. http://task37.ieabioenergy.com.

MAZAR A, JEMAA N, DAJANI W W A, et al., 2017. Furfural production from a pre-hydrolysate generated using aspen and maple chips[J]. Biomass and Bioenergy, 104: 8-16.

MCDERMOTT G, FREER A A, HAWTHORNTHWAITELAWLESS A M, et al., 1995. Crystal structure of an integral membrane light-harvesting complex from photosynthetic bacteria[J]. Nature, 374(6522): 517-521.

MEI N, ZERGANE N, POSTEC A, et al., 2014. Fermentative hydrogen production by a new alkaliphilic *Clostridium* sp. (strain PROH2) isolated from a shallow submarine hydrothermal chimney in Prony Bay, New Caledonia[J]. International Journal of Hydrogen Energy, 39(34): 19465-19473.

MELIS A, HAPPE T, 2001. Hydrogen production: Green algae as a source of energy[J]. Plant Physiology, 127(3): 740-748.

MELIS A, ZHANG L, FORESTIER M, et al., 2000. Sustained photobiological hydrogen gas production upon reversible inactivation of oxygen evolution in the green Alga *Chlamydomonas reinhardtii*[J]. Plant Physiol, 122: 127-136.

MENG J, TAO M M, WANG L L, et al., 2018. Changes in heavy metal bioavailability and speciation from a Pb-Zn contaminated soil amended with biochars from co-pyrolysis of rice straw and swine manure[J]. Science of the Total Environment, 633: 300-307.

MITSUI A, OHTA Y, 1981. Photosynthetic bacteria as alternative energy sources-overview on hydrogen production research[J]. Proceeding of the 2nd International Conference on Alternative Energy Source: 3483-3510.

MIYAMOTO K, 1997. Renewable biological systems for alternative sustainable energy production[M]. Rome: Food and Agriculture Organization of the United Nations.

MOHAMED W S, Hammam A A, 2019. Poultry manure-derived biochar as a soil amendment and fertilizer for sandy soils under arid conditions[J]. Egyptian Journal of Soil Science, 59: 1-14.

MOLINO A, LAROCCA V, CHINAESE S, et al., 2018. Biofuels production by biomass gasification: A review[J]. Energies, 11: 811.

MONIRI M, BOROUMAND M A, AZIZI S, et al., 2017. Production and status of bacterial cellulose in biomedical engineering[J]. Nanomaterials, 7 (9): 257.

MUKHERJEE A, ZIMMERMAN A R, 2013. Organic carbon and nutrient release from a range of laboratory-produced biochars and biochar-soil mixtures[J]. Geoderma, (193/194): 122-130.

NATH K, MUTHUKUMAR M, KUMAR A, et al., 2008. Kinetics of two stage fermentation process for the production of hydrogen[J]. International Journal of Hydrogen Energy, 33 (4): 1195-1203.

NÖLLING, BRETON G, OMELCHENKO M V, et al., 2001. Genome sequence and comparative analysis of the solvent-producing bacterium *Clostridium acetobutylicum*[J]. Journal of Bacteriology, 183(16): 4823-4838.

NOVAK J M, BUSSCHER W J, LAIRD D L, et al., 2009. Impact of biochar amendment on fertility of a southeastern coastal plain soil[J]. Soil Science, 174: 105-112.

ODOM J M, WALL J D, 1983. Photoproduction of H_2 from cellulose by an anaerobic bacterial coculture[J]. Applied Environmental Microbiology, 45: 1300-1305.

OHTA K, BEALL D S, MEJIA J P, et al., 1991. Genetic improvement of *Escherichia coli* for ethanol production: chromosomal integration of *Zymomonas mobilis* genes encoding pyruvate decarboxylase and alcohol dehydrogenase II[J]. Applied and Environmental Microbiology, 57(4): 893.

OLOFSSON K, BERTILSSON M, LIDEN G, 2008. A short review on SSF-An interesting process option for ethanol production from lignocellulosic feedstocks[J]. Biotechnology for Biofuels, 1(1): 7.

OUYANG J, 2006. A complete protein pattern of cellulase and hemicellulase genes in the filamentous fungus *Trichoderma reesei*[J]. Biotechnology Journal, 11(1): 1266-1274.

OZMIHCI S, KARGI F, 2010. Bio-hydrogen production by photo-fermentation of dark fermentation effluent with intermittent feeding and effluent removal[J]. International Journal of Hydrogen Energy, 35(13): 6674-6680.

PAPIZ M Z, PRINCE S M, HOWARD T, et al., 2003. The structure and thermal motion of the B800-850 LH2 complex from *Rps.acidophila* at 2.0A resolution and 100K: New structural features and functionally relevant motions[J]. Journal of Molecular Biology, 326(5):1523-1538.

PAPOUTSAKIS E T, 2008. Engineering solventogenic clostridia[J]. Current Opinion in Biotechnology, 19(5): 420-429.

PENG W, RIEDL B, 1994. The chemorheology of phenol-formaldehyde thermoset resin and mixtures of the resin with lignin fillers[J]. Polymer, 5 (6): 1280-1286.

PFROMM P H, AMANOR-BOADU V, NELSON R, et al., 2010. Bio-butanol vs. bio-ethanol: A technical and economic assessment for corn and switchgrass fermented by yeast or *Clostridium acetobutylicum*[J]. Biomass and Bioenergy, 34(4): 515-524.

POLLE J E, BENEMANN J R, TANAKA A, et al., 2000. Photosynthetic apparatus organization and function in the wild type and a chlorophyll bless mutant of *Chlamydomonas reinhardtii* Dependence on carbon source[J]. Planta, 211(3):335-344.

POLLE J, KANAKAGIRI S, BENEMANN J R, et al., 2001. Maximizing photosynthetic efficiencies and hydrogen production in microalgal cultures[J]. Biohydrogen Ⅱ: 111-130.

PUGA A P, DE ALMEIDA QUEIROZ M C, VIEIRA LIGO M A, et al., 2020. Nitrogen availability and ammonia volatilization in biochar-based fertilizers[J]. Archives of Agronomy and Soil Science, 66: 992-1004.

PUIG-ARNAVAT M, BRUNO J C, CORONAS A, 2010. Review and analysis of biomass gasification models[J]. Renewable and Sustainable Energy Reviews, 14(9): 2841.

PULZ O, 2001. Photobioreactors: Production systems for phototrophic mi-croorganisms[J]. Applied Microbiology and Biotechnology, 57(3): 287-293.

QURESHI N, SAHA B C, COTTA M A, 2007. Butanol production from wheat straw hydrolysate using *Clostridium beijerinckii*[J]. Bioprocess and Biosystems Engineering, 30(6): 419-427.

QURESHI N, SAHA B C, HECTOR R E, et al., 2008. Butanol production from wheat straw by simultaneous saccharification and fermentation using *Clostridium beijerinckii*: Part Ⅰ- Batch fermentation[J]. Biomass and Bioenergy, 32(2): 168-175.

RABINOVICH M L, MELNICK M S, BOLOBOVA A V, 2002. The structure and mechanism of action of cellulolytic enzymes[J]. Biochemistry(Moscow), 67: 850-871.

RAFIQUE M, ORTAS I, AHMED I A M, et al., 2019. Potential impact of biochar types and microbial inoculants on growth of onion plant in differently textured and phosphorus limited soils[J]. Journal of Environmental Management, 247: 672-680.

RANJAN A, MOHOLKAR V S, 2012. Biobutanol: Science, engineering and economics[J]. International Journal of Energy Research, 36(3): 277-323.

REDDING A, 2012. Bioethanol production and dilute acid pretreatment of lignocellulosic materials: A review[J]. Journal of South China University of Technology, 40(3): 1-9.

REDWOOD M D, MACASKIE L E, 2006. A two-stage, two-organism process for biohydrogen from glucose[J]. International Journal of Hydrogen Energy, 31(11): 1514-1521.

REESE E T, SIU R, LEVINSON H, 1950. The biological degradation of soluble cellulose derivatives and its relationship to the mechanism of cellulose hydrolysis[J]. Journal of Bacteriology, 59(4):485-497.

ROBERTS S B, GOWEN C M, BROOKS J P, et al., 2010. Genome-scale metabolic analysis of *Clostridium thermocellum* for bioethanol production[J]. BMC Systems Biology, 4(1): 31.

ROGERS P L, JEON Y J, LEE K J, 2007. Zymomonas mobilis for fuel ethanol and higher value products[J]. Advances in Biochemical Engineering/Biotechnology, 108: 263-288.

RONDON M, LEHMANN J, RAMIREZ J, et al., 2007. Biological nitrogen fixation by common beans (*Phaseolus vulgaris* L.) increases with bio-char additions[J]. Biology and Fertility of Soils, 43(6): 699-708.

RUTBERG P G, KUZNETSOV V A, SERBA E O, et al., 2013. Novel three-phase steam-air plasma torch for gasification of high-caloric waste[J]. Applied Energy, 108: 505-514.

SAIFULLAH, DAHLAWI S, NAEEM A, et al., 2018. Biochar application for the remediation of salt-affected soils: Challenges and opportunities[J]. Science of the Total Environment, 625: 320-335.

SANG Y L, PARK J H, JANG S H, et al., 2010. Fermentative butanol production by *clostridia*[J]. Biotechnology and Bioengineering, 101(2): 209-228.

SASAKI C, WANAKA M, TAKAGI H, et al., 2013. Evaluation of epoxy resins synthesized from steam-exploded bamboo lignin[J]. Industrial Crops and Products, 43: 757-761.

SCHMIDT M W I, NOACK A G, 2000. Black carbon in soils and sediments: Analysis, distribution, implications and current challenges[J]. Global Biogeochemical Cycles, 14: 777-793.

SCHUETTE H A, THOMAS R W, 1930. Normal valerolactone III. Its preparation by the catalytic reduction of levulinic acid with hydrogen in the presence of platinum oxide[J]. Journal of the American Chemical Society, 52 (7): 3010-3012.

SEWALT V, GLASSER W, BEAUCHEMIN K, 1997. Lignin impact on fiber degradation. 3. reversal of inhibition of enzymatic hydrolysis by chemical modification of lignin and by additives[J]. Journal of Agricultural and Food Chemistry, 45(5): 1823-1828.

SHAHEEN R，SHIRLEY M, JONES D, 2000. Comparative fermentation studies of industrial strains belonging to four species of solvent-producing clostridia[J]. Journal of Molecular Microbiology and Biotechnology, 2(1): 115-124.

SHARMA A, ARYA S K, 2017. Hydrogen from algal biomass: A review of production process[J]. Biotechnology Reports, 15: 63-69.

SHEN Y, 2015. Chars as carbonaceous adsorbents/catalysts for tar elimination during biomass pyrolysis or gasification[J]. Renew Sustain Energy Rev, 43: 281-295.

SHIE J L, CHANG C C, CHANG C Y, et al., 2011. Co-pyrolysis of sunflower-oil cake with potassium carbonate and zinc oxide using plasma torch to produce bio-fuels[J]. Bioresource Technology, 102(23): 11011-11017.

SHINOGI Y, YOSHIDA H, KOIZUMI T, et al., 2003. Basic characteristics of low-temperature carbon products from waste sludge[J]. Advances in Environmental Research, 7(3): 661-665.

SONG Z X, LI W W, LI X H, et al., 2013. Isolation and characterization of a new hydrogen-producing strain *Bacillus* sp. FS2011[J]. International Journal of Hydrogen Energy, 38(8): 3206-3212.

SRIVASTAVA P K, KAPOOR M, 2017. Production, properties, and applications of endo-β-mannanases[J]. Biotechnology Advances, 35: 1-19.

STEINBECK J, NIKOLOVA D, WEINGARTEN R, et al., 2015. Deletion of proton gradient regulation 5(PGR5) and PGR5-Like 1(PGRL1) proteins promote sustainable light-driven hydrogen production in *Chlamydomonas reinhardtii* due to increased PSII activity under sulfur deprivation[J]. Frontiers in Plant Science, 6: 892.

SU H, CHENG J, ZHOU J, et al., 2009. Improving hydrogen production from cassava starch by combination of dark and photo fermentation[J]. International Journal of Hydrogen Energy, 34(4):1780-1786.

SUN S, HUANG Y, SUN R, et al., 2016. The strong association of condensed phenolic moieties in isolated lignins with their inhibition of enzymatic hydrolysis[J]. Green Chemistry, 18(15): 4276-4286.

SUN Y, LIN L, 2010. Hydrolysis behavior of bamboo fiber in formic acid reaction system[J]. Journal of Agricultural and Food Chemistry, 58 (4): 2253-2259.

TAHERZADEH M J, KEIKHOSRO K, 2008. Pretreatment of lignocellulosic wastes to improve ethanol and biogas production: A review[J]. International Journal of Molecular Sciences, 9(9): 1621-1651.

TANG X, ZENG X, LI Z, et al., 2015. In situ generated catalyst system to convert biomass-derived levulinic acid to γ-valerolactone[J]. Chem Cat Chem, 7 (8): 1372-1379.

TAO Y Z, CHEN Y, WU Y Q, et al., 2007. High hydrogen yield from a two-step process of dark-and photo-fermentation of sucrose[J]. International Journal of Hydrogen Energy, 32: 200-206.

THANWISED P, WIROJANAGUD W, REUNGSANG A, 2012. Effect of hydraulic retention time on hydrogen production and chemical oxygen demand removal from tapioca wastewater using anaerobic mixed cultures in anaerobic baffled reactor (ABR)[J]. International Journal of Hydrogen Energy, 37 (20): 15503-15510.

TOMAS C A, WELKER N E, PAPOUTSAKIS E T, 2003. Overexpression of groESL in *Clostridium acetobutylicum* results in increased solvent production and tolerance, prolonged metabolism, and changes in the cell's transcriptional program[J]. Applied and Environmental Microbiology, 69(8): 4951.

TUMMALA S B, WELKER N E, PAPOUSAKIS E T, 2003. Design of antisense RNA constructs for downregulation of the acetone formation pathway of *Clostridium acetobutylicum*[J]. Journal of Bacteriology, 185(6): 1923-1934.

UFFEN R L, 1976. Anaerobic growth of a *Rhodopseudomonas* species in the dark with carbon monoxide as sole carbon and energy substrate[J]. Proceedings of the National Academy of Sciences, 73(9): 3298-3302.

UFFEN R L, 1983. Metabolism of carbon monoxide by *Rhodopseudomonas gelatinosa*: Cell growth and properties of the oxidation system[J]. Journal of Bacteriology, 155(3): 956-965.

VAN DE PAS, DANIEL J, TORR K M, 2017. Bio-based epoxy resins from deconstructed native softwood lignin[J]. Biomacromolecules, 18(8): 2640-2648.

VARDAKOU M, DUMON C, MURRAY J W, et al., 2008. Understanding the structural basis for substrate and inhibitor recognition in eukaryotic GH11 xylanases[J]. Journal of Molecular Biology, 375: 1293-1305.

VERAS H, PARACHIN N S, ALMEIDA J, 2017. Comparative assessment of fermentative capacity of different xylose-consuming yeasts[J]. Microbial Cell Factories, 16(1): 153.

VIGNAIS P M, MAGNIN J P, WILLISON J C, 2006. Increasing biohydrogen production by metabolic engineering[J]. International Journal of Hydrogen Energy, 31(11): 1478-1483.

WAKIM B T, UFFEN R L, 1983. Membrane association of the carbon monoxide oxidation system in *Rhodopseudomonas gelatinosa*[J]. Journal of Bacteriology, 153(1):571-573.

WAN C, LI Y, 2010. Microbial pretreatment of corn stover with *Ceriporiopsis subvermispora* for enzymatic hydrolysis and ethanol production[J]. Bioresource Technology, 101: 6398-6403.

WANG H, HE J, ZHANG M, et al., 2015. A new pathway towards polymer modified cellulose nanocrystals via a "grafting onto" process for drug delivery[J]. Polymer Chemistry, 23 (6): 4206-4209.

WOOLF D, AMONETTE J E, STREET-PERROTT F A, et al., 2010. Sustainable biochar to mitigate global climate change[J]. Nature Communications, 1: 1-9.

WU X, WANG D, RIAZ M, et al., 2019. Investigating the effect of biochar on the potential of increasing cotton yield, potassium efficiency and soil environment[J]. Ecotoxicology and Environmental Safety, 182.

XIA A, CHENG J, LIN R C, et al., 2013. Comparison in dark hydrogen fermentation followed by photo hydrogen fermentation and methanogenesis between protein and carbohydrate compositions in *Nannochloropsis oceanica* biomass[J]. Bioresource Technology, 138: 204-213.

XIA A, JACOB A,TABASSUM M R, et al., 2016. Production of hydrogen, ethanol and volatile fatty acids through co-fermentation of macro-and micro-algae[J]. Bioresource Technology, 205: 118-125.

XIONG W, ZHAO X, ZHU G, et al., 2015. Silicification-induced cell aggregation for the sustainable production of H_2 under aerobic conditions[J]. Angewandte Chemie, 54: 11961-11965.

YADAV G D, BORKAR I V, 2008. Kinetic modeling of immobilized lipase catalysis in synthesis of n-butyl levulinate[J]. Industrial and Engineering Chemistry Research, 47 (10): 3358-3363.

YAMAN S, 2004. Pyrolysis of biomass to produce fuels and chemical feedstocks[J]. Energy Conversion and Management, 45 (5): 651-671.

YAN Z, LIN L, LIU S, 2009. Synthesis of γ -valerolactone by hydrogenation of biomass-derived levulinic acid over Ru/C catalyst[J]. Energy and Fuels, 23 (8): 3853-3858.

YANG B, WYMAN C E, 2010. Pretreatment: The key to unlocking low-cost cellulosic ethanol[J]. Biofuels Bioproducts and Biorefining, 2(1): 26-40.

YANG Q, PAN X, 2016. Correlation between lignin physicochemical properties and inhibition to enzymatic hydrolysis of cellulose[J]. Biotechnology and Bioengineering, 113: 1213-1224.

YOKOI H, MORI S, HIROSE J, et al., 1998. H_2 production from starch by a mixe culture of *Clostridium butyricum* and *Rhodobacter* sp. M-19[J]. Biotechnology Letters, 20(9): 895-899.

YOKOI H, SAITSU A, UCHIDA H, et al., 2001. Microbial hydrogen production from sweet potato starch residue[J]. Journal of Bioscience and Bioengineering, 91(1): 58-63.

YOUNESI H, GHASEM NAJAFPOURB, KU SYAHIDAH, et al., 2008. Biohydrogen production in a continuous stirred tank bioreactor from synthesis gas by anaerobic photosynthetic bacterium: *Rhodopirillum rubrum*[J]. Bioresource Technology, 99(7): 2612-2619.

YU D, AIHARA M, ANTAL JR M J, 1993. Hydrogen production by steam reforming glucose in supercritical water[J]. Energy and Fuels, 7(5): 574-577.

ZHANG H, WU J, 2021. Statistical optimization of aqueous ammonia pretreatment and enzymatic hydrolysis of corn cob powder for enhancing sugars production[J]. Biochemical Engineering Journal,174: 108106.

ZHANG H, YANG C, ZHOU W, et al., 2018. A pH-responsive gel macrosphere based on sodium alginate and cellulose nanofiber for potential intestinal delivery of probiotics[J]. ACS Sustainable Chemistry and Engineering, 6 (11): 13924-13931.

ZHANG J, ZHANG J Y, WANG M Y, et al., 2019. Effect of tobacco stem-derived biochar on soil metal immobilization and the cultivation of tobacco plant[J]. Journal of Soils and Sediments, 19: 2313-2321.

ZHANG M, EDDY C, DEANDA K, 1995. Metabolic engineering of a pentose metabolism pathway in ethanologenic *zymomonas mobilis*[J]. Science, 267: 240-243.

ZHANG P, SUN H W, REN C, et al., 2018. Sorption mechanisms of neonicotinoids on biochars and the impact of deashing treatments on biochar structure and neonicotinoids sorption[J]. Environmental Pollution, 234: 812-820.

ZHANG Z P, WANG Y, HU J J, et al., 2015. Influence of mixing method and hydraulic retention time on hydrogen production through photo-fermentation with mixed strains[J]. International Journal of Hydrogen Energy, 40:6521-6529.

ZHOU Y, CHEN C, ZHU S, et al., 2019. A printed, recyclable, ultra-strong, and ultra-tough graphite structural material[J]. Materials Today, 30: 17-25.

ZHU S N, ZHANG Z P, LI Y M, et al., 2018. Analysis of shaking effect on photo-fermentative hydrogen production under different concentrations of corn stover powder[J]. International Journal of Hydrogen Energy, 43 (45): 20465-20473.

索　引